『十三五』国家重点出版物出版规划项目
微分几何与拓扑学

国家出版基金项目
NATIONAL PUBLICATION FOUNDATION

徐森林 薛春华 著

代数拓扑

同调论

中国科学技术大学出版社

内 容 简 介

全书共分2章.第1章介绍复形的单纯同调群.应用“挤到边上去”的方法计算了大量典型复形的同调群,证明了单纯同调群的重分不变性、拓扑不变性和伦型不变性.应用线性代数和抽象代数知识给出了有限复形的整单纯同调群的结构定理.应用单纯同调群证明了 S^{n-1} 不是 B^n 的收缩核及其等价的 Brouwer 不动点定理,从而证明了艰难的 Jordan 分割定理和 Jordan 曲线定理,进而给出了正合单纯下同调序列和正合单纯上同调序列.

第2章介绍拓扑空间的奇异同调群.证明了奇异下(上)同调群的伦型不变性.应用图表追踪法证明了奇异下(上)同调序列的正合性,还证明了 Mayer-Vietoris 序列的正合性.定理2.8.1给出了奇异上同调群的万有系数定理,定理2.8.10给出了奇异下同调群的万有系数定理,这表明以任意交换群为系数群的奇异同调群完全由其整奇异下同调群决定.关于多面体,2.2节证明了它的单纯下同调群与奇异下同调群是同构的.根据定理2.2.3、定理2.8.1、定理2.8.10以及定理1.4.4,有限多面体的下(上)同调群必为 $G,G_n,{}_nG$ 型的有限直和.2.9节给出了 Euler-Poincaré 示性数的各种公式表示和大量有价值的应用.2.10节证明了代数拓扑映射度与微分拓扑映射度相等,给出了 Hopf 分类定理和与度有关的大量命题.

本书可作为高等院校数学系高年级本科生、研究生的代数拓扑教材或教师教学参考书,也可供数学研究工作者阅读.

图书在版编目(CIP)数据

代数拓扑:同调论/徐森林,薛春华著.—合肥:中国科学技术大学出版社,2019.6(2020.4重印)

(微分几何与拓扑学)

国家出版基金项目

“十三五”国家重点出版物出版规划项目

ISBN 978-7-312-04569-1

Ⅰ.代… Ⅱ.①徐… ②薛… Ⅲ.①代数拓扑 ②同调论 Ⅳ.O189.2

中国版本图书馆 CIP 数据核字(2018)第229959号

出版 中国科学技术大学出版社
安徽省合肥市金寨路96号,230026
http://press.ustc.edu.cn
https://zgkxjsdxcbs.tmall.com

印刷 合肥华苑印刷包装有限公司

发行 中国科学技术大学出版社

经销 全国新华书店

开本 787 mm×1092 mm 1/16

印张 21

字数 472千

版次 2019年6月第1版

印次 2020年4月第2次印刷

定价 168.00元

序　言

微分几何学、代数拓扑学和微分拓扑学都是基础数学中的核心学科,三者的结合产生了整体微分几何,而点集拓扑则渗透于众多的数学分支中.

中国科学技术大学出版社出版的这套图书,把微分几何学与拓扑学整合在一起,并且前后呼应,强调了相关学科之间的联系.其目的是让使用这套图书的学生和科研工作者能够更加清晰地把握微分几何学与拓扑学之间的连贯性与统一性.我相信这套图书不仅能够帮助读者理解微分几何学和拓扑学,还能让读者凭借这套图书所搭成的"梯子"进入科研的前沿.

这套图书分为微分几何学与拓扑学两部分,包括《古典微分几何》《近代微分几何》《点集拓扑》《微分拓扑》《代数拓扑:同调论》《代数拓扑:同伦论》六本.这套图书系统地梳理了微分几何学与拓扑学的基本理论和方法,内容囊括了古典的曲线论与曲面论(包括曲线和曲面的局部几何、整体几何)、黎曼几何(包括子流形几何、谱几何、比较几何、曲率与拓扑不变量之间的关系)、拓扑空间理论(包括拓扑空间与拓扑不变量、拓扑空间的构造、基本群)、微分流形理论(包括微分流形、映射空间及其拓扑、微分拓扑三大定理、映射度理论、Morse 理论、de Rham 理论等)、同调论(包括单纯同调、奇异同调的性质、计算以及应用)以及同伦论简介(包括同伦群的概念、同伦正合列以及 Hurewicz 定理).这套图书是对微分几何学与拓扑学的理论及应用的一个全方位的、系统的、清晰的、具体的阐释,具有很强的可读性,笔者相信其对国内高校几何学与拓扑学的教学和科研将产生良好的促进作用.

本套图书的作者徐森林教授是著名的几何与拓扑学家,退休前长期担任中国科学技术大学(以下简称"科大")教授并被华中师范大学聘为特聘教授,多年来一直奋战在教学与科研的第一线.他 1965 年毕业于科大数学系几何拓扑学专业,跟笔者一起师从数学大师吴文俊院士,是科大"吴龙"的杰出代表.和"华龙""关龙"并称为科大"三龙"的"吴龙"的意思是,科大数学系 1960 年入学的同学(共 80 名),从一年级至五年级,由吴文俊老师主持并亲自授课形成的一条龙教学.在一年级和二年级上学期教微积分,在二年级下学期教微分几何.四年级分专业后,吴老师主持几何拓扑专业.该专业共有 9 名学生:徐森林、王启明、邹协成、王曼莉(后名王炜)、王中良、薛春华、任南衡、刘书麟、李邦河.专业课由吴老师讲代数几何,辅导老师是李乔和邓诗涛;岳景中老师讲代数拓扑,辅导老师是熊金城;李培信老师讲微分拓扑.笔者有幸与徐森林同学在一入学时就同住一室,在四、五年级时又同住一室,对他的数学才华非常佩服.

徐森林教授曾先后在国内外重要数学杂志上发表数十篇有关几何与拓扑学的科研论文,并多次主持国家自然科学基金项目.而更令人津津乐道的是,他的教学工作成果也非常突出,在教学上有一套行之有效的方法,曾培养出一大批知名数学家,也曾获得过包括宝钢教学奖在内的多个奖项.他所编著的图书均内容严谨、观点新颖、取材前沿,深受读者喜爱.

这套图书是作者多年以来在科大以及华中师范大学教授几何与拓扑学课程的经验总结,内容充实,特点鲜明.除了大量的例题和习题外,书中还收录了作者本人的部分研究工作成果.希望读者通过这套图书,不仅可以知晓前人走过的路,领略前人见过的风景,更可以继续向前,走出自己的路.

是为序!

中国科学院院士

李邦河

2018 年 11 月

前　言

代数拓扑是当代一大主流数学.点集拓扑、微分拓扑和代数拓扑是拓扑学的三个重要方向.代数拓扑是抽象代数(群、环等)与点集拓扑互相渗透、互相联系、互相影响并有机结合的一个数学分支.它以抽象代数中群、环等知识和方法为主要工具,用组合的方法给出了有限复形的单纯同调群和拓扑空间的奇异同调群;证明了它们既是拓扑(同胚)不变量,又是伦型(同伦)不变量.由此证明了 Euler-Poincaré 示数性 $\chi(X)=\sum_q(-1)^q\rho(H_q(X))$ 也是同胚不变量和同伦不变量.所以,只要 Euler-Poincaré 示性数不同或者有一个维数的同调群不同构,就能判断两个拓扑空间既不同胚又不同伦.

定理 1.8.9 和定理 1.8.11 证明了单纯下同调序列的正合性和复形偶在单纯映射下方块的交换性.定理 1.8.10 用两种方法证明了单纯上同调序列的正合性.定理 2.5.5 证明了奇异下同调序列的正合性和拓扑空间偶在连续映射下方块的交换性.定理 2.5.9 和定理 2.5.10 证明了奇异上同调序列的正合性和拓扑空间偶在连续映射下方块的交换性.

定理 2.7.1 证明了 Mayer-Vietoris 序列的正合性;定理 2.7.3 证明了相对 Mayer-Vietoris 序列的正合性;定理 2.7.4 证明了奇异上同调的 Mayer-Vietoris 序列的正合性.由此深入研究了附贴空间 $Z=B^nU_fY$ 和球状复形.用归纳法得到了 n 维实射影空间 $\mathbf{R}P^n$ 的整同调群 $H_q(\mathbf{R}P^n)$.

定理 2.8.1 给出了奇异上同调群的万有系数定理:

$$H^q(X;G)\cong \mathrm{Hom}(H_q(X;J),G)\oplus \mathrm{Ext}(H_{q-1}(X;J),G).$$

定理 2.8.10 给出了奇异下同调群的万有系数定理:

$$H_q(X;G)\cong H_q(X;J)\otimes G\oplus \mathrm{Tor}(H_{q-1}(X;J),G).$$

由此推得以任意交换群 G 为系数群的上、下奇异同调群 $H^q(X;G)$、$H_q(X;G)$完全由奇异整下同调群所决定.

本书有以下特点:

1. 第 1 章研究有限复形的单纯同调群,主要内容参考江泽涵教授著的《拓扑学引论》(参阅文献[1]).该书将抽象代数知识以附录形式给出.本书将这些抽象代数知识穿插到相关部分,把抽象代数与同调论有机结合起来,使读者不必翻阅文献,便于学习,利于研究.单纯同调群的知识还需详细论述,它不仅能培养读者直观的思维能力,也为研究奇异同调群提供了背景和思路.

2. 单纯同调群是历史上出现最早、最直观、最容易掌握的一种同调群. 我们采用"挤到边上去"的有效方法计算了大量典型实例的单纯整下同调群,根据定理 2.2.3,它同构于相应多面体的整下奇异同调群. 再根据万有系数定理(定理 2.8.10),复形 K 的单纯同调群 $H_q(K;G)$ 同构于奇异同调群 $H_q(|K|;G)$. 这些多面体的奇异下同调群主要靠这种方法计算得到.

3. 在例 1.2.10 和例 2.9.3 中举出了两个单纯复形,其同维的单纯同调群同构,但它们既不同胚又不同伦.

4. 根据例 2.8.7,应用归纳法和附贴空间的 Mayer-Vietoris 序列定理(定理 2.8.17)得到实射影空间 $\mathbf{R}P^n$ 的整奇异同调为:

(1) 当 n 为奇数时,

$$H_q(\mathbf{R}P^n) \cong \begin{cases} J, & q = 0, n, \\ J_2, & 0 < q \leqslant n-2, \text{且 } q \text{ 为奇数}, \\ 0, & \text{其他情形}. \end{cases}$$

(2) 当 n 为偶数时,

$$H_q(\mathbf{R}P^n) \cong \begin{cases} J, & q = 0, \\ J_2, & 0 < q \leqslant n-1, \text{且 } q \text{ 为奇数}, \\ 0, & \text{其他情形}. \end{cases}$$

在例 2.8.8 中,根据奇异上同调群的万有系数定理(定理 2.8.1)得到:

(1) 当 n 为奇数时,

$$H^q(\mathbf{R}P^n;G) \cong \begin{cases} G, & q = 0, n, \\ {}_2G, & 0 < q \leqslant n-1, \text{且 } q \text{ 为奇数}, \\ G_2, & 0 < q \leqslant n-1, \text{且 } q \text{ 为偶数}, \\ 0, & \text{其他情形}. \end{cases}$$

(2) 当 n 为偶数时,

$$H^q(\mathbf{R}P^n;G) \cong \begin{cases} G, & q = 0, \\ {}_2G, & 0 < q \leqslant n, \text{且 } q \text{ 为奇数}, \\ G_2, & 0 < q \leqslant n, \text{且 } q \text{ 为偶数}, \\ 0, & \text{其他情形}. \end{cases}$$

再根据奇异下同调群的万有系数定理(定理 2.8.10)得到:

(1) 当 n 为奇数时,

$$H_q(\mathbf{R}P^n;G)\cong\begin{cases}G, & q=0,n,\\ G_2, & 0<q<n\text{，且 }q\text{ 为奇数，}\\ {}_2G, & 0<q<n\text{，且 }q\text{ 为偶数，}\\ 0, & \text{其他情形}.\end{cases}$$

（2）当 n 为偶数时，

$$H_q(\mathbf{R}P^n;G)\cong\begin{cases}G, & q=0,\\ G_2, & 0<q<n\text{，且 }q\text{ 为奇数，}\\ {}_2G, & 0<q\leqslant n\text{，且 }q\text{ 为偶数，}\\ 0, & \text{其他情形}.\end{cases}$$

5. 设 K 为有限复形，G 为任意交换群. 根据复形 K 的整下同调群的结构（定理 1.4.4）以及奇异下（上）同调群的万有系数定理，得到

$$H_q(|K|;G)\quad\text{与}\quad H^q(|K|;G)$$

都为 $G,G_n,{}_nG$ 型群的有限直和（参阅定理 2.8.12）.

6. 给出了 Euler-Poincaré 示性数的各种公式及有关的一些著名定理（如 Gauss-Bonnet 公式、Poincaré-Hopf 指数定理），这表明代数拓扑的应用极其重要而且广泛.

7. 证明了 $\deg_A f=\deg_D f$，即代数拓扑度与微分拓扑度相同. 它蕴涵着用一种度证明的命题对另一种度也必成立. 由此我们得到了 Hopf 分类定理和大量有关度的命题.

8. 运用单纯同调群证明 S^{n-1} 不是 B^n 的收缩核及其等价的 Brouwer 不动点定理，这对 $\mathbf{R}^n$ 中拓扑性质的研究发挥了重要作用. 接着应用这些结果证明了复杂而艰难的 Jordan 分割定理和 Jordan 曲线定理.

本书的编写参考了国内外许多同类书籍，借鉴了其中一些精辟的论述，在此向这些作者表示感谢. 本书可作为高等院校数学系高年级本科生、研究生的代数拓扑教材或教师教学参考书，也可供数学研究工作者阅读.

感谢吴文俊院士对中国科学技术大学几何拓扑专门化的关心和教导，感谢代数拓扑老师岳景中的辛勤讲授和高水平指点. 他们的关心、教导和指点使得我们 1960 级专门化出现了像李邦河院士那样的一批几何拓扑优秀人才.

感谢中国科学技术大学出版社的大力帮助和给予的许多支持.

徐森林　薛春华

2017 年 1 月于北京

目　次

序言　*001*

前言　*003*

第 **1** 章

单纯同调群　001

1.1　单纯复形、多面体和单纯下同调群　002

1.2　单纯下同调群典型例题的计算　013

1.3　单纯下同调群的重分不变性、拓扑不变性与伦型不变性　041

1.4　单纯复形整下同调群的结构　071

1.5　Urysohn 引理与 Tietze 扩张定理、绝对收缩核与绝对邻域收缩核　085

1.6　连续映射的同伦与拓扑空间的伦型、可缩空间、S^{n-1} 不为 B^n 的收缩核、Brouwer 不动点定理的各等价命题　097

1.7　Jordan 分割定理、Jordan 曲线定理　110

1.8　单纯上同调群、相对单纯下(上)同调群、切除定理、正合单纯下(上)同调序列　120

第 **2** 章

奇异同调群　147

2.1　奇异下同调群的拓扑不变性与伦型不变性　149

2.2　奇异链的重心重分、覆盖定理、多面体的单纯下同调群与奇异下同调群的同构定理　162

2.3　相对奇异下同调群的伦型不变性定理　176

2.4　奇异上同调群的伦型不变性定理、相对奇异上同调群的伦型不变性定理　181

2.5　正合奇异下(上)同调序列　189

2.6　切除定理　215

2.7　Mayer-Vietoris 序列及其应用　225

2.8 奇异下(上)同调群的万有系数定理 237
2.9 Euler-Poincaré 示性数及其应用 276
2.10 代数拓扑映射度与微分拓扑映射度、Hopf 分类定理 294
2.11 有关同调群的重要成果 313

参考文献 324

第 1 章

单纯同调群

代数拓扑中最初研究的最基本的几何对象是单纯复形 K 及其多面体 $|K|$. 我们引入了关于多面体的单纯链群 $C_q(K;G)$ 和边缘算子 ∂_q(满足 $\partial_q\partial_{q+1}=0$),并使其成为一个链复形 $\{C_q(K;G),\partial_q\}$. 考查闭链群 $Z_q(K;G)=\{z\in C_q(K;G)\mid\partial_q z=0\}$ 和边缘链群 $B_q(K;G)=\{\partial z\mid z\in C_{q+1}(K;G)\}$,由于 $B_q(K;G)\subset Z_q(K;G)$,我们立即可定义商群 $H_q(K;G)=Z_q(K;G)/B_q(K;G)$,并称它为 q 维单纯同调群. 于是,我们将抽象代数中的群引入了拓扑空间 $|K|$,或者说将拓扑空间 $|K|$ 代数化了. 这种单纯同调群在同调群历史上出现得最早,并便于计算. 接着,我们证明了单纯同调群的重分不变性、拓扑不变性和伦型不变性.

我们列举了大量的典型复形例题,应用"挤到边上去"的方法算出了它们的单纯同调群,并且同调群不相同,描述了拓扑性质的差异性. 利用这种差异,区分了一些拓扑空间的不同胚、不同伦. 例 1.2.10 给出了各维单纯同调群彼此同构的两个复形,但它们既不同胚又不同伦,这是以前一直让人困惑的问题.

应用抽象代数的知识和方法,给出了单纯复形整下同调的结构,使得读者能深入地了解和掌握单纯同调群.

运用单纯同调群证明 S^{n-1} 不是 B^n 的收缩核及其等价的 Brouwer 不动点定理,这对 $\mathbf{R}^n$ 中拓扑性质的研究发挥了重要作用. 接着应用这些结果,我们证明了复杂而艰难的 Jordan 分割定理和 Jordan 曲线定理.

最后引入了单纯上同调群、相对单纯下同调群和相对单纯上同调群,并详细证明了单纯下同调序列的正合性和单纯上同调序列的正合性. 尤其是后者,即定理 1.8.10,可完全仿照前者进行证明,作为定理 2.5.3 的特例.

以上这些重要的概念、内容和方法为第 2 章引入奇异同调群的概念指明了道路,也为发现和证明奇异同调群的重要定理提供了思路和方向.

1.1 单纯复形、多面体和单纯下同调群

占最广位置的一组点

定义 1.1.1 设 $a^0,a^1,\cdots,a^q$ 为 n 维 Euclid 空间 $\mathbf{R}^n$ 中的一组点,$q\leqslant n$.如果向量

$$a^1-a^0,a^2-a^0,\cdots,a^q-a^0$$

线性无关,则称这组点在 $\mathbf{R}^n$ 中**占最广位置**.下面的引理 1.1.1 表明上述定义与点的次序无关.

引理 1.1.1

$$\begin{aligned}&a^1-a^0,a^2-a^0,\cdots,a^q-a^0 \text{ 线性无关}\\ \Leftrightarrow\ &a^0-a^i,a^1-a^i,\cdots,a^{i-1}-a^i,a^{i+1}-a^i,\cdots,a^q-a^i \text{ 线性无关}.\end{aligned}$$

证明 设实数 $\lambda_0,\lambda_1,\cdots,\lambda_q$ 满足

$$\lambda_0+\lambda_1+\lambda_2+\cdots+\lambda_q=0.$$

于是

$$\begin{aligned}&a^1-a^0,a^2-a^0,\cdots,a^q-a^0 \text{ 线性无关}\\ \Leftrightarrow\ &\lambda_1(a^1-a^0)+\lambda_2(a^2-a^0)+\cdots+\lambda_q(a^q-a^0)=0,\text{必有 } \lambda_1=\lambda_2=\cdots=\lambda_q=0\\ \Leftrightarrow\ &-(\lambda_1+\lambda_2+\cdots+\lambda_q)a^0+\lambda_1a^1+\lambda_2a^2+\cdots+\lambda_qa^q\\ &=\lambda_0a^0+\lambda_1a^1+\lambda_2a^2+\cdots+\lambda_qa^q=0,\text{必有 } \lambda_0=\lambda_1=\lambda_2=\cdots=\lambda_q=0\\ \Leftrightarrow\ &\lambda_0(a^0-a^i)+\lambda_1(a^1-a^i)+\cdots+\lambda_{i-1}(a^{i-1}-a^i)+\lambda_{i+1}(a^{i+1}-a^i)+\cdots+\lambda_q(a^q-a^i)\\ &=\lambda_0a^0+\lambda_1a^1+\cdots+\lambda_ia^i+\cdots+\lambda_qa^q=0,\text{必有 } \lambda_0=\lambda_1=\lambda_2=\cdots=\lambda_q=0\\ \Leftrightarrow\ &a^0-a^i,a^1-a^i,\cdots,a^{i-1}-a^i,a^{i+1}-a^i,\cdots,a^q-a^i \text{ 线性无关}.\end{aligned}$$ □

显然,最广点组 $a^0,a^1,\cdots,a^q$ 张成一个 $\mathbf{R}^n$ 中的 q 维超平面 E^q,它的参数表示为

$$x=a^0+\lambda_1(a^1-a^0)+\lambda_2(a^2-a^0)+\cdots+\lambda_q(a^q-a^0).$$

在 $\mathbf{R}^n$ 中 $x=(x_1,x_2,\cdots,x_n)$称为 x 的**直角坐标**.这 q 个有次序的参数$(\lambda_1,\lambda_2,\cdots,\lambda_q)$为 E^q 的 x 在斜角坐标系

$$\{a^0;a^1-a^0,a^2-a^0,\cdots,a^q-a^0\}$$

中的**斜角坐标**.

上面表达式关于点 $a^0,a^1,\cdots,a^q$ 的地位是不对称的.为此,我们用对称的参数方程

$$x=\lambda_0a^0+\lambda_1a^1+\cdots+\lambda_qa^q,\quad \lambda_0+\lambda_1+\cdots+\lambda_q=1$$

代替

$$x = a^0 + \lambda_1(a^1 - a^0) + \lambda_2(a^2 - a^0) + \cdots + \lambda_q(a^q - a^0)$$

得到$(\lambda_0,\lambda_1,\cdots,\lambda_q)$(满足 $\lambda_0+\lambda_1+\cdots+\lambda_q=1$),它被称为 x 在E^q 中的**重心坐标**,而有次序的点组$\{a^0,a^1,\cdots,a^q\}$称为 E^q 中的一个**重心坐标系**.

引理 1.1.2 E^q 中点x 的重心坐标表示是唯一的.

证明 设 $x\in E^q$ 有两个重心坐标表示:

$$x = \lambda_0 a^0 + \lambda_1 a^1 + \cdots + \lambda_q a^q = \mu_0 a^0 + \mu_1 a^1 + \cdots + \mu_q a^q,$$

其中

$$\lambda_0 + \lambda_1 + \cdots + \lambda_q = 1, \quad \mu_0 + \mu_1 + \cdots + \mu_q = 1,$$

则

$$(\lambda_0 - \mu_0)a^0 + (\lambda_1 - \mu_1)a^1 + \cdots + (\lambda_q - \mu_q)a^q = 0,$$

$$(\lambda_0 - \mu_0) + (\lambda_1 - \mu_1) + \cdots + (\lambda_q - \mu_q) = 0.$$

根据引理 1.1.1,必有

$$\lambda_0 - \mu_0 = \lambda_1 - \mu_1 = \cdots = \lambda_q - \mu_q,$$

即

$$(\lambda_0,\lambda_1,\cdots,\lambda_q) = (\mu_0,\mu_1,\cdots,\mu_q).$$ □

单形和单纯复形

定义 1.1.2 设 $a^0,a^1,\cdots,a^q$ 为n 维 Euclid 空间 $\mathbf{R}^n$ 中占有最广位置的$q+1$个点,$q\leqslant n$.称集合

$$\begin{aligned}\underline{s}^q &= (a^0,a^1,\cdots,a^q)\\ &= \{x = \lambda_0 a^0 + \lambda_1 a^1 + \cdots + \lambda_q a^q \mid \lambda_0 + \lambda_1 + \cdots + \lambda_q = 1, \lambda_i \geqslant 0, i = 0,1,2,\cdots,q\}\\ &\subset E^q \subset \mathbf{R}^n\end{aligned}$$

为 q **维单形**.点 $a^0,a^1,\cdots,a^q$ 称为$\underline{s}^q$ 的**顶点**.

显然,0 维单形$\underline{s}^0$ 就是顶点 a^0,1 维单形$\underline{s}^1$ 就是以不同的两点 a^0 与 a^1 为端点的闭线段.2 维单形$\underline{s}^2$ 是以不共线的三点 a^0,a^1,a^2 为顶点的闭三角形.3 维单形是以不共面的四点 a^0,a^1,a^2,a^3 为顶点的闭四面体(见图 1.1.1).

顶点 a^i 的$q+1$个重心坐标中仅 $\lambda_i=1$,其他都为 0.如果 x 不为顶点,则它的重心坐标中至少有两个大于 0.称重心坐标为

$$(\lambda_0,\lambda_1,\cdots,\lambda_q) = \left(\frac{1}{q+1},\frac{1}{q+1},\cdots,\frac{1}{q+1}\right)$$

的点

$$\overset{*}{s}{}^q = \sum_{i=0}^{q}\lambda_i a^i = \sum_{i=0}^{q}\frac{1}{q+1}a^i = \frac{a^0 + a^1 + \cdots + a^q}{q+1}$$

是 q 维单形$\underline{s}^q$ 的**重心**(见图 1.1.2).

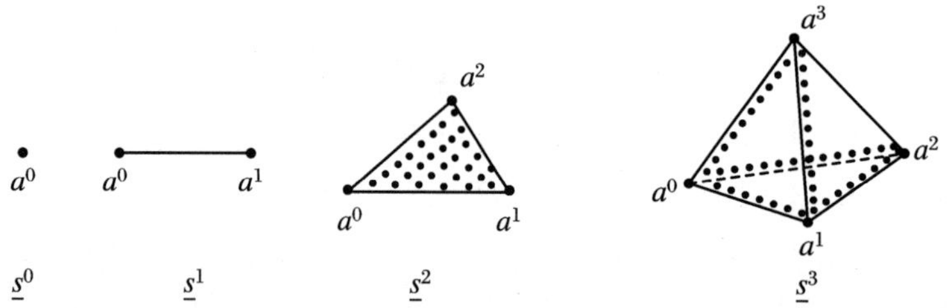

图 1.1.1

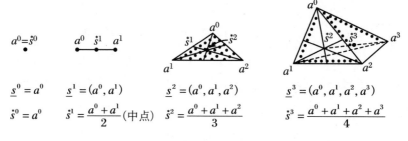

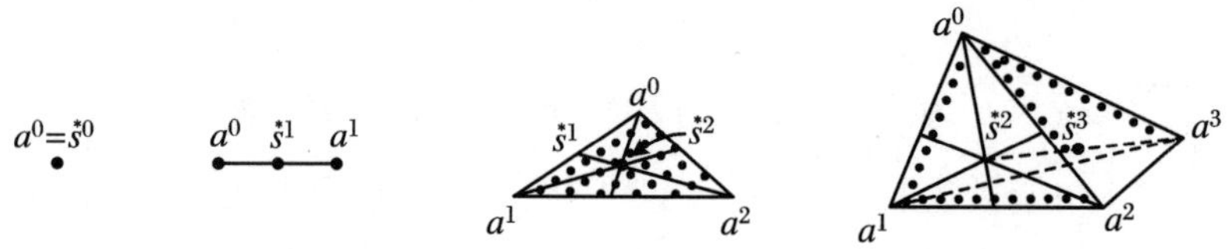

$\underline{s}^0=a^0$　$\underline{s}^1=(a^0,a^1)$　$\underline{s}^2=(a^0,a^1,a^2)$　$\underline{s}^3=(a^0,a^1,a^2,a^3)$

$\overset{*}{s}^0=a^0$　$\overset{*}{s}^1=\dfrac{a^0+a^1}{2}$(中点)　$\overset{*}{s}^2=\dfrac{a^0+a^1+a^2}{3}$　$\overset{*}{s}^3=\dfrac{a^0+a^1+a^2+a^3}{4}$

图 1.1.2

由于

$$\overset{*}{s}^q=\frac{a^0+a^1+\cdots+a^q}{q+1}=\left(1-\frac{1}{q+1}\right)\frac{a^0+a^1+\cdots+a^{q-1}}{(q-1)+1}+\frac{1}{q+1}a^q$$

$$=\left(1-\frac{1}{q+1}\right)\overset{*}{s}^{q-1}+\frac{1}{q+1}a^q,$$

故$\underline{s}^q$ 的重心$\overset{*}{s}^q$在a^q 与$\underline{s}^{q-1}=(a^0,a^1,\cdots,a^{q-1})$的重心 $\overset{*}{s}^{q-1}$的连线上.

引理 1.1.3　n 维 Euclid 空间 $\mathbf{R}^n$ 中的q 维单形$\underline{s}^q$ 唯一地决定了它的顶点⇔如果 $\mathbf{R}^n$ 中的两个单形$\underline{s}^q$ 与$\underline{s}^p$ 重合,则它们的顶点一对一地重合,从而 $p=q$.

证明　(证法 1)先证明:

$$x \text{ 不为}\underline{s}^q \text{ 的顶点} \Leftrightarrow x \text{ 能表达为}\underline{s}^q \text{ 中两个不同点连线的中点}.$$

事实上,(⇒)因为 $x=\lambda_0a^0+\lambda_1a^1+\cdots+\lambda_qa^q$ 不为$\underline{s}^q$ 的顶点,相当于 x 在$\underline{s}^q$ 中的重心坐标至少有两个大于 0,故不妨设 $x_i>0,x_j>0,i\neq j$.令

$$0<\varepsilon<\min\{\lambda_i,\lambda_j\},$$

显然

$$u^0=x+\varepsilon(a^j-a^i),$$
$$u^1=x-\varepsilon(a^j-a^i)$$

两点都属于$\underline{s}^q$,而且

$$x = \frac{1}{2}(u^0 + u^1).$$

(⇐)假设 v^0, v^1 为$\underline{s}^q$ 的两个不同的点：

$$v^h = \lambda_0^h a^0 + \lambda_1^h a^1 + \cdots + \lambda_q^h a^q, \quad h = 0,1.$$

且 $x = \frac{1}{2}(v^0 + v^1)$. 因为 v^0 与 v^1 不同，故它们绝非同一个顶点，从而必有两个下标 $i, j, i \neq j$，使得 $\lambda_i^0 > 0, \lambda_j^1 > 0$. 由此推得 $\lambda_i^0 + \lambda_i^1 > 0, \lambda_j^0 + \lambda_j^1 > 0$，且

$$x = \frac{1}{2}(v^0 + v^1) = \frac{1}{2}[(\lambda_0^0 + \lambda_0^1)a^0 + (\lambda_1^0 + \lambda_1^1)a^1 + \cdots + (\lambda_q^0 + \lambda_q^1)a^q],$$

故它不为$\underline{s}^q$ 的顶点.

根据上述结论，立即有：

点 $x \in \underline{s}^q$ 为$\underline{s}^q$ 的顶点

⇔x 在$\underline{s}^q$ 中不能表示成$\underline{s}^q$ 中的两个不同点连线的中点

⇔x 在$\underline{s}^p$ 中不能表示成$\underline{s}^p$($\underline{s}^p$ 与$\underline{s}^q$ 点集重合)中的两个不同点连线的中点

⇔点 $x \in \underline{s}^p$ 为$\underline{s}^q$ 的顶点.

设

$$\underline{s}^q = (a^0, a^1, \cdots, a^q), \quad \underline{s}^p = (b^0, b^1, \cdots, b^p).$$

因为两个点集$\underline{s}^q$ 与$\underline{s}^p$ 重合，$b^j \in \underline{s}^q$，故由上面证明的顶点的特征可知，b^j 也是$\underline{s}^q$ 的一个顶点. 同理，a^i 也是$\underline{s}^p$ 的一个顶点. 这表明$\underline{s}^q$ 与$\underline{s}^p$ 的顶点一对一地重合，从而 $p = q$.

(证法 2)先证明：

$x \in \underline{s}^q$ 为$\underline{s}^q$ 的顶点⇔x 在$\underline{s}^q$ 中不能表示成$\underline{s}^q$ 中的两个不同点连线的中点.

事实上，(⇒)(反证)考虑$\underline{s}^q$ 的顶点 a^k. 假设 v^0, v^1 为$\underline{s}^q$ 的两个不同的点：

$$v^h = \lambda_0^h a^0 + \lambda_1^h a^1 + \cdots + \lambda_q^h a^q, \quad h = 0,1,$$

且 $a^k = \frac{1}{2}(v^0 + v^1)$. 因为 v^0 与 v^1 不同，故它们绝非同一个顶点，从而必有两个下标 $i, j, i \neq j$，使得 $\lambda_i^0 > 0, \lambda_j^1 > 0$. 根据假设可得

$$a^k = \frac{1}{2}(v^0 + v^1) = \frac{1}{2}[(\lambda_0^0 + \lambda_0^1)a^0 + (\lambda_1^0 + \lambda_1^1)a^1 + \cdots + (\lambda_q^0 + \lambda_q^1)a^q],$$

其中 $\lambda_i^0 + \lambda_i^1 > 0, \lambda_j^0 + \lambda_j^1 > 0$. 但另一方面，

$$a^k = 0a^0 + 0a^1 + \cdots + 1a^k + \cdots + 0a^q,$$

这与引理 1.1.2 的唯一性相矛盾.

(⇐)(反证)假设 x 不为$\underline{s}^q$ 的顶点，则点 x 在$\underline{s}^q$ 中至少有两个重心坐标大于 0，不妨设 $\lambda_i > 0, \lambda_j > 0, i \neq j$. 取 ε 使得 $0 < \varepsilon < \min\{\lambda_i, \lambda_j\}$. 显然

$$u^0 = x + \varepsilon(a^j - a^i), \quad u^1 = x - \varepsilon(a^j - a^i)$$

都属于$\underline{s}^q$,且 $x = \frac{1}{2}(u^0 + u^1)$,这与题设相矛盾.

余下与证法 1 相应部分完全相同. □

定义 1.1.3 设$\underline{s}^q = (a^0, a^1, \cdots, a^q)$为 $\mathbf{R}^n$ 中的一个 q 维单形,$a^{i_0}, a^{i_1}, \cdots, a^{i_r}$ 为$\underline{s}^q$ 的顶点中的任意 $r+1$ 个点,$0 \leqslant r \leqslant q$.显然,它们占有最广位置,因而 $\mathbf{R}^n$ 中有 r 维单形 $\underline{s}_1^r = (a^{i_0}, a^{i_1}, \cdots, a^{i_r})$,它被称为$\underline{s}^q$ 的一个 r 维面,记作

$$\underline{s}_1^r \prec \underline{s}^q.$$

设 $a^{i_{r+1}}, \cdots, a^{i_q}$ 为$\underline{s}^q$ 的顶点,但非$\underline{s}_1^r$ 的顶点,则$\underline{s}^q$ 的 r 维面

$$\underline{s}_1^r = \{x = \lambda_0 a^0 + \lambda_1 a^1 + \cdots + \lambda_q a^q \mid \lambda_{i_{r+1}} = \cdots = \lambda_{i_q}\} \subset \underline{s}^q.$$

$\underline{s}^q$ 的 0 维面就是顶点,1 维面也称为棱,q 维面就是$\underline{s}^q$ 本身.当 $0 \leqslant r < q$ 时,称$\underline{s}^r$ 为$\underline{s}^q$ 的**真面**.

$\underline{s}^q$ 的重心坐标都为正数的点称为$\underline{s}^q$ 的内点;$\underline{s}^q$ 的非内点称为$\underline{s}^q$ 的边缘点.$\underline{s}^q$ 的内点的集合称为一个**开单形**,因此$\underline{s}^q$ 也称为**闭单形**.$\underline{s}^q$ 的边缘点的集合称为$\underline{s}^q$ 的**边缘**.它显然是$\underline{s}^q$ 所有 $q-1$ 维面的并集,同胚于 $q-1$ 维单位球面

$$S^{q-1} = \{x = (x_1, x_2, \cdots, x_q) \mid x_1^2 + x_2^2 + \cdots + x_q^2 = 1\}.$$

注意,0 维球面是两个点,1 维球面是圆周.

定义 1.1.4 设$\underline{s}$ 与$\underline{t}$ 是 n 维 Euclid 空间 $\mathbf{R}^n$ 中的两个单形,如果交集$\underline{s} \cap \underline{t}$ 为空集或$\underline{s}$ 与$\underline{t}$ 的一个公共面,则称$\underline{s}$ 与$\underline{t}$ 是**规则相处**的.

定义 1.1.5 设 K 是 n 维 Euclid 空间 $\mathbf{R}^n$ 中以单形为元素的有限集合.如果 K 满足:

(1) 若单形$\underline{s} \in K$,则$\underline{s}$ 的任一面单形$\underline{t} \in K$;

(2) K 的任两单形规则相处.

则称 K 为一个**单纯复形**,简称为**复形**.

复形的 0 维单形称作复形的**顶点**.复形诸单形的维数的最大值称作**复形的维数**.

上述定义直观上就是由规则相处的单形堆积成了单纯复形.

如果复形 $L \subset$ 复形 K,则称 L 为 K 的一个**子复形**.

读者自然会问,复形定义中为什么必须满足条件(1)、(2)? 不满足又怎么样? 例 1.2.11 会回答这个问题!

例 1.1.1 (1) 一个单形$\underline{s}^q$ 的任意两个面规则相处.

(2) 一个单形$\underline{s}^q$ 的所有面形成一个复形,称为它的**闭包复形**,记作 Cl $\underline{s}^q$,有时简记为$\underline{s}^q$.

(3) 一个单形$\underline{s}^q$ 的所有真面形成一个复形,称为它的**边缘复形**,记作 Bd $\underline{s}^q = \dot{\underline{s}}^q$.

(4) 设 K 为一个复形,K 的全体维数$\leqslant q$ 的单形形成K 的一个子复形,称为 K **的** q

维骨架，记作 K^q.

证明 (1) 设 $\underline{u}$ 与 $\underline{v}$ 为单形 $\underline{s}^q$ 的两个面，$(\lambda_0,\lambda_1,\cdots,\lambda_q)$ 为 $\underline{s}^q$ 中的重心坐标，而

$$\underline{u} = \{x = \lambda_0 a^0 + \lambda_1 a^1 + \cdots + \lambda_q a^q \mid \lambda_{i_0} = \lambda_{i_1} = \cdots = \lambda_{i_r} = 0\},$$

$$\underline{v} = \{x = \lambda_0 a^0 + \lambda_1 a^1 + \cdots + \lambda_q a^q \mid \lambda_{j_0} = \lambda_{j_1} = \cdots = \lambda_{j_s} = 0\},$$

$$\underline{u} \cap \underline{v} = \{x = \lambda_0 a^0 + \lambda_1 a^1 + \cdots + \lambda_q a^q \mid \lambda_{i_0} = \lambda_{i_1} = \cdots = \lambda_{i_r} = 0, \lambda_{j_0} = \lambda_{j_1} = \cdots = \lambda_{j_s} = 0\}.$$

易见，当方程组

$$\begin{cases} \lambda_{i_0} = \lambda_{i_1} = \cdots = \lambda_{i_r} = 0, \\ \lambda_{j_0} = \lambda_{j_1} = \cdots = \lambda_{j_s} = 0, \\ \lambda_0 + \lambda_1 + \cdots + \lambda_q = 1 \end{cases}$$

形成一组矛盾方程时，无解，$\underline{u} \cap \underline{v} = \varnothing$（空集）；当方程组有解时，它对应一个 $\underline{s}^q$ 的面单形. 这就证明了 $\underline{u}$ 与 $\underline{v}$ 规则相处.

(2)、(3) 由(1)与定义1.1.4立知闭包复形 Cl $\underline{s}^q$ 与边缘复形 Bd $\underline{s}^q = \dot{\underline{s}}^q$ 都为单纯复形. □

定义 1.1.6 设 K 为 n 维 Euclid 空间 $\mathbf{R}^n$ 中的一个单纯复形. K 的全体单形的全体点形成的空间称为一个**多面体**，记为 $|K|$，K 称为 $|K|$ 的一个**单纯剖分**（或**三角剖分**），简称为 $|K|$ 的一个**剖分**. 显然，$|K|$ 为度量空间 $\mathbf{R}^n$ 中的有界闭集，它紧致、可数紧致、序列紧致、列紧.

显然，独点集 a^0 只有一种单纯剖分. 但是，非独点集可有多种单纯剖分. 如直线段有如下剖分：

$\{a^0, a^1, (a^0, a^1)\}$.

$\{a^0, a^1, a^2, (a^0, a^2), (a^2, a^1)\}$.

三角形有如下剖分：

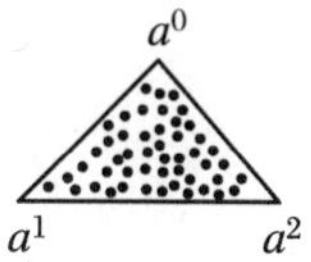

$\{a^0, a^1, a^2, (a^0, a^1), (a^1, a^2), (a^2, a^0), (a^0, a^1, a^2)\}$.

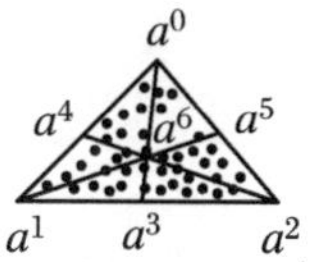

$\{a^0, a^1, a^2, a^3, a^4, a^5, a^6, (a^0, a^4), (a^4, a^1), (a^1, a^3), (a^3, a^2), (a^2, a^5), (a^5, a^0), (a^0, a^6), (a^1, a^6), (a^2, a^6), (a^3, a^6), (a^4, a^6), (a^5, a^6), (a^0, a^4, a^6), (a^4, a^1, a^6), (a^1, a^3, a^6), (a^3, a^2, a^6), (a^2, a^5, a^6), (a^5, a^0, a^6)\}$.

单形的定向、基本组、关联系数

定义 1.1.7 一个 q 维单形$\underline{s}^q$ 的 $q+1$ 个顶点 $a^0,a^1,\cdots,a^q$ 共有$(q+1)!$ 个不同次序的排列.当 $q>0$ 时,这些排列分成两组,同一组的任意两个排列相差偶数个对换;不同组的任意两个排列相差奇数个对换.这两组称为$\underline{s}^q$ 的两个定向.指定了一个定向的单形称为**有向单形**.为区别起见,前面的$\underline{s}^q$ 称为**无向单形**.相应的两个有向单形分别用

$$a^0a^1a^2\cdots a^q,\quad a^1a^0a^2\cdots a^q$$

表示(顶点之间无逗号).如果将一个记作 s^q,则另一个记作 $-s^q$(s^q 下无横杠):

$$a^0a^1a^2\cdots a^q=-a^1a^0a^2\cdots a^q,$$

它们是定向相反的有向单形.

0 维无向单形$\underline{s}^0=(a^0)$的一个顶点只有 $1!=1$ 个排列.为叙述统一、完整,我们用 $+a^0,-a^0$ 定义两个 0 维有向单形.

1 维有向单形 $s^1=a^0a^1$ 与 $-s^1=a^1a^0$ 为定向相反的有向线段;2 维有向单形 $s^2=a^0a^1a^2$ 与 $-s^2=a^1a^0a^2$ 为定向相反的有向三角形;3 维有向单形 $s^3=a^0a^1a^2a^3$ 与 $-s^3=a^1a^0a^2a^3$ 为定向相反的有向四面体.

无向单形$\underline{s}^q=(a^0,a^1,\cdots,a^q)$有 $q+1$ 个 $q-1$ 维面$\underline{t}_i^{q-1}=(a^0,a^1,\cdots,\hat{a}^i,\cdots,a^q)$(记号 $\hat{a}^i$ 表示删去 a^i,即只有 a^i 不是$\underline{t}_i^{q-1}$ 的顶点).$\underline{t}_i^{q-1}$ 称为$\underline{s}^q$ 的与顶点 a^i 相对的 $q-1$维面.设 $s^q=a^0a^1\cdots a^q$,则 $s^q=(-1)^ia^ia^0\cdots\hat{a}^i\cdots a^q$.我们将

$$t_i^{q-1}=(-1)^ia^0a^1\cdots\hat{a}^i\cdots a^q$$

与 $-t_i^{q-1}$ 分别称作s^q 的$q-1$ 维顺向面与逆向面.容易看出,t_i^{q-1} 为s^q 的顺向面或逆向面并不依赖于s^q 的定向排列.事实上,如果

$$s^q=a^0a^1\cdots a^i\cdots a^q=b^0b^1\cdots b^j\cdots b^q,$$

且 $a^i=b^j$,则

$$(-1)^ia^ia^0\cdots\hat{a}^i\cdots a^q=(-1)^jb^jb^0\cdots\hat{b}^j\cdots b^q,$$

因而

$$(-1)^ia^0\cdots\hat{a}^i\cdots a^q=(-1)^jb^0\cdots\hat{b}^j\cdots b^q,$$

它就是顺向面 t_i^{q-1}(图 1.1.3).

定义 1.1.8 设

$$\underline{s}_i^q,\quad i=1,2,\cdots,\alpha_q;\ q=0,1,\cdots,n$$

为 n 维复形K 的全体q 维单形.

当 $q=0$ 时,$\underline{s}_i^0=a^i$,$\{a^0,a^1,\cdots,a^{\alpha_0}\}$为 K 的全体顶点.选 $s_i^0=+a^i$.

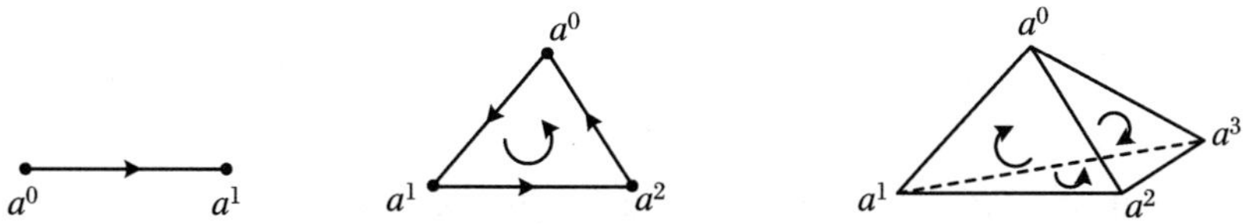

1维有向单形a^0a^1　　2维有向单形$a^0a^1a^2$　　3维有向单形$a^0a^1a^2a^3$

$a^1, -a^0$为顺向面　　a^1a^2, a^2a^0, a^0a^1为顺向面　　$a^1a^2a^3, -a^0a^2a^3, a^0a^1a^3, -a^0a^1a^2$为顺向面

图 1.1.3

当 $0<q\leqslant n$ 时，选 s_i^q 为$\underline{s}_i^q$ 的两个定向单形中任意给定的一个. 我们称

$$\{s_i^q,\ i=1,2,\cdots,\alpha_q;\ q=0,1,\cdots,n\}$$

为 K 的有向单形的一个基本组. $\pm s_i^q$ 都称为K 的有向单形.

n 维复形K 的有向单形s_i^q 与有向单形s_j^{q-1} 存在三种关系状态：s_j^{q-1} 不为s_i^q 的面，s_j^{q-1} 为s_i^q 的顺向面，s_j^{q-1} 为s_i^q 的逆向面. 根据这三种状态，我们引入 s_i^q 与s_j^{q-1} 的关联系数

$$[s_i^q:s_j^{q-1}]=\begin{cases}0, & s_j^{q-1}\text{ 不为 }s_i^q\text{ 的面},\\ 1, & s_j^{q-1}\text{ 为 }s_i^q\text{ 的顺向面},\\ -1, & s_j^{q-1}\text{ 为 }s_i^q\text{ 的逆向面}.\end{cases}$$

从此，这种状态可以参加我们的数学运算(见引理 1.1.4(3)).

显然，当 $\varepsilon=\pm1$ 时，有

$$[\varepsilon s_i^q:s_j^{q-1}]=[s_i^q:\varepsilon s_j^{q-1}]=\varepsilon[s_i^q:s_j^{q-1}].$$

整链群、边缘算子

定义 1.1.9　设$\{s_i^q\}$为 n 维复形K 的一个基本组. 我们称

$$x_q=g_1s_1^q+g_2s_2^q+\cdots+g_{\alpha_q}s_{\alpha_q}^q=\sum_{i=1}^{\alpha_q}g_is_i^q\quad(g_i\in J(\text{整数群}))$$

为 K 的一个 q **维整数链**. 如果所有的 $g_i=0$，则这个链称为**零链**，记为 0. 如果 $g_i=1$，其他系数为 0，则这个链就是有向单形 $s_i^q=1\cdot s_i^q$.

设

$$x_q=g_1s_1^q+g_2s_2^q+\cdots+g_{\alpha_q}s_{\alpha_q}^q,$$

$$y_q=h_1s_1^q+h_2s_2^q+\cdots+h_{\alpha_q}s_{\alpha_q}^q$$

为 K 的任意两个 q 维整数链，令 x_q 与y_q 的和为

$$x_q+y_q=(g_1+h_1)s_1^q+(g_2+h_2)s_2^q+\cdots+(g_{\alpha_q}+h_{\alpha_q})s_{\alpha_q}^q.$$

对于上述加法，K 的全体q 维整数链在其加法下形成一个以$\{s_i^q\}$(固定的 q)为一个

基的自由交换群,称为 K 的 q **维整(下)链群**,记作 $C_q(K;J)$,简记作 $C_q(K)$.它不依赖于 K 的基本组$\{s_i^q\}$的选取(注意到 $g_is_i^q=(-g_i)(-s_i^q)$),即如果用不同的基本组,则所得的链群同构.

定义 1.1.10 设 $s^q=a^0a^1\cdots a^q$ 为单纯复形K 的一个有向单形,我们定义 s^q 的**边缘链**或**边缘**为

$$\partial s^q=\begin{cases}0, & \text{当 } q=0 \text{ 时},\\ \sum\limits_{i=0}^{q}(-1)^ia^0a^1\cdots\hat{a}^i\cdots a^q, & \text{当 } q>0 \text{ 时}.\end{cases}$$

上式右边表明∂s^q 为s^q 的全体$q-1$ 维顺向面之和,因而∂s^q 不依赖于s^q 的定向排列$a^0,a^1,\cdots,a^q$(见图 1.1.4).

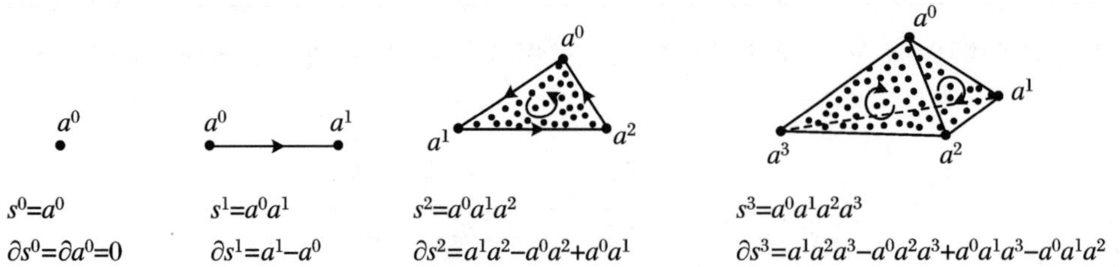

图 1.1.4

进而,对 n 维复形K 的一个基本组$\{s_i^q\}$,根据上述定义立即有

$$\partial s_i^q=\begin{cases}0, & \text{当 } q=0 \text{ 时},\\ \sum\limits_{j=1}^{\alpha_{q-1}}[s_i^q:s_j^{q-1}]s_j^{q-1}, & \text{当 } q>0 \text{ 时}.\end{cases}$$

注意右边当然恰是 s_i^q 的全体$q-1$ 维顺向面之和.

由∂的定义,按

$$x_q=g_1s_1^q+g_2s_2^q+\cdots+g_{\alpha_q}s_{\alpha_q}^q=\sum_{i=1}^{\alpha_q}g_is_i^q$$

线性扩张为

$$\partial=\partial_q:C_q(K;J)\to C_{q-1}(K;J),$$

$$x_q\mapsto\partial x_q=\partial\Big(\sum_{i=1}^{\alpha_q}g_is_i^q\Big)=\sum_{i=1}^{\alpha_q}g_i\partial s_i^q,\quad q\geqslant 0.$$

显然,$\partial=\partial_q$ 为交换群$C_q(K;J)$到交换群 $C_{q-1}(K;J)$的一个线性算子,即一个同态

$$\partial(x_q+y_q)=\partial x_q+\partial y_q.$$

(我们将 $C_q(K,J)$,$q=-1,-2,\cdots$视作零群.)称∂与∂_q 为**边缘同态**.

引理 1.1.4 设 K 为n 维复形.

(1) 对于 K 的任一 q 维定向单形 s^q,有

$$\partial\partial s^q = 0.$$

(2) 对于 K 的任一 q 维链 x_q,有

$$\partial\partial x_q = 0.$$

(3) 设 $\{s_i^q\}$ 为 K 的一个基本组,对于任意两个 s_i^q 与 s_k^{q-1},$q\geqslant 2$,有

$$\sum_{j=1}^{\alpha_{q-1}}[s_i^q : s_j^{q-1}][s_j^{q-1} : s_k^{q-2}] = 0,\quad i = 1,2,\cdots,\alpha_q;\ k = 1,2,\cdots,\alpha_{q-2}.$$

证明 (1) 当 $q=0,1$ 时,显然有 $\partial\partial s^q=0$;当 $q\geqslant 2$ 时,设 $s^q=a^0a^1\cdots a^q$,则有

$$\begin{aligned}\partial\partial s^q &= \partial\sum_{i=0}^{q}(-1)^i a^0a^1\cdots\hat{a}^i\cdots a^q\\ &= \sum_{j=0}^{i-1}(-1)^j\sum_{i=0}^{q}(-1)^i a^0\cdots\hat{a}^j\cdots\hat{a}^i\cdots a^q + \sum_{j=i+1}^{q}(-1)^{j-1}\sum_{i=0}^{q}(-1)^i a^0\cdots\hat{a}^i\cdots\hat{a}^j\cdots a^q\\ &= \sum_{j<i}(-1)^{i+j}a^0\cdots\hat{a}^j\cdots\hat{a}^i\cdots a^q + \sum_{j>i}(-1)^{i+j-1}a^0\cdots\hat{a}^i\cdots\hat{a}^j\cdots a^q\\ &= 0.\end{aligned}$$

(2)

$$\begin{aligned}\partial\partial x_q &= \partial\partial\sum_{i=1}^{\alpha_q}g_i s_i^q = \partial\sum_{i=1}^{\alpha_q}g_i\partial s_i^q\\ &= \sum_{i=1}^{\alpha_q}g_i\partial\partial s_i^q \xlongequal{\text{由(1)}} \sum_{i=1}^{\alpha_q}g_i\cdot 0 = \sum_{i=1}^{\alpha_q}0 = 0.\end{aligned}$$

(3)

$$\begin{aligned}0 &\xlongequal{\text{由(1)}} \partial\partial s_i^q = \partial\Big(\sum_{j=1}^{\alpha_{q-1}}[s_i^q : s_j^{q-1}]s_j^{q-1}\Big)\\ &= \sum_{j=1}^{\alpha_{q-1}}[s_i^q : s_j^{q-1}]\partial s_j^{q-1} = \sum_{j=1}^{\alpha_{q-1}}[s_i^q : s_j^{q-1}]\sum_{k=1}^{\alpha_{q-2}}[s_j^{q-1} : s_k^{q-2}]s_k^{q-2}\\ &= \sum_{k=1}^{\alpha_{q-2}}\sum_{j=1}^{\alpha_{q-1}}[s_i^q : s_j^{q-1}][s_j^{q-1} : s_k^{q-2}]s_k^{q-2},\end{aligned}$$

由 $\{s_k^{q-2}\}$ 线性无关,得到

$$\sum_{j=1}^{\alpha_{q-1}}[s_i^q : s_j^{q-1}][s_j^{q-1} : s_k^{q-2}] = 0,\quad i = 1,2,\cdots,\alpha_q;\ k = 1,2,\cdots,\alpha_{q-2}.$$ □

定义 1.1.11 对于一般的交换群 G,借用

$$\partial s^q = \begin{cases}0, & \text{当 } q = 0 \text{ 时},\\ \partial(a^0a^1\cdots a^q), & \text{当 } q > 0 \text{ 时}\end{cases}$$

$$= \begin{cases} 0, & \text{当 } q = 0 \text{ 时}, \\ \sum_{i=1}^{q} (-1)^i a^0 a^1 \cdots \hat{a}^i \cdots a^q, & \text{当 } q > 0 \text{ 时}, \end{cases}$$

我们定义

$$\partial(gs^q) = g(\partial s^q).$$

仿定义 1.1.9,令

$$C_q(K;G) = \left\{ x_q = \sum_{i=1}^{\alpha_q} g_i s_i^q \mid g_i \in G,\ i = 1,2,\cdots,\alpha_q \right\},$$

显然,它关于自然的加法成为一个交换群,称为**以 G 为系数的链群**. 当 $G \cong J$ 时,就是定义 1.1.9 中的整数链群. 此时,$s_i^q, \partial s_i^q$ 都属于 $C_q(K;J)$. 特别注意的是 $s_i^q, \partial s_i^q$ 未必属于 $C_q(K;G)$,而 $gs_i^q, g(\partial s_i^q)$ 都属于 $C_q(K;G)$!

因为

$$\partial x_q = \partial\left(\sum_{i=1}^{\alpha_q} g_i s_i^q\right) = \sum_{i=1}^{\alpha_q} g_i(\partial s_i^q) \in C_q(K;G),$$

$$\partial\partial x_q = \sum_{i=1}^{\alpha_q} g_i(\partial\partial s_i^q) = \sum_{i=1}^{\alpha_q} g_i \cdot 0 = 0,$$

$$\partial(x_q + y_q) = \partial x_q + \partial y_q,$$

故

$$\partial = \partial_q : C_q(K;G) \to C_{q-1}(K;G)$$

称为**边缘同态**. $\{C_q(K;G), \partial_q\}$ 称为一个**链复形**. 称

$$Z_q(K;G) = \{x_q \mid \partial x_q = 0\} = \mathrm{Ker}\,\partial_q$$

为 K 的 **q 维(下)闭链群**,$Z_q(K;G)$ 中的元素称为一个 **q 维(下)闭链**. 称

$$B_q(K;G) = \{x_q = \partial y_{q+1} \mid y_{q+1} \in C_{q+1}(K;G)\} = \mathrm{Im}\,\partial_{q+1}$$

为 K 的 **q 维(下)边缘链群**,$B_q(K;G)$ 中的元素称为一个 **q 维(下)边缘链**. 因为 $\partial_q \partial_{q+1} x_{q+1} = 0$,故

$$B_q(K;G) \subset Z_q(K;G).$$

由此定义商群

$$H_q(K;G) = \frac{Z_q(K;G)}{B_q(K;G)} = \frac{\mathrm{Ker}\,\partial_q}{\mathrm{Im}\,\partial_{q+1}},$$

并称它为 **q 维单纯(下)同调群**.

当 $G = J$ 时,我们分别称 $Z_q(K;J), B_q(K;J), H_q(K;J)$ 为 **q 维整(下)闭链群**、**q 维整(下)边缘链群**、**q 维整单纯(下)同调群**. 当 $G = J_p, \mathbf{Q}, \mathbf{R}$(模 p(p 为素数)群、有理数加群、实数加群)时,我们分别称 $H_q(K;J_p), H_q(K;\mathbf{Q}), H_q(K;\mathbf{R})$ 为 **q 维模 p 单纯(下)**

同调群、q 维有理单纯(下)同调群、q 维实单纯(下)同调群.

下同调群的万有系数定理(定理2.8.10)表明,$H_q(K;G)$由 $H_q(K;J)$,$H_{q-1}(K;J)$及 G 完全决定.因而,系数群 J 特别重要.将系数群 J 换成一般的交换群 G 的这种推广,并非只是形式上的推广,而有其实际意义.2.9节最后给出了理由和详细的描述.

正如定义2.9.1,我们定义了 n 维单纯复形 K 的 Euler-Poincaré 示性数

$$\chi(K) = \sum_{i=0}^{n}(-1)^i \dim H_q(K;J) \xlongequal{\text{定理 2.9.3}} \sum_{i=0}^{n}(-1)^i \alpha_i .$$

1.2 单纯下同调群典型例题的计算

抽象代数的基本概念与重要定理

代数拓扑(同调论与同伦论)顾名思义是拓扑与代数的有机结合.换言之,它是用抽象代数(群、环、域)来研究几何拓扑(多面体、拓扑空间)的拓扑性质,并得到同调群、同伦群的拓扑(同胚)不变性与同伦不变性.抽象代数的知识(概念与定理)和方法起到了关键作用.只有既具有点集拓扑的真功夫,又具有抽象代数的真功夫才会在代数拓扑中做出创新工作.

定义 1.2.1 设 G,G'为交换群,$f:G\to G'$为一个(单值)映射,并且有

$$f(x+y) = f(x)+f(y), \quad \forall x,y \in G,$$

则称 f 为从 G 到 G'的一个**同态**.

令 $y=0$,得到

$$f(x) = f(x+0) = f(x)+f(0),$$
$$f(0) = 0;$$

令 $x+y=0$,得到

$$0 = f(0) = f(x+y) = f(x)+f(y) = f(x)+f(-x),$$
$$f(-x) = -f(x).$$

由此推得,对任一整数 n,有

$$f(nx) = nf(x).$$

引理 1.2.1 设 G,G'为交换群,$f:G\to G'$为同态,H 为 G 的子群,H'为 G'的子群,则:

(1) $f(H)$为 G'的子群.

(2) $f^{-1}(H')$为 G 的子群.

证明 (1) 设 $f(x_1)\in f(H)$,$f(x_2)\in f(H)$,由于 f 为同态,故

$$f(x_1)+f(x_2)=f(x_1+x_2)\in f(H);$$

若 $x\in G$,则 $-f(x)=f(-x)\in f(H)$.

从而,$f(H)$为 G'的子群.

(2) 设 $x_1,x_2\in f^{-1}(H')$,则 $f(x_1)\in H'$,$f(x_2)\in H'$.由 f 为同态知

$$f(x_1+x_2)=f(x_1)+f(x_2)\in H',$$

$$x_1+x_2\in f^{-1}(H').$$

若 $x\in f^{-1}(H')$,则 $f(-x)=-f(x)\in H'$,$-x\in f^{-1}(H')$.

从而,$f^{-1}(H')$为 G 的子群. □

定义 1.2.2 设 $f:G\to G'$为一个同态,由引理 1.2.1 知,$f(G)$为 G'的一个子群,称为同态 f 的**像群**,用 f **像**或 $\mathrm{Im}\,f$ 表示;而 $f^{-1}(0)$为 G 的一个子群,称为同态 f 的**核**,用 f **核**或 $\mathrm{Ker}\,f$ 表示.

如果 $f(G)=G'$,则称 f 为**满同态**(epimorphism 或 surjective);如果 $f^{-1}(0)=0$,则称 f 为**单一同态或单同态**(monomorphism 或 injective).

显然,f 为单一同态$\Leftrightarrow\forall x,y\in G$,$x\neq y$ 蕴涵着 $f(x)\neq f(y)$.

如果 $f(G)=0$,则称 f 为**零同态**.

定义 1.2.3 设 G 为交换群,H 为 G 的子群.如果 $x,y\in G$,且

$$x-y\in H,$$

则称 x 与 y **模 H 等价**,记作

$$x\equiv y(\mathrm{mod}\,H)\quad 或\quad x\equiv y(模\ H),$$

有时也记作 $x\sim y$.

显然,模 H 等价这个关系具有反身性、对称性与传递性.根据这个关系,G 的所有元素可以划分成若干个互不相交的子集:G 的两个元素

$$x 与 y 属于同一个子集\Leftrightarrow x 与 y 模 H 等价.$$

这种子集称为群 G 中**模 H 等价类**,或子群 H 在 G 中的**陪集**.

用 x^*(或$[x]$,或 $x+H$)表示包含 $x\in G$ 的模 H 等价类.考虑新集合

$$G\mid H=\{x^*\mid x\in G\},$$

对$\forall x^*,y^*\in G|H$,引入加法运算

$$x^*+y^*=(x+y)^*.$$

容易看出,如果 $x,x_1\in x^*$,$y,y_1\in y^*$,则 $x-x_1\in H$,$y-y_1\in H$.从而

$$(x+y)-(x_1+y_1)=(x-x_1)+(y-y_1)\in H,$$

$$(x+y)^*=(x_1+y_1)^*,$$

即 $x^* + y^*$ 是唯一的,不依赖于 x^*,y^* 中所选择的代表元 x,y. 此外,$G|H$ 中定义的加法运算满足群的公理,并且为交换群. 我们称 $\{G|H, +(加法)\}$ 为交换群 G 关于子群 H 的商群,并且等价类 H 作为商群的一元时,是商群的零元. 我们常将 $x\in G$ 称为 $x^* \in G|H$ 的一个代表元,记作 $x\in x^*$.

例 1.2.1　(1) 当 $H=0$ 时,$G|H=G$.

(2) 当 m 为正整数时,记 $G_m = G|(mG)$. $G_0 = G$,$G_1 = 0$. 特别当 $G = J$ 为整数加群时,J 的模 mJ 等价类就是初等数论中的模 m 同余类. 而 $x^* + y^*$ 就是初等数论中模 m 同余类的加法运算. 因此,J_m 就是模 m 同余类群. 还应注意到,当 m 为素数时,$J_m = J|(mJ)$ 为一个域.

(3) 当 m 为正整数,$\mathbf{Q}$ 为有理数加群时,有

$$\mathbf{Q}_m = \mathbf{Q} | (m\mathbf{Q}) = \mathbf{Q} | \mathbf{Q} = 0;$$

当 m 为正整数,$\mathbf{R}$ 为实数加群时,有

$$\mathbf{R}_m = \mathbf{R} | (m\mathbf{R}) = \mathbf{R} | \mathbf{R} = 0.$$

定理 1.2.1(诱导同态)　设 G,G' 为交换群,$f:G\to G'$ 为一个同态,H 为 G 的子群,H' 为 G' 的子群,并且 $f(H)\subset H'$,

$$\tilde{f}: G | H \to G' | H',$$

$$x^* \mapsto \tilde{f}(x^*) = (f(x))^*,$$

则 $\tilde{f}$ 称作 f 所诱导出的同态.

证明　设 $x_1, x_2 \in x^*$,即 $x_1 - x_2 \in H$. 于是,由 f 为同态得到

$$f(x_1) - f(x_2) = f(x_1 - x_2) \in f(H) \subset H',$$

$$(f(x_1))^* = (f(x_2))^*.$$

则 $\tilde{f}(x^*)$ 与 x^* 的代表元选取无关,从而 $\tilde{f}$ 为单值映射. 因为

$$\begin{aligned}\tilde{f}(x^* + y^*) &= \tilde{f}((x+y)^*) = (f(x+y))^* = (f(x) + f(y))^* \\ &= (f(x))^* + (f(y))^* = \tilde{f}(x^*) + \tilde{f}(y^*),\end{aligned}$$

所以 $\tilde{f}^*$ 为同态. □

推论 1.2.1　设 G,G' 为交换群,$f:G\to G'$ 为同态,H 为 G 的子群,H' 为 G' 的子群,并且 $f(H)\subset H'$. 再设 $t:G\to G|H$,$t':G'\to G'|H'$ 都为自然同态,则图表

$$\begin{array}{ccc} G & \xrightarrow{f} & G' \\ {\scriptstyle t}\downarrow & & \downarrow{\scriptstyle t'} \\ G|H & \xrightarrow{\tilde{f}} & G'|H' \end{array}$$

可交换,即

$$t'f = \tilde{f}t.$$

如果 f 为满同态,则$\tilde{f}$也为满同态.

证明 设 $x \in G$,则

$$t'f(x) = (f(x))^* = \tilde{f}(x^*) = \tilde{f}t(x),$$

$$t'f = \tilde{f}t.$$ □

定义 1.2.4 设 G, G'为交换群,$f: G \to G'$为同态,如果 f 将 G 一一地映为G',则称 f 为一个同构.显然

$$f \text{ 为同构} \Leftrightarrow f \text{ 既为满同态又为单同态}$$

$$\Leftrightarrow f \text{ 为一一映射}, f \text{ 与 } f^{-1} \text{ 都为同态}.$$

事实上,由 f 为一一映射,有

$$ff^{-1}(y_1 + y_2) = y_1 + y_2 = ff^{-1}(y_1) + ff^{-1}(y_2) \xlongequal{f\text{ 为同态}} f(f^{-1}(y_1) + f^{-1}(y_2)),$$

$$f^{-1}(y_1 + y_2) = f^{-1}(y_1) + f^{-1}(y_2),$$

这表明 f^{-1}也为同态.

引理 1.2.2 设 G 与 G'为交换群,$f: G \to G'$与$f': G' \to G$ 都为同态.

(1) 如果 $f'f = \mathrm{Id}_G$(恒同),即 $f'f(x) = x, \forall x \in G$,则 f 为单同态,而 f'为满同态,且 $G' = \mathrm{Im}\, f + \mathrm{Ker}\, f'$.

(2) 如果 $f'f = \mathrm{Id}_G$(恒同),$ff' = \mathrm{Id}_{G'}$(恒同),则 f 与f'为互逆的同构.

证明 (1) 设 $x \in G$,使得 $f(x) = 0$,故

$$x = \mathrm{Id}_G(x) = f'f(x) = f'(0) = 0,$$

这表明 f 为单同态.

另一方面,对$\forall x \in G$,令 $x' = f(x)$,则

$$x = \mathrm{Id}_G(x) = f'f(x) = f'(x'),$$

即 f'为满同态.

再证 $G' = \mathrm{Im}\, f \oplus \mathrm{Ker}\, f'$.

对$\forall x' \in G'$,有

$$f'(x' - ff'(x')) = f'(x') - f'(x') = 0,$$

即 $x' - ff'(x') \in \mathrm{Ker}\, f'$.但 $ff'(x') \in \mathrm{Im}\, f$,故如果令 $y_1 = ff'(x')$, $y_2 = x' - ff'(x')$,则 $x' = y_1 + y_2 \in \mathrm{Im}\, f + \mathrm{Ker}\, f'$.

再证 $\mathrm{Im}\, f \cap \mathrm{Ker}\, f' = 0$.为此,设 $x' \in \mathrm{Im}\, f \cap \mathrm{Ker}\, f'$.因 $x' \in \mathrm{Im}\, f$,$\exists x \in G$, s.t. $x' = f(x)$;又因 $x' \in \mathrm{Ker}\, f'$,$0 = f'(x') = f'f(x) = x$;再从 f 为同态知$x' = 0$.

综上所述,$G' = \mathrm{Im}\, f \oplus \mathrm{Ker}\, f'$.

(2) 由 $f'f = \mathrm{Id}_G$ 与(1)知,f 为单同态,f'为满同态.由 $ff' = \mathrm{Id}_{G'}$ 及(1)知,f'为单同

态,f 为满同态.根据定义 1.2.4,f 与 f' 为互逆的同构. □

定理 1.2.2 设 G,G' 为交换群,$f:G\to G'$ 为满同态.

(1)(一般同构定理)再设 H' 为 G' 的子群,由引理 1.2.1 知 $H=f^{-1}(H')$ 为 G 的子群.进而,由 f 所诱导出的同态

$$\tilde{f}:G\mid H\to G'\mid H'$$

为一个同构.

(2)(特殊同构定理)在(1)中当 $H'=0$ 时,$H=f^{-1}(H')=f^{-1}(0)=\mathrm{Ker}\,f$,则

$$\tilde{f}:G\mid \mathrm{Ker}\,f\to G'$$

为一个同构.

证明 $\forall (x')^*\in G'|H',x'\in G'$.因为 f 为满同态,故 $\exists\, x$,s.t. $x'=f(x)$.于是

$$\tilde{f}(x^*)=(f(x))^*=(x')^*.$$

这表明 $\tilde{f}$ 也为满同态.

再证 $\tilde{f}$ 为单同态.为此,设 $x^*\in G|H$,使得

$$(f(x))^*=\tilde{f}(x^*)=0,$$

则 $f(x)\in H',x\in f^{-1}(H')=H$,即 $x^*=0$.

这就证明了 $\tilde{f}$ 为单同态.

综上推得 f 为同构. □

定理 1.2.3 设 G,G' 为交换群,则

G' 为 G 的同态像,即存在一个同态 $f:G\to G'$,使得 $G'=f(G)$

$\Leftrightarrow$ 存在 G 的一个子群 H,使得 $G\mid H\cong G'$.

证明 ($\Rightarrow$)令 $H=\mathrm{Ker}\,f=f^{-1}(0)$,根据引理 1.2.2(2),它为 G 的一个子群,由定理 1.2.2(2)得到

$$G\mid H=G\mid \mathrm{Ker}\,f\cong G'.$$

($\Leftarrow$)设 $t:G\to G|H,t(x)=x^*$ 为自然同态.又设 $g:G|H\to G'$ 为同构,则

$$f=gt:G\xrightarrow{t}G\mid H\xrightarrow{g}G' \quad (\underbrace{\qquad\qquad}_{gt})$$

为满同态. □

定义 1.2.5 设 G 为交换群,$H_i,i=1,2,\cdots,n$ 为 G 的子群.如果 G 的每一个元素 x 都可以唯一地表示为

$$x=y_1+y_2+\cdots+y_n,\quad y_i\in H_i,$$

则称 G 为 H_i 的直和或 G 分解为 H_i 的直和,并记作

$$G=H_1\oplus H_2\oplus\cdots\oplus H_n.$$

H_i 称作 G 的**直加项**.

引理 1.2.3 (1) 设 H_1,H_2 为群 G 的子群,并且 G 的每一个元素 x 至少有一个如下的表示:

$$x = y_1 + y_2,\quad y_1 \in H_1,\ y_2 \in H_2,$$

则

$$G = H_1 \oplus H_2 \Leftrightarrow H_1 \cap H_2 = 0\ (G\text{ 的零元}).$$

(2) 如果 $G = H_1 \oplus H_2$,则 $G | H_1 \cong H_2$.

证明 (1) ($\Rightarrow$)(反证)假设 $H_1 \cap H_2 \neq 0$,则 $\exists\, x \in H_1 \cap H_2$, $x \neq 0$,于是 x 有两个不同的表示,即

$$x + 0 = x = 0 + x.$$

这与 $G = H_1 \oplus H_2$ 表示唯一相矛盾.

($\Leftarrow$)设 G 的任一元素

$$x = y_1 + y_2 = y_1' + y_2',\quad y_i, y_i' \in H_i,\ i = 1,2,$$

则

$$y_1 - y_1' = y_2' - y_2 \in H_1 \cap H_2 = 0,$$

因而,$y_1 = y_1'$, $y_2 = y_2'$,即 x 只有唯一的表示,从而 $G = H_1 \oplus H_2$.

(2) 定义映射

$$f: G \to H_2,\ x \mapsto f(x) = y_2,\quad \text{当 } x = y_1 + y_2 \text{ 时},\ y_i \in H_i.$$

显然,f 为满同态.因为 $x = y_1 + y_2$ 这个表示唯一,故 f 的核 $\mathrm{Ker}\, f = H_1$,于是

$$G | H_1 \cong H_2.$$

□

定理 1.2.4 设交换群 $G = G_1 \oplus G_2 \oplus \cdots \oplus G_n$,且 H_i 为 G_i 的子群.令

$$H = H_1 \oplus H_2 \oplus \cdots \oplus H_n,$$

则

$$G | H \cong G_1 | H_1 \oplus G_2 | H_2 \oplus \cdots \oplus G_n | H_n.$$

证明 设 $G' = G_1 | H_1 \oplus G_2 | H_2 \oplus \cdots \oplus G_n | H_n$ 的元素 x' 可唯一地表示为 $x_1^* + x_2^* + \cdots + x_n^*$, $x_i^* \in G_i | H_i$.群 G 的元素 x 可唯一地表示为 $x_1 + x_2 + \cdots + x_n$, $x_i \in G_i$.对于给定的 $x = x_1 + x_2 + \cdots + x_n$,根据关系 $x_i \in x_i^* \in G_i | H_i$ 来确定 $x' = x_1^* + x_2^* + \cdots + x_n^* \in G'$.显然

$$f: G \to G',\quad x \mapsto f(x) = x'$$

为满同态,且 f 的核为 $\mathrm{Ker}\, f = H$.根据定理 1.2.2(2),有

$$G | H = G | \mathrm{Ker}\, f \cong G' = G_1 | H_1 \oplus G_2 | H_2 \oplus \cdots \oplus G_n | H_n.$$

□

复形 K 的连通与连通分支、0 维同调群的结构

定义 1.2.6 如果复形 K 为两个非空的、不相交的子复形的并集，则称复形 K 为**非(不)连通**的；如果 K 不是两个非空的、不相交的子复形的并集，则称复形 K 是**连通**的.

如果复形 K 的一个子复形 L 是 K 的最大的连通子复形（即 L 既连通，又不是 K 的另一连通的子复形的真子复形），则称复形 L 为 K 的一个**连通分支**.

引理 1.2.4 (1) 复形 K 连通.

$\Leftrightarrow$(2) 对于 K 的任意两个顶点 a 与 b，存在它的一列顶点

$$a^0 = a, a^1, \cdots, a^{q-1}, a^q = b,$$

使得 (a^i, a^{i+1}), $i=0,1,\cdots,q-1$ 就是 K 的 1 维单形.

$\Leftrightarrow$(3) $|K|$ 作为拓扑空间是道路连通的.

$\Leftrightarrow$(4) $|K|$ 作为拓扑空间是连通的.

证明 (1)$\Rightarrow$(2).（反证）假设(1)成立，但(2)不成立，必有 K 的两个顶点 a 与 b 不满足(2)的条件. 凡与 a 有一列顶点相连的顶点必形成 K 的一个子复形 L_a，与其余顶点（包括 b）相连的顶点形成 K 的另一个子复形 $\bigcup\limits_{\text{顶点}x\notin L_a} L_x$. 显然 $L_a \ni a$, $\bigcup\limits_{\text{顶点}x\notin L_a} L_x \ni b$，它们为 K 的两个非空、不相交的子复形的并集，根据定义 1.2.6，复形 K 非连通，这与(1)复形 K 连通相矛盾.

(2)$\Rightarrow$(3). 由(2)与任一单形直线连通知，$|K|$ 折线连通，当然它也是道路连通的.

(3)$\Rightarrow$(4). 参阅文献[3]46 页定理 1.4.2.

(1)$\Leftarrow$(4).（反证）假设复形 K 非连通，则 K 为两个非空的、不相交的子复形 L_1 与 L_2 的并集，故 $|K| = |L_1| \cup |L_2|$, $|L_1| \cap |L_2| = \varnothing$, $|L_i|$, $i=1,2$ 为闭集，从而 $|K|$ 非（拓扑）连通，这与题设 $|K|$ 拓扑连通相矛盾.

此外，还可直接证明：

(1)$\Leftarrow$(2).（反证）假设复形 K 非连通，则 K 可分为两个非空的、不相交的子复形 L_1 与 L_2 的并集. 任取 L_1 的顶点 a 与 L_2 的顶点 b. 根据(2)，存在 K 的一列顶点

$$a^0 = a, a^1, \cdots, a^{q-1}, a^q = b,$$

使得 (a^i, a^{i+1}), $i=0,1,\cdots,q-1$ 就是 K 的 1 维单形. 因为 $a^0 = a \in L_1$，又 $(a, a^1) = (a^0, a^1) \in K$, $L_1 \cap L_2 = \varnothing$，故 $(a^0, a^1) \in L_1$, $a^1 \in L_1$. 依次类推得到 $(a^1, a^2) \in L_1, \cdots, (a^{q-1}, a^q) \in L_1$, $b = a^q \in L_1$, $b = a^q \in L_1 \cap L_2$，这与 $L_1 \cap L_2 = \varnothing$ 相矛盾. □

引理 1.2.5 任何单纯复形 K 可分解成 R（有限）个连通分支 $K_1, K_2, \cdots, K_R$，而且 K 为这些连通分支的并集.

由此推得多面体 $|K|$ 的拓扑连通分支恰为 $|K_1|,|K_2|,\cdots,|K_R|$.

证明 正如引理 1.2.4 中(1)⇒(2)知，对 K 的任一顶点 a，凡与 a 有一列顶点相连的顶点必形成 K 的一个子复形 L_a. 显然，$L_a=L_b\Leftrightarrow a\in L_b, b\in L_a$. 于是，复形 K 可分解成 R(有限)个连通分支 $K_1,K_2,\cdots,K_R$，而且复形 K 为这些连通分支的并集. □

定理 1.2.5 设单纯复形 K 可分解为 R 个连通分支 K_i，$i=1,2,\cdots,R$，则有：

(1) $C_q(K;G)\cong C_q(K_1;G)\oplus C_q(K_2;G)\oplus\cdots\oplus C_q(K_R;G)$.

(2) $Z_q(K;G)\cong Z_q(K_1;G)\oplus Z_q(K_2;G)\oplus\cdots\oplus Z_q(K_R;G)$.

(3) $B_q(K;G)\cong B_q(K_1;G)\oplus B_q(K_2;G)\oplus\cdots\oplus B_q(K_R;G)$.

(4) $H_q(K;G)\cong H_q(K_1;G)\oplus H_q(K_2;G)\oplus\cdots\oplus H_q(K_R;G)$.

证明 (1) 因为复形 K 可分解为 R 个连通分支 K_i，$i=1,2,\cdots,R$，故对 $\forall x_q\in C_q(K;G)$，它可唯一分解为

$$x_q = x_q^1+x_q^2+\cdots+x_q^R,\quad x_q^i\in C_q(K_i;G),\ i=1,2,\cdots,R.$$

根据群的直和分解定义，显然有

$$C_q(K;G) = C_q(K_1;G)\oplus C_q(K_2;G)\oplus\cdots\oplus C_q(K_R;G).$$

(2) 对 $\forall z_q\in Z_q(K;G)$，因为 $C_q(K;G)$ 的直和分解有唯一的表示：

$$z_q = x_q^1+x_q^2+\cdots+x_q^R,\quad x_q^i\in C_q(K_i;G),\ i=1,2,\cdots,R.$$

于是

$$0=\partial z_q=\partial x_q^1+\partial x_q^2+\cdots+\partial x_q^R.$$

因为复形 K_i 是 K 不同的连通分支，故 ∂x_q^i 在 K_i 上，而且 $\partial x_q^i=0$，即 $x_q^i\in Z_q(K_i;G)$. 这就证明了

$$Z_q(K;G)\cong Z_q(K_1;G)\oplus Z_q(K_2;G)\oplus\cdots\oplus Z_q(K_R;G).$$

(3) 对 $\forall b_q\in B_q(K;G)$，$b_q=\partial x_{q+1}$，$x_{q+1}\in C_{q+1}(K;G)$.

由(1)知，x_{q+1} 有唯一的表示：

$$x_{q+1}=x_{q+1}^1+x_{q+1}^2+\cdots+x_{q+1}^R,\quad x_{q+1}^i\in C_{q+1}(K_i;G).$$

因此

$$b_q=\partial x_{q+1}=\partial x_{q+1}^1+\partial x_{q+1}^2+\cdots+\partial x_{q+1}^R.$$

由于 K_i 是复形且是 K 不同的连通分支，故 ∂x_{q+1}^i 在 K_i 上，并且 $b_q^i=\partial x_{q+1}^i\in B_q(K_i;G)$. 又因为 K_i 是 K 不同的连通分支，所以

$$b_q=\partial x_{q+1}^1+\partial x_{q+1}^2+\cdots+\partial x_{q+1}^R=b_q^1+b_q^2+\cdots+b_q^R$$

的表示是唯一的. 这就证明了

$$B_q(K;G)\cong B_q(K_1;G)\oplus B_q(K_2;G)\oplus\cdots\oplus B_q(K_R;G).$$

(4)

$$
\begin{aligned}
H_q(K;G) &= \frac{Z_q(K;G)}{B_q(K;G)} \\
&\xlongequal{(2)、(3)} \frac{Z_q(K_1;G)\oplus Z_q(K_2;G)\oplus\cdots\oplus Z_q(K_R;G)}{B_q(K_1;G)\oplus B_q(K_2;G)\oplus\cdots\oplus B_q(K_R;G)} \\
&\xlongequal{\text{定理1.2.4}} \frac{Z_q(K_1;G)}{B_q(K_1;G)}\oplus\frac{Z_q(K_2;G)}{B_q(K_2;G)}\oplus\cdots\oplus\frac{Z_q(K_R;G)}{B_q(K_R;G)} \\
&= H_q(K_1;G)\oplus H_q(K_2;G)\oplus\cdots\oplus H_q(K_R;G).
\end{aligned}
$$

□

定义 1.2.7 设 $a^i, i=1,2,\cdots,\alpha_0$ 为 K 的全部顶点.我们定义

$$
\begin{aligned}
&\mathrm{In}: C_0(K;G)\to G, \\
&x_0 = g_1a^1+g_2a^2+\cdots+g_{\alpha_0}a^{\alpha_0}\mapsto \mathrm{In}\,x_0 = g_1+g_2+\cdots+g_{\alpha_0},
\end{aligned}
$$

称 $\mathrm{In}\,x_0$(Index 指数)为 x_0 的**指数**.显然,对 $x_0, y_0\in C_0(K;G)$,有

$$\mathrm{In}(x_0+y_0) = \mathrm{In}\,x_0+\mathrm{In}\,y_0.$$

因此,In 为一个满同态,称为**指数同态**. In 有时也用 ε 表示.

引理 1.2.6 (1) $B_0(K;G)\subset\mathrm{Ker\,In}$ 成立,但 $B_0(K;G)\supset\mathrm{Ker\,In}$ 未必成立.

(2) 设复形 K 是连通的,则 $B_0(K;G)=\mathrm{Ker\,In}$.

证明 (1) 设 $x_1=g_1s_1^1+g_2s_2^1+\cdots+g_{\alpha_0}s_{\alpha_0}^1\in C_1(K;G)$,则$\partial x_1\in B_0(K;G)$,

$$
\begin{aligned}
\mathrm{In}(\partial x_1) &= \mathrm{In}(g_1\partial s_1^1+g_2\partial s_2^1+\cdots+g_{\alpha_0}\partial s_{\alpha_0}^1) \\
&= g_1\mathrm{In}(\partial s_1^1)+g_2\mathrm{In}(\partial s_2^1)+\cdots+g_{\alpha_0}\mathrm{In}(\partial s_{\alpha_0}^1) \\
&= g_1\cdot 0+g_2\cdot 0+\cdots+g_{\alpha_0}\cdot 0 \\
&= 0,
\end{aligned}
$$

其中 $\mathrm{In}\,(\partial s_i^1)=\mathrm{In}(\partial(a_i,b_i))=\mathrm{In}(b_i-a_i)=1-1=0$, $B_0(K;G)\subset\mathrm{Ker\,In}$.

注意,$B_0(K;G)\supset\mathrm{Ker\,In}$ 未必成立.反例:$K=\{a,b\mid a\neq b\}$,则 $\mathrm{In}(b-a)=1-1=0$, $b-a\in\mathrm{Ker\,In}$,但显然 $b-a\notin B_0(K;J)$.从而,$B_0(K;G)\supsetneqq\mathrm{Ker\,In}$.

(2) 由(1)知

$$B_0(K;G)\subset\mathrm{Ker\,In}.$$

再证 $B_0(K;G)\supset\mathrm{Ker\,In}$.为此,设 $x_0=g_1a^1+g_2a^2+\cdots+g_{\alpha_0}a^{\alpha_0}\in\mathrm{Ker\,In}$,即 $\mathrm{In}\,x_0=0$.因为 K 连通,对于 K 的任一顶点 $a^i, i>1$, K 上存在 1 维链 y_1^i(即有向折线),使得 $\partial y_1^i=a^1-a^i$,即 $a^i\sim a^1$.于是

$$
\begin{aligned}
x_0 &\sim x_0+\partial(g_1y_1^1+g_2y_1^2+\cdots+g_{\alpha_0}y_1^{\alpha_0}) \\
&= x_0+g_1\partial y_1^1+g_2\partial y_1^2+\cdots+g_{\alpha_0}\partial y_1^{\alpha_0} \\
&= x_0+g_1(a^1-a^1)+g_2(a^1-a^2)+\cdots+g_{\alpha_0}(a^1-a^{\alpha_0})
\end{aligned}
$$

$$= x_0 + (g_1 + g_2 + \cdots + g_{\alpha_0})a^1 - (g_1 a^1 + g_2 a^2 + \cdots + g_{\alpha_0} a^{\alpha_0})$$

$$= x_0 + (\text{In}\, x_0)a^1 - x_0 = 0 \cdot a^1 = 0,$$

即 $x_0 \in B_0(K;G)$. 于是

$$B_0(K;G) \supset \text{Ker In},$$

故

$$B_0(K;G) = \text{Ker In}. \qquad \square$$

定理 1.2.6 (1) 设复形 K 连通,则 $H_0(K;G) \cong G$.

(2) 如果复形 K 可分解为 R_0 个连通分支 $K_1, K_2, \cdots, K_{R_0}$,则 K 的 0 维同调群为

$$H_0(K;G) \cong \underbrace{G \oplus G \oplus \cdots \oplus G}_{R_0\text{个}}.$$

证明 (1) 考查指数同态

$$\text{In}: Z_0(K;G) = C_0(K;G) \to G.$$

因为 In 为满同态,故 Im In $= G$. 于是,由定理 1.2.2(2)可得

$$H_0(K;G) \cong \frac{Z_0(K;G)}{B_0(K;G)} = \frac{C_0(K;G)}{\text{Ker In}} \cong G.$$

(2) 根据定理 1.2.5(4),有

$$\begin{aligned} H_0(K;G) &\cong H_0(K_1;G) \oplus H_0(K_2;G) \oplus \cdots \oplus H_0(K_R;G) \\ &\cong \underbrace{G \oplus G \oplus \cdots \oplus G}_{R_0\text{个}}. \end{aligned} \qquad \square$$

定义 1.2.8 设 K 与 L 是两个复形,如果 K 的全体顶点 a^i 与 L 的全体顶点 b^j 之间一一对应(由此知 K 与 L 的顶点数相同,设为 $r+1$ 个),使得

$$a^i \leftrightarrow b^i, \quad i = 0,1,2,\cdots,r,$$

且

$$\begin{aligned} &(a^{i_0}, a^{i_1}, \cdots, a^{i_q}) \text{ 为 } K \text{ 的一个 } q \text{ 维单形} \\ \Leftrightarrow &(b^{i_0}, b^{i_1}, \cdots, b^{i_q}) \text{ 为 } L \text{ 的一个 } q \text{ 维单形}, \end{aligned}$$

我们就称 K 与 L 是**同构的复形**,记作 $K \cong L$. 显然,复形的同构是一个等价关系,它将全体复形划分为若干同构类. 易见,$|K|$ 与 $|L|$ 同胚,即 $|K| \cong |L|$.

根据单纯同调群的定义,容易看到,凡同构的复形,同维的单纯同调群必同构.

为了扩大单纯复形与多面体在几何图形中所占的范围,我们引入弯曲的单纯复形与弯曲的多面体的概念,而将前面所说的复形与多面体称为**平直**的.

定义 1.2.9 如果一个拓扑空间 X 与一个平直的多面体 $|K|$ 同胚,则 X 称为一个**弯曲的多面体**. 设 $f: |K| \to X$ 为一个同胚,对 K 中任一 q 维单形 $\underline{s}^q$,$f(\underline{s}^q)$ 就称为一个 q 维**弯曲单形**. 全体这种弯曲单形就称为一个**弯曲的单纯复形**,并称它为 X 的一个**弯曲的单**

纯剖分.

拓扑学的目的是研究几何图形的拓扑不变性. 从拓扑学的观点来看, X 与 $|K|$ 是无区别的. 所以讨论了平直多面体的拓扑不变性, 实际上也就讨论了弯曲多面体的拓扑不变性.

单纯同调群典型实例的计算、"挤到边上去"的方法

例 1.2.2 (1) 0 维单形 $\underline{s}^0 = a^0$ 的单纯同调群为

$$H_q(\underline{s}^0;G) = \begin{cases} G, & q = 0, \\ 0, & q \neq 0. \end{cases}$$

Euler-Poincaré 示性数为

$$\chi(\underline{s}^0) = \dim H_0(\underline{s}^0;J) = 1,$$

$$\chi(\underline{s}^0) = \alpha_0 = 1.$$

(2) $n(>0)$维单形的闭包复形 $\mathrm{Cl}\, s^n$ 为一个 n 维复形, 简记为$\underline{s}^n$. 它的单纯同调群为

$$H_q(\underline{s}^n;G) = \begin{cases} G, & q = 0, \\ 0, & 0 < q \leqslant n. \end{cases}$$

Euler-Poincaré 示性数为

$$\begin{aligned} \chi(\underline{s}^n) &= \dim H_0(\underline{s}^n;J) - \dim H_1(\underline{s}^n;J) + \cdots + (-1)^n \dim H_n(\underline{s}^n;J) \\ &= 1 - 0 + \cdots + 0 = 1, \\ \chi(\underline{s}^n) &= \alpha_0 - \alpha_1 + \cdots + (-1)^n \alpha_n = C_{n+1}^1 - C_{n+1}^2 + \cdots + (-1)^n C_{n+1}^{n+1} \\ &= 1 - (1-1)^{n+1} = 1. \end{aligned}$$

(3) 设 K 为 n 维 Euclid 空间 $\mathbf{R}^n$ 中的一个 n 维非空复形, 将 $\mathbf{R}^n$ 视作 $\mathbf{R}^{n+1}$ 的子空间, 即 $\mathbf{R}^n = \{(x_1, x_2, \cdots, x_n, 0) \mid x_i \in \mathbf{R}, i = 1, 2, \cdots, n\}$. 取 $v \in \mathbf{R}^{n+1} - \mathbf{R}^n$, 令

$$\hat{K} = v * K = \{v\} \cup K \cup \{v * \underline{s} \mid \underline{s} \in K\},$$

$v * K$ 称为以 v 为顶点、K 为底的**锥形复形**, 简称为**锥复形**. 显然, $\dim(v * K) = 1 + \dim K$. 证明

$$H_q(v * K;G) = \begin{cases} G, & q = 0, \\ 0, & 0 < q \leqslant n+1. \end{cases}$$

Euler-Poincaré 示性数为

$$\chi(v * K) = \dim H_0(v * K;J) = 1.$$

证明 (1) 因为 $C_0(\underline{s}^0;G) = \{ga^0 \mid g \in G\}$, $\partial_0 = 0$, $C_1(\underline{s}^0;G) = 0$, 故 $Z_0(\underline{s}^0;G) = C_0(\underline{s}^0;G)$, $B_0(\underline{s}^0;G) = \partial C_1(\underline{s}^0;G) = 0$. 于是

$$H_0(\underline{s}^0;G)\cong\frac{Z_0(\underline{s}^0;G)}{B_0(\underline{s}^0;G)}=Z_0(\underline{s}^0;G)\cong G.$$

或者由$\underline{s}^0=a^0$复形连通,根据定理1.2.6(1)得到

$$H_0(\underline{s}^0;G)\cong G.$$

(2)(证法1)因为复形 Cl s^n 连通,根据定理1.2.6(1)知,

$$H_0(\underline{s}^n;G)=G.$$

当$0<q<n$时,设单形$\underline{s}^n$的顶点为$a^0,a^1,\cdots,a^n$.将$\underline{s}^n$的与a^0相对的$n-1$维面记为$\underline{s}^{n-1}$.

再设z_q为复形$\underline{s}^n$的任一以G为系数群的q维闭链.首先我们能求得一个与z_q同调的闭链z_q',它不含复形$\underline{s}^{n-1}$的任一q维有向单形.例如,如果这样的一个有向单形s_1^q在z_q中出现g次,$g\in G$,则从z_q中减去$g\partial(a^0s_1^q)$就得到一个与z_q同调的闭链$z_q-g\partial(a^0s_1^q)$,它不含s_1^q,记作$z_q\sim g\partial(a^0s_1^q)$.我们如此依次将$z_q$中$\underline{s}^{n-1}$上的$q$维有向单形都消去,就得到$z_q'$.其中出现的每一个$q$维有向单形都以$a^0$为一个顶点.如果我们认定这种$q$维单形的全体为边,那么,上面的方法就称为**"挤到边上去"的方法**,这是计算单纯同调群非常有效的方法.

其次,我们证明$z_q'=0$.事实上,如果一个q维有向单形$a^0s_2^{q-1}$在z_q'中出现g次,则复形$\underline{s}^{n-1}$上的s_2^{q-1}也在$\partial z_q'$中出现g次;因为在z_q'中出现的以a^0为一个顶点与以s_2^{q-1}为一个$q-1$维面的q维有向单形只有$a^0s_2^{q-1}$.又因为$\partial z_q'=0$,所以$g=0$,即$a^0s_2^{q-1}$不在z_q'中出现.由此推得$z_q'=0$,$z_q\sim z_q'=0$,即z_q为零调链,于是它为一个边缘链.这就证明了$Z_q(\underline{s}^n;G)=B_0(\underline{s}^n;G)$,

$$H_q(\underline{s}^n;G)=\frac{Z_q(\underline{s}^n;G)}{B_0(\underline{s}^n;G)}=0,\quad 0<q<n.$$

当$q=n$时,$C_n(\underline{s}^n;G)=\{g\,\underline{s}^n\mid g\in G\}$,因为$0=\partial(gs^n)=g(\partial s^n)\Leftrightarrow g=0\Leftrightarrow Z_n(\underline{s}^n;G)=0$.由此推得$B_n(\underline{s}^n;G)=0$,

$$H_n(\underline{s}^n;G)=\frac{Z_n(\underline{s}^n;G)}{B_n(\underline{s}^n;G)}=0.$$

因此

$$H_q(\underline{s}^n;G)\cong\begin{cases}G, & q=0,\\ 0, & q\neq 0.\end{cases}$$

(证法2)设$\underline{s}^n=a^0a^1\cdots a^n$,$\underline{s}^{n-1}=a^1\cdots a^n$,则$\underline{s}^n=a^0*\underline{s}^{n-1}$,根据(3)推得(2)的结论.

(3)(证法1)设$y\in|\hat{K}|=|v*K|$,并记$y=(1-\theta)x+\theta v$,$x\in|K|$.令

$$F(y,t)=(1-t)y+tv,\quad 0\leqslant t\leqslant 1,$$
$$F(y,0)=y,\quad F(y,1)=v.$$

由此知，v 为 $\hat{K}=v*K$ 的强形变收缩核，$\hat{K}$ 在 $F(x,t)$ 下随 t 连续变动，并能保持 v 不动而收缩到 v. 于是，$|\hat{K}|\simeq\{v\}$（$|\hat{K}|$ 同伦等价于 $\{v\}$）. 借用定理 1.3.8 知，

$$H_q(\hat{K};G)\cong H_q(v;G)\overset{\text{由(1)}}{\cong}\begin{cases}G, & q=0,\\ 0, & q\neq 0.\end{cases}$$

（证法 2）锥复形 $\hat{K}=v*K$ 是由 K 中所有单形、顶点 v 以及 K 中所有单形 $\underline{s}^q$ 拼加顶点 v 后得出的新单形 $v*\underline{s}^q$ 组成的. 不难看出 $\hat{K}=v*K$ 的每个顶点都可以与锥复形的顶点 v 相连，根据定理 1.2.6(1)知，$H_0(\hat{K};G)=H_0(v*K;G)\cong G$.

为了讨论单纯同调群 $H_q(\hat{K};G)=H_q(v*K;G)$，定义同态

$$D_q: C_q(v*K;G)\to C_{q+1}(v*K;G),$$

对每个有向单形 $s=a^0\cdots a^q\in C_q(K)$，$D_q(s)=va^0\cdots a^q$；对于 $v*K-K$ 中有向单形 t，令 $D_q(t)=0$. 于是，有 $D_q(gs)=gD_q(s)$，$D_q(gt)=gD_q(t)=0$. 而对 $\forall\, x\in C_q(v*K;G)$，

$$\partial_{q+1}(D_q(x))=\begin{cases}x-D_{q-1}(\partial_q(x)), & q>0,\\ x-\varepsilon(x)v, & q=0.\end{cases}$$

由于 ∂_{q+1}，D_q，$\varepsilon=\mathrm{In}$ 等都为同态，上面的式子只要对 $C_q(v*K)$ 中生成元验证，即只要对 $a^0\cdots a^q$ 与 $va^0\cdots a^q$ 的元素证明.

当 $q>0$ 时，对 $\forall\, z\in Z_q(v*K;G)$，由

$$z=D_{q-1}(\partial_q(z))+\partial_{q+1}(D_q(z))=\partial_{q+1}(D_q(z))$$

立知，$Z_q(v*K;G)=B_q(v*K;G)$，从而 $H_q(v*K;G)=0$.

当 $q=0$ 时，对于 $x\in C_0(v*K;G)=Z_0(v*K;G)$，

$$x=\varepsilon(x)v+\partial_1 D_0(x).$$

在单纯同调群 $H_0(v*K;G)$ 中，

$$x\sim\varepsilon(x)v.$$

由此推得

$$H_0(v*K;G)\cong G.$$

最后，我们从另一角度求 Euler-Poincaré 示性数：

$$\begin{aligned}\chi(v*K)&=(\alpha_0+1)-(\alpha_1+\alpha_0)+(\alpha_2+\alpha_1)+\cdots+(-1)^n(\alpha_n+\alpha_{n-1})+(-1)^{n+1}\alpha_n\\&=[\alpha_0-\alpha_1+\cdots+(-1)^n\alpha_n]+1\\&\quad-[\alpha_0-\alpha_1+\cdots+(-1)^{n-1}\alpha_{n-1}+(-1)^n\alpha_n]\\&=\chi(K)+1-\chi(K)=1.\end{aligned}$$

□

例 1.2.3 r 叶玫瑰线 G_r(见图 1.2.1).

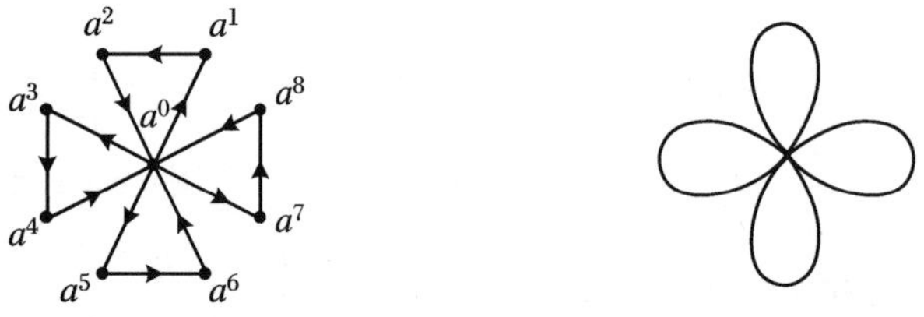

平直4叶玫瑰线　　　　4叶玫瑰线

图 1.2.1

G_r 是有一个公共点的 r 个拓扑圆的并,称它为 r 叶玫瑰线,则

$$H_q(G_r;G)\cong\begin{cases}G, & q=0,\\ \underbrace{G\oplus G\oplus\cdots\oplus G}_{r\text{个}}, & q=1.\end{cases}$$

证明 (证法 1)复形 G_r 连通(任一顶点都与公共点 a^0 相连),故

$$H_0(G_r;G)=G.$$

因为 $C_2(G_r;G)=0$,故 $B_1(G_r;G)=\partial C_2(G_r;G)=0$,记 G_r 的全体顶点 $a^0,a^1,\cdots,a^{2r+1}$,a^0 为 r 个拓扑圆的公共点.设 $x\in C_1(G_r;G)$,则

$$x=(g_1'a^0a^1+g_1''a^1a^2+g_1'''a^2a^0)+(g_2'a^0a^3+g_2''a^3a^4+g_2'''a^4a^0)+\cdots$$
$$+(g_r'a^0a^{2r-1}+g_r''a^{2r-1}a^{2r}+g_r'''a^{2r}a^0).$$

显然

$$\partial x=0\Leftrightarrow g_1'=g_1''=g_1''',g_2'=g_2''=g_2''',\cdots,g_r'=g_r''=g_r'''.$$

这表明

$$z\in Z_1(G_r;G)\Leftrightarrow z=g_1(a^0a^1+a^1a^2+a^2a^0)+g_2(a^0a^3+a^3a^4+a^4a^0)+\cdots$$
$$+g_r(a^0a^{2r-1}+a^{2r-1}a^{2r}+a^{2r}a^0)$$

$\Leftrightarrow Z_1(G_r;G)$ 是以 r 个闭链 $a^0a^1+a^1a^2+a^2a^0,a^0a^3+a^3a^4+a^4a^0,\cdots,a^0a^{2r-1}+a^{2r-1}a^{2r}+a^{2r}a^0$ 为基的自由群.

于是

$$H_1(G_r;G)=\frac{Z_1(G_r;G)}{B_1(G_r;G)}\cong Z_1(G_r;G)\cong\underbrace{G\oplus G\oplus\cdots\oplus G}_{r\text{个}}.$$

(证法 2)参阅例 2.7.4. □

例 1.2.4 平环(两个同心圆所夹平面区域).

为了更便于平环的单纯同调群计算,我们宁可用长方形叠合在左、右两边所得到的商空间的剖分来代替弯曲单纯剖分与平直单纯剖分(图 1.2.2).这商空间同胚于平环(图

1.2.3).图1.2.4中箭头给出 K 的一个有向单形基本组 $\{s_i^q\}$,其中顶点数 $\alpha_0=6$,棱(线)数 $\alpha_1=12$,三角形(面)数 $\alpha_2=6$. Euler-Poincaré 示性数 $\chi(K)=\alpha_0-\alpha_1+\alpha_2=6-12+6=0$.

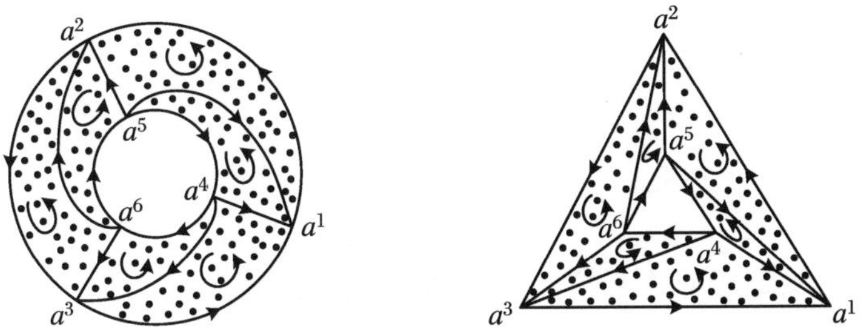

平环的弯曲单纯剖分　　　　平环的平直单纯剖分

图1.2.2

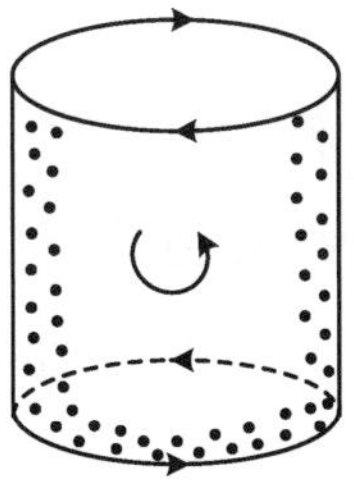

圆柱面平环的同胚像

图1.2.3

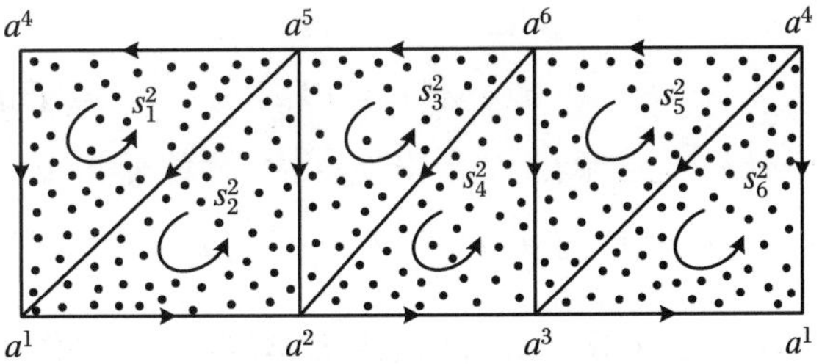

图1.2.4

下面我们来计算平环 K 的单纯同调线群:

$$H_q(K;G)=\begin{cases}G, & q=0,1,\\ 0, & q=2.\end{cases}$$

当 $G=J$ 时,Euler-Poincaré 示性数 $\chi(K)=\dim H_0(K;J)-\dim H_1(K;J)+\dim(K;J)=1-0+1=0$.

证明 (证法1)显然平环是连通的复形,由定理1.2.6(1)知

$$H_0(K;G)\cong G.$$

先计算 $H_2(K;G)$.为此,设

$$z_2=g_1a^4a^1a^5+g_2a^5a^1a^2+g_3a^6a^5a^2+g_4a^6a^2a^3+g_5a^4a^6a^3+g_6a^4a^3a^1$$
$$\in C_2(K;G),$$

则

$$\begin{aligned}0&=\partial z_2\\&=g_1(a^1a^5-a^4a^5+a^4a^1)+g_2(a^1a^2-a^5a^2+a^5a^1)+g_3(a^5a^2-a^6a^2+a^6a^5)\\&\quad+g_4(a^2a^3-a^6a^3+a^6a^2)+g_5(a^6a^3-a^4a^3+a^4a^6)+g_6(a^3a^1-a^4a^1+a^4a^3)\end{aligned}$$

$$= (g_1 - g_2)a^1a^5 + (g_1 - g_6)a^4a^1 + (g_3 - g_2)a^5a^2 + (g_4 - g_3)a^6a^2$$
$$+ (g_5 - g_4)a^6a^3 + (g_6 - g_5)a^4a^3 + g_1a^5a^4 + g_3a^6a^5 + g_5a^4a^6$$
$$+ g_2a^1a^2 + g_4a^2a^3 + g_6a^3a^1$$
$$\Leftrightarrow g_1 = g_2 = \cdots = g_6 = 0$$
$$\Leftrightarrow z_2 = 0.$$

这就表明 $Z_2(K;G)=0$. 于是

$$H_2(K;G) = \frac{Z_2(K;G)}{B_2(K;G)} \cong 0.$$

或者,设 z_2 为 K 的一个 2 维闭链,即$\partial z_2=0$. 将∂z_2 视作$\{s_i^1\}$的以 G 的元素为系数的线性组合. $\partial z_2=0$ 表明,每一个 s_i^1 在∂z_2 中出现的系数为 0,或者说每一个 s_i^1 在∂z_2 中出现 0 次,或者说不出现. 设有向三角形 $a^5a^4a^1$ 在 z_2 中出现 $g(\in G)$次. 因为 $a^5a^4a^1$ 与 $a^3a^1a^4$ 有公共棱 a^4a^1(中间棱),且

$$\partial(a^5a^4a^1) = a^4a^1 + \cdots, \quad \partial(a^3a^1a^4) = a^1a^4 + \cdots,$$

故 $a^3a^1a^4$ 也必须在 z_2 中出现 g 次,才能使得 a^4a^1 在 ∂g_2 中不出现. 同理,$a^3a^1a^4$ 与 $a^4a^6a^3$,$a^4a^6a^3$ 与 $a^6a^2a^3$,$a^6a^2a^3$ 与 $a^6a^5a^2$,$a^6a^5a^2$ 与 $a^5a^1a^2$ 在 z_2 中出现的次数分别相同,都为 g 次. 因此,如果将整数链 $\sum_{i=1}^{6} s_i^2$ 记作

$$c_2^0 = \sum_{i=1}^{6} s_i^2,$$

则

$$z_2 = gc_2^0 = g\sum_{i=1}^{6} s_i^2,$$
$$0 = \partial z_2 = gz_1' + gz_1'' \Leftrightarrow g = 0 \Leftrightarrow z_2 = 0,$$

其中 z_1'与 z_1''分别为内圆上 s_i^1 的和与外圆上s_i^1 的和. 这就证明了

$$H_2(K;G) = 0.$$

再计算 $H_1(K;G)$. 由上面讨论知,整数链 c_2^0 的边缘

$$\partial c_2^0 = z_1' + z_1''$$

容易看出,z_1'与 z_1''都为整数闭链,故

$$z_1'' \sim - z_1',$$

即 z_1''与 $-z_1'$属于同一个整同调类.

(认定 a^4a^6,a^6a^5,a^5a^4 组成"边"(内圆周),采用"挤到边上去"的方法)先证任一以 G 为系数群的 1 维闭链 z_1 都与一个 gz_1'属于同一个同调类,这里的 g 由 z_1 唯一决定. 设外圆周上一条棱在 z_1 中出现,例如 $z_1=g'a^1a^2+\cdots$. 因为这条棱是唯一的一个有向单形

$a^5a^1a^2$ 的顺向面，作闭链 $z_1-g'\partial(a^5a^1a^2)\sim z_1$，即用链 $a^1a^5+a^5a^2$ 代替 a^1a^2. 对于在 z_1 中出现的外圆周上的每一条棱我们都如此处理，就得到一个1维闭链 $z_1^1\sim z_1$. 在 z_1^1 中外圆周上的任一条棱都不出现. 如果在 z_1^1 中出现"对角"棱 a^6a^2，我们也可以同样地用 $a^6a^5+a^5a^2$ 替代它. 这样消去 z_1^1 中全体对角棱之后，得到一个1维闭链 z_1^2，它不含外圆周上的棱，也不含对角棱，而且是与 z_1 同调的闭链. 现在要证 z_1^2 只含内圆周上的棱，不含 a^5a^2. 事实上，因为 z_1^2 为闭链，顶点 a^2 不能在 ∂z_1^2 中出现. 又因为除 a^5a^2 外，z_1^2 不含有别的以 a^2 为顶点的棱，所以 a^5a^2 不在 z_1^2 中出现. 这意味着 z_1^2 完全在内圆周上. 因为 z_1^2 为闭链，内圆周上的每一条棱在 z_1^2 中出现的次数必相同，即

$$z_1^2 = gz_1',\quad g\in G.$$

再证明若 $g_1\neq g_2$，则 g_1z_1' 与 g_2z_1' 不同调.（反证）假设 $g_1z_1'\sim g_2z_1'$，则 $(g_1-g_2)z_1'\sim 0$，即 $gz_1'=(g_1-g_2)z_1'=\partial c_2$，$c_2$ 为一个2维闭链. 因为以内圆周上一条棱为面的 s_i^2 必在 c_2 中出现 g 次. 由于 ∂c_2 中不含中间棱，其他的 s_i^2 也必在 c_2 中出现 g 次，所以 c_2 必是 gc_2^0. 因而，$\partial c_2=gz_1'+gz_1''$. 但由假设知 $gz_1'=\partial c_2$，从而 $gz_1''=0$，$g_1-g_2=g=0$，即 $g_1=g_2$，这与假设 $g_1\neq g_2$ 相矛盾.

综上知

$$H_1(K;G)\cong G.$$

（证法2）参阅注1.2.1(3). □

例1.2.5 Möbius 带是叠合图1.2.5中的长方形的左、右两边所得到的商空间，它的单纯剖分 K 见图1.2.6（注意与图1.2.4的区别！左、右两边叠合的方向不同）.

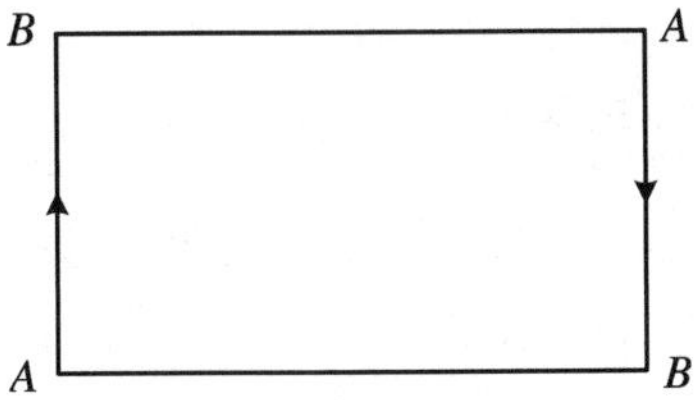

图1.2.5

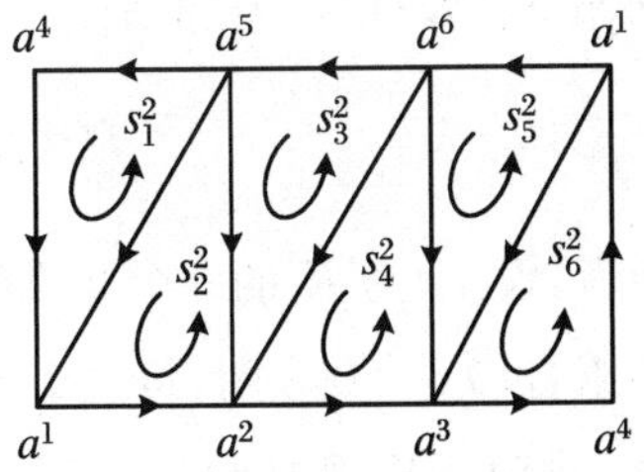

图1.2.6

复形 K 共有 $\alpha_0=6$ 个顶点，$\alpha_1=12$ 条棱与 $\alpha_2=6$ 个三角形. 图1.2.6中的箭头给出了 K 的有向单形的一个基本组 $\{s_i^q\}$.

读者注意到图1.2.5与 $\mathbf{R}^3$ 中的图形

$$F:[0,2\pi]\times[-1,1]\to\mathbf{R}^3$$

$$F(u,v)=\left(2\cos u+v\sin\frac{u}{2}\cos u,2\sin u+v\sin\frac{u}{2}\sin u,v\cos\frac{u}{2}\right)$$

都是 Möbius 带的同胚像.

现在我们来计算 Möbius 带 K 的单纯同调群:

$$H_q(K;G) = \begin{cases} G, & q = 0,1, \\ 0, & q = 2. \end{cases}$$

由此立知

$$\chi(K) = \alpha_0 - \alpha_1 + \alpha_2 = 6 - 12 + 6 = 0,$$

$$\chi(K) = \dim H_0(K;J) - \dim H_1(K;J) + \dim H_2(K;J) = 1 - 1 + 0 = 0.$$

证明 (证法 1)显然,Möbius 带是连通的复形,根据定理 1.2.6(1)知,

$$H_0(K;G) \cong G.$$

先计算 $H_2(K;G)$. 为此,设

$$z = g_1 a^5 a^4 a^1 + g_2 a^5 a^1 a^2 + g_3 a^6 a^5 a^2 + g_4 a^6 a^2 a^3 + g_5 a^1 a^6 a^3 + g_6 a^1 a^3 a^4 \in C_2(K;G),$$

则

$$\begin{aligned} 0 &= \partial z \\ &= g_1(a^4 a^1 - a^5 a^1 + a^5 a^4) + g_2(a^1 a^2 - a^5 a^2 + a^5 a^1) + g_3(a^5 a^2 - a^6 a^2 + a^6 a^5) \\ &\quad + g_4(a^2 a^3 - a^6 a^3 + a^6 a^2) + g_5(a^6 a^3 - a^1 a^3 + a^1 a^6) + g_6(a^3 a^4 - a^1 a^4 + a^1 a^3) \\ &= (g_1 + g_6) a^4 a^1 + (g_2 - g_1) a^5 a^1 + (g_3 - g_2) a^5 a^2 + (g_4 - g_3) a^6 a^2 + (g_5 - g_4) a^6 a^3 \\ &\quad + (g_6 - g_5) a^1 a^3 + g_1 a^5 a^4 + g_2 a^1 a^2 + g_3 a^6 a^5 + g_4 a^2 a^3 + g_5 a^1 a^6 + g_6 a^3 a^4 \\ &\Leftrightarrow g_1 = g_2 = \cdots = g_6 = 0 \\ &\Leftrightarrow z = 0. \end{aligned}$$

这就表明 $Z_2(K;G)=0$. 于是

$$H_2(K;G) = \frac{Z_2(K;G)}{B_2(K;G)} \cong 0.$$

或者,设 z_2 为 K 的一个 2 维闭链,即 $\partial z_2 = 0$. 将 ∂z_2 视作 $\{s_i^1\}$ 的以 G 的元素为系数的线性组合. $\partial z_2 = 0$ 表明,每一个 s_i^1 在 ∂z_2 中出现的系数为 0,或说每一个 s_i^1 在 ∂z_2 中出现 0 次,或说不出现. 设有向三角形 $a^5 a^4 a^1$ 在 z_2 中出现 $g(\in G)$ 次. 因为 $a^5 a^4 a^1$ 与 $a^5 a^1 a^2$ 有公共棱 $a^5 a^1$(中间棱),且

$$\partial(a^5 a^4 a^1) = - a^5 a^1 + \cdots, \quad \partial(a^5 a^1 a^2) = a^5 a^1 + \cdots,$$

故 $a^5 a^1 a^2$ 也必须在 z_2 中出现 g 次,才能使得 $a^5 a^1$ 在 ∂g_2 中不出现. 同理,$a^5 a^1 a^2$ 与 $a^6 a^5 a^2$,$a^6 a^5 a^2$ 与 $a^6 a^2 a^3$,$a^6 a^2 a^3$ 与 $a^1 a^6 a^3$,$a^1 a^6 a^3$ 与 $a^1 a^3 a^4$ 分别在 z_2 中出现的次数相同,都为 g 次. 因此,将整数链 $\sum\limits_{i=0}^{6} s_i^2$ 记作

$$c_2^0 = \sum_{i=1}^{6} s_i^2,$$

则

$$z_2 = gc_2^0 = g\sum_{i=1}^{6} s_i^2.$$

再记 c_1'为底边上的全体 s_i^1 的和，c_1''为顶边上的全体 s_i^1 的和. 令 $z_1' = c_1' + a^4a^1$，$z_1'' = c_1'' + a^4a^1$，则有

$$\partial c_2^0 = c_1' + c_1'' + 2a^4a^1 = z_1' + z_1''.$$

因为∂c_2^0 关于基本链$\{s_i^1\}$的系数不为 0，c_2^0 不是整数闭链. 而 z_1'，z_1''，$c_1' - c_1'' = z_1' - z_1''$都为整数闭链.

$$z_2 = gc_2^0 = g\sum_{i=1}^{6} s_i^2,$$

$$0 = \partial z_2 = gc_1' + gc_1'' + 2ga^4a^1 = gz_1' + gz_1'' \Leftrightarrow g = 0 \Leftrightarrow z_2 = 0.$$

这就证明了

$$H_2(K;G) = 0.$$

还待计算的是 $H_1(K;G)$. 从$\partial c_2^0 = z_1' + z_1''$，我们已经知道整数链

$$z_1'' \sim -z_1'.$$

设 z_1 是任一以 G 为系数群的 1 维闭链，$\partial z_1 = 0$. 我们还采用"挤到边上去"的方法，并认定底边为"边". 如果顶边上的一条棱 s_i^1 在 z_1 中出现，则可以将它替换成一条对角棱与一条竖棱. 例如可用 $a^5a^1 + a^1a^4$ 替换 a^5a^4，这样就可以从 z_1 得到一个链 z_1^1，它不含顶边上的棱，而且是与 z_1 同调的闭链. 然后再将 z_1^1 中可能出现的对角棱替换成竖棱与底边上的棱，得到一个与 z_1 同调的闭链 z_1^2. 它只含竖棱与底边上的棱. 因为$\partial z_1^2 = 0$，用例 1.2.4 同样的论证，z_1^2 不可能含有竖棱 a^5a^2 或 a^6a^3. 如果 z_1^2 含有一条底棱 g 次，它就必含有 gz_1'，而且 $z_1^2 - gz_1'$不可能含有竖棱 a^4a^1，因而 $z_1^2 = gz_1'$. 这就证明了 $z_1 \sim gz_1'$，$g \in G$. 最后，与例 1.2.4 中一样，$gz_1' \sim 0$ 蕴涵着 $g = 0$. 因而

$$H_1(K;G) \cong G.$$

(证法 2)参阅注 1.2.1(3). □

注 1.2.1 比较平环与 Möbius 带的拓扑性质.

相同点：

(1) 紧致、连通、道路连通.

(2) 同维的同调群都同构.

(3) 圆周同胚像为其强形变收缩核. 由此推得平环与 Möbius 带都同伦等价于圆周. 借用同调群为伦型不变性(定理 1.3.8)，也可推得它们的各维同调群都与圆周的同维同调群

$$H_q(S^1;G) = \begin{cases} G, & q = 0,1, \\ 0, & q \neq 0,1 \end{cases}$$

同构.

相异点:

(1) 将平环剖分后,如图 1.2.7 所示,对每个 2 维单形给出了定向,使得每两个相邻 2 维单形在公共棱上诱导方向恰好相反.也就是说平环是可定向的.平环或与平环同胚的圆柱面都有连续变动的整体单位法向量场.这也表明它们都是可定向的(见图 1.2.7、图 1.2.8).

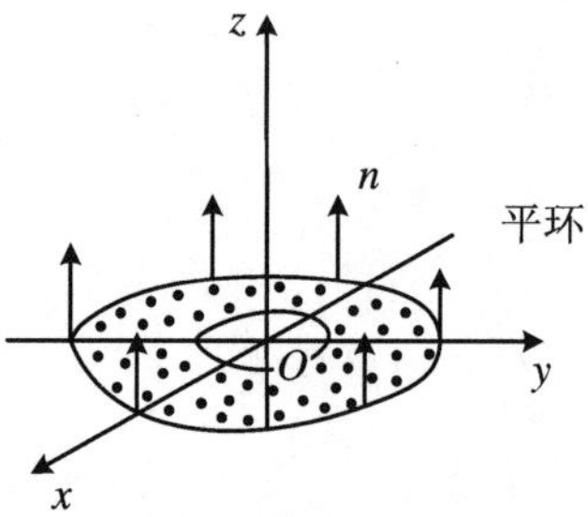

图 1.2.7

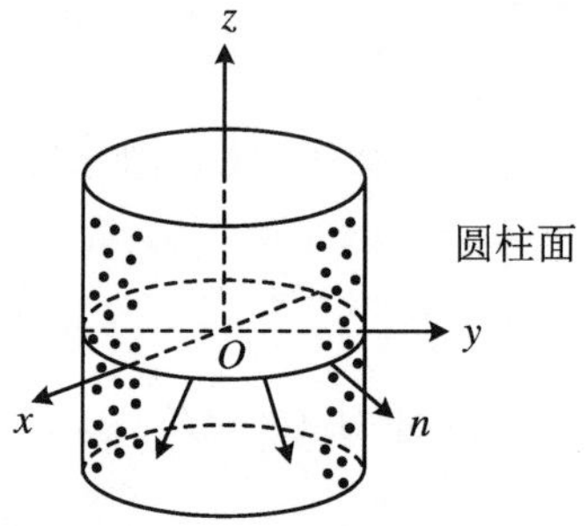

图 1.2.8

但是 Möbius 带剖分见图 1.2.6,将每个 2 维单形给定了定向.遗憾的是,相邻的两个有向三角形 $a^5a^4a^1$ 与有向三角形 $a^1a^3a^4$ 在公共棱 a^4a^1 上诱导出相同的定向.这就是说 Möbius 带是不可定向的.图 1.2.9 表示的 Möbius 带沿中心线单位法向量连续走一周后恰好变成相反的方向,这表明光滑 Möbius 带上无连续变动单位法向量场,故 Möbius 带是不可定向的.

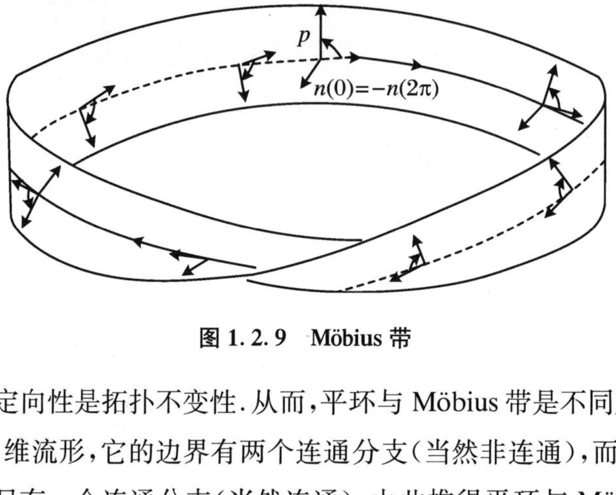

图 1.2.9 Möbius 带

不难看到,可定向性是拓扑不变性.从而,平环与 Möbius 带是不同胚的.

(2) 平环为 2 维流形,它的边界有两个连通分支(当然非连通),而 Möbius 带也为 2 维流形,它的边界只有一个连通分支(当然连通).由此推得平环与 Möbius 带不同胚.或者，(反证)假设同胚，根据区域不变性定理知，同胚下必将边界变成边界，且仍同胚. 再根据连通性的拓扑不变性立即推得矛盾.

由上面论述知道，平环与 Möbius 带是两个同维的同调群同构，Euler-Poincaré 示性数相同的紧致、连通且同伦的 2 维不封闭曲面. 进而，还知道它们并不同胚.

下面我们来考查环面、球面、射影平面、Klein 瓶等几个典型的封闭曲面的单纯同调群.

例 1.2.6 环面是叠合图 1.2.10 中长方形的左、右两边 AB 与 $A'B'$，它同胚于一个圆柱面；再将圆柱面的两个上、下底 AA' 与 BB' 顺向叠合得环面.

$S^1 \times S^1$ 与图 1.2.10 所示：

$$x(u,v) = ((a + r\cos u)\cos v, (a + r\cos u)\sin v, r\sin u)$$

$0<r<a$, $0\leqslant u<2\pi$, $0\leqslant v<2\pi$ 都为环面的同胚像.

它的一个单纯剖分 K 见图 1.2.11，复形 K 共有 $\alpha_0 = 9$ 个顶点，$\alpha_1 = 27$ 条棱，$\alpha_2 = 18$ 个三角形. 图 1.2.11 中的箭头给出了复形 K 的基本组 $\{s_i^q\}$. 长方形边上的棱称为边缘棱，认定它们组成 K 的边；其他的都叫中间棱. 中间棱又分为横棱、竖棱与对角棱三种.

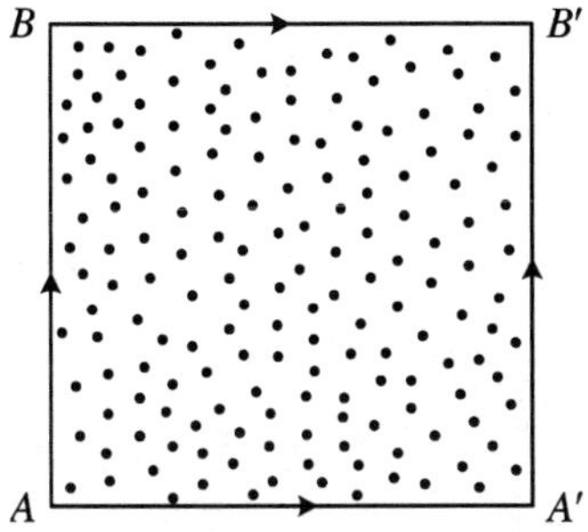

图 1.2.10

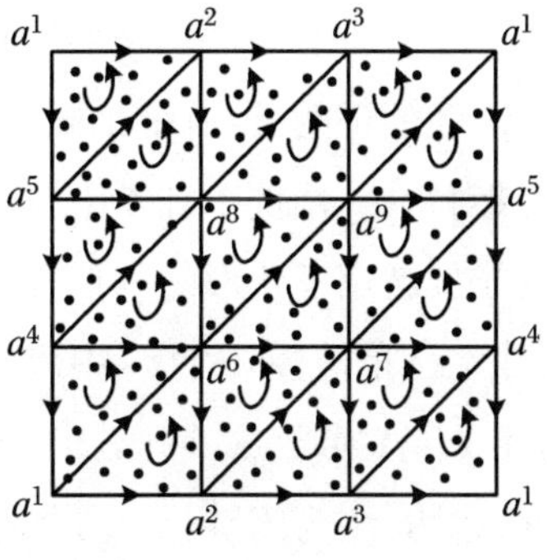

图 1.2.11

下面计算环面 K 的单纯同调群：

$$H_q(K;G) \cong \begin{cases} G, & q = 0, \\ G \oplus G, & q = 1, \\ G, & q = 2. \end{cases}$$

由此立知，

$$\chi(K) = \dim H_0(K;J) - \dim H_1(K;J) + \dim H_2(K;J) = 1 - 2 + 1 = 0,$$

$$\chi(K) = \alpha_0 - \alpha_1 + \alpha_2 = 9 - 27 + 18 = 0.$$

证明 显然，环面 K 为连通的复形，根据定理 1.2.6(1)知，

$$H_0(K;G) \cong G.$$

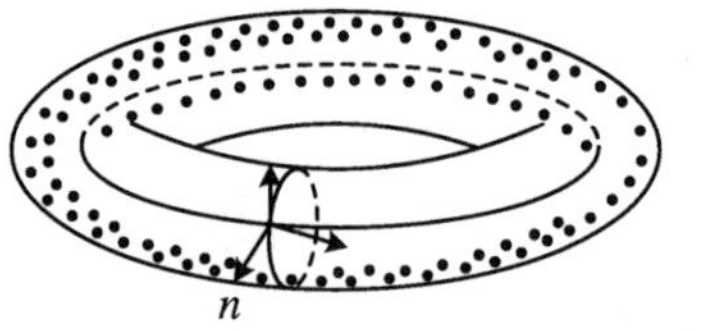

图 1.2.12

环面复形 K 如图 1.2.12 所示,对每个 s_i^2 都给出定向后,每相邻的两个 2 维定向单形在公共棱上诱导的定向都相反.这表明环面是可定的.或从图 1.2.12 表示的环面上有连续变动的单位法向量场 n,环面是可定向的.

先计算 $H_2(K;G)$.设 z_2 为 2 维闭链,$\partial z_2=0$.对于任何两个 2 维定向单形,它们在公共棱诱导方向恰好相反.于是,这两个 2 维单形在 z_2 上的系数相同,从而

$$z_2 = g\sum_{i=1}^{\alpha_2} s_i^2.$$

又因为 $B_2(K;G)=0$,故

$$H_2(K;G)=\frac{Z_2(K;G)}{B_2(K;G)} = Z_2(K;G) = \left\{g\sum_{i=1}^{\alpha_1} s_i^2 \mid g\in G\right\}\cong G.$$

再证 $H_1(K;G)\cong G\oplus G$.为此,选定 z_1'为左边上的(也是右边上的)三条有向棱 s_i^1 之和;选定 z_1''为底边上的(也是顶边上的)三条有向棱之和.它们都是 1 维闭链.我们认定它们为边,采用"挤到边上去"的方法证明,作一以 G 为系数的 1 维闭链

$$z_1 \sim g'z_1'+g''z_1'',\quad g',g''\in G.$$

首先,我们证明 z_1 有一个同调的、只含有边缘棱的 1 维闭链,如果 z_1 含有一条中间的竖棱或对角棱,用例 1.2.4 中"挤到边上去"的方法,加上这条棱的左邻三角形的边缘之后,这条棱就用三角形的其他两条棱替换了;如果 z_1 含有一条中间的横棱,则这条横棱的直线上三条横棱必在 z_1 中出现同样的次数 g.因为这三条横棱之和的 g 倍$\sim gz_1''$,故又可以用 gz_1''替换.经过有限次替换之后,我们得到一个与 z_1 同调的闭链 z_1^1,它只含边缘棱.其次,因为 z_1^1 为闭链,$z_1^1=g'z_1'+g''z_1''$.

其次,若 $g'z_1'+g''z_1''\sim 0$,则存在 2 维链 c_2,使得 $\partial c_2 = g'z_1'+g''z_1''$.因为 ∂c_2 中中间棱不出现,所以 $c_2 = gz_2^0 = g\sum_{i=1}^{\alpha} s_i^q$.于是

$$0=\partial c_2 = g'z_1'+g''z_1''.$$

因为 z_1'中有棱不在 z_1''中,并且 z_1''中有棱不在z_1'中,故 $g'=g''=0$.这就证明了

$$H_1(K;G)\cong G\oplus G. \qquad \square$$

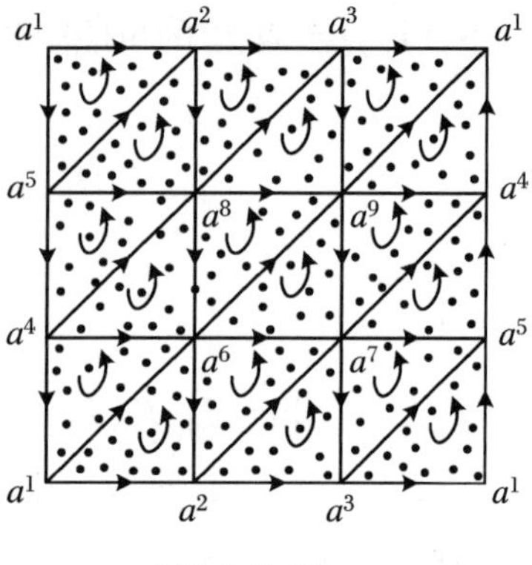

图 1.2.13

例 1.2.7 图 1.2.13 是 Klein 瓶 K 的单纯剖分的示意图(注意与图 1.2.11 的区别!左、右两边叠合的方向相反).其中顶点数 $\alpha_0=9$,棱数 $\alpha_1=27$,三角形数 $\alpha_2=18$.图 1.2.13 给出了复形 K 的

基本组 $\{s_i^q\}$.

下面计算 Klein 瓶 K 的单纯同调群：

$$H_q(K;G)\cong\begin{cases}G, & q=0,\\ G\oplus G_2, & q=1,\\ {}_2G, & q=2.\end{cases}$$

由此立知，

$$\begin{aligned}\chi(K) &= \dim H_0(K;J)-\dim H_1(K;J)+\dim H_2(K;J)\\ &= \dim J-\dim J+\dim 0=1-1+0=0,\end{aligned}$$

$$\chi(K)=\alpha_0-\alpha_1+\alpha_2=9-27+18=0.$$

证明 (证法 1)显然复形 Klein 瓶是连通的，根据定理 1. 2. 6(1)知，

$$H_0(K;G)\cong G.$$

由 Klein 瓶的单纯剖分示意图 1. 2. 13，对每个 s_i^2 给出定向后，每相邻的两个 2 维定向单形在公共横棱、公共中间竖棱、公共斜棱上的诱导定向恰好相反. 因此，当 z_2 为 2 维闭链时，$\partial z_2=0$. 两个 2 维定向单形在 z_2 上的系数相同，

$$z_2=g\sum_{i=1}^{\alpha_2}s_i^2,$$

$$\begin{aligned}&0=\partial z_2=g\sum_{i=1}^{\alpha_2}\partial s_i^2=2g(a^1a^5+a^5a^4+a^4a^1)\\ &\Leftrightarrow 2g=0\Leftrightarrow g\in{}_2G=\{g'\in G\mid 2g'=0\}.\end{aligned}$$

因此

$$H_2(K;G)=\frac{Z_2(K;G)}{B_2(K;G)}=\frac{Z_2(K;G)}{0}=Z_2(K;G)\cong{}_2G.$$

为计算 $H_1(K;G)$，认定左边(即右边)与上边(即下边)为边，采用“挤到边上去”的方法，对任何 $z_1\in Z_1(K;G)$，可用只含边上棱的闭链 z_1'代替，即 $z_1\sim z_1'$(先消去斜棱，再消去竖棱，最后消去横棱). z_1'可表示为

$$g_1a^1a^2+g_2a^2a^3+g_3a^3a^1+g_4a^1a^5+g_5a^5a^4+g_6a^4a^1,$$

则

$$\begin{aligned}0=\partial z_1' &= g_1(a^2-a^1)+g_2(a^3-a^2)+g_3(a^1-a^3)+g_4(a^5-a^1)\\ &\quad+g_5(a^4-a^5)+g_6(a^1-a^4)\\ &=(-g_1+g_3-g_4+g_6)a^1+(g_1-g_2)a^2+(g_2-g_3)a^3+(g_5-g_6)a^4+(g_4-g_5)a^5\end{aligned}$$

$\Leftrightarrow g_1=g_2=g_3,\ g_4=g_5=g_6.$

于是

$$z_1\sim z_1'=\lambda(a^1a^2+a^2a^3+a^3a^1)+\mu(a^1a^5+a^5a^4+a^4a^1).$$

进而,如果 $z_1 \in B_1(K;G)$,则有 $c_2 = \sum_{i=1}^{\alpha_2} g_i s_i^2 \in C_2(K;G)$,使 $\partial c_2 = z_1$. 由于 z_1 只含边上棱,故

$$c_2 = g\sum_{i=1}^{\alpha_2} s_i^2, \quad z_1 = \partial c_2 = g\sum_{i=1}^{\alpha_2} \partial s_i^2 = 2g(a^1a^5 + a^5a^4 + a^4a^1),$$

$$H_1(K;G) = \frac{Z_1(K;G)}{B_1(K;G)} \cong \frac{G \oplus G}{0 \oplus 2G} \cong G \oplus G_2.$$

(证法 2)参阅例 2.8.9. □

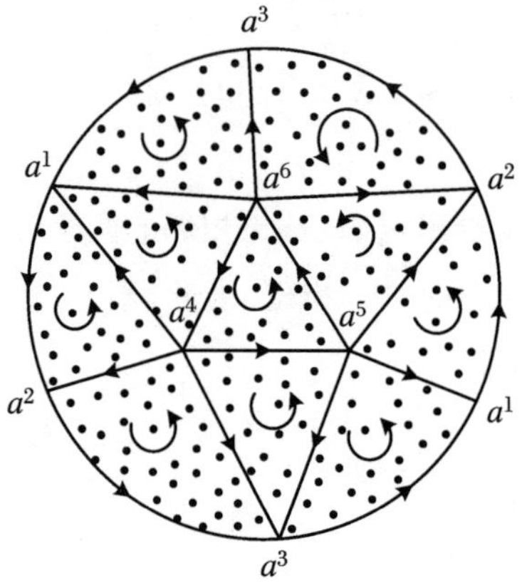

图 1.2.14

例 1.2.8 射影平面是由叠合圆域的对径边界点而得到的,它的一个弯曲单纯剖分 K 见图 1.2.14(注意,它不是平直单纯剖分. 根据引理 1.2.7 知,必有与它同胚的平直单纯剖分). 复形 K 共有 $\alpha_0 = 6$ 个顶点,$\alpha_1 = 15$ 条棱,$\alpha_2 = 10$ 个三角形. 将边界圆周上的棱称作边缘棱,其他的棱称作中间棱. 图中箭头给出了 $\{s_i^q\}$.

将 2 维球面 S^2 的对径点 x 与 $-x$ 叠合得到的商空间 $\mathbf{R}P^2$ 就是与射影平面同胚的拓扑空间(见图 1.2.15).

也可将 2 维半球面边界圆周上的对径点叠合得到商空间,它在同胚意义下视作射影平面(见图 1.2.16).

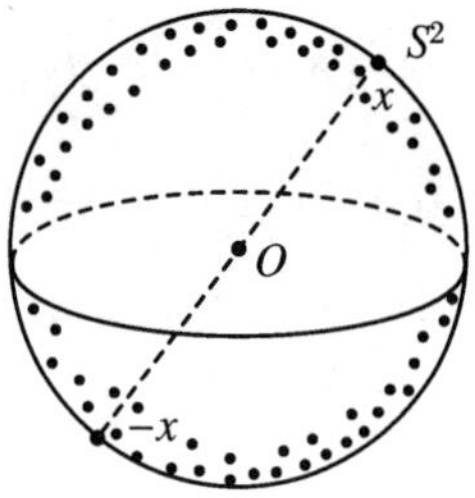

图 1.2.15

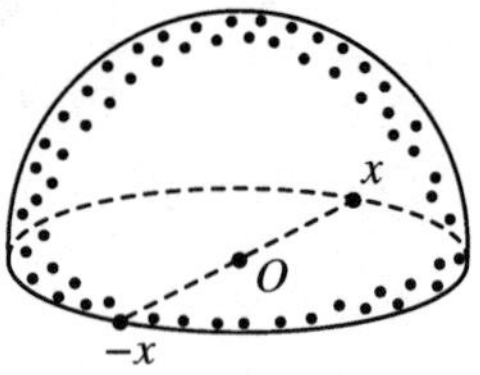

图 1.2.16

计算射影平面 K 的单纯同调群

$$H_q(K;G) \cong \begin{cases} G, & q = 0, \\ G_2, & q = 1, \\ {}_2G, & q = 2. \end{cases}$$

显然,Euler-Poincaré 示性数为

$$\chi(K) = \alpha_0 - \alpha_1 + \alpha_2 = 6 - 15 + 10 = 1,$$

$$\chi(K)=\dim H_0(K;J)-\dim H_1(K;J)+\dim H_2(K;J)$$
$$=1-0+0=1.$$

证明 (证法 1)显然,复形 K 连通,故

$$H_0(K;G)\cong G.$$

用 c_2^0 表示全体 s_i^2 的和,用 z_1^0 表示 $a^1a^2+a^2a^3+a^3a^1$. 显然,这两条整数链的边缘链为

$$\partial c_2^0=2z_1^0,\quad \partial z_1^0=0.$$

先计算 $H_2(K;G)$. 设 z_2 为任一以 G 为系数群的 2 维闭链. 因为$\partial z_2=0$ 不含中间棱,故必有 $z_2=gc_2^0$. 又因为$\partial z_2=\partial(gc_2^0)=g\partial c_2^0=2gz_1^0$,故 $2g=0$,即 $g\in{}_2G$. 于是

$$H_2(K;G)\cong{}_2G.$$

特别地,$H_2(K;J)=0$,$H_2(K;J_2)\cong J_2$,$H_2(K;J_p)=0$,其中 p 为大于 2 的素数.

再计算 $H_1(K;G)$. 首先,设 z_1 为任一以 G 为系数群的 1 维闭链. 认定由 a^1a^2, a^2a^3, a^3a^1 组成边,采用"挤到边上去"的方法,可以将 z_1 中出现的中间棱挤到边缘棱上去,得到 $z_1\sim gz_1^0$. 其次,如果 $gz_1^0\sim 0$,则存在 2 维链 c_2,使得 $gz_1^0=\partial c_2$. 因为∂c_2 不含中间棱,必有 $c_2=g'c_2^0$, $g'\in G$. 又因为 $gz_1^0=\partial c_2=\partial(g'c_2^0)=2g'z_1^0$,故 $g=2g'$. 最后,同态

$$f:G\to H_1(K;G)$$
$$g\mapsto f(g)=[gz_1^0]\ (gz_1^0\text{ 的同调类})$$

为一个满同态. 它的核 $\operatorname{Ker} f=2G$. 于是

$$H_1(K;G)\cong\frac{G}{\operatorname{Ker} f}=\frac{G}{2G}=G_2.$$

特别地,有

$$H_1(K;J)\cong J_2,\quad H_1(K;J_2)\cong\frac{J_2}{2J_2}\cong\frac{J_2}{0}\cong J_2,$$

$$H_1(K;J_p)\cong\frac{J_p}{2J_p}=\frac{J_p}{J_p}=0,\quad p\text{ 为大于 2 的素数}.$$

(证法 2)参阅例 2.8.7. □

例 1.2.9 $n(>0)$维球面 S^n 是同胚于 $n+1$ 维单形 $\underline{s}^{n+1}$ 的边缘复形的多面体 $|\dot{\underline{s}}^{n+1}|$的拓扑空间. 取$\dot{\underline{s}}^{n+1}$作为 S^n 的单纯剖分,见图 1.2.17. 图 1.2.18 中的八面形是与球面 S^2 同胚的平直单纯复形.

计算 n 维球面S^n 的单纯同调群:

$$H_q(S^n;G)\cong\begin{cases}G, & q=0,n,\\ 0, & 0<q<n.\end{cases}$$

由此立知 S^n 的 Euler-Poincaré 示性数为

$$\chi(S^n)=\chi(\underline{\dot{s}}^{n+1})=\sum_{i=0}^{n}(-1)^i\dim H_q(\underline{\dot{s}}^n;J)=1+(-1)^n$$

$$=\begin{cases}2, & \text{当 } n \text{ 为偶数时},\\ 0, & \text{当 } n \text{ 为奇数时},\end{cases}$$

$$\chi(S^n)=\chi(\underline{\dot{s}}^{n+1})=\sum_{i=0}^{n}(-1)^i\alpha_i=\sum_{i=0}^{n}(-1)^iC_{n+2}^{i+1}=-\sum_{j=1}^{n+1}(-1)^jC_{n+2}^j$$

$$=-\sum_{j=0}^{n+2}(-1)^jC_{n+2}^j+1+(-1)^{n+2}C_{n+2}^{n+2}=-(1-1)^{n+2}+1+(-1)^n$$

$$=1+(-1)^n=\begin{cases}2, & \text{当 } n \text{ 为偶数时},\\ 0, & \text{当 } n \text{ 为奇数时}.\end{cases}$$

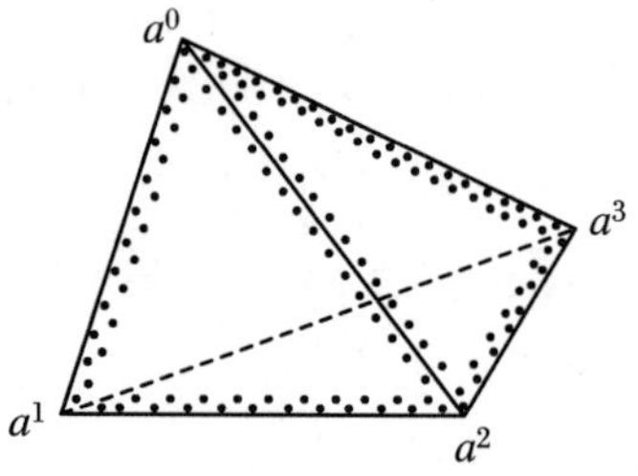

图 1.2.17 S^2

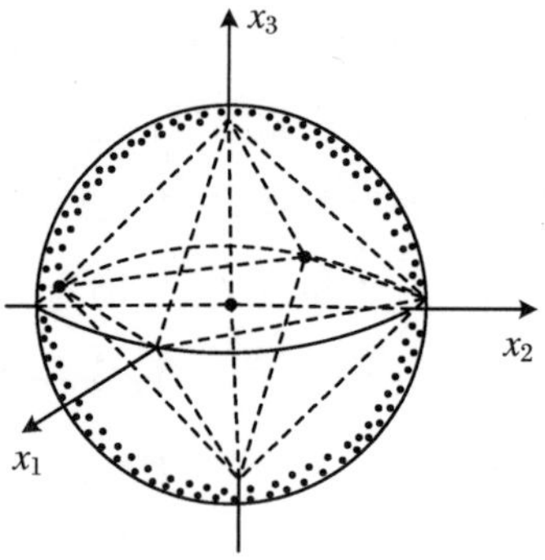

图 1.2.18

证明 因为$\underline{\dot{s}}^{n+1}$为连通复形(或 S^n 为连通拓扑空间),故

$$H_0(S^n;G)\cong H_0(\underline{\dot{s}}^{n+1};G)\cong G.$$

当$0<q\leqslant n$ 时,根据例 1.2.1(2)知,复形$\underline{\dot{s}}^{n+1}$上的一个以 G 为系数群的 q 维闭链 z_q 在复形$\underline{s}^{n+1}$上零调,即是复形$\underline{s}^{n+1}$的一个 $q+1$ 维链的边缘:

$$z_q=\partial c_{q+1},\quad c_{q+1}\text{ 在}\underline{s}^{q+1}\text{ 上}.$$

从这个基本事实出发,我们来考查下列两种情形.

如果 $0<q\leqslant n-1$,则 c_{q+1}也在$\underline{\dot{s}}^{n+1}$上,即

$$z_q\sim 0,\quad \text{在}\underline{\dot{s}}^{n+1}\text{ 上}.$$

这表明

$$H_q(\underline{\dot{s}}^{n+1};G)=0,\quad 0<q\leqslant n-1.$$

如果 $q=n$,首先,因为 s^{n+1}是复形 s^{n+1}上的唯一一个 $n+1$ 维的有向单形,则复形 s^{n+1}上的任一 $n+1$ 维链必为

$$c_{n+1}=gs^{n+1},\quad g\in G.$$

再从上述基本事实出发，得到

$$z_n = \partial c_{n+1} = g\partial s^{n+1}, \quad g \in G,$$

即复形$\underline{\dot{s}}^{n+1}$上的任一以 G 为系数群的 n 维闭链 z_n 必有 $z_n = g\partial s^{n+1}$，$g \in G$. 其次，因为复形$\underline{\dot{s}}^{n+1}$只是 n 维的复形，$g\partial s^{n+1}$在$\underline{\dot{s}}^{n+1}$上零调当且仅当 $g\partial s^{n+1} = 0$ 或 $g = 0$. 这就证明了

$$H_n(S^n;G) \cong H_n(\underline{\dot{s}}^{n+1};G) \cong G.$$

（证法 2）参阅例 2.6.1. □

注 1.2.2 (1) 平环与 Möbius 带都是紧致、连通、带边界点的不封闭的 2 维曲面，它们的 2 维闭链 z_2，$\partial z_2 = 0$，不含中间棱，但含边界上的棱，故

$$z_2 = g\sum_{i=1}^{\alpha_2} s_i^2, \quad H_2(K;G) = \frac{Z_2(K;G)}{B_2(K;G)} = Z_2(K;G) \cong 0.$$

环面、2 维球面（可定向）和 Klein 瓶、射影平面（不可定向）都为紧致、连通、不带边界点的封闭 2 维曲面，它们的 $H_2(K;G) \cong G$ 或$_2G$. 从而，$H_2(K;J_2) \cong J_2$.

因此，从 $H_2(K;J_2) \cong J_2$ 或 0 就能判断它们的封闭性.

(2) 从射影平面的整同调群中难以猜测一般交换群 G 的同调群. 例如从

$$H_q(K;J) \cong \begin{cases} J, & q = 0, \\ J_2, & q = 1, \\ 0, & q = 2 \end{cases}$$

中难以猜出 $H_2(K;G) = {}_2G$.

(3) 同样，从 Klein 瓶 K 的整同调群中也难以猜测一般交换群 G 的同调群. 例如从

$$H_q(K;J) \cong \begin{cases} J, & q = 0, \\ J \oplus J_2, & q = 1, \\ 0, & q = 2 \end{cases}$$

中难以猜出 $H_2(K;G) \cong {}_2G$.

(4) 将 n 维单位球面S^n 叠合对径点得到的商拓扑空间称为 n **维实射影空间**，记为 $\mathbf{R}P^n$. 当 $n = 2$ 时，$\mathbf{R}P^2$ 就是例 1.2.8 中的射影平面. 但是当 $n \geqslant 3$ 时，采用同调群定义（例 1.2.8 中的证法 1）来求同调群 $H_q(\mathbf{R}P^n;G)$是很困难的，甚至不可能！但是，若采用例 1.2.8 中较难、较复杂的证法 2 倒是可能的. 见例 1.2.8.

(5) 球面 S^2、环面、Klein 瓶、射影平面都是紧致、连通的弯曲多面体. 它们彼此至少有一个同维同调群不同构，借用单纯同调群的同胚不变性与同伦不变性立知，它们彼此既不同胚又不同伦.

此外，由球面、环面可定向，而 Klein 瓶与射影平面不可定向可以推出球面、环面不与

Klein 瓶同胚,也不与射影平面同胚.

(6) 如环面、Klein 瓶、射影平面等弯曲单纯剖分示意图,根据引理 1.2.7 知,它们都至少有一个与其同胚的平直单纯复形.

引理 1.2.7 每个弯曲复形都有一个与其同胚的平直单纯复形.

证明 设弯曲复形 K 有 $r+1$ 个顶点 a^i, $i=0,1,\cdots,r$. 再设自然的 r 维单形 $\underline{t}^r$ 的顶点 e^i, $i=0,1,\cdots,r$, 其中 $\{e^i \mid i=0,1,\cdots,r\}$ 为 $\mathbf{R}^{r+1}$ 中的规范正交基, $\underline{t}^r=(e^0,e^1,\cdots,e^r)$ 称为一个**自然的 r 维单形**.

然后,作一一对应

$$v: e^i \to a^i.$$

只考虑闭包复形 Cl $\underline{t}^r$ 中的那些单形 $\underline{t}^q$, 它的全体顶点的像也为 K 中的一个单形的全体顶点. 我们将这些单形 $\underline{t}^q$ 的全体记为 N. 根据例 1.1.1(1), 容易看出 N 为一个平直的单纯复形. 根据 N 的作法, N 显然与 K(在上述意义下)是同构的, 从而平直多面体 $|N|$ 与弯曲多面体 $|K|$ 是同胚的. □

例 1.2.10 我们已见到例 1.2.4 中的平环与例 1.2.5 中的 Möbius 带的各维的同调群彼此都同构. 不过它们不同胚, 但却是同伦的.

细心的并想深入研究的读者自然会提问:能否构造两个紧致、连通的单纯复形,它们的各维同调群彼此同构,但既不同胚又不同伦? 举反例如下:

设图 1.2.19 所示的 $S^1 \vee S^2 \vee S^1$ 是两个圆周与 2 维球面接触于一点所形成的拓扑空间,图 1.2.20 是它的一个平直单纯剖分.

球面与 $S^1 \vee S^2 \vee S^1$ 的以交换群 G 为系数群的各维同调群同构,但既不同胚也不同伦.

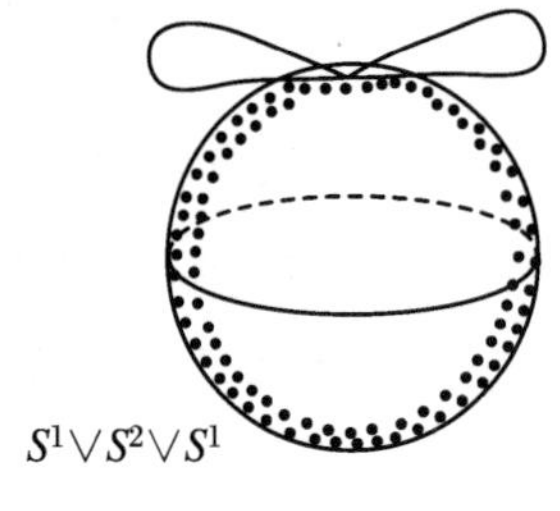

图 1.2.19

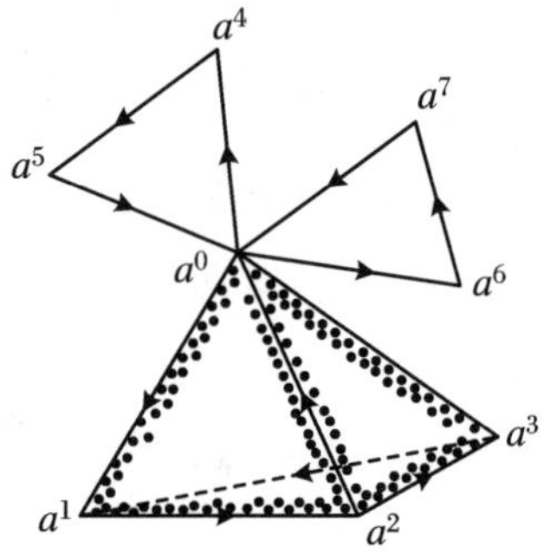

图 1.2.20

证明 显然, $S^1 \vee S^2 \vee S^1$ 是连通的, 图 1.2.20 为连通的单纯复形, 故

$$H_0(S^1 \vee S^2 \vee S^1; G) \cong G.$$

设$\{s_i^q\}$为$S^1 \vee S^2 \vee S^1$相应单纯复形的有向基本组.设z_2为$S^1 \vee S^2 \vee S^1$上的2维闭链,即$\partial z_2 = 0$.由此必有$z_2 = g\sum_{i=1}^{\alpha_2} s_i^2$,$H_2(S^1 \vee S^2 \vee S^1;G) \cong G$.

再计算$H_1(S^1 \vee S^2 \vee S^1;G)$.根据例 1.2.9 知,

$$H_1(S^1 \vee S^2 \vee S^1;G) = G \oplus G.$$

或者直接采用"挤到边上去"的方法,对任一闭链z_1,将a^1a^2用$a^1a^0 + a^0a^2$代替,将a^2a^3用$a^2a^0 + a^0a^3$代替,将a^3a^1用$a^3a^0 + a^0a^1$代替,得到闭链$z_1' \sim z_1$,其中z_1'中可能含有$a^1a^0, a^2a^0, a^3a^0, a^0a^4, a^4a^5, a^5a^0, a^0a^6, a^6a^7, a^7a^0$.因$\partial z_1' = 0$,故$z_1'$中不含$a^1a^0, a^2a^0, a^3a^0$,且

$$z_1' = g'(a^0a^4 + a^4a^5 + a^5a^0) + g''(a^0a^6 + a^6a^7 + a^7a^0).$$

由此立即看出

$$H_1(S^1 \vee S^2 \vee S^1;G) \cong G \oplus G.$$

综上所述得到

$$H_q(S^1 \vee S^2 \vee S^1;G) \cong \begin{cases} G, & q = 0, \\ G \oplus G, & q = 1, \\ G, & q = 2. \end{cases}$$

它恰与环面的以交换群G为系数群的同调群一致.进而,根据例 2.9.3,环面与$S^1 \vee S^2 \vee S^1$既不同胚也不同伦. □

1.3 单纯下同调群的重分不变性、拓扑不变性与伦型不变性

这一节主要证明复形的单纯同调群的重分不变性、拓扑不变性与伦型不变性.虽然伦型不变性蕴涵着拓扑不变性,但我们还是保留了拓扑不变性(定理 1.3.6)的经典证明,这反映出同调群不变性的历史发展进程.

单纯链复形、链映射及链同伦

定义 1.3.1 设K为单纯复形,$\partial = \{\partial_q\}$为其边缘运算,则称$\{C_q(K;G), \partial_q\}$为一个**单纯链复形**.

定义 1.3.2 设$\{K, \partial_q\}$与$\{L, \partial_q'\}$都为单纯复形,$f = \{f_q\}$,

$$f_q: C_q(K;G) \to C_q(L;G)$$

为一序列的同态,且

$$\begin{array}{ccc} C_q(K;G) & \xrightarrow{f_q} & C_q(L;G) \\ \downarrow \partial_q & & \downarrow \partial'_q \\ C_{q-1}(K;G) & \xrightarrow{f_{q-1}} & C_{q-1}(L;G) \end{array}$$

图表可交换,即

$$\partial'_q f_q = f_{q-1}\partial_q,$$

则称 $f=\{f_q\}$为从 K 到 L 的一个**链映射**.在不致混淆时,将∂'_q也记为∂_q,甚至简写为

$$\partial f_q = f_{q-1}\partial.$$

引理 1.3.1 从复形 K 到复形 L 的一个链映射 $f=\{f_q\}$,

$$f_q: C_q(K;G) \to C_q(L;G)$$

诱导出一序列同态 $f_*=\{f_{q*}\}$,

$$f_{q*}: H_q(K;G) \to H_q(L;G).$$

常简写为

$$f_*: H_q(K;G) \to H_q(L;G).$$

更精确地说,如果 z 为 K 的一个 q 维闭链,z^* 为 K 上闭链 z 的同调类,则$(f_q(z))^*$为 L 上闭链$f_q(z)$的同调类,且

$$f_{q*}(z^*) = (f_q(z))^*.$$

证明 设 $z\in Z_q(K;G)$,则由定义 1.3.2 推得

$$\partial f_q(z) = f_{q-1}(\partial z) = f_{q-1}(0) = 0,$$

从而,$f_q(z)\in Z_q(L;G)$.

再设 $b\in B_q(K;G)$,故$\exists\, c\in C_{q+1}(K;G)$,s.t. $b=\partial c$.从而由定义 1.3.2 知,

$$f_q b = f_q\partial c = \partial f_{q+1}c,$$

其中 $f_{q+1}c\in C_{q+1}(L)$,所以 $f_q b\in B_q(L)$.根据定理 1.2.1,有

$$f_{q*}(z^*) = (f_q(z))^*.$$

□

引理 1.3.2 设 K,L,M 都为复形,

$$f: C_q(K;G) \to C_q(L;G),$$

$$g: C_q(L;G) \to C_q(M;G)$$

都为链映射(f_q,g_q 省了下标 q),则

$$gf: C_q(K;G) \to C_q(M;G)$$

也必为链映射,而且诱导出同调群的同态

$$(gf)_* = g_*f_*: H_q(K;G) \to H_q(M;G).$$

证明 因为

$$\partial(gf)_q = (gf)_{q-1}\partial = g_{q-1}(f_{q-1}\partial) = g_{q-1}\partial f_q$$
$$= g_{q-1}(f_{q-1}\partial) = (g_{q-1}f_{q-1})\partial = (gf)_{q-1}\partial,$$

所以 gf 也必为链映射.进而,对 $\forall z^* \in H_q(K;G)$,有

$$(gf)_*(z^*) = (gf(z))^* = (g(f(z)))^* = g_*(f(z)^*)$$
$$= g_*(f_*(z^*)) = (g_*f_*)(z^*),$$
$$(gf)_* = g_*f_*.$$

□

定义 1.3.3 设 $f,g:C_q(K;G)\to C_q(L;G)$ 是从复形 K 到复形 L 的两个链映射.如果存在一序列的同态(非链映射!)$D=\{D_q\}$,

$$D_q:C_q(K;G)\to C_{q+1}(L;G),$$

使得

$$\partial_{q+1}D_q + D_{q-1}\partial_q = g_q - f_q,$$

我们称 f 与 g 是**链同伦**的,记作 $f\overset{D}{\simeq}g$ 或 $D:f\simeq g$ 或 $f\simeq g$.而且称 D 是从 f 到 g 的一个**链伦移**.

为帮助读者理解和记忆,将 $\partial_{q+1}D_q + D_{q-1}\partial_q = g_q - f_q$ 用图表表示为

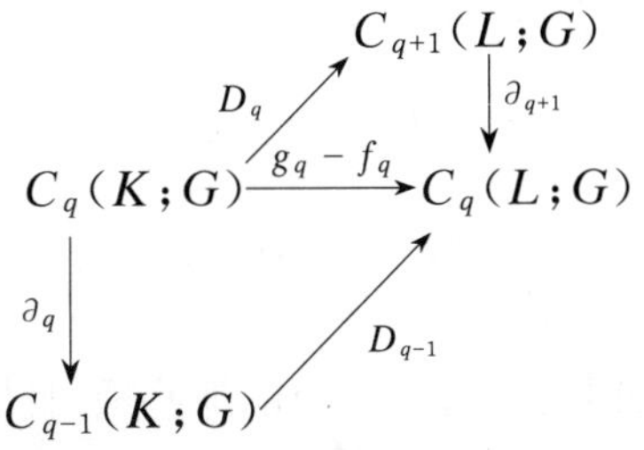

引理 1.3.3 链同伦的两个链映射

$$f_q \overset{D}{\simeq} g_q : C_q(K;G)\to C_q(L;G)$$

诱导出同调群之间相同的同态,即

$$f_{q*} = g_{q*}:H_q(K;G)\to H_q(L;G).$$

证明 设 $z\in Z_q(K;G)$,根据定义 1.3.3,由

$$\partial_{q+1}D_q + D_{q-1}\partial_q = g_q - f_q$$

及 $\partial_q(z)=0$ 推得

$$\partial_{q+1}D_q(z) = (\partial_{q+1}D_q + D_{q-1}\partial_q)(z) = (g_q - f_q)(z) = g_q(z) - f_q(z),$$
$$g_q(z) \sim f_q(z)\ (\text{在 } L \text{ 上}),$$
$$g_{q*}(z^*) = g_q(z)^* = f_q(z)^* = f_{q*}(z^*),$$
$$g_{q*} = f_{q*}.$$

□

单纯映射、单纯链映射

下面介绍的单纯映射是单纯复形之间最简单的连续映射,是与单纯复形相匹配的连续映射.而一般的连续映射、拓扑映射并不是单纯复形之间相匹配的单纯映射,相距甚远!但经有限次重心重分后,对任一连续映射都证明了可以用单纯映射来逼近.之后,就可证单纯同调群的拓扑不变性.

定义 1.3.4 设$\underline{s}^q=(a^0,a^1,\cdots,a^q)$与$\underline{t}^r=(b^0,b^1,\cdots,b^r)$分别为$\mathbf{R}^m$与$\mathbf{R}^n$中的单形.又设顶点间的一个单值对应:

$$f_0:a^i\mapsto b^{j(i)}=f_0(a^i).$$

于是,f_0 的线性扩张

$$\underline{f}:\underline{s}^q\to\underline{t}^r,$$

$$\underline{f}(x)=\underline{f}\Big(\sum_{i=0}^{q}\lambda_ia^i\Big)=\sum_{i=0}^{q}\lambda_if_0(a^i)$$

称为由 f_0 定义的映单形$\underline{s}^q$ 到单形$\underline{t}^r$ 的**单纯映射**.

现证$\underline{f}$ 连续.显然,$\underline{f}(a^i)=f_0(a^i)$.我们记

$$\begin{aligned}\underline{f}(x)&=\lambda_0f_0(a^0)+\lambda_1f_0(a^1)+\cdots+\lambda_qf_0(a^q)\\&=\mu_0b^0+\mu_1b^1+\cdots+\mu_rb^r,\end{aligned}$$

其中 μ_j 是上式中出现的全体b^j 的系数λ_i 的和.因为 $\lambda_i\geqslant0$,$\sum\limits_{i=1}^{q}\lambda_i=1$,所以 $\mu_j\geqslant0$,$\sum\limits_{j=1}^{r}\mu_j=1$,从而$\underline{f}(x)\in t^r$.如果消去恒等于0的那些项,且用$\underline{t}^k$ 代替$\underline{t}^r$,以那些上式中保留下的 b^j 为顶点的面,则$\underline{f}(\underline{s}^q)=\underline{t}^k$.因为$\underline{f}(x)$为$\underline{s}^q$ 中点x 的坐标λ_i 的线性函数,故$\underline{f}$ 为连续映射.

进而,设 K 与 L 为两个复形,它们的顶点分别为

$$\{a^i\},\ i=1,2,\cdots,k,\quad\{b^j\},\ j=1,2,\cdots,l.$$

再设顶点间的一个单值对应

$$f_0:a^i\mapsto b^{j(i)}=f_0(a^i)$$

具有性质:f_0 将 K 的每个单形的所有顶点映为L 的一个单形的顶点.类似引理 1.2.7 证明,K 可以视作某一自然单形的一个子复形N,K 与N 同构,当然也同胚,即$|K|=|N|$.不妨设 K 就是N.于是,对$\forall\,x\in|K|$,

$$x=\sum_{i=0}^{k}\lambda_ia^i,$$

作 f_0 的线性扩张

$$\underline{f}(x) = \underline{f}\left(\sum_{i=0}^{k} \lambda_i a^i\right) = \sum_{i=0}^{k} \lambda_i f_0(a^i).$$

$\underline{f}:K\to L$ 为由 f_0 决定的映复形 K 到复形 L 的**单纯映射**.

不难看出,$\underline{f}$ 为连续映射;$\underline{f}\mid \underline{s}^q$ 为仿射映射.事实上,如果 f_0 将 K 的一个单形$\underline{s}^q$ 的所有顶点映成 L 的一个单形$\underline{t}^h$ 的顶点,则 $f\mid \underline{s}^q$ 就是映$\underline{s}^q$ 成$\underline{t}^h$ 的单纯映射,因而连续.如果 f_0 将 K 的$\underline{s}_1^{q_1}$ 与$\underline{s}_2^{q_2}$ 分别映成 L 的$\underline{t}_1^{h_1}$ 与$\underline{t}_2^{h_2}$,显然 f_0 将$\underline{s}_1^{q_1}$ 与$\underline{s}_2^{q_2}$ 的公共面(如果有公共面)映到$\underline{t}_1^{h_1}$ 与$\underline{t}_2^{h_2}$ 的公共面$\underline{t}$.根据$\underline{f}$ 的定义,限制在$\underline{s}$ 上的$\underline{f}\mid \underline{s}_1^{q_1}$ 与$\underline{f}\mid \underline{s}_2^{q_2}$ 同是由限制在$\underline{s}$ 的顶点上的 f_0 所决定的单纯映射.因此,根据文献[3]定理 1.3.5(粘接引理),$\underline{f}:K\to L$ 连续.

引理 1.3.4 设 K,L,M 都为复形,$\underline{f}:K\to L$ 与$\underline{g}:L\to M$ 都为单纯映射,分别由顶点对应 f_0 与 g_0 所决定,则由顶点对应 $g_0 f_0$ 决定的单纯映射$\underline{h}:K\to M$ 就是

$$\underline{h} = \underline{g}\,\underline{f}:K\to M.$$

证明 因为

$$\underline{g}\,\underline{f}(a^i) = \underline{g}f_0(a^i) = g_0 f_0(a^i),$$

所以

$$\underline{h} = \underline{g}\,\underline{f}.$$

□

定义 1.3.5 设 $s^q = a^i\cdots a^k$ 为K 的任一有向单形.如果$\underline{f}(a^i) = b^{j(i)},\cdots,f(a^k) = b^{j(k)}$都为 L 的不同顶点.令 $t^q = b^{j(i)}\cdots b^{j(k)}$,则它为 L 的一个有向单形.由于$\underline{f}$ 为单纯映射,我们定义

$$f_q(s^q) = t^q.$$

显然,$f_q(-s^q) = -t^q$;如果 s^q 在单纯映射$\underline{f}$ 下退化,即顶点 $b^{j(i)},\cdots,b^{j(k)}$ 中至少有两个相同,则定义

$$f_q(s^q) = 0.$$

然后,在 $C_q(K;G)$ 上作线性扩张,即对链 $x_q = \sum_{i=1}^{\alpha_q} g_i s_i^q,g_i\in G$,定义

$$f_q(x_q) = f_q\left(\sum_{i=1}^{q} g_i s_i^q\right) = \sum_{i=1}^{q} g_i f_q(s_i^q),$$

$$f_q:C_q(K;G)\to C_q(L;G)$$

为一个同态,并用 $f=\{f_q\}$来表示这一序列同态.

注意 记号 f_0 有两层含义:顶点间的对应与0维链之间的同态,读者从上下文确定.

引理 1.3.5 设 K 与 L 为复形,且$\underline{f}:K\to L$ 为单纯映射,则$\underline{f}$ 诱导出一个链映射 $f=\{f_q\}$(有时也记作 $f_q = f_{\Delta_q}$),

$$f_q:C_q(K;G)\to C_q(L;G),$$

而且

$$\mathrm{In}(f_0(x_0)) = \mathrm{In}(x_0),$$

即 0 维链 x_0 的指数在 f_0(0 维链群间的同态)下保持不变.

我们称链映射 $f=\{f_q\}$为**单纯映射$\underline{f}$ 所诱导出的链映射**,简称为**单纯链映射**.

证明 设 $s^q=a^0a^1\cdots a^q$,$f(a^i)=b^i$(这里的 b^i 不必都不同).

如果 b^i 都不同,则

$$\partial f_q s^q = \partial(b^0 b^1\cdots b^q) = \sum_{i=0}^{q}(-1)^i b^0\cdots\hat{b}^i\cdots b^q$$

$$= f_{q-1}\Big(\sum_{i=0}^{q}(-1)^i a^0\cdots\hat{a}^i\cdots a^q\Big) = f_{q-1}\partial s^q.$$

如果至少有两个 b^i 相同,则从 f_q 定义来看,有 $f_q s^q=0$,于是$\partial f_q s^q=0$.另一方面,如果至少有三个 b^i 相同,则 s^q 的$q-1$ 维面的 f_{q-1}像都为 0,故 $f_{q-1}\partial s^q=0=\partial f_q s^q$.如果恰有两个 b^i 相同,不失一般性,可设 $b^0=b^1$.于是

$$\partial f_q s^q = \partial(b^0 b^1\cdots b^q) = b^1 b^2\cdots b^q - b^0 b^2\cdots b^q + \sum_{i=2}^{q}(-1)^i b^0 b^1\cdots\hat{b}^i\cdots b^q$$

$$= b^0 b^2\cdots b^q - b^0 b^2\cdots b^q + \sum_{i=2}^{q}(-1)^i b^0 b^0 b^2\cdots\hat{b}^i\cdots b^q$$

$$= 0 = f_{q-1}\Big(a^1 a^2\cdots a^q - a^0 a^2\cdots a^q + \sum_{i=2}^{q} a^0 a^1 a^2\cdots\hat{a}^i\cdots a^q\Big)$$

$$= f_{q-1}\partial s^q.$$

由 ∂ 与同态 f 的线性性质推得,对 $\forall\, x_q = \sum_{i=1}^{\alpha_q} g_i s_i^q \in C_q(K;G)$,有

$$\partial f_q x_q = \partial f_q\Big(\sum_{i=1}^{\alpha_q} g_i s_i^q\Big) = \sum_{i=1}^{\alpha_q} g_i \partial f_q(s_i^q) = \sum_{i=1}^{\alpha_q} g_i f_{q-1}\partial(s_i^q)$$

$$= f_{q-1}\partial\Big(\sum_{i=1}^{\alpha_q} g_i s_i^q\Big) = f_{q-1}\partial x_q,$$

$$\partial f_q = f_{q-1}\partial,$$

所以 $f=\{f_q\}$为链映射.

最后

$$\mathrm{In}\, f_0(x_0) = \mathrm{In}\, f_0\Big(\sum_{i=1}^{\alpha_0} g_i s_i^0\Big) = \mathrm{In}\sum_{i=1}^{\alpha_0} g_i f_0(s_i^0)$$

$$= \sum_{i=1}^{\alpha_0} g_i\, \mathrm{In}\, f_0(s_i^0) = \sum_{i=1}^{\alpha_0} g_i\, \mathrm{In}\, s_i^0 = \mathrm{In}\Big(\sum_{i=1}^{\alpha_0} g_i s_i^0\Big) = \mathrm{In}(x_0).$$ □

引理 1.3.6 设 K,L,M 都为复形,$\underline{f}:K\to L$ 与$\underline{g}:L\to M$ 都为单纯映射,从引理

1.3.4 知，$\underline{h}=\underline{g}\,\underline{f}:K\to M$ 也为单纯映射.于是，对于它们所决定的单纯链映射，有

$$h_q = g_q f_q.$$

对于这三个链映射所诱导出的同调群之间的同态，有

$$h_{q*} = g_{q*} f_{q*}.$$

证明 对于复形 K 的任一有向单形 s^q.

如果 s^q 在单纯映射$\underline{h}$ 下不退化，则 s^q 在单纯映射$\underline{f}$ 下不退化，而且 $f_q(s^q)$在单纯映射$\underline{g}$ 下也不退化，因而

$$h_q(s^q) = g_q f_q(s^q).$$

如果 s^q 在单纯映射$\underline{h}$ 下退化，则 $h_q(s^q)=0$.

（ⅰ）如果 s^q 在单纯映射$\underline{f}$ 下退化，则

$$g_q f_q(s^q) = g_q(0) = 0 = h_q(s^q).$$

（ⅱ）如果 $f_q(s^q)$在单纯映射$\underline{g}$ 下退化，则

$$g_q f_q(s^q) = g_q(f_q(s^q)) = 0 = h_q(s^q).$$

综合上述都有

$$h_q(s^q) = g_q f_q(s^q).$$

再由同态 f_q, g_q, h_q 都是线性的，必有

$$h_q = g_q f_q : C_q(K;G) \to C_q(M;G).$$

对 $\forall z_q \in Z_q(K;G)$，根据引理 1.3.2，有

$$h_{q*} = g_{q*} f_{q*}.$$ □

重心重分、重分链映射

定义 1.3.6 我们用归纳来定义 $\mathbf{R}^m$ 单形$\underline{s}$ 的闭包复形 $\mathrm{Cl}\,\underline{s} \xlongequal{\text{记为}} \underline{s}$ 的重心重分$\mathrm{Sd}\,\underline{s}^q$ 与 $\mathbf{R}^m$ 中复形K 的重心重分 $\mathrm{Sd}\,K$，使得满足：

$(3.1)_q$ $\mathrm{Sd}\,\underline{s}$ 为 $\mathbf{R}^m$ 中与$\underline{s}$ 同维的复形，且具有两个性质：

（ⅰ）$|\mathrm{Sd}\,\underline{s}^q| = |\underline{s}^q|$；

（ⅱ）如果$\underline{s}^r < \underline{s}^q$，则 $\mathrm{Sd}\,\underline{s}^r \subset \mathrm{Sd}\,\underline{s}^q$，即 $\mathrm{Sd}\,\underline{s}^r$ 为 $\mathrm{Sd}\,\underline{s}^q$ 的一个子复形.

$(3.2)_q$ $\mathrm{Sd}\,K$ 为 $\mathbf{R}^m$ 中与K 同维的复形，且具有两个性质：

（ⅰ）$|\mathrm{Sd}\,K| = |K|$；

（ⅱ）如果 $L \subset K$ 为子复形，则 $\mathrm{Sd}\,L \subset \mathrm{Sd}\,K$.

进而，有：

$(3.3)_q$ $\mathrm{Sd}\,\dot{\underline{s}}^q$ 为$q-1$ 维复形.

第1步：定义 $\mathrm{Sd}\,\underline{s}$.对于0维单形$\underline{s}^0$，定义 $\mathrm{Sd}\,\underline{s}^0 = \underline{s}^0$.命题$(3.1)_0$ 显然成立.对维数用

归纳法,设从 0 维到 $q-1(\geqslant 0)$ 维的单形的重心重分都有了定义,并且命题$(3.1)_0,\cdots,(3.1)_{q-1}$都成立.现在,我们定义 Sd $\dot{\underline{s}}^q(q\geqslant 1)$为$\underline{s}^q$ 的边缘复形$\dot{\underline{s}}^q$($\underline{s}^q$ 的所有 $q-1$ 维面的闭包复形的并集)的所有 $q-1$ 维面的重心重分的并集.

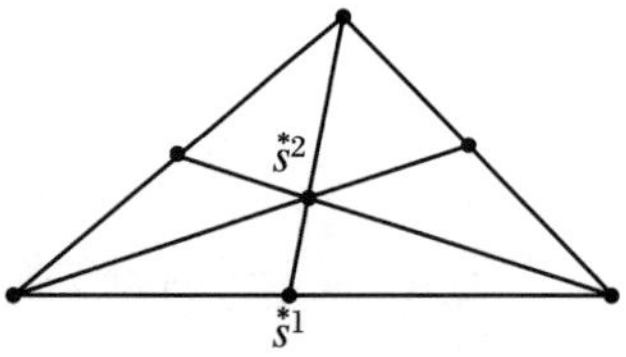

图 1.3.1

设$\underline{s}^q$ 的重心为 $\overset{*}{s}^q$(图 1.3.1,$q=1$ 及 2 的情形).作以 $\overset{*}{s}^q$ 为顶点、以$\underline{s}^q$ 的每个 $q-1$ 维面的重心重分为底的锥形,这些锥形的并集与 $\overset{*}{s}^q$ 以及Sd $\dot{\underline{s}}^q$ 给出了$\underline{s}^q$ 的**重心重分**

$$\text{Sd}\ \underline{s}^q = \overset{*}{s}^q \cup \text{Sd}\ \dot{\underline{s}}^q \cup \overset{*}{s}^q\text{Sd}\ \dot{\underline{s}}^q .$$

用命题$(3.1)_{q-1}$、$(3.3)_q$ 和单形的凸性以及例 1.1.1(1)可证得 Sd $\underline{s}^q$ 为复形且具有性质(ⅰ)、(ⅱ).

第 2 步:定义 Sd K.对 K 的 0 维骨架 K^0,定义 Sd $K^0=K^0$.命题$(3.2)_0$ 明显成立.假设 K 的从 0 维到 $q-1$ 维的骨架的重心重分已有了定义,并且$(3.2)_0,\cdots,(3.2)_{q-1}$都成立.设 K^q 的 q 维单形为$\underline{s}_i^q$,$i=1,2,\cdots,\alpha_q$.现定义 K^q 的**重心重分**

$$\text{Sd}\ K^q = \text{Sd}\ K^{q-1} \cup \text{Sd}\ \underline{s}_1^q \cup \text{Sd}\ \underline{s}_2^q \cup \cdots \cup \text{Sd}\ \underline{s}_{\alpha_q}^q .$$

命题$(3.2)_q$ 都归结为在$(3.2)_{q-1}$成立的基础上进行证明.这是(3.1)的简单推论.令 $n=\dim K$,则由归纳得到 Sd $K=$ Sd K^n,有命题(3.2)成立.

下面定理 1.3.1 给出了 Sd K 的单形的一个简便且十分重要的表示法.今后都是以这个定理为前提来用 Sd K 的.

定理 1.3.1　设 K 为一个复形.如果

$$\underline{s}_0 < \underline{s}_1 < \cdots < \underline{s}_r$$

为 K 的单形的一个真序列(这里的真序列是说$\underline{s}_i$ 为$\underline{s}_{i+1}$的一个真面),$\overset{*}{s}_i$为$\underline{s}_i$ 的重心,则

$$(\overset{*}{s}_0,\overset{*}{s}_1,\cdots,\overset{*}{s}_r)$$

为重分 Sd K 的一个单形,我们称 $\overset{*}{s}_r$ 为单形$(\overset{*}{s}_0,\overset{*}{s}_1,\cdots,\overset{*}{s}_r)$的**主导顶点**.

反之,Sd K 的每一个单形都可以如上得到.

证明　(归纳法)显然,当 $q=0$ 时,对 K 的 0 维骨架 K^0 是成立的.假设对于 K 的 $q-1$ 维骨架 K^{q-1}定理已成立.现证定理对 q 维骨架K^q 也成立.

$(\Rightarrow)$设$\underline{s}_r$ 的维数小于 q,则单形$(\overset{*}{s}_0,\overset{*}{s}_1,\cdots,\overset{*}{s}_r)$都属于骨架 K^{q-1}.根据归纳假设,$(\overset{*}{s}_0,\overset{*}{s}_1,\cdots,\overset{*}{s}_r)\in$ Sd $K^{q-1}\subset$Sd K^q.

再设 $s_r=\underline{s}^q$,则重心 $\overset{*}{s}_r=\overset{*}{s}^q$.如果 $r=0$,则 $\overset{*}{s}_0=\overset{*}{s}^q\in\overset{*}{s}^q\cup$Sd $\dot{\underline{s}}^q\cup\overset{*}{s}^q$Sd $\dot{\underline{s}}^q=$ Sd $\underline{s}^q\subset$Sd $K^q\subset$Sd K;如果 $r>0$,则式$\underline{s}_0<\underline{s}_1<\cdots<\underline{s}_r$ 中的$\underline{s}_0,\underline{s}_1,\cdots,\underline{s}_{r-1}\in\dot{\underline{s}}_r=\dot{\underline{s}}^q$.根

据归纳假设可知

$$(\overset{*}{s}_0,\overset{*}{s}_1,\cdots,\overset{*}{s}_{r-1})\in \mathrm{Sd}\,\underline{\dot{s}}^q,$$

所以

$$(\overset{*}{s}_0,\overset{*}{s}_1,\cdots,\overset{*}{s}_{r-1},\overset{*}{s}_r)\in \overset{*}{s}_r\mathrm{Sd}\,\underline{\dot{s}}^q=\overset{*}{s}^q\mathrm{Sd}\,\dot{s}^q=\mathrm{Sd}\,\underline{s}^q\subset \mathrm{Sd}\,K^q\subset \mathrm{Sd}\,K.$$

($\Leftarrow$)设$\underline{t}$ 为 Sd K^q 的任一单形. 根据式

$$\mathrm{Sd}\,K^q=\mathrm{Sd}\,K^{q-1}\cup \mathrm{Sd}\,\underline{s}_1^q\cup \mathrm{Sd}\,\underline{s}_2^q\cup\cdots\cup \mathrm{Sd}\,\underline{s}_{\alpha_q}^q$$

(ⅰ) $t\in \mathrm{Sd}\,K^{q-1}$,则根据归纳假设,$\underline{t}$ 已具有形式

$$(\overset{*}{s}_0,\overset{*}{s}_1,\cdots,\overset{*}{s}_r).$$

(ⅱ) $t\notin \mathrm{Sd}\,K^{q-1}$,故 $t\in \mathrm{Sd}\,\underline{s}_i^q$(某个). 于是,$\underline{t}$ 必以$\overset{*}{s}_i^q$($\underline{s}_i^q$ 的重心)为一个顶点.

(a) $\underline{t}$ 的维数为 0,则$\underline{t}$ 已被真序列$\underline{s}_i^q$ 决定.

(b) $\underline{t}$ 的维数$r>0$,根据$\underline{t}\in \mathrm{Sd}\,\underline{s}_i^q$,$\underline{t}=\overset{*}{s}_i^q\,\underline{u}$,$\underline{u}\in \mathrm{Sd}\,\dot{s}_i^q$. 再根据归纳假设,$\underline{u}$ 被$\dot{s}_i^q$的一个真序列$\underline{s}_0<\underline{s}_1<\cdots<\underline{s}_{r-1}$决定. 因而,$\underline{t}$ 被K^q(因而也是 K)的一个真序列$\underline{s}_0<\underline{s}_1<\cdots<\underline{s}_{r-1}<\underline{s}_i^q$ 决定. □

定义 1.3.6′ 设 K 为一个复形. 称

$$\mathrm{Sd}\,K=\{(\overset{*}{s}_0,\overset{*}{s}_1,\cdots,\overset{*}{s}_r)\mid \underline{s}_0<\underline{s}_1<\cdots<\underline{s}_r\text{ 为}K\text{ 的单形的真序列}\}$$

为 K 的一个**重心重分**. 应用定理 1.3.1 知,这个定义与定义 1.3.6 是等价的.

设 $\mathrm{Sd}^0K=K$,重分 Sd K 还可以作重心重分. 一般地,令

$$\mathrm{Sd}^{(r)}K=\mathrm{Sd}\,(\mathrm{Sd}^{(r-1)}K),$$

并称它为 K 的**第 r 次重心重分**.

引理 1.3.7 (1) Euclid 空间 $\mathbf{R}^m$ 中的维数大于或等于 1 的单形$\underline{s}$ 的直径 diam $\underline{s}$ 等于$\underline{s}$ 的 1 维面的长度的最大值.

(2) 设 K 为 Euclid 空间 $\mathbf{R}^m$ 中的一个 n 维复形,而且它的单形的直径都小于或等于 η,则 K 的第 r 次重分 $\mathrm{Sd}^{(r)}K$ 的单形的直径都小于或等于

$$\left(\frac{n}{n+1}\right)^r\eta.$$

因为

$$\lim_{r\to+\infty}\left(\frac{n}{n+1}\right)^r\eta=0,$$

所以当 r 充分大时,$\mathrm{Sd}^{(r)}K$ 的单形的直径就可任意小.

证明 (1) 首先,如果凸集 U 包含单形$\underline{s}^q$ 的所有顶点,则对于单形的任一点,有

$$\sum_{i=0}^{q}\lambda_ia^i=(1-\lambda_q)\left(\sum_{i=0}^{q-1}\frac{\lambda_i}{1-\lambda_q}a^i\right)+\lambda_qa^q\overset{\text{归纳}}{\in}U,\quad \lambda_q\neq 1,$$

其中 $\lambda_i \geqslant 0, \sum_{i=0}^{q} \lambda_i = 1$,

$$\frac{\lambda_i}{1-\lambda_q} \geqslant 0, \quad \sum_{i=0}^{q-1} \frac{\lambda_i}{1-\lambda_q} = \frac{\sum_{i=0}^{q-1} \lambda_i}{1-\lambda_q} = \frac{1-\lambda_q}{1-\lambda_q} = 1.$$

这表明凸集 U 包含整个单形$\underline{s}^q$.

设$\underline{s}^q = (a^0, a^1, \cdots, a^q)$,$d$ 为$\underline{s}^q$ 的 1 维面长度的最大值,于是,$\underline{s}^q$ 的直径

$$\operatorname{diam} \underline{s}^q \geqslant \max_{0 \leqslant i, j \leqslant q} \overline{a^i a^j} = d.$$

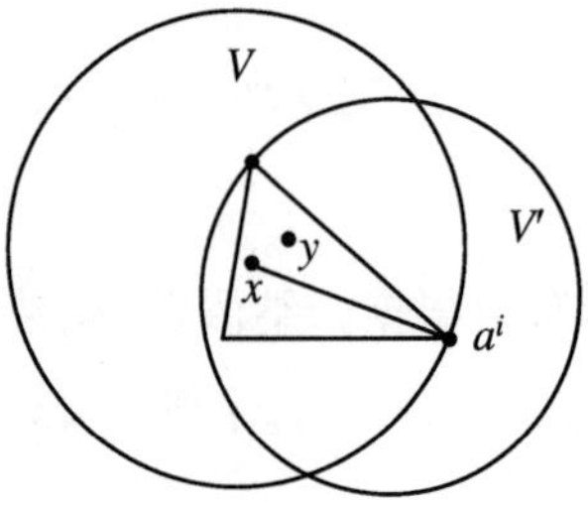

图 1.3.2

另一方面,对 $\forall x, y \in \underline{s}^q$,设 a^i 为其中一个离 x 最远的顶点.以 x 为中心、$\rho(x, a^i)$为半径,作一闭实心球 V,V 为凸集,且包含$\underline{s}^q$ 的全部顶点,根据上述论述,$\underline{s}^q \subset V$,可见,$\rho(x, y) \leqslant \rho(x, a^i)$.再以 a^i 为中心、d 为半径,作一闭实心球 V',V'为凸集,且包含$\underline{s}^q$ 的全体顶点,所以$\underline{s}^q \subset V'$.可见,$\rho(x, a^i) \leqslant d$.因此,$\rho(x, y) \leqslant d$.于是,$\operatorname{diam} \underline{s}^q \leqslant d$(见图 1.3.2).

综上所述,有

$$\operatorname{diam} \underline{s}^q = d.$$

(2) 设$\underline{t}$ 为 Sd K 的任一 1 维单形.根据定理 1.3.1,$\underline{t} = (\overset{*}{s}_0, \overset{*}{s}_1)$,其中 $\overset{*}{s}_0$ 与 $\overset{*}{s}_1$ 分别是 K 的单形$\underline{s}_0$ 与$\underline{s}_1$ 的重心,而$\underline{s}_0 < \underline{s}_1$.设

$$\underline{s}_0 = (a^0, a^1, \cdots, a^p),$$

$$\underline{s}_1 = (a^0, a^1, \cdots, a^p, a^{p+1}, \cdots, a^q).$$

令

$$\underline{s} = (a^{p+1}, \cdots, a^q),$$

$\underline{s}$ 的重心为$\overset{*}{s}$.于是

$$\begin{aligned} \overset{*}{s}_1 &= \frac{a^0 + a^1 + \cdots + a^p + a^{p+1} + \cdots + a^q}{q+1} \\ &= \frac{p+1}{q+1} \frac{a^0 + \cdots + a^p}{p+1} + \frac{q-p}{q+1} \frac{a^{p+1} + \cdots + a^q}{q-p} \\ &= \frac{p+1}{q+1} \overset{*}{s}_0 + \left(1 - \frac{p+1}{q+1}\right) \overset{*}{s}, \end{aligned}$$

这表明 $\overset{*}{s}_0, \overset{*}{s}_1, \overset{*}{s}$ 三个重心共线,且 $\overset{*}{s}_1$ 在 $\overset{*}{s}_0$ 与 $\overset{*}{s}$ 之间.还表明 $\overset{*}{s}_1$ 分有向线段 $\overset{*}{s}_0 \overset{*}{s}$ 成比例$(q-p):(p+1)$.于是

$$\rho(\overset{*}{s}_0, \overset{*}{s}_1) = \frac{q-p}{q+1} \rho(\overset{*}{s}_0, \overset{*}{s}) \leqslant \frac{q-p}{q+1} \eta.$$

因为 $0\leqslant p<q\leqslant n$，所以

$$\rho(\overset{*}{s}_0,\overset{*}{s}_1)\leqslant\frac{q-p}{q+1}\eta\leqslant\frac{q}{q+1}\eta\leqslant\frac{n}{n+1}\eta.$$

于是，Sd K 的任一维单形 $\underline{t}$ 的长度小于或等于 $\frac{n}{n+1}\eta$.

由此立即推得 $\mathrm{Sd}^{(r)}K$ 的单形的直径小于或等于 $\left(\frac{n}{n+1}\right)^r\eta$. □

定义 1.3.7 设 K 为复形，对于 K 的任一 q 维链 x_q，我们定义复形 Sd K 的一个 q 维链，称为链 x_q 的**重心重分**，记为 $\mathrm{Sd}_q x_q$.

如果 $q=0$，则定义

$$\mathrm{Sd}_0 x_0 = x_0.$$

假设 $\mathrm{Sd}_{q-1}x_{q-1}$ 已有定义，归纳定义 $\mathrm{Sd}_q x_q$ 如下：首先，考查 K 的一个 q 维有向单形 $x_q=s^q$. 如果 $\underline{s}^q$ 是对应于 s 的无向单形，且 $\overset{*}{s}{}^q$ 为 s^q 的重心，则

$$\mathrm{Sd}\,\underline{s}^q = \dot{\underline{s}}^q \cup \mathrm{Sd}\,\dot{\underline{s}}^q \cup \overset{*}{s}{}^q\mathrm{Sd}\,\dot{\underline{s}}^q \subset \mathrm{Sd}\,K.$$

根据归纳假设，边缘链 ∂s^q 的重分 $\mathrm{Sd}_{q-1}(\partial s^q)$ 已定义，且它为复形 Sd $\dot{\underline{s}}^q$ 上的一个 $q-1$ 维链. 现在定义

$$\mathrm{Sd}_q s^q = \overset{*}{s}{}^q\mathrm{Sd}_{q-1}(\partial s^q),$$

其中右边为一个 q 维链(见图 1.3.3). 其次，如果 $x_q=\sum_{i=1}^{\alpha_q} g_i s_i^q$，用线性扩张定义

$$\mathrm{Sd}_q x_q = \sum_{i=0}^{\alpha_q} g_i\mathrm{Sd}_q s_i^q.$$

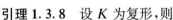

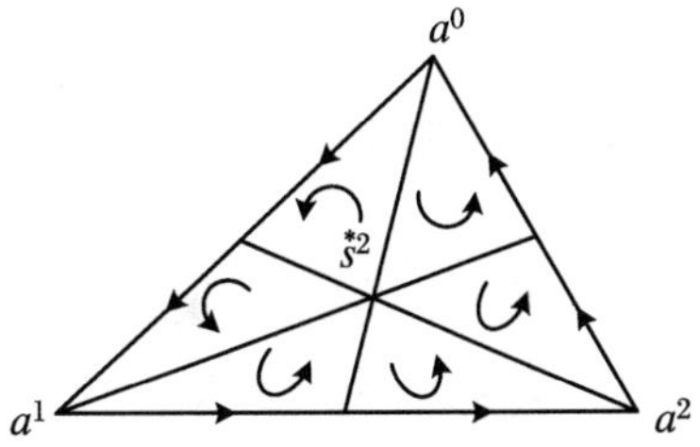

图 1.3.3 $s^2=a^0a^1a^2$

引理 1.3.8 设 K 为复形，则

$$\mathrm{Sd}_q: C_q(K;G)\to C_q(\mathrm{Sd}\,K;G)$$
$$x_q\mapsto \mathrm{Sd}_q x_q$$

为链映射，且 0 维链的指数在 Sd_0 下保持不变：

$$\mathrm{In}\,(\mathrm{Sd}_0 x_0) = \mathrm{In}\,x_0.$$

上述链映射 $\mathrm{Sd}=\{\mathrm{Sd}_q\}$ 称为**重分链映射**，而由它决定的 $\mathrm{Sd}_*=\{\mathrm{Sd}_{q*}\}$，

$$\mathrm{Sd}_{q*}: H_q(K;G)\to H_q(\mathrm{Sd}\,K;G)$$

称为同调群之间的**重分同态**.

证明 因为 Sd_q 是由线性扩张得到的，故它是一个同态.

由于 $\mathrm{Sd}_0 x_0 = x_0$，故

$$\mathrm{In}\,(\mathrm{Sd}_0 x_0) = \mathrm{In}\,x_0.$$

再证 Sd_q 为链映射

$$\partial Sd_q x_q = Sd_{q-1}\partial x_q, \tag{1.3.1}_q$$

即重分的边缘等于边缘的重分.(归纳)当 $q=0$ 时,公式

$$\partial Sd_0 x_0 = \partial x_0 = 0 = Sd_{q-1}0 = Sd_{q-1}\partial x_q$$

成立.若 $q=k-1$ 时公式成立,即

$$\partial Sd_{k-1}x_{k-1} = Sd_{k-2}\partial x_{k-1}.$$

于是,当 $q=k$ 时,

$$\begin{aligned}\partial Sd_k s^k &= \partial(\overset{*}{s}{}^k Sd_{k-1}(\partial s^k)) = Sd_{k-1}(\partial s^k) - \overset{*}{s}{}^k\partial(Sd_{k-1}(\partial s^k))\\ &\overset{\text{归纳}}{=\!=} Sd_{k-1}\partial s^k - \overset{*}{s}{}^k Sd_{k-1}(\partial\partial s^k)\\ &= Sd_{k-1}\partial s^k.\end{aligned}$$

再由∂,Sd 的线性性质,对$\forall x_q\in C_q(K;G)$,有

$$\partial Sd_q x_q = Sd_{q-1}\partial x_q.$$

这表明 Sd_q 为链映射. □

注意 重分不是单纯映射,重分链映射不是单纯链映射.

标准映射与标准链映射

定义 1.3.8 设复形 K 的全体无向单形记为$\underline{s_i}$,则 K 的重分 Sd K 的全体顶点可用$\overset{*}{s}_i$表示.定义 Sd K 的顶点$\overset{*}{s}_i$ 到K 的顶点的一个对应

$$\pi_0:\overset{*}{s}_i\mapsto\underline{s_i}\text{ 的任意选定的一个顶点.}$$

对 Sd K 的任一单形$\underline{t}$,根据定理 1.3.1,$\underline{t}$ 可表示为

$$(\overset{*}{s}_i,\cdots,\overset{*}{s}_j),$$

其中$\underline{s_i}<\cdots<\underline{s_j}$ 是K 的一个真序列的单形.因而,$\pi_0(\overset{*}{s}_i),\cdots,\pi_0(\overset{*}{s}_j)$都是 K 的同一个单形$\underline{s_j}$ 的顶点.根据定义 1.3.4,π_0 决定了一个单纯映射

$$\underline{\pi}:\text{Sd } K\to K$$

与定义 1.3.5 决定了一个单纯链映射 $\pi=\{\pi_q\}$,

$$\pi_q:C_q(\text{Sd } K;G)\to C_q(K;G).$$

我们称$\underline{\pi}$ 为一个**标准映射**,$\pi=\{\pi_q\}$为一个**标准链映射**,它是一个单纯链映射.

引理 1.3.9 标准映射$\underline{\pi}$:Sd $K\to K$ 与恒同映射 1:Sd $K\to K$(它为连续映射,不必为单纯映射)同伦:

$$\underline{\pi}\simeq 1:\text{Sd } K\to K.$$

证明 设 $x\in|\text{Sd } K|=|K|$为任一点,x 在 Sd K 中的承载单形(Sd K 中以x 为内点

的开单形的闭包)为 $t=(\overset{*}{s}_i,\cdots,\overset{*}{s}_j)$,其主导顶点为 $\overset{*}{s}_j$,并且 $\underline{t}\subset\underline{s_j}$,$\underline{t}$ 的每个顶点的 $\underline{\pi}$ 像为 $\underline{s_j}$ 的一个顶点.因而,点 x 与像点 $\underline{\pi}(x)$ 都属于 $\underline{s_j}$.作 $\underline{s_j}$ 中的线段

$$\varphi_t(x)=(1-t)\underline{\pi}(x)+tx,\quad t\in[0,1],\ x\in|K|.$$

这就得到了伦移

$$\varphi_t:\underline{\pi}\simeq 1.$$

□

引理 1.3.10 每个标准映射 $\pi_q:C_q(\mathrm{Sd}\,K;G)\to C_q(K;G)$ 为重分链映射 $\mathrm{Sd}_q:C_q(K;G)\to C_q(\mathrm{Sd}\,K;G)$ 的一个左逆,即

$$\pi_q\mathrm{Sd}_q=1:C_q(K;G)\to C_q(K;G).$$

其中 1 为 $C_q(K;G)$ 上的恒同链映射.

证明 因为 π_q 与 Sd_q 为同态,故只需证明:对 K 的每个有向单形 s^q,有

$$\pi_q\mathrm{Sd}_q s^q=s^q. \qquad (1.3.2)_q$$

(归纳法)当 $q=0$ 时,显然

$$\pi_0\mathrm{Sd}_0 s^0=\pi_0 s^0=s^0.$$

假设 $(1.3.2)_{q-1}$ 成立,则当 $q>1$ 时,设 t 是 $\mathrm{Sd}_q s^q$ 中出现的任一 q 维单形.根据式 $\mathrm{Sd}_q s^q=\overset{*}{s}{}^q\mathrm{Sd}_{q-1}(\partial s)$,无向单形 $\underline{t}$ 以 s^q 的重心 $\overset{*}{s}{}^q$ 为一个顶点,而且以 $\overset{*}{s}{}^q$ 为主导顶点.根据 $\underline{t}$ 的主导顶点及 π_0 的定义,t 的顶点的 π_0 像都为 s^q 的顶点,因而 $\pi_0 t=\pm s^q$ 或 0.于是

$$\pi_q\mathrm{Sd}_q s^q=ks^q,\quad k\text{ 为整数}.$$

应用∂到这个等式两边,而且根据链映射与∂的可交换性以及归纳假设,就有

$$k\partial s^q=\partial\pi_q\mathrm{Sd}_q s^q=\pi_{q-1}\mathrm{Sd}_{q-1}\partial s^q\overset{\text{归纳}}{=\!=\!=}\partial s^q.$$

既然 $q\geqslant 1$,$\partial s^q\neq 0$.因而,$k=1$,

$$\pi_q\mathrm{Sd}_q s^q=s^q,$$

即式 $(1.3.2)_q$ 成立. □

单纯同调群的重分不变性

定义 1.3.9 设 K 为连通的复形,因而 $H_0(K;G)=G$,如果 $H_q(K;G)=0$,$q>0$,则称 K 为**零调**的复形.

根据例 1.2.2 知 $q(\geqslant 0)$维单形(当 $q=0$ 时,0 维单形就是独点集),锥形复形,凡与独点集同伦等价(即有相同伦型)的复形都是零调的复形.

定义 1.3.10 设 K 与 L 为复形,如果链映射 $f=\{f_q\}:K\to L$ 保持零维链的指数不变,则 f 称作**正常的**链映射.

根据引理 1.3.8 知,重分链映射(非单纯链映射)是正常的;根据定义 1.3.8 知,标准映射为单纯映射.因此,由标准映射诱导出的标准链映射也是正常的.

定义 1.3.11 如果有一个函数 C,对于复形 K 的每个单形$\underline{s}$,函数值 $C(\underline{s})$是 L 的一个非空子复形,具有性质:$\underline{s}'\prec\underline{s}$ 蕴涵着$C(\underline{s}')\subset C(\underline{s})$,则 C 称作从K 到L 的一个**承载子**.如果正常的链映射 $f=\{f_q\}$,

$$f_q:C_q(K;G)\to C_q(L;G)$$

具有性质:$f_q(s)\subset C(\underline{s})$,即 $f_q(s)$为 $C(\underline{s})$上的一个链,其中 s 为$\underline{s}$ 的任一有向单形,则 C 称为f 的一个**承载子**.同样,如果链伦移 $D:f\simeq g$ 具有性质$D_q(s)\subset C(\underline{s})$,则 C 称为链伦移D 的一个**承载子**.如果对于每一个$\underline{s}\in K$,$C(\underline{s})$都是零调的,则 C 称为**零调的承载子**.

定理 1.3.2(零调承载子定理) 设 K 与L 为复形,$f=\{f_q\}$与 $g=\{g_q\}$,

$$f,g:C_q(K;G)\to C_q(L;G)$$

都为正常的链映射,且具有公共的零调承载子 C,则必存在具有此承载子 C 的一个链伦移

$$D:f\simeq g,$$

即存在具有此零调承载子 C 的一序列同态$D=\{D_q\}$,

$$D_q:C_q(K;G)\to C_{q+1}(L;G),$$

使得

$$\partial_{q+1}D_q+D_{q-1}\partial_q=g_q-f_q.$$

证明 (归纳法)因为 f 与g 为正常的链映射,对于 K 的每一顶点a,有

$$g_0a-f_0a\in Z_0(C(a)),$$

且

$$\mathrm{In}(g_0a-f_0a)=\mathrm{In}(g_0a)-\mathrm{In}(f_0a)=\mathrm{In}\,a-\mathrm{In}\,a=0.$$

根据定义 1.3.11,C 为零调承载子,故 $C(a)$是连通的复形.再根据引理 1.2.6(2),存在1维链 $x_1\in C_1(C(a))$,使得

$$\partial x_1=g_0a-f_0a.$$

我们定义

$$D_0a=x_1,$$

并通过线性扩张得到同态

$$D_0:C_0(K;G)\to C_1(L).$$

这里显然有

$$D_0(a)\subset C(a),\tag{1.3.3$_0$}$$

$$\partial_1D_0a+D_{-1}\partial_0a=\partial_1D_0a=\partial_1x_1=g_0a-f_0a,$$

$$\partial_1D_0+D_{-1}\partial_0=g_0-f_0.\tag{1.3.4$_0$}$$

假设已作出具有此零调承载子 C 的一个链伦移

$$\{D_0,D_1,\cdots,D_{q-1}\}:f\simeq g,\quad q\geqslant 1.$$

特别地，有

$$D_{q-1}s^{q-1}\subset C(\underline{s}^{q-1}),\tag{1.3.3$_{q-1}$}$$

$$\partial_q D_{q-1}+D_{q-2}\partial_{q-1}=g_{q-1}-f_{q-1}.\tag{1.3.4$_{q-1}$}$$

现作 D_q. 对于 K 的任一 q 维有向单形 s^q，令

$$z_q=g_qs^q-f_qs^q-D_{q-1}\partial s^q.$$

从式(1.3.3)$_{q-1}$，推得 $z_q\in C(\underline{s})$. 从式(1.3.4)$_{q-1}$，推得

$$\begin{aligned}\partial_q z_q&=\partial_q g_q s^q-\partial_q f_q s^q-\partial_q D_{q-1}\partial s^q\\&=g_{q-1}\partial_q s^q-f_{q-1}\partial_q s^q-(g_{q-1}\partial_q s^q-f_{q-1}\partial_q s^q-D_{q-2}\partial_{q-1}\partial_q s^q)=0,\end{aligned}$$

即 $z_q\in Z_q(C(\underline{s}))$. 由于 $q\geqslant 1$ 及 $C(\underline{s})$ 零调，故 $H_q(C(\underline{s}))=0$，存在

$$x_{q+1}\in C_{q+1}(C(\underline{s})),$$

使得

$$z_q=\partial x_{q+1}.$$

我们定义

$$D_qs^q=x_{q+1}\subset C(\underline{s}^q),\tag{1.3.3$_q$}$$

并且通过线性扩张得到同态

$$D_q:C_q(K;G)\to C_{q+1}(L;G).$$

综上所述，有

$$\partial_{q+1}D_qs^q=\partial_{q+1}x_{q+1}=z_q=g_qs^q-f_qs^q-D_{q-1}\partial s^q,$$

$$(\partial_{q+1}D_q+D_{q-1}\partial_q)s^q=(g_q-f_q)s^q,$$

由线性扩张得到

$$(\partial_{q+1}D_q+D_{q-1}\partial_q)x_q=(g_q-f_q)x_q,\quad\forall x_q\in C_q(K;G),$$

$$\partial_{q+1}D_q+D_{q-1}\partial_q=g_q-f_q.\tag{1.3.4$_q$}$$

这就得到了

$$\{D_0,D_1,\cdots,D_q\}:f\simeq g.$$

□

定义 1.3.12 设 K 与 L 为复形，且 $\underline{f}:K\to L$ 为单纯映射，它由 K 的顶点到 L 的顶点的一个对应 f_0 所决定. 根据定义 1.3.4，K 的任一无向单形 $\underline{s}$ 的 $\underline{f}$ 像 $\underline{f}(\underline{s})$ 为 L 的一个无向单形 $\underline{t}$ ($\dim\underline{t}\leqslant\dim\underline{s}$). 易见，如此通过 $\underline{f}$ 所定义的 $C(s)=\mathrm{Cl}\,\underline{t}$ 是从 K 到 L 的一个零调承载子，而且是单纯链映射 $f=\{f_q\}$，

$$f_q:C_q(K;G)\to C_q(L;G)$$

的零调承载子.

定义 1.3.13 设$\underline{f},\underline{g}:K\to L$为两个单纯映射.如果对于$K$的任一单形$\underline{s}$,$f(\underline{s})$与$g(\underline{s})$都是$L$的同一单形的面,则称$\underline{f}$与$\underline{g}$为**连接**的单纯映射.此时,若用$\underline{t}$表示$L$中以$\underline{f}(\underline{s})$与$\underline{g}(\underline{s})$为面的单形中最低维的一个,则如此通过$\underline{f}$与$\underline{g}$所定义的$C(\underline{s})=\text{Cl}\ \underline{t}$是从$K$到$L$的零调承载子,而且也是单纯链映射$f=\{f_q\}$与$g=\{g_q\}$的公共的零调承载子.

推论 1.3.1 设$\underline{f},\underline{g}:K\to L$为两个连接的单纯映射,则

$$f_{q*}=g_{q*}:H_q(K;G)\to H_q(L;G).$$

证明 因为$\underline{f},\underline{g}$为两个连接的单纯映射,根据定义 1.3.13,$f=\{f_q\}$与$g=\{g_q\}$有公共的零调承载子$C$.再根据定理 1.3.2,存在具有此承载子$C$的一个链伦移

$$D:f_q\simeq g_q.$$

最后,应用引理 1.3.3,得到

$$f_{q*}=g_{q*}:H_q(K;G)\to H_q(L;G).\qquad\square$$

推论 1.3.2 设$\pi,\pi':\text{Sd}\,K\to K$为任意两个标准映射,则它们是连接的单纯映射,因而

$$\pi_{q*}=\pi'_{q*}:H_q(\text{Sd}\,K;G)\to H_q(K;G).$$

这表明:虽然重分给出不同的标准映射$\underline{\pi}$与$\underline{\pi}'$,但所有这些标准映射都决定于同调群之间的同一同态$\pi_{q*}=\pi'_{q*}$.我们将$\pi_*=\{\pi_{q*}\}$称为由重分决定的同调群之间的**标准同态**.

证明 根据定义 1.3.8,对于$\underline{t}\in\text{Sd}\,K$,

$$\underline{t}=(\overset{*}{s}_i,\cdots,\overset{*}{s}_j),$$

$\underline{s}_i<\cdots<\underline{s}_j$,令$C(\underline{t})=\underline{s}_j$,则$C$是连接单纯映射$\underline{\pi}$与$\underline{\pi}'$的零调承载子.再应用推论 1.3.1 立即有

$$\pi_{q*}=\pi'_{q*}:H_q(\text{Sd}\,K;G)\to H_q(K;G).\qquad\square$$

引理 1.3.11 链映射$\text{Sd}_q\pi_q:C_q(\text{Sd}_qK;G)\to C_q(\text{Sd}_qK;G)$与恒同链映射$1_q:C_q(\text{Sd}_qK;G)\to C_q(\text{Sd}_qK;G)$是具有公共零调承载子的正常的链映射.因而,根据定理 1.3.2,存在一个链伦移

$$D:\text{Sd}_q\pi_q\simeq 1_q.$$

证明 首先,$\text{Sd}\,\pi=\{\text{Sd}_q\pi_q\}$与$1=\{1_q\}$显然是正常的链映射.其次,设

$$\underline{t}=(\overset{*}{s}_0,\cdots,\overset{*}{s}_r)$$

为$\text{Sd}\,K$的任一单形,以$\overset{*}{s}_r$为主导顶点,则$\underline{\pi}(\underline{t})$为$K$的单形$\underline{s}_r$的一个面,且$\text{Sd}\,\underline{\pi}(\underline{t})\subset\text{Sd}\,\underline{s}_r$.令$C(\underline{t})=\text{Sd}\,\underline{s}_r$.易见,如此定义的$C(\underline{t})$为从$\text{Sd}\,K$到$\text{Sd}\,K$零调的承载子.显然,它也是$\text{Sd}\,\pi=\{\text{Sd}_q\pi_q\},1=\{1_q\}$的公共零调承载子. $\square$

例 1.3.1 设$\underline{s}^1=(a^0,a^1)$,$\underline{s}_1^0=a^0$,$\underline{s}_2^0=a^1$,则重心$\overset{*}{\underline{s}}{}^1=\dfrac{a^0+a^1}{2}$,$\overset{*}{\underline{s}}{}_1^0=a^0$,$\overset{*}{\underline{s}}{}_2^0=a^1$.令

$\pi_0(\overset{*}{s}{}_1^0)=a^0$，$\pi_0(\overset{*}{s}{}_2^0)=a^1$，$\pi_0(\overset{*}{s}{}^1)=a^0$，$\pi_1((\overset{*}{s}{}_1^0,\overset{*}{s}{}^1))=(a^0,a^1)$. 于是

$\mathrm{Sd}_1\pi_1((\overset{*}{s}{}_1^0,\overset{*}{s}{}^1)) = \mathrm{Sd}_1(a^0,a^1) = \overset{*}{s}{}^1a^1-\overset{*}{s}{}^1a^0 = \overset{*}{s}{}^1\overset{*}{s}{}_2^0-\overset{*}{s}{}^1\overset{*}{s}{}_1^0 \neq \overset{*}{s}{}_1^0\overset{*}{s}{}^1$， $\mathrm{Sd}_1\pi_1\neq 1$.

定理 1.3.3(单纯同调群的重分不变性) 复形 K 的各维同调群与 K 的重分 $\mathrm{Sd}\,K$ 的同维同调群同构，即重分链映射 $\mathrm{Sd}=\{\mathrm{Sd}_q\}$ 与标准链映射 $\pi=\{\pi_q\}$ 诱导出同调群互逆的同构：

$$\mathrm{Sd}_{q*}:H_q(K;G)\to H_q(\mathrm{Sd}\,K;G),$$
$$\pi_{q*}:H_q(\mathrm{Sd}\,K;G)\to H_q(K;G).$$

证明 根据引理 1.3.10，有

$$\pi_q\mathrm{Sd}_q = 1:C_q(K;G)\to C_q(K;G),$$

其中 1 为恒同链映射. 再根据引理 1.3.2 得到

$$\pi_{q*}\mathrm{Sd}_{q*} = (\pi_q\mathrm{Sd}_q)_* = 1:H_q(K;G)\to H_q(K;G).$$

根据引理 1.3.11 和零调承载子定理(定理 1.3.2)，有 $D:\mathrm{Sd}\,\pi\simeq 1$. 再根据引理 1.3.2，有

$$\mathrm{Sd}_{q*}\pi_{q*} = (\mathrm{Sd}_q\pi_q)_* = 1_{q*} = 1:H_q(\mathrm{Sd}\,K;G)\to H_q(\mathrm{Sd}\,K;G).$$

这就证明了 Sd_{q*} 与 π_{q*} 为互逆的同构. □

回顾一下重分不变性的证明历程，我们倒过来看，要证明重分不变性，先证 $\pi_q\mathrm{Sd}_q=1$. 因为重分 $\mathrm{Sd}=\{\mathrm{Sd}_q\}$ 是归纳定义的，自然 $\pi_q\mathrm{Sd}_q=1$ 应用归纳法来证明(见引理 1.3.10). 因为有反例 1.3.1，$\mathrm{Sd}_q\pi_q=1$ 不必成立. 我们退其次，证明 $\mathrm{Sd}_q\pi_q$ 与 $1_q:C_q(\mathrm{Sd}_qK;G)\to C_q(\mathrm{Sd}_qK;G)$ 具有公共的零调承载子(见引理 1.3.11)，进而，有 $D:\mathrm{Sd}\,\pi\simeq 1$(见零调承载子定理(定理 1.3.2)). 最后，应用引理 1.3.2 证得

$$\pi_{q*}\mathrm{Sd}_{q*} = 1:H_q(K;G)\to H_q(K;G),$$
$$\mathrm{Sd}_{q*}\pi_{q*} = 1:H_q(\mathrm{Sd}\,K;G)\to H_q(\mathrm{Sd}\,K;G).$$

这就证明了 Sd_{q*} 与 π_{q*} 为互逆的同构.

上述回顾实际上是同调群重分不变性的分析过程，它与证明过程恰好相反.

进而我们自然要问：一个多面体的任何两个单纯剖分所诱导出的各维同调群是否彼此同构？换句话说，单纯同调群是否具有拓扑不变性？回答是肯定的. 但是，其证明要比单纯同调群的重分不变性的证明复杂得多、困难得多！这是因为重分不变性有与单纯复形相匹配的单纯映射(标准映射)$\pi=\{\pi_q\}$借助；$\mathrm{Sd}\,\pi\simeq 1$ 有零调承载子定理的借助. 而同胚映射借助什么？如何借助？

单纯逼近、单纯同调群的拓扑不变性

重心重分是讨论能从复形过渡到多面体的主要工具，而将要介绍的单纯逼近是使我

们的讨论从多面体过渡到复形的重要工具.

紧跟着单纯逼近的讨论,我们将给出同调群的拓扑不变性的一个经典证明.

定义 1.3.14 在定义 1.1.3 中,我们已知道,$\underline{s}^q$ 的重心坐标都为正数的点称作$\underline{s}^q$ 的内点,$\underline{s}^q$ 的内点的集合称为一个开单形,而$\underline{s}^q$ 称为闭单形.因为 K 的开单形两两不相交.而且,$|K|$是 K 的全体开单形的并集.对$\forall x\in|K|$,有含 x 的K 的唯一的开单形,这个开单形的闭包是 K 的一个单形,称为 x 在K 中的**承载单形**,记作 $\mathrm{Car}_K\, x$.在不致混淆时,也记作 $\mathrm{Car}\, x$.

引理 1.3.12 设 K 为复形,$\underline{s}$ 为K 的一个单形,$x\in|K|$,则

$$x\in\underline{s}\Leftrightarrow\mathrm{Car}_K\, x\prec\underline{s}.$$

证明 $x\in\underline{s}\Leftrightarrow x$ 为$\underline{s}$ 的一个面的内点$\Leftrightarrow\mathrm{Car}_K\, x\prec\underline{s}$. □

引理 1.3.13 设 $\varphi:K\to L$ 为一个连续映射(即 $\varphi:|K|\to|L|$为拓扑空间之间的连续映射),则它为一个单纯映射$\underline{f}:K\to L\Rightarrow\varphi(\mathrm{Car}_K\, x)\supset\mathrm{Car}_L\,\varphi(x)$,$\forall x\in|K|$.但反之不必成立.

证明 ($\Rightarrow$)设连续映射 $\varphi:K\to L$ 就是单纯映射$\underline{f}:K\to L$.

再设 x 为K 的单形$\underline{s}=(a^0,a^1,\cdots,a^q)\in K$ 的内点,即

$$x=\lambda_0a^0+\lambda_1a^1+\cdots+\lambda_qa^q,\quad\lambda_i>0,\ \sum_{i=0}^{q}\lambda_i=1.$$

记$\underline{f}(\underline{s})=(b^0,b^1,\cdots,b^q)$,这就证明了

$$\varphi(\mathrm{Car}_K\, x)=\underline{f}(\mathrm{Car}_K\, x)=\underline{f}(\underline{s})\supset\mathrm{Car}_L\underline{f}(x)=\mathrm{Car}_L\,\varphi(x).$$

($\not\Leftarrow$)设 $K=\mathrm{Cl}(a^0,a^1)=L$,其中 $a^0=0,a^1=1$,则

$$\begin{aligned}\varphi(\lambda a^1)&=\varphi((1-\lambda)a^0+\lambda a^1)\\&=(1-t)a^0+ta^1=ta^1,\end{aligned}$$

其中(见图 1.3.4)

$$t=t(\lambda)=\begin{cases}\dfrac{3}{2}\lambda, & 0\leqslant\lambda\leqslant\dfrac{1}{2},\\[2mm]\dfrac{1}{2}\lambda+\dfrac{1}{2}, & \dfrac{1}{2}<\lambda\leqslant 1.\end{cases}$$

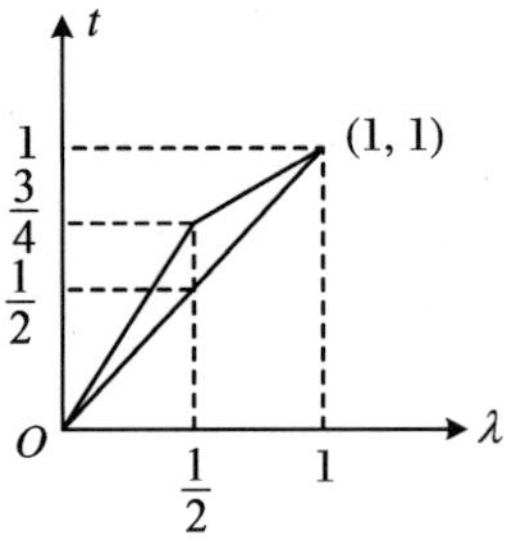

图 1.3.4

显然,$\varphi:K=\mathrm{Cl}(a^0,a^1)\to\mathrm{Cl}(a^0,a^1)=L$ 为一一连续映射,但非线性.从而,它不为单纯映射,但有

$$\varphi(\mathrm{Car}_K\, x)=\mathrm{Car}_L\,\varphi(x).$$

□

定义 1.3.15 设 K 和L 都为单纯复形,$\varphi:K\to L$ 为连续映射,$\underline{f}:K\to L$ 为单纯映射.如果对于$\forall x\in|K|$,总有

$$\underline{f}(x)\in\mathrm{Car}_L\,\varphi(x),$$

即$\underline{f}(x)$总落在 $\varphi(x)$的在 L 上的承载单形中,我们就称$\underline{f}:K\to L$ 为φ 的一个**单纯逼近**.

显然,单纯映射$\underline{f}:K\to L$ 有$\underline{f}(x)\in \mathrm{Car}_L\,\underline{f}(x)$,故$\underline{f}$ 为自己的逼近.

单纯逼近是表明$\underline{f}(x)$与 $\varphi(x)$总落在 L 的同一个单形 $\mathrm{Car}_L\,\varphi(x)$中,用 L 中的单形来衡量逼近,用 L 中单形的直径的最大值来表明逼近的程度.

根据引理 1.3.12 知,

$$\underline{f}(x)\in \mathrm{Car}_L\,\varphi(x)\Leftrightarrow \mathrm{Car}_L\,\underline{f}(x)\prec \mathrm{Car}_L\,\varphi(x).$$

再根据引理 1.3.13,有

$$\underline{f}(\mathrm{Car}_K\,x)\supset \mathrm{Car}_L\,\underline{f}(x) = \mathrm{Car}_L\,\varphi(x).$$

为进一步刻画单纯逼近,需要引入开星形的概念.

定义 1.3.16 设 a 为复形 K 的一个顶点,K 中以 a 为顶点的全体开单形的并集,称为顶点 a 在 K 上的**开星形**,记作 $\mathrm{st}_K\,a$ 或简记作 $\mathrm{st}\,a$.从开星形的定义立知,$x\in|K|$,

$$x\in \mathrm{st}_K\,a\Leftrightarrow a\in \mathrm{Car}_K\,x.$$

易见,$|K|-\mathrm{st}_K\,a$ 为 K 中的不以顶点 a 为顶点的单形的并集,它为$|K|$中的闭集,从而 $\mathrm{st}_K\,a$ 为$|K|$中的(拓扑)开子集.

一个单形$\underline{s}$ 的全体内点(重心坐标都大于 0 的点)形成一个开单形,记作$\tilde{\underline{s}}$. $\underline{s}$ 显然是它的全体开面的并集.因而多面体$|K|$是 K 的全体开单形的并集.

如果$\tilde{\underline{s}}$ 为 K 的一个开单形,K 的以$\tilde{\underline{s}}$ 为一个开面的全体开单形的并集称为$\tilde{\underline{s}}$ 在 K 上的开星形,记作 $\mathrm{st}_K\,\tilde{\underline{s}}$ 或简记作 $\mathrm{st}\,\tilde{\underline{s}}$.不难看出 $K\backslash \mathrm{st}\,\tilde{\underline{s}}$ 为 K 的子复形,它为闭集,所以开星形为$|K|$中的开子集.

定义 1.3.17 设 K 与 L 为两个单纯复形,$\varphi:K\to L$ 为一个链映射.如果对 K 的每一个顶点 a,存在 L 的至少一个顶点 b,使得

$$\varphi(\mathrm{st}_K\,a)\subset \mathrm{st}_L\,b,$$

则称 $\varphi:K\to L$ 具有**星形性质**.

定理 1.3.4(单纯逼近定理) 设 K 与 L 为两个复形,$\varphi:K\to L$ 为一个具有星形性质的连续映射.如果 $f_0:a\mapsto b$ 是根据星形性质

$$\varphi(\mathrm{st}_K\,a)\subset \mathrm{st}_L\,b = \mathrm{st}_L\,f_0(a)$$

所决定的从 K 的顶点到 L 的顶点之间的一个单值对应,则 f_0 决定了一个单纯映射$\underline{f}$:$K\to L$,且$\underline{f}$ 为φ 的一个单纯逼近.

进而,如果点 $x\in|K|$,且 $\varphi(x)$在 L 中的承载单形为$\underline{u}$,则$\underline{f}(x)\in \underline{u}$,因而$\underline{f}\simeq\varphi$.

证明 (证法 1)设$\underline{s}=(a^0,a^1,\cdots,a^q)$为 K 的任一单形,x 为$\underline{s}$ 的内点,从定义 1.3.16 知,

$$a^i\in \mathrm{Car}_K x\Leftrightarrow x\in \mathrm{st}_K\,a^i.$$

因而,$\varphi(x)\in\varphi(\mathrm{st}_K\, a^i)$. 根据题设的星形性质,$\varphi(x)\in \mathrm{st}_L\, f_0(a^i)$,从而

$$f_0(a^i)\in \mathrm{Car}_L\,\varphi(x).$$

这说明 f_0 将任一单形的顶点映到 L 的一个单形 $\mathrm{Car}_L\,\varphi(x)$ 的顶点,所以 f_0 决定了一个单纯映射$\underline{f}:K\to L$. 又因为$\underline{f}:K\to L$ 为单纯映射,即有

$$\underline{f}(x)\in \underline{f}(\underline{s})<\mathrm{Car}_L\,\varphi(x),$$

所以$\underline{f}:K\to L$ 为连续映射 φ 的一个单纯逼近.

显然,$\underline{f}(x)\in\mathrm{Car}_L\,\varphi(x)$,$\varphi(x)\in\mathrm{Car}_L\,\varphi(x)$,即$\underline{f}(x)$与 $\varphi(x)$同属于单形 $\mathrm{Car}_L\,\varphi(x)$. 而 $\mathrm{Car}_L\,\varphi(x)$为凸集,必有连接$\underline{f}(x)$与 $\varphi(x)$的直线段全属于 $\mathrm{Car}_L\,\varphi(x)$,故$\underline{f}\simeq\varphi$.

(证法 2)首先,我们来证 f_0 将 K 的每一个单形的顶点映到 L 的一个单形的顶点. 设 K 的顶点为 a^i,而 L 的顶点为 $b^{j(i)}$,并且

$$f_0:a^i\mapsto b^{j(i)},$$

其中

$$\varphi(\mathrm{st}\,a^i)\subset \mathrm{st}\,b^{j(i)}=\mathrm{st}\,f_0(a^i).$$

考虑 K 的任一单形$\underline{s}=(a^i,\cdots,a^k)$. 开星形 $\mathrm{st}\,a^i,\cdots,\mathrm{st}\,a^k$ 的交集非空且含 $\mathrm{st}\,\tilde{\underline{s}}$. 因而,$\varphi(\mathrm{st}\,a^i),\cdots,\varphi(\mathrm{st}\,a^k)$都含有 $\varphi(\mathrm{st}\,\tilde{\underline{s}})$. 它们的交集非空,但它们分别属于 $\mathrm{st}\,b^{j(i)},\cdots,\mathrm{st}\,b^{j(k)}$. 因而,这些开星形的交集也非空. 再根据引理 1.3.4 的必要性,知这个交集为 $\mathrm{st}\,\tilde{\underline{t}}$,$\underline{t}$为 $b^{j(i)},\cdots,b^{j(k)}$ 中不同的顶点所决定的 L 的一个单形. $\underline{t}$ 的存在完成了本定理第一部分的证明.

其次,证定理的第二部分的结论. 沿用上文的记号,设 $x\in\tilde{\underline{s}}$. 因为

$$\varphi(\mathrm{st}\,\tilde{\underline{s}})\subset \mathrm{st}\,b^{j(i)},\cdots,\mathrm{st}\,b^{j(k)},$$

所以

$$\varphi(\mathrm{st}\,\tilde{\underline{s}})\subset \mathrm{st}\,\tilde{\underline{t}}.$$

一方面,从 φ 考虑,$x\in\tilde{\underline{s}}$ 蕴涵着

$$\varphi(x)\in\varphi(\mathrm{st}\,\tilde{\underline{s}})\subset \mathrm{st}\,\tilde{\underline{t}}.$$

因而,根据关于$\underline{u}$ 的假设,$\underline{t}<\underline{u}$. 另一方面,从$\underline{f}$ 考虑,$x\in\tilde{\underline{s}}$ 蕴涵着$\underline{f}(x)\in\underline{f}(\tilde{\underline{s}})\subset\underline{f}(\underline{s})$. 但从上文可知,$\underline{f}(\underline{s})=\underline{t}$. 于是,$\underline{f}(x)\in\underline{u}$.

最后,因为$\underline{u}$ 为凸集,点$\underline{f}(x)$与点 $\varphi(x)$可以用$\underline{u}$ 中的一条线段

$$\varphi_t(x)=(1-t)\,\underline{f}(x)+t\varphi(x),\quad 0\leqslant t\leqslant 1$$

连接起来,$\varphi_t:\underline{f}\simeq\varphi$ 为一个伦移. □

例 1.3.2 任一标准映射$\underline{\pi}:\mathrm{Sd}\,L\to L$ 都为恒同映射 $1:\mathrm{Sd}\,L\to L$ 的一个单纯逼近. 反之,1 的任一单纯逼近$\underline{f}:\mathrm{Sd}\,L\to L$ 都为如上定义的一个标准映射.

证明 根据$\underline{\pi}$ 的定义 1.3.8,可得

$$\underline{\pi}(x) \in \operatorname{Car} x = \operatorname{Car} 1(x) = \operatorname{Car} \varphi(x),$$

其中$\underline{\pi}$ 为 $1=\varphi(x)$的单纯逼近.

反之,设$\underline{f}:\mathrm{Sd}\, L\to L$ 为 $\varphi=1:\mathrm{Sd}\, L\to L$ 的一个单纯逼近,则

$$\underline{f}(x) \in \operatorname{Car} \varphi(x) = \operatorname{Car} 1(x) = \operatorname{Car} x,$$

所以,根据定义 1.3.8,$\underline{f}$ 为某个标准映射$\underline{\pi}$. □

例 1.3.3 根据定理 1.3.4 的单纯逼近的作法,具有星形性质的连续映射 $\varphi:K\to L$ 的单纯逼近$\underline{f}:K\to L$ 不是唯一的.因为 f_0 不是唯一的.

但是,如果 φ 为一个单纯映射,则 φ 具有星形性质,且$\underline{f}=\varphi$.

证明 因为 φ 为单纯映射,所以 φ 将单形$\underline{s}^q$ 映为$\underline{s}_1^r$($r\leqslant q$).因为 φ 将 q 维开单形映为 r 维开单形,所以

$$\varphi(\mathrm{st}\, a) \subset \mathrm{st}\, \varphi(a) = \mathrm{st}\, b,$$

其中 $b=\varphi(a)$为 L 的顶点.这表明 φ 具有星形性质.

若$\underline{f}$ 为 φ 的单纯逼近,则

$$\underline{f}(x) \in \operatorname{Car} \varphi(x),$$

$$\underline{f}(a^i) \in \operatorname{Car} \varphi(a^i) = \varphi(a^i).$$

因为$\underline{f}$ 与 φ 都为单纯映射,它们在每个单形上都是线性的,故$\underline{f}=\varphi$. □

例 1.3.4 设 $K=\mathrm{Cl}(a^1,a^2)$,L 剖分如图 1.3.5 所示,图中的连续曲线为 $\varphi(K)$. $f_0(a^1)=b^1$,$f_0(a^2)=b^2$,$\varphi(a^1)=p^1$,$\varphi(a^2)=p^2$.

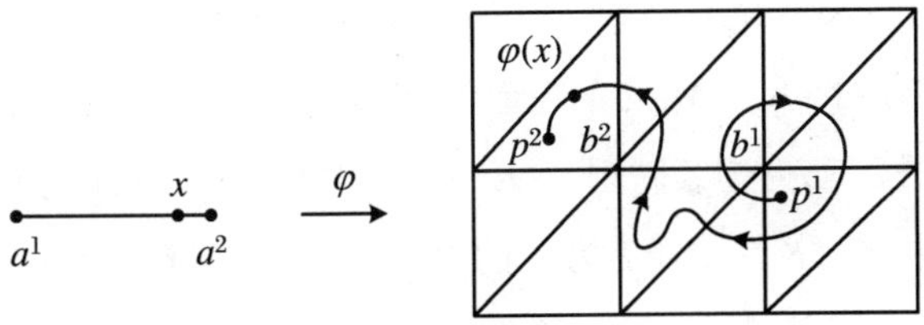

图 1.3.5

因为对 L 中任何顶点 b^j,$j=1,2$,都有

$$\varphi(\mathrm{st}\, a^1) \subsetneqq \mathrm{st}\, b^j,$$

故 φ 不具有星形性质.

φ 没有任何单纯逼近.从而,由 f_0 决定的单纯映射$\underline{f}$ 不是 φ 的单纯逼近.这个结论我们也可直接来验证.事实上,当 x 从左边充分靠近 a^2 且不等于 a^2 时,有

$$\underline{f}(x) \notin \mathrm{st}\, \varphi(x),$$

故$\underline{f}$ 不为 φ 的单纯逼近.

定理 1.3.5(一般的单纯逼近定理) 设 K 与 L 为两个复形,$\varphi:K\to L$ 为连续映射,

则存在一个整数 $m(\geqslant 0)$,使得 $\varphi:\mathrm{Sd}^{(m)}K\to L$ 具有星形性质,因而使得连续映射 $\varphi:\mathrm{Sd}^{(m)}K\to L$ 有单纯逼近 $\underline{f}:\mathrm{Sd}^{(m)}K\to L$.

证明 L 的全体开星形 $\mathrm{st}\, b^j$ 形成 $|L|$ 的一个开覆盖.因为 φ 连续,$\varphi^{-1}(\mathrm{st}\, b^j)$ 就形成 $|K|$ 的一个开覆盖.多面体 $|K|$ 是一个列紧(紧致或可数紧致或序列紧致)的度量空间(参阅文献[3]定理 1.6.9).再根据文献[3]的定理 1.6.13,存在一个 Lebesgue 数 λ,使得 $|K|$ 中直径小于 λ 的任一子集完全属于一个 $\varphi^{-1}(\mathrm{st}\, b^j)$.

设 η 为 K 的单形的直径的最大值,取 $m\geqslant 0$ 使得

$$\left(\frac{n}{n+1}\right)^m \eta < \frac{\lambda}{2},$$

其中 $n(=\dim K)$ 为 K 的维数.根据引理 1.3.7(2),$\mathrm{Sd}^{(m)}K$ 的开星形 $\mathrm{st}\, a^i$ 的直径都小于 λ.根据 Lebesgue 数定义,$\mathrm{st}\, a^i$ 必完全属于某个 $\varphi^{-1}(\mathrm{st}\, b^j)$.由此立知,$\varphi(\mathrm{st}\, a^i)$ 必完全属于某个 $\mathrm{st}\, b^j$,即

$$\varphi(\mathrm{st}\, a^i)\subset \mathrm{st}\, b^j.$$

这表明 $\varphi:\mathrm{Sd}^{(m)}K\to L$ 具有星形性质.根据定理 1.3.4 推得连续映射 $\varphi:\mathrm{Sd}^{(m)}K\to L$ 有单纯逼近 $\underline{f}:\mathrm{Sd}^{(m)}K\to L$. □

引理 1.3.14(单纯逼近的简单而又重要的性质)

(1) 设单纯映射 $\underline{f}:K\to L$ 为连续映射 $\varphi:K\to L$ 的单纯逼近,则

$$\underline{f}\simeq\varphi:K\to L.$$

(2) 设单纯映射 $\underline{f}:K\to L$ 与 $\underline{g}:L\to M$ 分别为连续映射 $\varphi:K\to L$ 与 $\psi:L\to M$ 的单纯逼近,则 $\underline{g}\,\underline{f}:K\to M$ 为 $\psi\varphi:K\to M$ 的单纯逼近.由此知,$\psi\varphi$ 具有星形性质.

(3) 设 $\underline{f},\underline{f}':K\to L$ 都为连续映射 $\varphi:K\to L$ 的单纯逼近,则 $\underline{f}$ 与 $\underline{f}'$ 是连接的.

证明 (1) 对 $\forall x\in|K|$,由于 $\underline{f}$ 为 φ 的单纯逼近,故 $\underline{f}(x)\in\mathrm{Car}\,\varphi(x)$,$\underline{f}(x)$ 与 $\varphi(x)$ 都属于单形 $\mathrm{Car}\,\varphi(x)$.因而,这两点可用 $\mathrm{Car}\,\varphi(x)$ 中的一条直线段

$$\varphi_t(x)=(1-t)\underline{f}(x)+t\varphi(x),\quad 0\leqslant t\leqslant 1$$

相连接.$\varphi_t:\underline{f}\simeq\varphi$ 为一个伦移.

(2) 对 $\forall x\in|K|$,有

$$\underline{g}\,\underline{f}(x)\in\underline{g}\,\mathrm{Car}\,\varphi(x)=\mathrm{Car}\,\underline{g}\,\varphi(x)\prec\mathrm{Car}\,\psi\varphi(x),$$

其中

$$\mathrm{Car}\,\varphi(x)=(a^0,a^1,\cdots,a^q),$$

$$\underline{g}\,\mathrm{Car}\,\varphi(x)=\underline{g}(a^0,a^1,\cdots,a^q)=(b^0,b^1,\cdots,b^r),\quad 0\leqslant r\leqslant q.$$

$$\underline{g}\,\varphi(x)=\underline{g}\Big(\sum_{i=p}^{q}\lambda_i a^i\Big)=\sum_{i=0}^{q}\lambda_i\,\underline{g}(a^i)=\sum_{i=0}^{q}\lambda_i b^{j(i)}=\sum_{j=0}^{r}\Big(\sum_{j(i)=j}\lambda_i\Big)b^j,$$

由 $\lambda_i > 0, \sum\limits_{i=1}^{q} \lambda_i = 1$ 推得 $\sum\limits_{j(i)=j} \lambda_i > 0$, 从而, $\underline{g}\,\varphi(x)$ 为 $(b^0, b^1, \cdots, b^r)$ 的内点, $(b^0, b^1, \cdots, b^r)$

$= \mathrm{Car}\,\underline{g}\,\varphi(x)$, 即

$$\underline{g}\,\mathrm{Car}\,\varphi(x) = \mathrm{Car}\,\underline{g}\,\varphi(x).$$

显然 $\underline{g}\,\underline{f}$ 为 $\psi\varphi$ 的单纯逼近, 并从

$$\psi\varphi(\mathrm{st}\,a) \subset \psi(\mathrm{st}\,b) \subset \mathrm{st}\,c$$

推得 $\psi\varphi$ 具有星形性质.

(3) 设 s 为 K 的单形, 点 x 为 $\underline{s}$ 的内点, 则

$$\underline{f}(\underline{s}) = \underline{f}\,\mathrm{Car}\,x = \mathrm{Car}\,\underline{f}(x) \prec \mathrm{Car}\,\varphi(x).$$

同理, $\underline{f'}(\underline{s}) \prec \mathrm{Car}\,\varphi(x)$. 所以, $\underline{f}(\underline{s})$ 与 $\underline{f'}(\underline{s})$ 为 L 的同一单形 $\mathrm{Car}\,\varphi(x)$ 的面, 根据定义 1.3.13, $\underline{f}$ 与 $\underline{f'}$ 是连接的. □

定义 1.3.18 设连续映射 $\varphi: K \to L$ 有单纯逼近 $\underline{f}, \underline{f'}$, 且它们都具有星形性质. 再根据引理 1.3.14(3), φ 的任意两个单纯逼近 $\underline{f}, \underline{f'}: K \to L$ 是连接的. 由此推得 $f = \{f_q\}$ 与 $f' = \{f'_q\}$ 有从 K 到 L 的一个公共零调承载子. 再根据零调承载子定理 (定理 1.3.2), 有链伦移 $D: f \simeq f'$. 因此, φ 的两个单纯逼近 $\underline{f}$ 与 $\underline{f'}$ 诱导出同一个同态

$$f_{q*} = f'_{q*}: H_q(K; G) \to H_q(L; G),$$

我们称这个同态为由 $\varphi: K \to L$ 所决定的星形同态. 如果 $\varphi: K \to L$ 不具有星形性质, 根据定理 1.3.5, 必有自然数 $m > 0$, s.t. $\varphi: \mathrm{Sd}^{(m)} K \to L$ 具有星形性质. 虽然作为连续映射 $\varphi: K \to L$ 与 $\varphi: \mathrm{Sd}^{(m)} K \to L$ 是相同的, 但后者 (而非前者) 决定了一个星形同态.

定理 1.3.6 (单纯同调群的拓扑不变性) 同胚的两个复形 K 与 L 的各维单纯同调群分别同构.

证明 (证法 1) (反映历史发展的经典证明)

(1) 如果

$$\varphi: K \to L$$

为同胚且具有星形性质, 则由它所决定的同调群之间的星形同态 (见定义 1.3.18)

$$f_{q*}: H_q(K; G) \to H_q(L; G)$$

为同构, 这里 $\underline{f}: K \to L$ 为 φ 的任一单纯逼近.

首先, 当 φ 为恒同映射, 而 $K = \mathrm{Sd}\,L$ 时, $\varphi = 1: \mathrm{Sd}\,L \to L$ 具有星形性质, 而标准映射 $\underline{\pi}$ 为 $\varphi = 1$ 的一个单纯逼近 ($\underline{\pi}(x) \in \mathrm{Car}\,x = \mathrm{Car}\,1(x) = \mathrm{Car}\,\varphi(x)$). 因而, 这里的星形同态就是标准同态 π_{q*}. 而根据单纯同调群的重分不变性 (定理 1.3.3), π_{q*} 为同构.

推而广之, 如果 $\varphi = 1: K = \mathrm{Sd}^{(r)} L \to L$, 则根据引理 1.3.3 与引理 1.3.14(2), $\varphi = 1: \mathrm{Sd}^{(r)} L \to L$ 具有星形性质, 且任意取定的 r 个标准映射

$$\mathrm{Sd}^{(r)} L \to \mathrm{Sd}^{(r-1)} L \to \cdots \to L$$

的积$\underline{\pi}^{(r)}$为 $\varphi=1$ 的一个单纯逼近.因而,此时的星形同态就是 r 个标准同态的积,所以它也同构.

(2) 如果 $\varphi:K\to L$ 为具有星形性质的同胚,则 $\varphi^{-1}:L\to K$ 为连续映射.根据定理 1.3.5,存在整数 $m\geqslant 0$,使得

$$\varphi^{-1}:\mathrm{Sd}^{(m)}L\to K$$

具有星形性质.再根据定理 1.3.5,它有单纯逼近$\underline{g}$,决定唯一的星形同态

$$g_{q*}:H_q(\mathrm{Sd}^{(m)}L;G)\to H_q(K;G).$$

由引理 1.3.1(2),$\underline{f}\,\underline{g}$ 为

$$\varphi\varphi^{-1}=1:\mathrm{Sd}^{(m)}L\to L$$

的一个单纯逼近,它诱导出同态

$$f_{q*}g_{q*}:H_q(\mathrm{Sd}^{(m)}L;G)\to H_q(L;G).$$

因此,$f_{q*}g_{q*}$ 为恒同映射 $1:\mathrm{Sd}^{(m)}L\to L$ 所决定的星形同态.根据上面论述知,$f_{q*}g_{q*}$ 就是 $\pi_{q*}^{(m)}$,它是同构的.应用反证法立知,f_{q*} 必为满同态.

这证明了具有星形性质的同胚 φ 所决定的星形同态 f_{q*} 为满映射.将此结果应用到星形同态 g_{q*} 立知,g_{q*} 也为满同态.

再证 g_{q*} 为单射.设 $g_{q*}(a)=g_{q*}(b)$,则

$$\pi_{q*}^{(m)}(a)=f_{q*}g_{q*}(a)=f_{q*}g_{q*}(b)=\pi_{q*}^{(m)}(b),$$

$$a=\pi_{q*}^{(m)-1}(\pi_{q*}^{(m)}(a))=\pi_{q*}^{(m)-1}(\pi_{q*}^{(m)}(b))=b,$$

这就证明了 g_{q*} 为单射.结合已证 g_{q*} 为满射推得 g_{q*} 为同构.当然

$$f_{q*}=\pi_{q*}^{(m)}g_{q*}^{-1}$$

也为同构.

(3) 不假定同胚 $\varphi:K\to L$ 具有星形性质.根据定理 1.3.5,存在一个整数 $r(\geqslant 0)$ 使得

$$\varphi:\mathrm{Sd}^{(r)}K\to L$$

具有星形性质.此时

$$f_{q*}^{(r)}\mathrm{Sd}_{q*}^{(r)}:H_q(K;G)\to H_q(L;G)$$

为同构(引理 1.3.15 表明:该同构不依赖于 r 与$\underline{f}^{(r)}$的选取),其中$\underline{f}^{(r)}$是由 $\varphi:\mathrm{Sd}^{(r)}K\to L$ 所决定的、同调群之间的星形同构(见(1)中结论).而 $\mathrm{Sd}_{q*}^{(r)}$ 为 r 个重分同构

$$H_q(K;G)\to H_q(\mathrm{Sd}\,K;G)\to\cdots\to H_q(\mathrm{Sd}^{(r)}K;G)$$

的积(见定理 1.3.3).

(证法 2)设 $\varphi:K\to L$ 为同胚,其逆 $\varphi^{-1}:L\to K$ 也为同胚,则

$$\varphi^{-1}\varphi=1_K:K\to K,\quad \varphi\varphi^{-1}=1_L:L\to L.$$

当然

$$\varphi^{-1}\varphi \overset{F}{\simeq} 1_K,\ F:K\times[0,1]\to K,\ F(x,t)=x,\quad \forall (x,t)\in K\times[0,1],$$

$$\varphi\varphi^{-1} \overset{G}{\simeq} 1_L,\ G:L\times[0,1]\to L,\ G(y,t)=y,\quad \forall (y,t)\in L\times[0,1],$$

即 $|K|$ 与 $|L|$ 是同伦等价的两个拓扑空间，它们具有相同的伦型. 根据定理 1.3.8（其证明不依赖证法 1）立即推得两个复形 K 与 L 的各维同调群同构. □

注 1.3.1 定理 1.3.6 的等价描述是：一个多面体的不同单纯剖分诱导的各维单纯同调群是同构的. 因此，我们将这个同构的单纯同调群称为该多面体的同调群.

注 1.3.2 在单纯同调群的拓扑不变性（定理 1.3.6）中，(2) 是最关键的，也是最难证的一步. 有水平、有能力的数学家一定是先猜测到"单纯同调群的拓扑不变性"这一结论，然后将证明分成三步. (1) 与 (3) 两步容易解决. 于是设法证明第 (2) 步.

单纯同调群的伦型不变性

为证明单纯同调群的伦型不变性（定理 1.3.8），我们先证以下三个引理.

引理 1.3.15（连续映射的同调性质） 设 K 与 L 为两个复形，$\varphi: K\to L$ 为一个连续映射. 设 $r(\geqslant 0)$ 为任一整数，使得

$$\varphi: \mathrm{Sd}^{(r)} K \to L$$

具有星形性质，而且

$$\underline{f}: \mathrm{Sd}^{(r)} K \to L$$

为 $\varphi: \mathrm{Sd}^{(r)} K\to L$ 的任一单纯逼近，则同调群之间的同态

$$f_{q*}\,\mathrm{Sd}_{q*}^{(r)}: H_q(K;G)\to H_q(L;G)$$

不依赖于 r 与 $\underline{f}$，其中 f_* 是由 $\varphi: \mathrm{Sd}^{(r)} K\to L$ 的单纯逼近 $\underline{f}$ 所决定的同调群之间的星形同态，而 $\mathrm{Sd}_*^{(r)}$ 为 r 个重分同构

$$H_q(K;G)\to H_q(\mathrm{Sd}\,K;G)\to\cdots\to H_q(\mathrm{Sd}^{(r)} K;G)$$

的积.

我们将 $f_{q*}\mathrm{Sd}_{q*}^{(r)}$ 称为连续映射 $\varphi: K\to L$ 所诱导的同态，记作 $\varphi_*=\{\varphi_{q*}\}$：

$$\varphi_{q*} = f_{q*}\,\mathrm{Sd}_{q*}^{(r)}.$$

证明 设 $s(\geqslant 0)$ 为另一个整数，使得

$$\varphi: \mathrm{Sd}^{(s)} K \to L$$

具有星形性质，且有一单纯逼近

$$\underline{g}: \mathrm{Sd}^{(s)} K \to L.$$

因而得到另一同态

$$g_{q*}\,\mathrm{Sd}_{q*}^{(s)}: H_q(K;G)\to H_q(L;G).$$

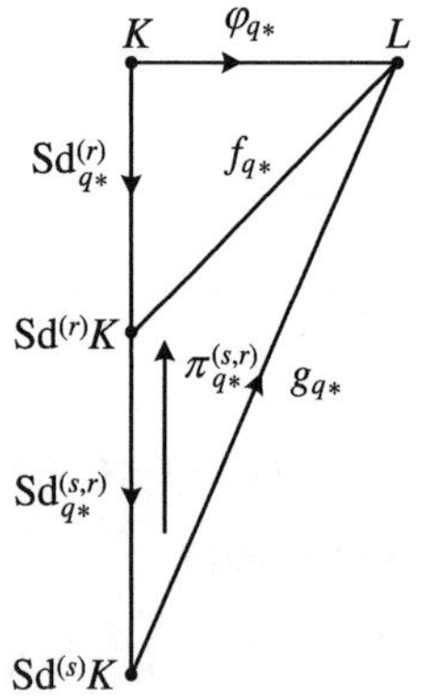

图 1.3.6

下证（见图 1.3.6）

$$g_{q*}\mathrm{Sd}^{(s)}_{q*} = f_{q*}\mathrm{Sd}^{(r)}_{q*}: H_q(K;G) \to H_q(L;G).$$

不失一般性，设 $s \geqslant r$，并令 $\mathrm{Sd}^{(s,r)}_{q*}$ 为 $s-r$ 个重分同态

$$H_q(\mathrm{Sd}^{(r)}K;G) \to H_q(\mathrm{Sd}^{(r+1)}K;G) \to \cdots \to H_q(\mathrm{Sd}^{(s)}K;G)$$

的积. $\underline{\pi}^{(r,s)}$ 为 $s-r$ 个任意的标准映射

$$\mathrm{Sd}^{(s)}K \to \mathrm{Sd}^{(s-1)}K \to \cdots \to \mathrm{Sd}^{(r)}K$$

的积. 显然，有

$$\mathrm{Sd}^{(s)}_{q*} = \mathrm{Sd}^{(s,r)}_{q*}\mathrm{Sd}^{(r)}_{q*}.$$

根据定理 1.3.3，

$$\pi^{(r,s)}_{q*} = \{\mathrm{Sd}^{(s,r)}_{q*}\}^{-1}.$$

由引理 1.3.14(2)，

$$\underline{f}\underline{\pi}^{(r,s)}: \mathrm{Sd}^{(s)}K \to L$$

也与$\underline{g}$一样是连续映射 $\varphi: \mathrm{Sd}^{(s)}K \to L$ 的单纯逼近. 于是，根据引理 1.3.14(3) 与引理 1.3.6 推得

$$g_{q*} = f_{q*}\pi^{(r,s)}_{q*}: H_q(\mathrm{Sd}^{(s)}K;G) \to H_q(L;G).$$

根据上述三个等式得到

$$g_{q*}\mathrm{Sd}^{(s)}_{q*} = f_{q*}\pi^{(r,s)}_{q*}\mathrm{Sd}^{(s)}_{q*} = f_{q*}\{\mathrm{Sd}^{(s,r)}_{q*}\}^{-1}\mathrm{Sd}^{(s)}_{q*} = f_{q*}\mathrm{Sd}^{(r)}_{q*}. \qquad \square$$

引理 1.3.16 设 $\varphi: K \to L$，$\psi: L \to M$ 都为从复形到复形的连续映射，则

$$(\psi\varphi)_{q*} = \psi_{q*}\varphi_{q*}: H_q(K;G) \to H_q(M;G).$$

证明 设 $s(\geqslant 0)$ 为一整数，使得 $\psi: \mathrm{Sd}^{(s)}L \to M$ 具有星形性质，根据一般的单纯逼近定理（定理 1.3.5），有一单纯映射$\underline{g}$. 再根据引理 1.3.15，

$$\psi_{q*} = g_{q*}\mathrm{Sd}^{(s)}_{q*}: H_q(L;G) \to H_q(M;G).$$

设 $r(\geqslant 0)$ 为一整数，使 $\varphi: \mathrm{Sd}^{(r)}K \to \mathrm{Sd}^{(s)}L$ 具有星形性质，根据一般的单纯逼近定理 1.3.5，有一单纯逼近$\underline{f}$（见图 1.3.7）. 令$\underline{\pi}^{(s)}$为 s 个任意取定的标准映射

$$\mathrm{Sd}^{(s)}L \to \mathrm{Sd}^{(s-1)}L \to \cdots \to L$$

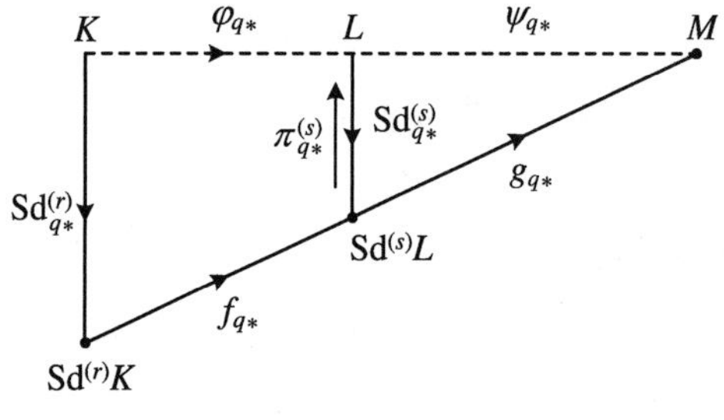

图 1.3.7

的积.根据前面的论述知

$$\underline{\pi}^{(s)}\ \underline{f}:\mathrm{Sd}^{(r)}K\to L$$

为具有星形性质的连续映射 $\varphi:\mathrm{Sd}^{(r)}K\to L$ 的一个单纯逼近.再根据引理 1.3.15,有

$$\varphi_{q*}=\pi_{q*}^{(s)}f_{q*}\mathrm{Sd}_{q*}^{(r)}:H_q(K;G)\to H_q(L;G).$$

因为 $\psi\varphi:\mathrm{Sd}^{(r)}K\to M$ 具有星形性质,而且有一单纯逼近 $\underline{g}\,\underline{f}:\mathrm{Sd}^{(r)}K\to M$(引理 1.3.14(2)),故

$$(\psi\varphi)_{q*}=(gf)_{q*}\mathrm{Sd}_{q*}^{(r)}=g_{q*}f_{q*}\mathrm{Sd}_{q*}^{(r)}:H_q(K;G)\to H_q(M;G).$$

但根据同调群的重分不变性(定理 1.3.3),有

$$\mathrm{Sd}_{q*}^{(s)}\pi_{q*}^{(s)}=1.$$

由此推得

$$(\psi\varphi)_{q*}=g_{q*}f_{q*}\mathrm{Sd}_{q*}^{(r)}=(g_{q*}\mathrm{Sd}_{q*}^{(s)})(\pi_{q*}^{(s)}f_{q*}\mathrm{Sd}_{q*}^{(r)})=\psi_{q*}\varphi_{q*}.$$ □

引理 1.3.17 设 K,L 为复形,$\varphi,\psi:K\to L$ 为同伦的两个连续映射,

$$H:|K|\times[0,1]\to L$$

为从 φ 到 ψ 的伦移,即 $\varphi\overset{H}{\simeq}\psi$,则存在一个正整数 k 与一个整数 $r(\geqslant 0)$,使得 $h=1,2,\cdots,k$,连续映射 $\varphi_{(h-1)/k},\varphi_{h/k}:\mathrm{Sd}^{(r)}K\to L$ 具有星形性质,且有一个公共的单纯逼近 $\underline{f}^{(h)}:\mathrm{Sd}^{(r)}K\to L$.

证明 L 的全体开星形 $\mathrm{st}\,b^j$ 形成 $|L|$ 的一个开覆盖.因为 H 连续,故 $H^{-1}(\mathrm{st}\,b^j)$ 就形成 $|K|\times[0,1]$ 的一个开覆盖.$|K|\times[0,1]$ 为有界闭集,故为列紧度量空间(紧致或可数紧致或序列紧致)的度量空间.再根据文献[3]的定理 1.6.13,存在一个 Lebesgue 数 λ,使得 $|K|\times[0,1]$ 的直径小于 λ 的任一子集完全属于一个 $H^{-1}(\mathrm{st}\,b^j)$.取 r 使得 $\mathrm{Sd}^{(r)}K$ 的单形的直径的最大值小于 $\frac{\lambda}{4}$,再取 k 使得 $\frac{1}{k}<\frac{\lambda}{2}$.

于是,对于 $\mathrm{Sd}^{(r)}K$ 的每一开星形 $\mathrm{st}\,a^i$ 及 $h=1,2,\cdots,k$,$\mathrm{st}\,a^i\times\left[\frac{h-1}{k},\frac{h}{k}\right]$ 的直径为其中某两点 (x',t') 与 (x'',t'') 的距离(见图 1.3.8)

$$\begin{aligned}&\rho((x',t'),(x'',t''))\\&\leqslant\rho((x',t'),(x'',t'))+\rho((x'',t'),(x'',t''))\\&\leqslant\rho((x',t'),(a^i,t'))+\rho((a^i,t'),(x'',t'))\\&\quad+\rho((x'',t'),(x'',t''))\\&<\frac{\lambda}{4}+\frac{\lambda}{4}+\frac{1}{k}\\&<\frac{\lambda}{2}+\frac{\lambda}{2}=\lambda.\end{aligned}$$

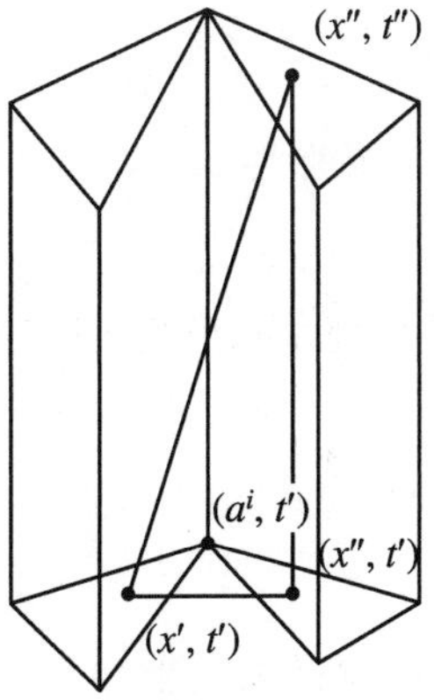

图 1.3.8

因而,它至少属于一个 $H^{-1}(\mathrm{st}\,b^j)$.设

$$\operatorname{st} a^i \times \left[\frac{h-1}{k}, \frac{h}{k}\right] \subset H^{-1}(\operatorname{st} b^{j(h,i)}),$$

即

$$H\left(\operatorname{st} a^i \times \left[\frac{h-1}{k}, \frac{h}{k}\right]\right) \subset \operatorname{st} b^{j(h,i)},$$

所以

$$\varphi_{(h-1)/k}(\operatorname{st} a^i) \subset \operatorname{st} b^{j(h,i)},$$

且

$$\varphi_{h/k}(\operatorname{st} a^i) \subset \operatorname{st} b^{j(h,i)}.$$

根据定理 1.3.4,将由顶点对应 $a^i \mapsto b^{j(h,i)}$ 所决定的单纯映射记作

$$\underline{f}^{(h)} : \mathrm{Sd}^{(r)} K \to L,$$

则 $\underline{f}^{(h)}$ 为连续映射 $\varphi_{(h-1)/k}$ 与 $\varphi_{h/k}$ 的共同的单纯逼近. $\qquad \square$

定理 1.3.7 设 K, L 为复形,则同伦的连续映射

$$\varphi \simeq \psi : K \to L$$

诱导出同一个同态

$$\varphi_{q*} = \psi_{q*} : H_q(K; G) \to H_q(L; G).$$

证明 设 $\varphi \overset{H}{\simeq} \psi : K \to L, H : |K| \times [0, 1] \to L$ 为伦移.根据引理 1.3.17,因为 $\varphi = \varphi_0 :$ $\mathrm{Sd}^{(r)} K \to L$ 与 $\psi = \varphi_1 : \mathrm{Sd}^{(r)} K \to L$ 具有星形性质,而且分别有单纯逼近

$$\underline{f}^{(1)} : \mathrm{Sd}^{(r)} K \to L$$

与

$$f^{(k)} : \mathrm{Sd}^{(r)} K \to L.$$

根据引理 1.3.15,有

$$\varphi_{q*} = f_{q*}^{(1)} \mathrm{Sd}_{q*}^{(r)}, \quad \psi_{q*} = f_{q*}^{(k)} \mathrm{Sd}_{q*}^{(r)}.$$

又因为

$$\varphi_{h/k} : \mathrm{Sd}^{(r)} K \to L$$

具有星形性质,且

$$\underline{f}^{(h)}, \underline{f}^{(h+1)} : \mathrm{Sd}^{(r)} K \to L$$

都为 $\varphi_{h/k}$ 的单纯逼近.再根据引理 1.3.15,又有

$$f_{q*}^{(h)} \mathrm{Sd}_{q*}^{(r)} = f_{q*}^{(h+1)} \mathrm{Sd}_{q*}^{(r)}, \quad h = 1, 2, \cdots, k-1.$$

于是

$$\varphi_{q*} = f_{q*}^{(1)} \mathrm{Sd}_{q*}^{(r)} = f_{q*}^{(2)} \mathrm{Sd}_{q*}^{(r)} = \cdots = f_{q*}^{(k)} \mathrm{Sd}_{q*}^{(r)} = \psi_{q*}. \qquad \square$$

定理 1.3.8(单纯同调群的伦型不变性) 设多面体 $|K|$ 与 $|L|$ 具有相同的伦型,即 $|K| \simeq |L|$,则复形 K 与 L 的同维同调群同构.

更明确地说，如果连续映射

$$\varphi: K \to L$$

为同伦等价(即存在连续映射 $\psi: L \to K$，使得 $\psi\varphi \simeq 1: K \to K$，$\varphi\psi \simeq 1: L \to L$)，或称 $|K|$ 与 $|L|$ 有相同的伦型，则

$$\varphi_{q*}: H_q(K;G) \cong H_q(L;G),$$

其中 G 为交换群.

证明 设 $\psi: L \to K$ 为 $\varphi: K \to L$ 的同伦逆，故 $\psi\varphi \simeq 1: K \to K$. 因为这个恒同映射 1 为单纯映射，显然

$$1_{q*} = \text{恒同同态 } 1: H_q(K;G) \to H_q(K;G).$$

根据引理 1.3.16 与定理 1.3.7，有

$$\psi_{q*}\varphi_{q*} = (\psi\varphi)_{q*} = 1_{q*} = 1: H_q(K;G) \to H_q(K;G).$$

同理有

$$\varphi_{q*}\psi_{q*} = 1: H_q(L;G) \to H_q(L;G).$$

于是

$$\varphi_{q*}: H_q(K;G) \to H_q(L;G)$$

为同构，且

$$\psi_{q*} = \varphi_{q*}^{-1}.$$ □

作为特例，有：

推论 1.3.3(单纯同调群的拓扑不变性) 同胚的两个复形 K 与 L 的各维单纯同调群分别同构.

证明 参阅定理 1.3.6 证法 2. □

注 1.3.3 在定理 1.3.8 的证明中并没有用到单纯同调群的拓扑不变性的结论. 因此，作为定理 1.3.8 的推论 1.3.3，没有出现证明的恶性循环.

注 1.3.4 单纯同调群的伦型不变性定理证明的关键与难点是引理 1.3.18 与定理 1.3.7 证明中的

$$\varphi_{q*} = f_{q*}^{(1)}\mathrm{Sd}_{q*}^{(r)} = f_{q*}^{(2)}\mathrm{Sd}_{q*}^{(r)} = \cdots = f_{q*}^{(k)}\mathrm{Sd}_{q*}^{(r)} = \psi_{q*}.$$

推论 1.3.4 设 K 与 L 为复形，$|K| \cong |L|$(同胚)或 $|K| \simeq |L|$(相同伦型)，则 $\chi(K) = \chi(L)$(Euler-Poincaré 示性数).

证明 因为 $|K| \cong |L|$ 或 $|K| \simeq |L|$，所以

$$H_q(K;J) \cong H_q(L;J).$$

从而

$$\dim H_q(K;J) = \dim(L;J),$$

$$\chi(K) = \sum_{q\geqslant 0}(-1)^q \dim H_q(K;J) = \sum_{q\geqslant 0}(-1)^q \dim H_q(L;J) = \chi(L). \qquad \square$$

推论 1.3.5 设 K 与 L 为复形.如果(1) Euler-Poincaré 示性数不相同,即 $\chi(K)\neq\chi(L)$;或者(2) 某个单纯同调群不同构,如 $H_{q_0}(K;G)\not\cong H_{q_0}(L;G)$,则都可推得 $|K|\not\cong|L|$ 且 $|K|\not\simeq|L|$.

证明 (反证)假设 $|K|\cong|L|$(或 $|K|\simeq|L|$),根据单纯同调群的拓扑不变性(定理 1.3.6)(或单纯同调群的伦型不变性(定理 1.3.8))推得

$$H_q(K;G)\cong H_q(L;G), \quad \forall q.$$

$$\chi(K) = \sum_{q\geqslant 0}(-1)^q \dim H_q(K;J) = \sum_{q\geqslant 0}(-1)^q \dim H_q(L;J) = \chi(L).$$

这与 $\chi(K)\neq\chi(L)$(或某个 $H_{q_0}(K;G)\not\cong H_{q_0}(L;G)$)相矛盾. $\square$

例 1.3.5 (1) 因为圆都为平环、圆柱面 $S^1\times[0,1]$的形变收缩核(见定义 1.6.3),故圆周、平环和圆柱面 $S^1\times[0,1]$有相同的伦型(或彼此同伦等价).从而,由定理 1.3.8 推得它们各维单纯同调群彼此同构,只需求出圆周 S^1 的单纯同调群即可.根据例 1.2.3 或例 1.2.9 知

$$H_q(S^1;G)\cong\begin{cases}G, & q=0,1,\\ 0, & q\neq 0,1.\end{cases}$$

(2) 凡是与一个点 P 的拓扑空间同伦等价的单纯复形称为可缩空间(如单形 $\underline{s}^q$).它们的 q 维同调群都同构于

$$H_q(P;G)=\begin{cases}G, & q=0,\\ 0, & q\neq 0.\end{cases}$$

(3) 根据注 1.2.2(5)知,球面 S^2、环面 $S^1\times S^1$、实射影平面 $\mathbf{R}P^2$、Klein 瓶 K 彼此至少有一个同维同调群不同构.根据单纯同调群的拓扑不变性(定理 1.3.6)与伦型不变性(定理 1.3.8)推得球面 S^2、环面 $S^1\times S^1$、Klein 瓶 K、射影平面 $\mathbf{R}P^2$ 彼此既不同胚,又不同伦.

以上各曲面都是紧致、连通的,应用紧致、连通为拓扑不变性无法判断它们彼此既不同胚又不同伦,而由单纯同调群不同构立即可推得它们彼此既不同胚又不同伦.因此,单纯同调群是比紧致、连通更高级的同胚不变量.

例 1.3.6 设 $S^1\times S^1=\{(e^{i\theta_1},e^{i\theta_2})\mid\theta_1,\theta_2\in[0,2\pi]\}$,$C_1=\{(e^{i\theta_1},e^{i0})\mid\theta_1\in[0,2\pi]\}$,$C_2=\{(e^{i0},e^{i\theta_2})\mid\theta_2\in[0,2\pi]\}$,$C_1\wedge C_2=\{(e^{i0},e^{i0})\}$,$C_1\vee C_2=\{(e^{i\theta_1},e^{i0})\mid\theta_1\in[0,2\pi]\}\cup\{(e^{i0},e^{i\theta_2})\mid\theta_2\in[0,2\pi]\}$,则 $C_1\vee C_2$ 不为 $S^1\times S^1$ 的形变收缩核.

证明 (反证)假设 $C_1\vee C_2$ 为环面 $S^1\times S^1$ 的形变收缩核,根据定义,

$$C_1\vee C_2\simeq S^1\times S^1.$$

再应用单纯同调群的伦型不变性(定理 1.3.8)、例 1.2.6 和例 1.2.3,

$$H_2(S^1 \times S^1; J) \cong J \not\cong 0 = H_2(C_1 \vee C_2; J),$$

矛盾. □

1.4 单纯复形整下同调群的结构

线性相关、线性无关、秩及秩的可加性

定义 1.4.1 设 $\{g_i\} = \{g_i \in G \mid i = 1,2,\cdots,r\}$ 为交换群 G 的一组元素,如果存在一组不全为 0 的整数 $\{\lambda_i\} = \{\lambda_i \in J \mid i = 1,2,\cdots,r\}$,使得

$$\lambda_1 g_1 + \lambda_2 g_2 + \cdots + \lambda_r g_r = 0\ (G\text{ 的零元素}),$$

则称 $\{g_i\}$ 线性相关;否则线性无关.

如果 G 的子集 X 中任何有限个元素都是线性无关的,而对于 G 的任一元素 x,$\{x, X\}$ 都是线性相关的,即存在整数 $\lambda \neq 0, \lambda_1, \lambda_2, \cdots, \lambda_r$ 及 $x_1, x_2, \cdots, x_r \in G$,使

$$\lambda x = \lambda_1 x_1 + \lambda_2 x_2 + \cdots + \lambda_r x_r \quad (\text{或} -\lambda x + \lambda_1 x_1 + \lambda_2 x_2 + \cdots + \lambda_r x_r = 0),$$

则称 X 为 G 的**最大线性无关组**.

引理 1.4.1 如果交换群 G 含有两个最大线性无关组 $X = \{x_1, x_2, \cdots, x_m\}$ 与 $Y = \{y_1, y_2, \cdots, y_n\}$,则 $m = n$.

证明 (反证)假设 $m > n$,则不会每一个 y_i 都是 x_i,这可由 Y 的最大线性无关性推出.设 X 与 Y 恰有 $k\,(0 \leqslant k < n)$ 个公共元素.不妨设

$$x_1 = y_1, \quad x_2 = y_2, \quad \cdots, \quad x_k = y_k.$$

于是,由 X 的最大性知,存在不全为 0 的整数 $a, b_1, b_2, \cdots, b_{m-k}, c_1, c_2, \cdots, c_k$,使得

$$a y_{k+1} = c_1 y_1 + c_2 y_2 + \cdots + c_k y_k + b_1 x_{k+1} + b_2 x_{k+2} + \cdots + b_{m-k} x_m, \tag{1.4.1}$$

其中特别是 $a \neq 0$,而且 b_i 不全为 0.

我们不妨设式(1.4.1)中 $b_1 \neq 0$.下证 $X' = \{y_1, y_2, \cdots, y_k, y_{k+1}, x_{k+2}, \cdots, x_m\}$ 也是 G 的一个最大线性无关组.事实上,如果存在不全为 0 的整数 a_i,使得

$$a_1 y_1 + a_2 y_2 + \cdots + a_k y_k + a_{k+1} y_{k+1} + a_{k+2} x_{k+2} + \cdots + a_m x_m = 0,$$

因为 X 线性无关,故 $a_{k+1} \neq 0$.再由式(1.4.1)得到

$$\begin{aligned}
&(aa_1 + a_{k+1} c_1) y_1 + \cdots + (aa_k + a_{k+1} c_k) y_k + a_{k+1} b_1 x_{k+1} \\
&\quad + (aa_{k+2} + a_{k+1} b_2) x_{k+2} + \cdots + (aa_m + a_{k+1} b_{m-k}) x_m \\
&= a(a_1 y_1 + \cdots + a_k y_k + a_{k+2} x_{k+2} + \cdots + a_m x_m) \\
&\quad + a_{k+1}(c_1 y_1 + \cdots + c_k y_k + b_1 x_{k+1} + b_2 x_{k+2} + b_{m-k} x_m)
\end{aligned}$$

$$= a(-a_{k+1}y_{k+1}) + a_{k+1}\cdot ay_{k+1} = 0,$$

其中 $a_{k+1}b_1\neq 0$. 这与 X 的线性无关相矛盾. 它就证明了 X' 是线性无关的.

现在, 对 $\forall x\in G$, 根据 X 的最大无关性, 存在不全为 0 的整数 d, d_i 使得

$$dx + d_1y_1 + \cdots + d_ky_k + d_{k+1}x_{k+1} + \cdots + d_mx_m = 0,$$

其中 $d\neq 0$. 从式(1.4.1)得到

$$\begin{aligned} & b_1dx + (b_1d_1 - d_{k+1}c_1)y_1 + \cdots + (b_1d_k - d_{k+1}c_k)y_k + d_{k+1}ay_{k+1} \\ & \quad + (b_1d_{k+2} - d_{k+1}b_2)x_{k+2} + \cdots + (b_1d_m - d_{k+1}b_{m-k})x_m \\ & = b_1(dx + d_1y_1 + \cdots + d_ky_k + d_{k+2}x_{k+2} + \cdots + d_mx_m) \\ & \quad + d_{k+1}ay_{k+1} - d_{k+1}((c_1y_1 + \cdots + c_ky_k) - ay_{k+1} + (b_2x_{k+2} + \cdots + b_{m-k}x_m)) \\ & = b_1(-d_{k+1}x_{k+1}) - d_{k+1}(ay_{k+1} - b_1x_{k+1}) + d_{k+1}ay_{k+1} = 0, \end{aligned}$$

其中 $b_1d\neq 0$. 这就证明了 X' 的最大无关性.

最后, 在假设 $m>n$ 的情况下, 根据上述替换步骤, 对于 $h(k\leqslant k+h\leqslant m)$ 应用归纳法, 得到一个最大线性无关组 $\{y_1, y_2, \cdots, y_n, x_{n+1}, \cdots, x_m\}$. 这与 $Y=\{y_1, y_2, \cdots, y_n\}$ 的最大线性无关性矛盾. 因此, $m\leqslant n$. 同理可证 $n\geqslant m$. 故 $m=n$. □

注 1.4.1 如果交换群 G 含有两个最大线性无关组 X 与 Y, 且 X 为无限集, 则 Y 也必为无限集.

证明 (反证)假设 Y 为有限集, 并记 $Y=\{y_1, y_2, \cdots, y_n\}$. 仿引理 1.4.1 的证明, 因为 X 为无限集及 Y 的最大线性无关性, 不会每一个 y_i 都是 X 中某个 x_i. 设 X 与 Y 恰有 $k(0\leqslant k<n)$ 个公共元素. 不妨设

$$x_1 = y_1,\quad x_2 = y_2,\quad \cdots,\quad x_k = y_k.$$

于是, 由 X 的最大性知, 存在不全为 0 的整数 $a, b_1, b_2, \cdots, b_{m-k}, c_1, c_2, \cdots, c_k$, 使得

$$ay_{k+1} = c_1y_1 + c_2y_2 + \cdots + c_ky_k + b_1x_{k+1} + b_2x_{k+2} + \cdots + b_{m-k}x_m, \tag{1.4.2}$$

其中 $a\neq 0, x_1=y_1, x_2=y_2, \cdots, x_k=y_k, x_{k+1}, \cdots, x_m\in X$, 并要求取 $m>n$.

我们不妨设式(1.4.2)中的 $b_1\neq 0$. 下证 $X'=(X-\{x_{k+1}\})\cup\{y_{k+1}\}$ 也是 G 的一个最大线性无关组. 事实上, 如果存在不全为 0 的整数 a_i, 使

$$a_1y_1 + a_2y_2 + \cdots + a_ky_k + a_{k+1}y_{k+1} + a_{k+2}x_{k+2} + \cdots + a_mx_m = 0, \tag{1.4.3}$$

调整 m 使式(1.4.2)、式(1.4.3)都成立. 因为 X 线性无关, 故 $a_{k+1}\neq 0$. 再由式(1.4.2)或引理 1.4.1 的证明得到

$$\begin{aligned} & (aa_1 + a_{k+1}c_1)y_1 + \cdots + (aa_k + a_{k+1}c_k)y_k + a_{k+1}b_1x_{k+1} \\ & \quad + (aa_{k+2} + a_{k+1}b_2)x_{k+2} + \cdots + (aa_m + a_{k+1}b_{m-k})x_m = 0, \end{aligned}$$

其中 $a_{k+1}b_1\neq 0$. 这与 X 的线性无关性相矛盾. 它就证明了 X' 的线性无关性.

现在, 对 $\forall x\in G$, 根据 X 的最大无关性, 存在不全为 0 的整数 d, d_i 使得

$$dx + d_1y_1 + \cdots + d_ky_k + d_{k+1}x_{k+1} + \cdots + d_mx_m = 0,$$

其中 $d\neq0$（与式(1.4.2)一起调整 m）. 从式(1.4.2)得到

$$b_1dx + (b_1d_1 - d_{k+1}c_1)y_1 + \cdots + (b_1d_k - d_{k+1}c_k)y_k + d_{k+1}ay_{k+1}$$
$$+ (b_1d_{k+2} - d_{k+1}b_2)x_{k+2} + \cdots + (b_1d_m - d_{k+1}b_{m-k})x_m = 0,$$

其中 $b_1d\neq0$. 这就证明了 X'的最大无关性.

最后，在 X 的无限集的假定下，根据上述替换步骤，对于 h 应用归纳法，得到一个最大线性无关组 $\{y_1,y_2,\cdots,y_n\}\cup(X-\{y_1,y_2,\cdots,y_n\})$，这与 $Y=\{y_1,y_2,\cdots,y_n\}$的最大线性无关性相矛盾. 因此，Y 为无限集. □

定义 1.4.2 如果交换群 G 含有一个最大的线性无关组 $\{g_1,g_2,\cdots,g_r\}$，r 为自然数，则称 G 的秩(rank)为 r，并记 $\rho(G)=r$；如果无自然数 r 具有此性质，则称 G 的秩为 ∞（无穷），记 $\rho(G)=\infty$.

从定义知，同构的交换群的秩显然相同. 这说明了秩是群结构的一个特征. 此外，根据引理 1.4.1 与注 1.4.1 可看到，秩的定义是合理的.

例 1.4.1 注意，最大线性无关组与线性无关生成元组是有区别的. 例如，对于自由群 $J\oplus J$，(1,0)，(0,1)；(1,2)，(0,2)都是 $J\oplus J$ 的最大线性无关组. 但(1,0)，(0,1)是群 $J\oplus J$的一组生成元，而(1,2)，(0,2)不是 $J\oplus J$ 的生成元.

定义 1.4.3 设 G 为交换群，$g\in G$，如果存在自然数 n，使得 $ng=\underbrace{g+g+\cdots+g}_{n个}=0$，则称 g 为 G 的**有限阶元**. 有时称满足 $ng=0$ 的最小自然数 n 为 g 的**阶**. G 中所有有限阶元形成 G 的一个子群 T，称为 G 的**挠子群**.

例 1.4.2 (1) 若 G 的挠子群为 T，则 $\rho(T)=0$.

特别地，若 G 的每个元素的阶都有限，则 $\rho(G)=0$.

(2) n 个无穷循环群与 m 个有限阶循环群的直和 G 的秩 $\rho(G)=n$. 特别地，$\rho(J)=1$.

(3) 有理数加群 $\mathbf{Q}$ 的秩 $\rho(\mathbf{Q})=1$.

(4) 实数加群 $\mathbf{R}$ 的秩 $\rho(\mathbf{R})=+\infty$.

证明 (3) 因为 $pn\cdot\dfrac{m}{n}-mq\cdot\dfrac{p}{q}=pm-mp=0$，所以$\dfrac{p}{q}\neq0$ 为最大线性无关组，故 $\rho(\mathbf{Q})=1$.

(4) 显然，$0\neq1\in\mathbf{R}$，故 $\rho(\mathbf{R})\geqslant1$.（反证）假设 $1\leqslant\rho(\mathbf{R})<+\infty$，则存在$\{x_1,x_2,\cdots,x_m\}$使得$\forall x\in\mathbf{R}$，$\lambda x+\lambda_1x_1+\lambda_2x_2+\cdots+\lambda_mx_m=0$，$\lambda,\lambda_i\in J$. $x=-\dfrac{\lambda_1}{\lambda}x_1-\dfrac{\lambda_2}{\lambda}x_2-\cdots-\dfrac{\lambda_m}{\lambda}x_m$，故 $\mathbf{R}$ 为可数集，这与 $\mathbf{R}$ 不可数相矛盾. □

定理 1.4.1(秩的可加性) 如果 H 为交换群 G 的一个子群,则

$$\rho(G) = \rho(H) + \rho(G \mid H).$$

证明 首先,设 $Y=\{y_1,y_2,\cdots,y_s\}$ 和 $Z^*=\{z_1^*,z_2^*,\cdots,z_t^*\}$ 分别为 H 和 $G|H$ 的一个线性无关组(不必是最大的).令 $z_i\in G$ 为 z_i^* 的一个代表.我们证明 $\{Y,Z\}=\{y_1,y_2,\cdots,y_s,z_1,z_2,\cdots,z_t\}$ 为 G 的一个线性无关组.

事实上,设

$$a_1y_1 + a_2y_2 + \cdots + a_sy_s + b_1z_1 + b_2z_2 + \cdots + b_tz_t = 0,$$

其中 a_i,b_j 为整数.过渡到商群,考虑上式两端的元素属于 G 的模 H 的等价类,得到

$$b_1z_1^* + b_2z_2^* + \cdots + b_tz_t^* = 0.$$

因 Z^* 线性无关,故 $b_1=b_2=\cdots=b_t=0$.于是

$$a_1y_1 + a_2y_2 + \cdots + a_sy_s = 0.$$

又因 Y 线性无关,故 $a_1=a_2=\cdots=a_s=0$.这就证明了 $\{Y,Z\}$ 线性无关.因此

$$\rho(G) \geqslant s + t.$$

当 $\rho(H)$ 或 $\rho(G|H)$ 为 ∞ 时,相应地,s 或 t 可以取任意大的自然数,故

$$\rho(G) \geqslant \infty, \quad \rho(G) = \infty = \rho(H) + \rho(G \mid H).$$

当 $\rho(H)$ 和 $\rho(G|H)$ 都为有限数时,可设 Y 和 Z^* 都是最大的线性无关组.我们要证明 $\{Y,Z\}$ 也是 G 的最大线性无关组.

事实上,对 $\forall x\in G$,x 是 $x^*\in G|H$ 的一个代表,根据 Z^* 的最大性,存在不全为 0 的整数 $r,c_1,c_2,\cdots,c_t$,使得

$$(rx + c_1z_1 + c_2z_2 + \cdots + c_tz_t)^* = rx^* + c_1z_1^* + c_2z_2^* + \cdots + c_tz_t^* = 0,$$

其中 $r\neq 0$.由此推得

$$rx + c_1z_1 + c_2z_2 + \cdots + c_tz_t = y \in H. \tag{1.4.4}$$

根据 Y 的最大性,存在不全为 0 的整数 $\delta,d_1,d_2,\cdots,d_s$,使得

$$\delta y + d_1y_1 + d_2y_2 + \cdots + d_sy_s = 0, \tag{1.4.5}$$

其中 $\delta\neq 0$.从上面的两个方程推得

$$d_1y_1 + d_2y_2 + \cdots + d_sy_s + \delta rx + \delta c_1z_1 + \delta c_2z_2 + \cdots + \delta c_tz_t = 0.$$

因为 $\delta r\neq 0$,所以 $\{x,Y,Z\}$ 是线性相关的.故 $\{Y,Z\}$ 为 G 的最大线性无关组.

于是,$\rho(G)=s+t=\rho(H)+\rho(G|H)$. □

模 p 秩

定义 1.4.4 设 p 为一个素数,且交换群 G 的每个非 0 元素的阶都为 p.又设 $\{g_i\}=\{g_i\in G\mid i=1,2,\cdots,r\}$ 为 G 的一组元素,如果存在一组不全恒等于 0(模 p)的整数

$\{\lambda_i \mid i=1,2,\cdots,r\}$,使得

$$\lambda_1 g_1 + \lambda_2 g_2 + \cdots + \lambda_r g_r \equiv 0 \quad (\text{模 } p \text{ 或 } \mathrm{mod}\ p),$$

则称$\{g_i\}$模 p 线性相关;否则线性无关.

类似引理 1.4.1、定义 1.4.2 以及定理 1.4.1 的讨论,作相应微小的改变(注意加“模 p”,如“模 p 线性相关”“模 p 线性无关”“模 p 秩”“模 p 等式”),有交换群的模 p 秩 $\rho_p(G)$和相应的下面的定理.

定理 1.4.2(模 p 秩的可加性) 设 p 为素数,G 的每一非 0 元素的阶都为 p,H 为 G 的一个子群,则

$$\rho_p(G) = \rho_p(H) + \rho_p(G \mid H).$$

有限维的自由群

定义 1.4.5 设 X 为交换群G 的一组元素.如果 G 中的每一个元素 x 至少有一个如下的表示:

$$x = \lambda_1 x_1 + \lambda_2 x_2 + \cdots + \lambda_m x_m,$$

其中 m 为自然数,依赖于 x,$x_i \in X$,λ_i 为整数,则 X 称为G 的一组**生成元**.

如果 X 的元素个数有限,则称 G 为**有限生成的群**;如果 X 的这组生成元又是线性无关的,则称 X 为G 的一个**基**,基的元素的个数称为 G 的**维数**.而 G 称为一个**有限维的自由群**.

易见,生成元组、基、有限生成的群和 m 维自由群都是同构下不变的概念.容易验证:

引理 1.4.2 G 的有限子集$X=\{x_1,x_2,\cdots,x_m\}$为 G 的一个基$\Leftrightarrow$$G$ 的任一元素 x 恰有唯一的表示:

$$x = \lambda_1 x_1 + \lambda_2 x_2 + \cdots + \lambda_m x_m, \quad \lambda_i \in J,\ x_i \in X.$$

证明 ($\Rightarrow$)假设 x 有如下的表示:

$$\lambda_1 x_1 + \lambda_2 x_2 + \cdots + \lambda_m x_m = \mu_1 x_1 + \mu_2 x_2 + \cdots + \mu_m x_m,$$

则

$$(\lambda_1 - \mu_1)x_1 + (\lambda_2 - \mu_2)x_2 + \cdots + (\lambda_m - \mu_m)x_m = 0.$$

因为 $X=\{x_1,x_2,\cdots,x_m\}$为 G 的一个基,它线性无关,故

$$\lambda_1 - \mu_1 = \lambda_2 - \mu_2 = \cdots = \lambda_m - \mu_m,$$

$$(\lambda_1,\lambda_2,\cdots,\lambda_m) = (\mu_1,\mu_2,\cdots,\mu_m).$$

由此推得 x 的表示唯一.

($\Leftarrow$)(反证)假设 $X=\{x_1,x_2,\cdots,x_m\}$不为 G 的基,则 X 中元素线性相关,故必有不

全为 0 的整数 $\lambda_1,\lambda_2,\cdots,\lambda_m$ 使得

$$\lambda_1 x_1 + \lambda_2 x_2 + \cdots + \lambda_m x_m = 0 = 0x_1 + 0x_2 + \cdots + 0x_m,$$

这表明 0 有两种不同的表示,这与表示唯一相矛盾. □

例 1.4.3 (1) 交换群 G 的全体元素形成 G 的一组生成元.

(2) 只有一个生成元的群为循环群. 1 维的自由群为无限循环群,也称为自由循环群. 它同构于 J.

(3) m 个未知数 $x_1,x_2,\cdots,x_m$ 的以整数为系数的线性(或 1 次)齐次式 $\lambda_1 x_1+\lambda_2 x_2+\cdots+\lambda_m x_m$ 形成一个 m 维的自由群,以这 m 个未知数 $x_1,x_2,\cdots,x_m$ 为基,这 m 维自由群同构于 $\underbrace{J\oplus J\oplus\cdots\oplus J}_{m个}$.

(4) 设 x_1 和 x_2 分别为交换群 J 与 J_2 的生成元,则 $X=\{x_1,x_2\}$ 为直和 $J\oplus J_2$ 的一组生成元. 但它不是 $J\oplus J_2$ 的一个基($0\cdot x_1+2x_2=0+0=0$).

(5) 有理数加群 $\mathbf{Q}$ 不具有有限生成元组,因而也不是有限维的自由群.

(6) 实数加群 $\mathbf{R}$ 不具有有限生成元组,因而也不是有限维的自由群.

证明 (5) (反证)假设 $\mathbf{Q}$ 具有有限生成元组 $\left\{\frac{p_1}{q_1},\frac{p_2}{q_2},\cdots,\frac{p_m}{q_m}\right\}$,它们都是既约分数. 根据定义,有

$$\frac{1}{pq_1q_2\cdots q_m} = \lambda_1\frac{p_1}{q_1} + \lambda_2\frac{p_2}{q_2} + \cdots + \lambda_m\frac{p_m}{q_m} = \frac{r}{q_1q_2\cdots q_m},$$

其中 p 为素数,$\lambda_1,\lambda_2,\cdots,\lambda_m$ 为整数. 于是

$$\frac{1}{p} = r,\quad p = \frac{1}{r},$$

矛盾.

(6) (反证)假设 $\mathbf{R}$ 具有有限生成元组 $\{x_1,x_2,\cdots,x_m\}$,则 $\forall\, x\in\mathbf{R}$,有

$$x = \lambda_1 x_1 + \lambda_2 x_2 + \cdots + \lambda_m x_m,\quad \lambda_1,\lambda_2,\cdots,\lambda_m \in J.$$

于是

$$\mathbf{R} = \{x = \lambda_1 x_1 + \lambda_2 x_2 + \cdots + \lambda_m x_m \mid \lambda_1,\lambda_2,\cdots,\lambda_m \in J\}$$

为可数集,这与 $\mathbf{R}$ 为不可数集相矛盾. □

例 1.4.4 设 G 为 $m(\in\mathbf{N})$ 维自由群,则:

(1) G 的每个非 0 元 g 的阶是无穷的.

(2) $\rho(G)=m$.

(3) G 的每个基恰包含 m 个元素.

(4) 有限维自由群 $G'\cong G\Leftrightarrow$ 维数 $\dim G'=\dim G$,即 $m'=m$.

证明 (1) 设 G 的基为 $g_1, g_2, \cdots, g_m$，则有不全为 0 的整数 $\lambda_1, \lambda_2, \cdots, \lambda_m$ 使得

$$g = \lambda_1 g_1 + \lambda_2 g_2 + \cdots + \lambda_m g_m.$$

如果存在整数 n 使得

$$0 = ng = n\lambda_1 g_1 + n\lambda_2 g_2 + \cdots + n\lambda_m g_m,$$

由于 $g_1, g_2, \cdots, g_m$ 线性无关，故

$$n\lambda_1 = n\lambda_2 = \cdots = n\lambda_m.$$

从 $\lambda_1, \lambda_2, \cdots, \lambda_m$ 不全为 0 推得 $n = 0$. 因此，g 是无限阶的.

(2)、(3)、(4)是显然的. □

引理 1.4.3 设 $X = \{x_1, x_2, \cdots, x_m\}$ 为 F 的一个基，则

F 的一个有 m 个元素的组 $Y = \{y_1, y_2, \cdots, y_m\}$ 为 F 的一个基

$$\Leftrightarrow x_i = \sum_{i=1}^{m} a_{ij} y_j, \quad a_{ij} \text{ 为整数}, i = 1, 2, \cdots, m.$$

证明 ($\Rightarrow$)显然.

($\Leftarrow$)一方面，利用自然对应 $v: x_i \mapsto v(x_i) = y_i$，将它线性扩张为 $f: F \to F$，

$$f(x) = f\left(\sum_{i=1}^{m} a_i x_i\right) = \sum_{i=1}^{m} a_i v(x_i) = \sum_{i=1}^{m} a_i y_i.$$

由于 Y 为 F 的生成元组，故 f 为满同态.

另一方面，若 $f(x') = 0$，在 F 中任取 x_i'，s.t. $f(x_i') = x_i$. 因 F 的秩为 m，故 $\{x', x_i'\}$ 这 $m+1$ 个元素线性相关，故存在不全为 0 的整数 b, b_i，s.t.

$$bx' + b_1 x_1' + b_2 x_2' + \cdots + b_m x_m' = 0.$$

由同态 f，$f(x') = 0$，$f(x_i') = x_i$ 推得

$$b_1 x_1 + b_2 x_2 + \cdots + b_m x_m = 0.$$

因为 X 为线性无关组，故 $b_1 = b_2 = \cdots = b_m = 0$. 从而，$bx' = 0$，$b \neq 0$，由此推得 $x' = 0$. 这就证明了 $\mathrm{Ker}\, f = 0$，f 为单射.

综上所述，f 为同构，Y 为 F 的一个基. □

引理 1.4.4 设 $X = \{x_1, x_2, \cdots, x_m\}$ 为 m 维自由群 F 的一个基，而且

$$y_i = \sum_{j=1}^{m} b_{ij} x_j, \quad b_{ij} \text{ 为整数}, i = 1, 2, \cdots, m,$$

则

$Y = \{y_1, y_2, \cdots, y_m\}$ 为 F 的一个基

$\Leftrightarrow$系数方阵(b_{ij})为幺模方阵，即整数方阵的行列式 $\det(b_{ij}) = |(b_{ij})| = \pm 1$.

证明 ($\Rightarrow$)设 $Y = \{y_1, y_2, \cdots, y_m\}$ 为 F 的一个基，又因为 $X = \{x_1, x_2, \cdots, x_m\}$ 也为 F 的一个基，故

$$y_i = \sum_{j=1}^{m} b_{ij}x_j, \quad x_j = \sum_{l=1}^{m} a_{jl}y_l,$$

即

$$Y = \begin{bmatrix} y_1 \\ y_2 \\ \vdots \\ y_m \end{bmatrix} = \begin{bmatrix} b_{11} & b_{12} & \cdots & b_{1m} \\ b_{21} & b_{22} & \cdots & b_{2m} \\ \vdots & \vdots & & \vdots \\ b_{m1} & b_{m2} & \cdots & b_{mm} \end{bmatrix} \begin{bmatrix} x_1 \\ x_2 \\ \vdots \\ x_m \end{bmatrix} = BX,$$

$$X = \begin{bmatrix} x_1 \\ x_2 \\ \vdots \\ x_m \end{bmatrix} = \begin{bmatrix} a_{11} & a_{12} & \cdots & a_{1m} \\ a_{21} & a_{22} & \cdots & a_{2m} \\ \vdots & \vdots & & \vdots \\ a_{m1} & a_{m2} & \cdots & a_{mm} \end{bmatrix} \begin{bmatrix} y_1 \\ y_2 \\ \vdots \\ y_m \end{bmatrix} = AY.$$

于是

$$Y = BX = BAY, \quad BA = I(\text{单位方阵}).$$

因为 A 与 B 为整数矩阵,故 $|B|$ 与 $|A|$ 都为整数,且 $|B| \cdot |A| = |BA| = |I| = 1$, $|B| = \pm 1$. 当然, $|A| = |B^{-1}| = \pm 1$.

($\Leftarrow$) 设 $y_i = \sum_{j=1}^{m} b_{ij}x_j$, $Y = BX$. 由于 B 为幺模矩阵,所以 $A = B^{-1}$ 也为幺模矩阵, $X = B^{-1}Y = AY$. 根据引理 1.4.3, Y 为 F 的一个基. □

有限生成交换群的基本定理

考查有限生成的交换群,我们证明它的子群及商群也是有限生成的.

引理 1.4.5 (1) 设 F_m 是以 $X = \{x_1, x_2, \cdots, x_m\}$ 为基的 m 维自由群,则交换群 G 具有 m 个生成元 $\Leftrightarrow$ 存在一个满同态 $f: F_m \to G$. 因而 $G \cong F_m/\mathrm{Ker}\, f$.

(2) 如果交换群 G 具有 m 个生成元, H 为 G 的任一子群,则商群 $G|H$ 也具有 m 个生成元.

(3) 有限生成的交换群 G 的任一子群 H 也是有限生成的.

证明 (1) ($\Rightarrow$) 设 $g_1, g_2, \cdots, g_m$ 为 G 的一组生成元, $\forall g \in G$, 有

$$g = \sum_{i=1}^{m} a_i g_i, \quad a_i \in J.$$

作自然对应 $v: x_i \to g_i$, 而且

$$f: F_m \to G$$

为 v 在 F_m 上的线性扩张,即当 $x = \sum_{i=1}^{m} a_i x_i$ 时,

$$f(x)=f\left(\sum_{i=1}^{m}a_ix_i\right)=\sum_{i=1}^{m}a_if(x_i)=\sum_{i=1}^{m}a_ig_i.$$

f 显然是满同态.

($\Leftarrow$)设 $f:F_m\to G$ 为满同态,则

$$f(x)=\{f(x_1),f(x_2),\cdots,f(x_m)\}=\{g_1,g_2,\cdots,g_m\}$$

为 G 的一组生成元.

(2) 因为 G 具有 m 个生成元的交换群,根据(1),有满同态 $f:F_m\to G$.又因为 $p:G\to G|H,g\mapsto[g]$也为满同态,故 $p\circ f:F_m\to G|H$ 为满同态,从而 $G|H$ 具有 m 个生成元.

(3) 因为 G 具有 m 个生成元,根据(1),G 是 m 维自由群 F_m 的同态 f 像,则 $f^{-1}(H)$ 为 F_m 的子群 K.再由引理 1.4.6,K 是至多 m 维的自由群.然后应用(1)到 K 的满同态像 $f(K)=f(f^{-1}(H))=H$ 是有限生成的. □

定义 1.4.6 考查整数矩阵.显然,幺模方程 A 的逆仍为幺模方阵.两个同阶幺模方阵的积仍为幺模方阵.

设 A 与 B 为两个 $n\times m$ 矩阵.如果存在一个 n 阶幺模方阵 N 和一个 m 阶幺模方阵 M,使得

$$B=NAM,$$

则称 A 与 B 等价,记作 $A\sim B$.显然,$\sim$为一个等价关系,即它具有反身性、对称性和传递性.

下面我们要证矩阵的一个经典定理.

定理 1.4.3(矩阵的经典定理) 设 A 为 $n\times m$ 的整数矩阵,且 A 的秩 $\operatorname{rank}A=r$,则存在一个 n 阶幺模方阵 N 和一个 m 阶幺模方阵 M,使得

$$B=NAM.$$

其中 $B=(b_{ij})$具有如下性质:

(ⅰ) $B=(b_{ij})$是对角线型的,即 $b_{ij}=0,i\neq j$;

(ⅱ) B 的对角线元素 b_{ii},$i=1,2,\cdots,\min(n,m)$,简记为 d_i,则只有前 r 个 $d_i>0$,其他的都为 0,而且 $d_i|d_{i+1}$,$i=1,2,\cdots,r-1$,即 d_i 整除 d_{i+1}.

这样的 B 称为 A 的**典型式**.r 个 d_i 称为 A 的**不变因子**.典型式 B 是唯一的.

证明 我们先定义矩阵 A 的四种初等变换:

令 I 为某阶单位方阵,$(h)_{ij}$为同阶方阵,其中(i,j)处(第 i 横行、第 j 纵列处)的元素为整数 h,其他元素都为 0.然后,用矩阵加法,令

$$I_{ij}=I+(1)_{ij},\quad i\neq j;$$

$$I_i=I+(-2)_{ii}.$$

显然,I_{ij}与I_i 都为么模方阵.然后,用矩阵乘法,定义所需要的四种初等变换:

$$t_{ij}:A\to I_{ij}A,\quad t'_{ij}:A\to AI_{ij},$$

$$t_i:A\to I_iA,\quad t'_i:A\to AI_i.$$

这里用 I_{ij}或I_i 左(右)乘 A 时,自然都将它们视作 $n(m)$阶方阵.事实上:

$t_{ij}(t'_{ij})$将 A 的第i 横行(纵列)改成第 i 横行(纵列)加上第 j 横行(纵列);

$t_i(t'_i)$改变第 i 横行(纵列)的正负号.

这四种初等变换显然不改变 A 的秩.还容易验证,适当的初等变换的积给出变换:

$u_{ij}(u'_{ij})$:将 A 的第i 横行(纵列)改成第 i 横行(纵列)减去第 j 横行(纵列);

$v_{ij}(v'_{ij})$:将 A 的第i 横行(纵列)与第 j 横行(纵列)互换.

我们用矩阵的初等变换来求出 N 与M,因而求出 A 的典型式B.

当 $r=0$ 时,A 已经是典型式了.

当 $r>0$ 时,在 A 中任选一个非 0 元素,经过横行(或纵列)的互换,将它移到(1,1)处.我们仍将这个元素记为 a_{11}.如果第 1 横行某元素如 a_{1j}不能被a_{11}整除,除后有一个余数 $a'_{11}(0<|a'_{11}|<|a_{11}|)$,则将第 j 纵列加上或减去第 1 纵列;经过适当次数的加或减之后,在$(1,j)$处的元素变成 a'_{11}.互换第 1 与第 j 纵列,a'_{11}就移到(1,1)处.如果第 1 纵列也只有一个元素不能被 a'_{11}整除,我们也同样地进行.因为在(1,1)处元素的绝对值逐次变小,继续用有限次这种方法以后,第 1 横行与第 1 纵列的全体元素必定都能被(1,1)处的元素(还记为 a_{11})整除.然后再把第 1 纵列(横行)的适当(正或负)倍数加到其他的每一纵列(横行)上去,使得第 1 横行(纵列)除 a_{11}这个元素之外都为 0.如果这个新矩阵有一元素 $a_{ij}(i,j>1)$不能被 a_{11}整除,经过横行相加可以将它移至第 1 横行,再应用上面的方法,继续这样地作初等变换,一直到新矩阵的每一元素都能被(1,1)处的元素(现在称为 d_1)整除,而且第 1 横行与第 1 纵列的元素除 d_1 之外都为 0 为止.d_1 还可以视作正数(因为我们可以用初等变换改变第 1 横行的正负号).

将得到的这个新矩阵还记作 A,并用 A_1 表示从 A 划去第 1 横行和第 1 纵列后的矩阵.因为 A 的第 1 横行和第 1 纵列除 d_1 外都为 0.A_1 的任一初等变换并不改变 A 的第 1 横行与第 1 纵列.如果 A 的秩 $\operatorname{rank} A>1$,用这种变换得到在(2,2)处 $d_2>0$;d_2 为 A_1 中全体元素的因子.而且,A 的第 2 横行与第 2 纵列中除 d_2 外都为 0.A_1 的全体元素能被 d_1 整除,A_1 的初等变换并不改变这种性质,所以 d_2 能被 d_1 整除.继续应用这种方法有限次之后,就得到本定理中所说的 A 的典型式B.

其次,因为初等变换不改变矩阵的秩,故典型式 B 中的元素d_i 只有最前面的r 个大于 0,其余的都等于 0.

最后,令 D_i 表示A 的全体$i(1\leqslant i\leqslant r)$阶行列式的最大公因子.根据行列式理论,初

等变换不改变 D_i. 另一方面,从典型式 B 来看, D_i 是对角线上前 r 个元素 $d_1, d_2, \cdots, d_r$ 之积 $d_1 d_2 \cdots d_r$. 因此

$$d_1 = D_1, \quad d_i = D_i / D_{i-1}, \ 1 < i \leqslant r.$$

由上知, d_i 都已经由 A 唯一决定了. □

引理 1.4.6 m 维自由群 F_m 的任一子群 K 还是一个有限维自由群,且它的维数小于或等于 m.

证明 设 F_m 的一个基是 $X = \{x_1, x_2, \cdots, x_m\}$, $X' = \{x_1, x_2, \cdots, x_{m-1}\}$ 的元素的全体线性组合形成 F_m 的一个子群,而且显然是一个 $m-1$ 维自由群,记作 F_{m-1}. 令

$$H = K \cap F_{m-1},$$

它是 F_{m-1} 与 K 的子群.

(归纳法)假设本定理对于 $m-1$ 维的自由群 F_{m-1} 已经证明了,因而, H 为一个自由群,它的维数小于或等于 $m-1$. 设 $Y = \{y_1, y_2, \cdots, y_{k-1}\}$ $(k \leqslant m)$ 为 H 的一个基. K 的每一个元素

$$x = a_1 x_1 + a_2 x_2 + \cdots + a_m x_m$$

唯一地决定一个整数 a_m,即 a_m 是 x 的单值函数 $a_m(x)$.

如果对所有的 $x \in K$,有 $a_m(x) = 0$,则 $K \subset F_{m-1}$,本定理成立.

如果 $a_m(x)$ 关于 x 不全为 0,在 K 存在

$$y_k = a_1^* x_1 + a_2^* x_2 + \cdots + a_m^* x_m,$$

它的最后一个系数 a_m^* 是可能的最小正整数. 于是,对于 K 的任一元素 x, x 所决定的 a_m 总是 a_m^* 的倍数. 因而,

$$x - \frac{a_m}{a_m^*} y_k = \sum_{i=1}^{m} a_i x_i - \frac{a_m}{a_m^*} \left(\sum_{i=1}^{m} a_i^* x_i \right) = \sum_{i=1}^{m-1} \left(a_i - \frac{a_m}{a_m^*} a_i^* \right) x_i$$

也为 H 的一个元素,是 Y 的元素的一个线性组合. 这就证明了 $\{Y, y_k\}$ 为 K 的一组生成元.

其次,我们证明 $\{Y, y_k\}$ 为 K 的一个基,即证明 K 的每一个元素恰可表示成 $\{Y, y_k\}$ 的一个线性组合. (反证)假设 K 的某个元素能表示成 $\{Y, y_k\}$ 的两个不同的线性组合. 它等价于存在不全为 0 的整数 $\lambda_1, \lambda_2, \cdots, \lambda_k$,使得

$$\lambda_1 y_1 + \lambda_2 y_2 + \cdots + \lambda_k y_k = 0.$$

这里 $\lambda_k \neq 0$ (否则 $y_1, y_2, \cdots, y_{k-1}$ 线性相关,矛盾). 如果将 y_i 都表示成 X 的线性组合,上述方程就变成 $x_1, x_2, \cdots, x_m$ 的一个方程,其中 x_m 的系数为 $\lambda_k a_m^* \neq 0$. 这与假设 X 为 F_m 的一个基相矛盾.

最后,以上证明说明了 K 是以 $\{Y, y_k\}$ 为基的 $k(\leqslant m)$ 维自由群. 因为定理对于 $m = 0$ 显然成立,所以这个定理对任意 m 都成立. □

引理 1.4.7 设 m 维自由群 F_m 以 $X=\{x_1,x_2,\cdots,x_m\}$ 为一个基,K 为 F_m 的一个子群,则存在 F_m 的一个基 $X'=\{x_1',x_2',\cdots,x_m'\}$ 与 $r(\leqslant m)$ 个正整数 $d_i(i=1,2,\cdots,r)$,其中 d_i 除尽 d_{i+1},使得 K 是以元素

$$d_1x_1',\quad d_2x_2',\quad \cdots,\quad d_rx_r'$$

为一个基的自由群.

证明 根据引理 1.4.5(3),K 是一个自由群,其维数小于或等于 m.因而 K 有一组有限个生成元.在 K 中任取一组 n 个生成元

$$Y=\{y_1,y_2,\cdots,y_n\}$$

(注意:n 任意,可不小于或等于 m;Y 为生成元组,不必为基).设

$$y_i=\sum_{j=1}^{m}a_{ij}x_j,\quad i=1,2,\cdots,n,$$

这里的系数矩阵 $A=(a_{ij})_{n\times m}$ 为整数矩阵.

若基 X 与生成元组 Y 给定了,则 K 就由 A 决定了.如果我们能从 X 与 Y 出发,将它们变成新基 X' 与新的生成元组 Y',使得这时的矩阵 A 就是矩阵经典定理 1.4.3 中的典型式 B,即:

(1) 矩阵 $B=(b_{ij})$ 是对角型的,即 $b_{ij}=0(i\neq j)$;

(2) 将 B 的对角线元素 $b_{ii}(i=1,2,\cdots,\min\{n,m\})$ 简记为 d_i,则只有前 r 个 d_i 大于 0,其他的都等于 0,而且 $d_i(i=1,2,\cdots,r-1)$ 整除 d_{i+1}.这 r 个 d_i 为 A 的不变因子.

下一步只需说明矩阵 A 的四种初等变换恰相当于 X 与 Y 的下列变换.

(i) 用 $x_\alpha-x_\beta$ 替代 $x_\alpha(\alpha\neq\beta)$.因为

$$\begin{aligned}y_i&=\sum_j a_{ij}x_j=\cdots+a_{i\alpha}x_\alpha+\cdots+a_{i\beta}x_\beta+\cdots\\&=\cdots+a_{i\alpha}(x_\alpha-x_\beta)+\cdots+(a_{i\beta}+a_{i\alpha})x_\beta+\cdots,\end{aligned}$$

所以相当于在矩阵 A 中,将 β 纵列改成第 β 纵列加上第 α 纵列.故 X 的这个变换相当于 $t'_{\beta\alpha}:A\to AI_{\alpha\beta}$.

(ii) 用 $-x_i$ 替代 x_i.相当于在矩阵 A 中,将第 i 纵列中的元素完全改变正负号.所以 X 的这个变换相当于 $t'_i:A\to AI_i$.

(iii) 用 $y_\alpha+y_\beta$ 替代 $y_\alpha(\alpha\neq\beta)$.相当于在矩阵 A 中,将第 α 横行改成第 α 横行加上第 β 横行.所以 Y 的这个变换相当于 $t_{\alpha\beta}:A\to I_{\alpha\beta}A$.

(iv) 用 $-y_i$ 替代 y_i.相当于在矩阵 A 中,将第 i 横行中的元素完全改变正负号.所以 Y 的这个变换相当于 $t_i:A\to I_iA$. □

引理 1.4.8 ${}_n(J_m)\cong J_{(m,n)}$,其中 m,n 都为正整数,(m,n) 为最大公约数.

证明 因为

$$_n(J_m) = \{x \in J_m \mid nx \equiv 0\},$$

故

$$lm = nx,$$

$$x = \frac{lm}{n} = \frac{lm_1(m,n)}{n_1(m,n)} = \frac{lm_1}{n_1},$$

显然,

$$x = \frac{n_1 m_1}{n_1} = m_1, \quad \frac{2n_1 m_1}{n_1} = 2m_1, \quad \cdots, \quad \frac{(m,n)n_1 m_1}{n_1} = (m,n)m_1 = m.$$

因为$_n(J_m)$与$J_{(m,n)}$都恰含(m,n)个元素,所以

$$_n(J_m) \cong J_{(m,n)}. \qquad \square$$

关于有限生成的交换群,有下面的基本定理.

定理1.4.4(有限生成交换群的基本定理) 任一个有限生成的交换群 G 有直和分解

$$G \cong \underbrace{J \oplus J \oplus \cdots \oplus J}_{R\text{个}} \oplus J_{\theta_1} \oplus J_{\theta_2} \oplus \cdots \oplus J_{\theta_\tau},$$

其中非负整数 $R \leqslant m$, $\tau \leqslant m - R$;而且,整数 θ_i (>1)整除 θ_{i+1}(记为 $\theta_i \mid \theta_{i+1}$ 或 $\theta_1 \mid \theta_2 \mid \cdots \mid \theta_\tau$).

数 $R, \theta_1, \theta_2, \cdots, \theta_\tau$ 为交换群 G 的不变量完全组,即如果 G 有两个这样的直和分解,则分解中这两组数相同.(观察上式读者自证.)

证明 (1) 设 G 是具有 m 个生成元的交换群.根据引理 1.4.5(1),存在一个满同态 f:F_m(m 维自由群)$\to G$,且 $G \cong F_m/\mathrm{Ker}\, f$.将 $\mathrm{Ker}\, f$ 当作引理 1.4.7 中的群 K,将 $m-r$记作R,而且将大于 1 的 d_i 依次记作$\theta_1, \theta_2, \cdots, \theta_\tau$.我们就得到了

$$\begin{aligned}
G \cong F_m/\mathrm{Ker}\, f &= \frac{\overbrace{J \oplus J \oplus \cdots \oplus J}^{r\text{个}} \oplus \overbrace{J \oplus J \oplus \cdots \oplus J}^{m-r\text{个}}}{d_1 J \oplus d_2 J \oplus \cdots \oplus d_r J \oplus 0 \oplus 0 \oplus \cdots \oplus 0} \\
&\cong J_{d_1} \oplus J_{d_2} \oplus \cdots \oplus J_{d_r} \oplus \overbrace{J \oplus J \oplus \cdots \oplus J}^{m-r\text{个}} \\
&\cong \overbrace{J \oplus J \oplus \cdots \oplus J}^{m-r\text{个}} \oplus J_{d_1} \oplus J_{d_2} \oplus \cdots \oplus J_{d_r} \\
&\cong \overbrace{J \oplus J \oplus \cdots \oplus J}^{R\text{个}} \oplus J_{\theta_1} \oplus J_{\theta_2} \oplus \cdots \oplus J_{\theta_\tau},
\end{aligned}$$

其中 $R = m - r \leqslant m$, $\tau \leqslant r = m - R$(当 $d_i = 1$ 时,$J/(d_i J) = J/J = 0$).

(2) 令 T 为G 的所有有限阶的元素所组成的子群.对于任一正整数 n,我们定义同态 f:$T \to T$, $x \mapsto f(x) = nx$.记 $\varphi(n)$为有限群 nT 的阶(即元素的个数).它是与 G 的直

和分解无关的.显然,

$$T = J_{\theta_1} \oplus J_{\theta_2} \oplus \cdots \oplus J_{\theta_\tau},$$

$$nT = nJ_{\theta_1} \oplus nJ_{\theta_2} \oplus \cdots \oplus nJ_{\theta_\tau}.$$

而且,$f:T\to nT$ 的 f 核是

$$\operatorname{Ker} f = {}_nJ_{\theta_1} \oplus {}_nJ_{\theta_2} \oplus \cdots \oplus {}_nJ_{\theta_\tau} \cong J_{(\theta_1,n)} \oplus J_{(\theta_2,n)} \oplus \cdots \oplus J_{(\theta_\tau,n)}$$

(参阅引理 1.4.8).根据定理 1.2.2(2)及上一等式,有

$$\begin{aligned}
nT &\cong T/\operatorname{Ker} f \\
&= (J_{\theta_1} \oplus J_{\theta_2} \oplus \cdots \oplus J_{\theta_\tau})/({}_nJ_{\theta_1} \oplus {}_nJ_{\theta_2} \oplus \cdots \oplus {}_nJ_{\theta_\tau}) \\
&\cong (J_{\theta_1} \oplus J_{\theta_2} \oplus \cdots \oplus J_{\theta_\tau})/(J_{(\theta_1,n)} \oplus J_{(\theta_2,n)} \oplus \cdots \oplus J_{(\theta_\tau,n)}) \\
&\cong J_{\theta_1}/J_{(\theta_1,n)} \oplus J_{\theta_2}/J_{(\theta_2,n)} \oplus \cdots \oplus J_{\theta_\tau}/J_{(\theta_\tau,n)},
\end{aligned}$$

$$\varphi(n) = \frac{\theta_1}{(\theta_1,n)} \cdot \frac{\theta_2}{(\theta_2,n)} \cdot \cdots \cdot \frac{\theta_\tau}{(\theta_\tau,n)}.$$

注意,上式中每个因子大于或等于 1,而且因为 θ_i 整除 θ_{i+1},故如果一个因子等于 1,则它前面的因子都等于 1.对于 $i=1,2,\cdots,\tau$,考虑前 i 个因子的乘积

$$\varphi_i(n) = \frac{\theta_1}{(\theta_1,n)} \cdot \frac{\theta_2}{(\theta_2,n)} \cdot \cdots \cdot \frac{\theta_i}{(\theta_i,n)},$$

当 $n=\theta_i$ 或 $0<n<\theta_i$ 时,$\varphi_i(n)$分别等于 1 或大于 1.故:

(ⅰ) θ_τ 是使得 $\varphi(n)=1$ 的 n 的最小值;

(ⅱ) θ_i 是使得 $\varphi_i(n)=1$ 的 n 的最小值.

θ_τ 的这个性质(ⅰ)表明了 θ_τ 的不变性;因为 $\varphi(n)$定义为 nT 的阶,是不依赖于直和分解的.应用归纳法证明 $\theta_\tau,\theta_{\tau-1},\cdots,\theta_{i+1}$的不变性,由(ⅱ)知 θ_i 的不变性.这就证明了 $\theta_1,\theta_2,\cdots,\theta_\tau$ 都为 G 的不变量. □

关于素数 p,有:

定理 1.4.5 设 G 为有限生成的交换群,G 的每一个非 0 元素的阶都是同一个素数 p,则 G 能分解为$R^{(p)}$($\geqslant 0$)个 p 阶循环群的直和.整数 $R^{(p)}$为群 G 的不变量完全组.

证明 因为 G 的每一个非 0 元素的阶都为 p,故定理 1.4.4 中的 $R=0$,每个 θ_i($\geqslant 2$)都是 p.事实上,设$[1]\in J_{\theta_i}$为J_{θ_i}的生成元,则由题设知 G 的非 0 元素的阶都为素数 p,故

$$0 = p[1] = [p\cdot 1] = [p], \quad p = l\theta_i.$$

若 $l\geqslant 2$,由于 $\theta_i\geqslant 2$,故 p 为合数,矛盾.因此,$l=1$,$\theta_i=p$. □

单纯复形下同调群的结构

单纯复形 K 的单形个数是有限的,它的 q 维单纯链群$C_q(K)$为有限维的自由群.根

据引理 1.4.6 或引理 1.4.7，它的闭链群 $Z_q(K)$ 与边缘链群 $B_q(K)$ 都为有限维的自由群. 再根据引理 1.4.5(2) 知，q 维单纯下同调群 $H_q(K)=Z_q(K)/B_q(K)$ 是有限生成的. 应用定理 1.4.4 得到：

定理 1.4.6（单纯整下同调群 $H_q(K)$ 的结构） 设 K 为有限单纯复形，它的 q 维单纯整下同调群为

$$H_q(K)\cong \underbrace{J\oplus J\oplus\cdots\oplus J}_{R_q\text{个}}\oplus J_{\theta_q^1}\oplus J_{\theta_q^2}\oplus\cdots\oplus J_{\theta_q^{\tau_q}},$$

其中非负整数 $R_q\leqslant m$，$\tau_q\leqslant m-R_q$，且整数 $\theta_q^i>1$，$\theta_q^i\mid\theta_q^{i+1}$（或 $\theta_q^1\mid\theta_q^2\mid\cdots\mid\theta_q^{\tau_q}$）.

R_q 称为 K 的第 q 个 Betti 数. $J_{\theta_q^1}\oplus J_{\theta_q^2}\oplus\cdots\oplus J_{\theta_q^{\tau_q}}$ 相应于 $H_q(K)$ 的挠子群，而 $\{\theta_q^i\}$ 称为 K 的挠系数. $\{R_q,\theta_q^i\}$ 为 $H_q(K)$ 的不变量完全组.

不难看出，当 p 为素数时，有限单纯复形 K，以 $J_p=J/(pJ)$ 为系数群的链群 $C_q(K;J_p)$ 以及 $Z_q(K;J_p)$，$B_q(K;J_p)$ 的每一个非 0 元素的阶都为 p. 可以证明模 p 同调群 $H_q(K;J_p)=Z_q(K;J_p)/B_q(K;J_p)$ 的每一个非 0 元素的阶也为 p（$p[x]=[px]=[0]$）. 同调群 $H_q(K;J_p)$ 的模 p 秩称为 K 的第 q 个模 p Betti 数，记为 $R_q^{(p)}$.

定理 1.4.7（单纯模 p 下同调群 $H_q(K;J_p)$ 的结构） 设 K 为有限单纯复形，它的 q 维单纯模 p 下同调群为

$$H_q(K;J_p)\cong \underbrace{J_p\oplus J_p\oplus\cdots\oplus J_p}_{R_q^{(p)}},$$

$R_q^{(p)}$ 为 K 的第 q 个模 p Betti 数.

1.5 Urysohn 引理与 Tietze 扩张定理、绝对收缩核与绝对邻域收缩核

Urysohn 引理与 Tietze 扩张定理

定理 1.5.1 $(X,\mathcal{T})$ 为正规空间，即对它的任何两个不相交的闭集 A 与 B 分别存在开邻域 U 与 V，使得 $U\cap V=\varnothing\Leftrightarrow$ 对 $(X,\mathcal{T})$ 的任一闭集 A 及 A 的任一开邻域 U，存在 A 的开邻域 V，使得 $A\subset V\subset\overline{V}\subset U$.

证明 $(\Rightarrow)$ 设 $(X,\mathcal{T})$ 为正规空间，对 X 的任一闭集 A 及 A 的任一开邻域 U，则 U^c 为闭集，且 $A\cap U^c=\varnothing$，故分别在 A 与 U^c 的开邻域 V 与 W，使得 $V\cap W=\varnothing$. 从而，$V\subset W^c$，所以

$$A\subset V\subset\overline{V}\subset\overline{W^c}=W^c\subset(U^c)^c=U.$$

(⇐)设 A 与 B 为任意两个不相交的闭集,则 $U=B^c$ 为 A 的开邻域,由右边的条件,存在 A 的开邻域 V,s.t. $A\subset V\subset\overline{V}\subset U=B^c$. 于是,$V$ 与 $(\overline{V})^c$ 分别为 A 与 B 的开邻域,且 $V\cap(\overline{V})^c=\varnothing$. □

Urysohn 引理与 Tietze 扩张定理是两个著名的定理. 我们先用连续函数来刻画正规性.

定理 1.5.2(Urysohn) 设 $(X,\mathcal{T})$ 为拓扑空间,$a<b$,则 $(X,\mathcal{T})$ 为正规空间 ⇔ $(X,\mathcal{T})$ 中任意两个不相交的闭集 A 与 B,存在一个连续映射(函数) $f:X\to[a,b]$,使得 $f(x)=a,\forall x\in A$ 与 $f(x)=b,\forall x\in B$.

证明 (证法 1)由于闭区间 $[a,b]$ 同胚于闭区间 $[0,1]$,所以我们只需对 $[a,b]=[0,1]$ 进行证明即可.

(⇐)设定理右边条件成立,即对 $(X,\mathcal{T})$ 中任意不相交的闭集 A 与 B,必存在连续函数 $f:X\to[0,1]$,使得 $f(x)=0,\forall x\in A$ 与 $f(x)=1,\forall x\in B$. 由于 $\left[0,\frac{1}{2}\right)$ 与 $\left(\frac{1}{2},1\right]$ 为 $[0,1]$ 中的两个不相交的开集,所以

$$U=f^{-1}\left(\left[0,\frac{1}{2}\right)\right)\quad 与\quad V=f^{-1}\left(\left(\frac{1}{2},1\right]\right)$$

为 $(X,\mathcal{T})$ 中的两个不相交的开集,并且易见 $A\subset U,B\subset V$. 这就证明了 $(X,\mathcal{T})$ 为一个正规空间.

(⇒)(Urysohn 引理)设 $(X,\mathcal{T})$ 为正规空间,A 与 B 为 $(X,\mathcal{T})$ 中的任意两个不相交的闭子集,则 $A\subset X-B$. 从而,$V_1=X-B$ 为闭集 A 的一个开邻域. 根据定理 1.5.1,存在 A 的开邻域 V_0,使得

$$A\subset V_0\subset\overline{V}_0\subset X-B=V_1.$$

又因 $\overline{V}_0$ 为闭集且 V_1 为 $\overline{V}_0$ 的开邻域,根据定理 1.5.1,存在 $\overline{V}_0$ 的开邻域 $V_{1/2}$,使得

$$A\subset V_0\subset\overline{V}_0\subset V_{1/2}\subset\overline{V}_{1/2}\subset V_1.$$

再根据定理 1.5.1,存在开集 $V_{1/4},V_{3/4}$,使得

$$A\subset V_0\subset\overline{V}_0\subset V_{1/4}\subset\overline{V}_{1/4}\subset V_{1/2}\subset\overline{V}_{1/2}\subset V_{3/4}\subset\overline{V}_{3/4}\subset V_1.$$

应用归纳法可得:对 $\forall n\in\mathbf{N},1\leqslant m\leqslant 2^n$,存在 $(X,\mathcal{T})$ 中的开集 $V_{m/2^n}$,使得

$$A\subset V_0\subset\overline{V}_0\subset V_{1/2^n}\subset\overline{V}_{1/2^n}\subset\cdots\subset V_{(2^n-1)/2^n}\subset\overline{V}_{(2^n-1)/2^n}\subset V_1=X-B.$$

令 $P=\{m/2^n\mid 0\leqslant m\leqslant 2^n,n\in\mathbf{N}\}$,则 P 在 $[0,1]$ 中稠密,且对 $\forall r\in P$ 都定义了 V_r,当 $r_1<r_2$ 时有 $\overline{V}_{r_1}\subset V_{r_2}$. 实际上,是在闭集 A 与 B 之间插入了可数个 $V_r(r\in P)$.

定义映射(函数) $f:X\to[0,1]$ 为

$$f(x)=\begin{cases}\inf\{r\in P\mid x\in V_r\}, & x\in X-B=V_1,\\ 1, & x\in B.\end{cases}$$

由于当 $x\in X-B=V_1$ 时，$\{r\in P\mid x\in V_r\}\neq\varnothing$，从而 f 的定义是确切的，它为一个映射（函数）. 由 f 的定义知，对 $\forall x\in X, 0\leqslant f(x)\leqslant t$，且 $f(x)=1, \forall x\in B$；由 $A\subset V_0$ 知，$f(x)=0, \forall x\in A$.

下证 f 连续.

设 $x_0\in X$，且 $0<f(x_0)<1$. 对 $\forall \varepsilon\in(0,\min\{f(x_0),1-f(x_0)\})$. 取 $\tau,\tau'\in P$，使得

$$0<f(x_0)-\varepsilon<\tau<f(x_0)<\tau'<f(x_0)+\varepsilon<1.$$

于是，$U(x_0)=V_{\tau'}-\overline{V}_\tau$ 为 x_0 的一个开邻域. 显然，对 $\forall x\in U(x_0)=V_{\tau'}-\overline{V}_{\tau'}$ 必有 $x\in V_{\tau'}, x\notin\overline{V}_\tau$，根据 f 的定义得到

$$f(x_0)-\varepsilon<\tau\leqslant f(x)\leqslant\tau'<f(x_0)+\varepsilon,\quad \forall x\in U(x_0)=V_{\tau'}\overline{V}_\tau,$$

即 f 在点 x_0 处连续.

设 $x_0\in X, f(x_0)=1$. 对 $\forall\varepsilon\in(0,1)$，取 $\tau\in P$，使得

$$0<f(x_0)-\varepsilon=1-\varepsilon<\tau<1=f(x_0).$$

于是，$U(x_0)=X-\overline{V}_\tau$ 为 x_0 的一个开邻域. 显然，$\forall x\in U(x_0)=X-\overline{V}_\tau$，必有 $x\in X$，$x\notin\overline{V}_\tau$. 根据 f 的定义得到

$$f(x_0)-\varepsilon=1-\varepsilon<\tau\leqslant f(x)\leqslant 1=f(x_0)<f(x_0)+\varepsilon,$$

即 f 在点 x_0 处连续.

设 $x_0\in X, f(x_0)=0$. 对 $\forall\varepsilon\in(0,1)$，取 $\tau\in P$，使得

$$f(x_0)=0<\tau<0+\varepsilon=f(x_0)+\varepsilon.$$

于是，$U(x_0)=V_\tau$ 为 x_0 的一个开邻域. 显然，$\forall x\in U(x_0)=V_\tau$，根据 f 的定义得到

$$f(x_0)-\varepsilon=0-\varepsilon=-\varepsilon<0\leqslant f(x)\leqslant\tau<f(x_0)+\varepsilon,\quad \forall x\in U(x_0)=V_\tau,$$

即 f 在点 x_0 处连续.

（证法 2）（$\Rightarrow$）（Urysohn 引理）设 $(X,\mathcal{J})$ 为正规空间，A 与 B 为 $(X,\mathcal{J})$ 中的任意两个不相交的闭子集.

令 $Q_I=Q\cap[0,1]$ 是 $I=[0,1]$ 中的全体有理数构成的集合. 由于 Q_I 为可数集，故可将 Q_I 排列为 $Q_I=\{r_1,r_2,r_3,\cdots\}$. 不妨设 $r_1=1, r_2=0$. 我们欲将每个有理数 $r_n\in Q_I$ 对应着 A 的一个开邻域 V_{r_n}，使其满足：

（1°）$V_{\tau_n}\subset X-B$；

（2°）如果 $\tau_n<\tau_m$，则 $\overline{V}_{r_n}\subset V_{\tau_m}$.

首先令 $V_1=V_{r_1}=X-B$. 根据定理 1.5.1，任意选取 $V_0=V_{r_2}$ 为 A 的一个开邻域，使得

$$A\subset V_{r_2}\subset\overline{V}_{r_2}\subset V_{r_1}=V_1=X-B.$$

此时，易见 V_{r_1} 与 V_{r_2} 满足（1°）与（2°）.

对于 $n>2$,假设 A 的诸开邻域 $V_{r_1},V_{r_2},\cdots,V_{r_{n-1}}$ 已经定义并且满足上述条件(1°)与(2°).

记

$$s=\max\{r_i<r_n\mid i=1,\cdots,n-1\},\quad 如\ r_2=0<r_n,$$
$$t=\min\{r_i>r_n\mid i=1,\cdots,n-1\},\quad 如\ r_1=1>r_n,$$

根据定理 1.5.1,可选 V_{r_n} 为 $\overline{V}_s$ 的一个开邻域,使得

$$\overline{V}_s\subset V_{r_n}\subset\overline{V}_{r_n}\subset V_t.$$

从 V_{r_n} 的取法可知,A 的诸开邻域 $V_{r_1},\cdots,V_{r_n},\cdots$ 已经全部定义并满足条件(1°)与(2°).

我们定义映射(函数)$f:X\to[0,1]$为

$$f(x)=\begin{cases}\inf\{r\in Q_I\mid x\in V_r\}, & x\in X-B=V_1,\\ 1, & x\in B.\end{cases}$$

由于当 $x\in X-B=V_1$ 时,$\{r\in Q_I\mid x\in V_r\}\neq\varnothing$,从而 f 的定义是确切的,它为一个映射(函数).由 f 的定义知,对 $\forall x\in X,0\leqslant f(x)\leqslant 1$,且 $f(x)=1,\forall x\in B$;由 $A\subset V_0$ 知,$f(x)=0,\forall x\in A$.

下证 f 连续.

对 $\forall a\in[0,1)$,

$$\begin{aligned}x\in f^{-1}((a,1])&\Leftrightarrow a<f(x)\leqslant 1\\&\Leftrightarrow \inf\{r\in Q_I\mid x\in V_r\}>a\\&\quad\ 或\ x\in B\\&\Leftrightarrow \exists r\in Q_I,\text{s.t. } r>a,\ x\notin\overline{V}_r\ \ (即\ x\in\overline{V}_r^{\text{c}})\\&\quad\ 或\ x\in B.\end{aligned}$$

因此

$$\begin{aligned}f^{-1}((a,1])&=\Big(\bigcup_{r>a,r\in Q_I}\overline{V}_r^{\text{c}}\Big)\cup B\\&=\bigcup_{r>a,r\in Q_I}\overline{V}_r^{\text{c}}\quad(因为\ B\subset\overline{V}_r^{\text{c}},\ \forall r\in Q_I)\end{aligned}$$

为$(X,\mathcal{T})$中一族开集之并,所以它为$(X,\mathcal{T})$中的一个开集.

对 $\forall b\in(0,1]$,

$$\begin{aligned}x\in f^{-1}([0,b))&\Leftrightarrow 0\leqslant f(x)<b\\&\Leftrightarrow \inf\{f\in Q_I\mid x\in V_r\}<b\\&\Leftrightarrow \exists r\in Q_I,\ \text{s.t. } r<b,\ x\in V_r.\end{aligned}$$

因此

$$f^{-1}([0,b))=\bigcup_{r<b,r\in Q_I}V_r$$

为$(X,\mathcal{T})$中一族开集之并，所以它为$(X,\mathcal{T})$中的一个开集.

令

$$\mathcal{A}=\{(a,1]\mid a\in[0,1)\}\cup\{[0,b)\mid b\in(0,1]\},$$
$$\mathcal{B}=\{s_1\cap\cdots\cap s_n\mid s_i\in\mathcal{A},\ i=1,\cdots,n;\ n\in\mathbf{N}\}.$$

易见，$\mathcal{T}=\{\bigcup_{B\in\mathcal{B}_1\subset\mathcal{B}}B\}$，即 $\mathcal{B}$ 为$(X,\mathcal{T})$的一个拓扑基，此时 $\mathcal{A}$ 称为$(X,\mathcal{T})$的一个子基.于是

$$f^{-1}(\bigcup_{B\in\mathcal{B}_1\subset\mathcal{B}}B)=\bigcup_{B\in\mathcal{B}_1\subset\mathcal{B}}f^{-1}(B)=\bigcup_{\substack{B\in\mathcal{B}_1\\ s_i\in\mathcal{A}}}f^{-1}(s_1\cap\cdots\cap s_n)$$
$$=\bigcup_{\substack{B\in\mathcal{B}_1\\ s_i\in\mathcal{A}}}f^{-1}(s_1)\cap\cdots\cap f^{-1}(s_n)$$

为$(X,\mathcal{T})$中的开集.由此推得$[0,1]$中的任何开集 G，必有 $f^{-1}(G)$为开集，从而 f 为连续映射(参阅文献[3]定理 1.3.2(2)及定理 2.1.4(3)). □

注 1.5.1 Urysohn 引理采用了两种证法.前半部分，两种证法是类似的，都是反复应用定理 1.5.1，并归纳地将不相交的闭集 A 与 B 分层次地隔离开.所不同的是，一个用$[0,1]$中的可数稠密集 $P=\{m/2^n\mid 0\leqslant m\leqslant 2^n,n\in\mathbf{N}\}$；另一个用$[0,1]$中的可数稠密集 $Q_I=Q\cap[0,1]$，而可数性保证了可使用数学归纳法.后半部分为证明 f 连续，证法 1 直接用连续的定义，它既直观又简单，并不需要用定理.而证法 2 要用连续的等价定理(参阅文献[3]定理 1.3.2(2)及定理 2.1.4(3))，这种运用定理的逻辑性推导也是必需的.但是，证法 1 更显重要，它体现了读者的一种数学修养与素质，深藏着读者的一种内在的数学功夫.

如果$(X,\mathcal{T})$为度量空间(X,ρ)的拓扑，即 $\mathcal{T}=\mathcal{T}_\rho$，那么 Urysohn 引理可简单地得到证明，不必像定理 1.5.2 那样大张旗鼓地去论述.例如

$$f(x)=\frac{\rho(x,A)}{\rho(x,A)+\rho(x,B)}$$

为连续函数，$0\leqslant f(x)\leqslant 1$，且 $f(x)=0,\forall x\in A$；$f(x)=1,\forall x\in B$.因此，这个 $f(x)$就是 Urysohn 引理所需的函数.

Urysohn 引理表明：能用连续(实值)函数分离任意两个不相交的闭集是正规空间的一个突出的特点.

定理 1.5.3(Tietze 扩张定理) (1) 拓扑空间$(X,\mathcal{T})$为正规空间$\Leftrightarrow$(2) 对$(X,\mathcal{T})$中任何两个不相交的闭集 A 与 B，存在一个连续映射 $f:X\to[a,b]$，使得 $f(x)=a,\forall x\in A$ 与 $f(x)=b,\forall x\in B\Leftrightarrow$(3) 对$(X,\mathcal{T})$的每个闭子集 M，连续映射 $f:M\to[a,b]$，存在连续映射 $f^*:X\to[a,b]$，使 $f^*|_M=f$，即 f^* 为 f 的一个扩张$\Leftrightarrow$(4) 对$(X,\mathcal{T})$的每个闭子

集 M,连续映射 $f:M\to\mathbf{R}^1$,存在连续映射 $f^*:X\to\mathbf{R}^1$,使 $f^*|_M=f$,即 f^* 为 f 的一个扩张.

证明 (1)⇒(2).即 Urysohn 引理.

(2)⇒(3).(Tietze 扩张定理)由于任何一个闭区间$[a,b]$都同胚于$[-1,1]$.不失一般性,可以假定$[a,b]=[-1,1]$.

设$(X,\mathcal{T})$满足(2),M 为$(X,\mathcal{T})$中的一个闭集,$f:M\to[-1,1]$为一个连续映射.

令 $A_1=f^{-1}\left(\left[-1,-\frac{1}{3}\right]\right)$,$B_1=f^{-1}\left(\left[\frac{1}{3},1\right]\right)$.根据文献[3]定理 1.3.2(3),$A_1$ 与 B_1 为$(X,\mathcal{T})$中的闭集 M 的闭子集,从而 A_1 与 B_1 为$(X,\mathcal{T})$的两个不相交的闭子集.根据 Urysohn 引理,存在连续映射 $f:X\to\left[-\frac{1}{3},\frac{1}{3}\right]$,使 $f_1(x)=-\frac{1}{3}$,$\forall x\in A_1$;$f_1(x)=\frac{1}{3}$,$\forall x\in B_1$,则

$$|f(x)-f_1(x)|\leqslant\frac{2}{3},\quad \forall x\in M.$$

于是,$g_1=f-f_1:M\to\left[-\frac{2}{3},\frac{2}{3}\right]$为连续映射.

重复上面过程,即将$\left[-\frac{2}{3},\frac{2}{3}\right]$三等分,令 $A_2=g_1^{-1}\left(\left[-\frac{2}{3},-\frac{2}{9}\right]\right)$,$B_2=g_1^{-1}\left(\left[\frac{2}{9},\frac{2}{3}\right]\right)$.根据 Urysohn 引理,存在连续映射 $f_2:X\to\left[-\frac{2}{9},\frac{2}{9}\right]$,使 $f_2(x)=-\frac{2}{9}$,$\forall x\in A_2$;$f_2(x)=\frac{2}{9}$,$\forall x\in B_2$,则

$$|f(x)-f_1(x)-f_2(x)|=|g_1(x)-f_2(x)|\leqslant\left(\frac{2}{3}\right)^2.$$

归纳地继续这一过程,可得到$(X,\mathcal{T})$上的一个连续映射序列$\{f_1,f_2,\cdots\}$满足:

$$\sup_{x\in X}|f_n(x)|\leqslant\frac{1}{3}\left(\frac{2}{3}\right)^{n-1},$$

$$\sup_{x\in M}\left|f(x)-\sum_{i=1}^{n}f_i(x)\right|\leqslant\left(\frac{2}{3}\right)^n.$$

定义

$$f^*(x)=\sum_{i=1}^{\infty}f_i(x):X\to[-1,1],$$

则由 $\lim\limits_{n\to+\infty}\left(\frac{2}{3}\right)^n=0$ 知

$$f(x)=\lim_{n\to+\infty}\sum_{i=1}^{n}f_i(x)=\sum_{i=1}^{\infty}f_i(x)=f^*(x),\quad \forall\, x\in M,$$

即 f^* 为 f 在 X 上的一个扩张.

设 $x\in X$, $\forall\,\varepsilon>0$,则 $\exists\, n_0\in\mathbf{N}$, s.t. $\sum\limits_{i=n_0+1}^{\infty}\left(\frac{2}{3}\right)^i<\frac{\varepsilon}{2}$. 对每个 $1\leqslant i\leqslant n_0$,因 f_i 连续,可取 x 的开邻域 U_i,使

$$f(U_i)\subset\left(f_i(x)-\frac{\varepsilon}{2n_0},f_i(x)+\frac{\varepsilon}{2n_0}\right).$$

于是,$U=\bigcap\limits_{i=1}^{n_0}U_i$ 为 x 的开邻域,且

$$\begin{aligned}|f^*(y)-f^*(x)|&=\left|\sum_{i=1}^{\infty}f_i(y)-\sum_{i=1}^{\infty}f_i(x)\right|\\&\leqslant\sum_{i=1}^{n_0}|f_i(y)-f_i(x)|+\sum_{i=n_0+1}^{\infty}|f_i(y)|+\sum_{i=n_0+1}^{\infty}|f_i(x)|\\&<n_0\cdot\frac{\varepsilon}{2n_0}+2\cdot\sum_{i=n_0+1}^{\infty}\frac{1}{3}\left(\frac{2}{3}\right)^{i-1}\\&<\frac{\varepsilon}{2}+\frac{\varepsilon}{2}=\varepsilon,\quad\forall\, y\in U,\end{aligned}$$

即 f^* 在点 x 处连续. 由 x 任取可知,f^* 为 X 上的连续映射.

(3)⇒(4). 设 $f:M\to\mathbf{R}^1$ 为连续映射(不一定有界),令 $g(x)=\frac{2}{\pi}\arctan(f(x))$, $\forall\, x\in M$,则 $g(M)\subset(-1,1)$. 由(3)知,g 有扩张 $g^*:X\to[-1,1]\subset\mathbf{R}^1$,$g^*$ 连续,且 $g^*(X)\subset[-1,1]$. 记 $E=(g^*)^{-1}(\{-1,1\})$,则 E 为 $(X,\mathcal{T})$ 中的闭集,并且 $M\cap E=\varnothing$. 根据(3),存在 $(X,\mathcal{T})$ 上的连续函数 h,使得 $h(X)\subset[0,1]$,并且 $h(x)=0$, $\forall\, x\in E$; $h(x)=1$, $\forall\, x\in M$. 于是,对 $\forall\, x\in X$,有 $h(x)g^*(x)\in(-1,1)$. 因此,可规定 $f^*:X\to\mathbf{R}^1$,

$$f^*(x)=\tan\left(\frac{\pi}{2}h(x)g^*(x)\right),\quad\forall\, x\in X,$$

则 f^* 连续,并且因为 $h(x)=1$, $\forall\, x\in M$,所以

$$\begin{aligned}f^*(x)&=\tan\left(\frac{\pi}{2}g^*(x)\right)=\tan\left(\frac{\pi}{2}\cdot\frac{2}{\pi}\arctan f(x)\right)\\&=\tan(\arctan f(x))=f(x),\quad\forall\, x\in M,\end{aligned}$$

即 f^* 为 f 的一个扩张.

(4)⇒(1). 设 A 与 B 为 $(X,\mathcal{T})$ 中的两个不相交的闭集,则 $M=A\cup B$ 也为 $(X,\mathcal{T})$ 中的闭集. 定义映射

$$f:M = A \cup B \to [0,1] \subset \mathbf{R}^1,$$

使得 $f(x)=0, \forall x\in A$; $f(x)=1, \forall x\in B$. 由粘接引理可知, f 为连续映射. 由(4)知, f 有一个连续的扩张 $f^*: X\to\mathbf{R}^1$. 显然, $f^*(x)=f(x)=0, \forall x\in A$; $f^*(x)=f(x)=1, \forall x\in B$. 于是, $U=(f^*)^{-1}\left(\left(-\infty,\frac{1}{2}\right)\right)$ 与 $V=(f^*)^{-1}\left(\left(\frac{1}{2},+\infty\right)\right)$ 分别为闭集 A 与 B 的两个不相交的开邻域. 这就证明了 $(X,\mathcal{J})$ 为正规空间. □

注 1.5.2 定理 1.5.3 表明:正规性、Urysohn 引理与 Tietze 扩张定理是彼此等价的. Urysohn 引理与 Tietze 扩张定理从连续映射的角度刻画了正规分离性. 而 Urysohn 引理实际上是 Tietze 扩张定理的特殊情形.

根据文献[3]定理 1.7.4, 度量空间必为正规空间, 因而 Urysohn 引理与 Tietze 扩张定理都成立. 进而, 根据文献[1]91 页定理 1.13, 任意一个 n 维的复形 K 与 $2n+1$ 维 Euclid 空间 $\mathbf{R}^{2n+1}$ 中的一个复形 L 同构, 自然也同胚. 故多面体 $|K|$ 可度量化, 它是一个正规空间.

注 1.5.3 注意, Tietze 扩张定理中, M 为闭集的条件是不可缺少的. 例如: 实数空间 $(\mathbf{R}^1,\mathcal{J}_{\rho_0^1})$ 为正规空间. 设 $M=(0,+\infty)$, 定义映射 $f: M\to\mathbf{R}^1$, $f(x)=\sin\frac{1}{x}$, $x\in M$, 则 f 连续. 但由 $\lim\limits_{x\to 0^+} f(x)=\lim\limits_{x\to 0^+}\sin\frac{1}{x}$ 不存在可知, f 没有从 M 到 $\mathbf{R}^1$ 的连续扩张.

一类特殊的扩张问题

定义 1.5.1 设 A 为拓扑空间 X 的子空间. 如果恒同映射 $\mathrm{id}_A: A\to A$ 能扩张成连续映射 $r: X\to A$, 则称 A 为 X 的**收缩核**, $r: X\to A$ 称为**收缩映射**或**收缩**.

收缩核的概念是映射扩张的特例, 它与一般的扩张问题有密切的关系. 举一个简单的引理.

引理 1.5.1 A 为 X 的收缩核 $\Leftrightarrow$ A 上的任一连续映射 $f_0: A\to Y$ 都能扩张到 X 上.

证明 ($\Rightarrow$)如果 $r: X\to A$ 为一个收缩映射, 则显然 $f_0 r: X\to Y$ 为 f_0 的一个扩张.

($\Leftarrow$)如果 A 上的任一连续映射 $f_0: A\to Y$ 都能扩张到 X 上, 特别对连续映射 $f_0=\mathrm{id}_A: A\to A$ 也必有扩张 $r: X\to A$. 显然, $r|_A=\mathrm{id}_A$, 因此, r 为收缩映射, 即 A 为 X 的收缩核. □

有时, 只需将一个子空间上的连续映射扩张到这个子空间的一个开邻域上去, 为此引入邻域收缩核的概念.

定义 1.5.2 设 X 为拓扑空间, A 为 X 的一个子(拓扑)空间. 如果恒同映射 $\mathrm{id}_A: A\to A$ 能扩张到 A 在 X 中的某个开邻域 U 上, 换言之, 如果 A 是它在 X 中的某个开邻

域 U 的收缩核,则称 A 为 X 的**邻域收缩核**.

邻域收缩核与连续映射在邻域上的扩张也有密切关系.类似引理 1.5.1,有:

引理 1.5.2 A 为 X 的邻域收缩核$\Leftrightarrow A$ 上的任一连续映射 $f_0: A\to Y$ 都能扩张到 A 在 X 中的某个开邻域 U 上.

证明 ($\Rightarrow$)设 U 为 A 的开邻域,$r_U: U\to A$ 为一个收缩映射,则 $f_0 r_U: U\to Y$ 为 f_0 的一个扩张.

($\Leftarrow$)如果 A 上的任一连续映射 $f_0: A\to Y$ 都能扩张到 A 在 X 中的一个开邻域 U 上,特别对连续映射 $f_0=\mathrm{id}_A: A\to A$ 也必有扩张 $r_U: U\to A$.显然,r_U 为邻域收缩映射,即 A 为 X 的邻域收缩核. □

例 1.5.1 (1) X 为任意拓扑空间,$A=\{a\}$为独点集,则 $A=\{a\}$总是 X 的收缩核.

(2) 在 n 维 Euclid 空间 $\mathbf{R}^n$ 中,以 $\overline{B}^n$ 记闭的单位球体,S^{n-1}记单位球面,则 $\overline{B}^n$ 为 $\mathbf{R}^n$ 的收缩核;S^{n-1}为 $\mathbf{R}^n-\{0\}$的收缩核,也为 $\overline{B}^n-\{0\}$的收缩核;但是,S^{n-1}不为 $\overline{B}^n$ 的收缩核(见定理 1.6.10),也不为 $\mathbf{R}^n$ 的收缩核.但 S^{n-1}为 $\overline{B}^n$ 与 $\mathbf{R}^n$ 的邻域收缩核.

(3) 在 2 维环面 $T^2=S^1\times S^1$ 上,以 S_1^1 与 S_2^1 分别记一个经圆与一个纬圆,则 S_1^1 与 S_2^1 都为 T^2 的收缩核.但 $S_1^1\cup S_2^1$ 为 T^2 的邻域收缩核.

证明 (1) 显然,收缩映射为 $r: X\to A=\{a\}$,$r(x)=a$,$\forall x\in X$.

(2) 显然,$r: \mathbf{R}^n\to\overline{B}^n$,

$$r(x)=\begin{cases}\dfrac{x}{|x|}, & x\in\mathbf{R}^n-\overline{B}^n,\\ x, & x\in\overline{B}^n\end{cases}$$

为从 $\mathbf{R}^n$ 到 $\overline{B}^n$ 的收缩映射.

$$r_1: \mathbf{R}^n-\{0\}\to S^{n-1},$$

$$r_1(x)=\frac{x}{|x|},\quad x\in\mathbf{R}^n-\{0\}$$

为从 $\mathbf{R}^n-\{0\}$到 S^{n-1}的收缩映射.

$$r_2: \overline{B}^n-\{0\}\to S^{n-1},$$

$$r_2(x)=\frac{x}{|x|},\quad x\in\overline{B}^n-\{0\}$$

为从 $\overline{B}^n-\{0\}$到 S^{n-1}的收缩映射.

它们表明 S^{n-1}为 $\overline{B}^n$ 与 $\mathbf{R}^n$ 的邻域收缩核.但是,根据定理 2.7.4 立知,S^{n-1}不为 $\overline{B}^n$ 的收缩核.当然,由此也知,S^{n-1}不为 $\mathbf{R}^n$ 的收缩核.

(3) 如果将 2 维环面 $T^2=S^1\times S^1$ 上的点记作$(\mathrm{e}^{\mathrm{i}\varphi_1},\mathrm{e}^{\mathrm{i}\varphi_2})$,则

$$r_1: T^2=S^1\times S^1\to S_1^1,$$

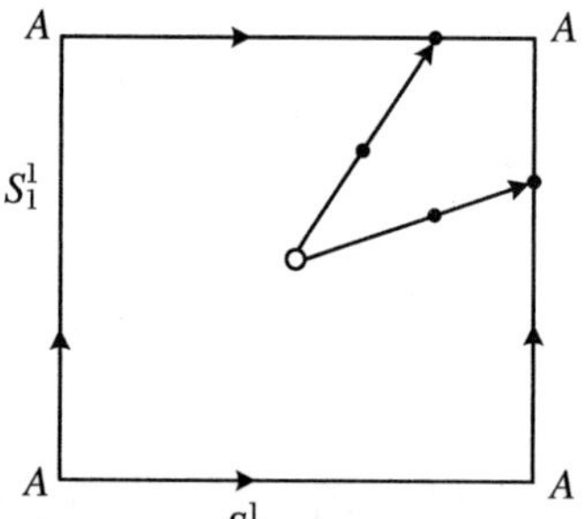

图 1.5.1

$$r_1(e^{i\varphi_1},e^{i\varphi_2}) = (e^{i0},e^{i\varphi_2})$$

与

$$r_2:T^2 = S^1\times S^1 \to S_2^1,$$

$$r_2(e^{i\varphi_1},e^{i\varphi_2}) = (e^{i\varphi_1},e^{i0})$$

都为收缩映射.而如图 1.5.1 所示,

$$r:T^2 = S^1\times S^1 - \{(e^{i0},e^{i0})\} \to S_1^1\cup S_2^1$$

为收缩映射,因而,$S_1^1\cup S_2^1$ 为 T^2 的一个邻域收缩核,r 为其邻域收缩映射. □

显然,收缩核⇒邻域收缩核.但反之并不一定成立,反例见例 1.5.1(2)及定理 1.6.10.

定义 1.5.3 拓扑空间 Y 称为一个**绝对收缩核**(absolute retract,简称 AR),如果对任何正规空间 X 及其闭子集 A,任一连续映射 $f_0:A\to Y$ 都能扩张到 X 上.

拓扑空间 Y 称为一个**绝对邻域收缩核**(absolute neighborhood retract,简称 ANR),如果对于任何正规空间 X 及其闭子集 A,任一连续映射 $f_0:A\to Y$ 都能扩张到 A 在 X 中的一个开邻域 U 上.

这种空间 Y 称为绝对收缩核或绝对邻域收缩核的原因是,无论以什么方式将 Y 同胚地嵌入一正规空间作闭子空间,它都分别是该空间的收缩核或邻域收缩核.确切地说:

引理 1.5.3 如果正规空间 Z 的闭子集 Z_0 与绝对收缩核(或绝对邻域收缩核)Y 同胚,则 Z_0 必为 Z 的收缩核(或邻域收缩核).

证明 记 $h_0:Z_0\to Y$ 为同胚映射,则 h_0 能扩张成连续映射 $h:Z\to Y$($h_U:U\to Y$,U 为 Z_0 的开邻域).于是

$$h_0^{-1}h:Z\to Z_0(h_0^{-1}h_U:U\to Z_0)$$

为一个收缩映射. □

定理 1.5.4 (1) AR 的收缩核仍为 AR;

(2) ANR 的邻域收缩核仍为 ANR.

证明 (1) 设 Y 为 AR,Y_0 为 Y 的收缩核,以 $i:Y_0\to Y$,$r:Y\to Y_0$ 记包含映射与收缩映射.

设 X 为正规空间,A 为 X 的闭子空间,$f_0:A\to Y_0$ 为连续映射,由 Y 为 AR,$g_0=if_0:A\to Y$ 能扩张到 X 上,成为连续映射 $g:X\to Y$.我们定义一个映射 $f:X\to Y_0$ 如下:

$$f(x) = rg(x),\quad x\in X,$$

它是连续的,且由

$$f(x) = rg(x) = rg_0(x) = rif_0(x) = f_0(x),\quad \forall x\in A$$

知，f 为 f_0 的一个扩张. 因此，Y_0 也为 AR.

(2) 设 Y 为 ANR，Y_0 为 Y 的邻域收缩核，以 $i: Y_0 \to Y, r: V \to Y_0$ 记包含与收缩映射，这里 V 是 Y_0 在 Y 中的一个开邻域.

设 X 为正规空间，A 为 X 的闭子空间，$f_0: A \to Y_0$ 为连续映射，由 Y 为 ANR，$g_0 = if_0: A \to Y$ 能扩张到 A 的一个开邻域 U' 上，成为连续映射 $g: U' \to Y$. 令 $U = g^{-1}(V)$，则 U 为 A 的一个开邻域. 定义一个映射 $f: U \to Y_0$ 如下：

$$f(x) = rg(x), \quad x \in U.$$

因为

$$f(x) = rg(x) = rg_0(x) = rif_0(x) = f_0(x), \quad \forall x \in A,$$

所以连续映射 f 为 f_0 的一个扩张. 从而，Y_0 为 ANR. □

推论 1.5.1 (1) n 维 Euclid 单位方体 $I^n = [0,1]^n = \overbrace{[0,1] \times \cdots \times [0,1]}^{n个}$ 为 AR.

(2) Hilbert 空间的基本方体 $J^\omega = \left\{ x = (x_1, x_2, \cdots) \,\middle|\, 0 \leqslant x_n \leqslant \frac{1}{n}, n = 1, 2, \cdots \right\}$ 为 AR.

(3) n 维球面 S^n 为 ANR，但非 AR.

(4) AR$\rightleftarrows$ANR.

证明 (1) 设 X 为正规空间，A 为 X 的闭子集，

$$f_0 = (f_0^1, f_0^2, \cdots, f_0^n): A \to [0,1]^n = \overbrace{[0,1] \times \cdots \times [0,1]}^{n个}$$

为任一连续映射，根据 Tietze 扩张定理(定理 1.5.3)，每个 $f_0^i: A \to [0,1]$ 都能扩张成为 $f^i: X \to [0,1], i = 1, 2, \cdots, n$，并成为连续映射. 它等价于 f_0 扩张为 $f = (f^1, f^2, \cdots, f^n): X \to I^n = [0,1]^n$. 这就证明了 I^n 为 AR.

(2) 设 X 为正规空间，A 为 X 的闭子集，

$$f_0 = (f_0^1, f_0^2, \cdots): A \to J^\omega$$

为任一连续映射，根据 Tietze 扩张定理(定理 1.5.3)，每个 $f_0^n: A \to \left[0, \frac{1}{n}\right]$ 都能扩张成为 $f^n: X \to \left[0, \frac{1}{n}\right], n = 1, 2, \cdots$，并成为连续函数. 它等价于 f_0 扩张为 $f = (f^1, f^2, \cdots): X \to J^\omega \left(注意 \sum_{n=1}^{\infty} [f^n(x)]^2 \leqslant \sum_{n=1}^{\infty} \frac{1}{n^2} < +\infty \right)$. 因此，$J^\omega$ 为 AR.

(3) 因为 $n+1$ 维实心球 $\bar{B}^{n+1}$ 同胚于 I^{n+1}，根据(1)，$\bar{B}^{n+1}$ 为 AN.

而 S^n 为 $\bar{B}^{n+1} - \{0\}$ 的收缩核，故 S^n 为 $\bar{B}^{n+1}$ 的邻域收缩核，根据(4)与(1)知 S^n 为 ANR.

对于正规空间 $X=\bar{B}^{n+1}$ 及其闭子集 $A=S^n$，根据定理 1.6.10，连续映射 $\mathrm{id}_{S^n}:S^n\to S^n$ 不能扩张为连续映射 $f:\bar{B}^{n+1}\to S^n$，故 S^n 不为 AR.

(4) ($\Rightarrow$)在 ANR 定义 1.5.3 中，取 $U=X$ 即可.

($\not\Leftarrow$)由(3)知，S^n 为 ANR，但不为 AR. □

ANR 很重要是因为许多常见的拓扑空间都是 ANR，尤其重要的是有限多面体为 ANR.

引理 1.5.4 对于任意给定的正整数 m，n 维 Euclid 空间 $\mathbf{R}^n$ 中存在一组 m 个点，其中任意 $q+1(q\leqslant n)$ 个点都在 $\mathbf{R}^n$ 中占有最广位置.

证明 (归纳)假设已经取定 $\mathbf{R}^n$ 中的 k 个点 $p^1,p^2,\cdots,p^k$，其中任意 $q+1(q\leqslant n)$ 个点在 $\mathbf{R}^n$ 中占有最广位置.特别地，其中任意 q 个点决定 $\mathbf{R}^n$ 中一个 $q-1$ 维的超平面.因为从这 k 个点所得出的这些超平面只有有限个，而且它们的维数至多为 $n-1$.我们能在这些超平面之外，又在 $\mathbf{R}^n$ 中，取第 $k+1$ 个点 p^{k+1}.易见，如此取定的 $k+1$ 个点 $p^1,p^2,\cdots,p^{k+1}$ 中的任意 $q+1(q\leqslant n)$ 个点还都在 $\mathbf{R}^n$ 中占有最广位置. □

定理 1.5.5 任意一个 n 维复形 K 与 $2n+1$ 维 Euclid 空间 $\mathbf{R}^{2n+1}$ 中的一个复形 L 同构，而且 L 的顶点可以是 $\mathbf{R}^{2n+1}$ 中任意一组点，只要这组点的任意 $q+1(q\leqslant 2n+1)$ 个在 $\mathbf{R}^{2n+1}$ 中占有最广位置.

证明 设 $a^0,a^1,\cdots,a^r$ 为 K 的全体顶点.根据引理 1.5.4，能在 $\mathbf{R}^{2n+1}$ 中取点 $b^0,b^1,\cdots,b^r$，使得其中任意 $q+1(q\leqslant 2n+1)$ 个在 $\mathbf{R}^{2n+1}$ 中占有最广位置.令 a^i 与 b^i 对应.

现在，如果 $(a^{i_0},a^{i_1},\cdots,a^{i_q})$ 为 K 的任一 q 维单形 $\underline{s}^q$，则 $q\leqslant n$.这些顶点的对应点 $b^{i_0},b^{i_1},\cdots,b^{i_q}$ 在 $\mathbf{R}^{2n+1}$ 中占有最广位置，因而 $\mathbf{R}^{2n+1}$ 中有一个 q 维单形

$$\underline{t}^q=(b^{i_0},b^{i_1},\cdots,b^{i_q}).$$

我们证明 $\mathbf{R}^{2n+1}$ 中全体这些单形 $\underline{t}^q$ 形成一个复形 L.

首先，因为复形 K 的条件 1°，L 满足复形的条件 1°.其次，设 $\underline{t}_1^h$ 与 $\underline{t}_2^k$ 为 L 的任意两个有公共顶点的单形，而且它们共有 $q+1$ 个不同的顶点 $u^0,u^1,\cdots,u^q$.因为 $h\leqslant n,k\leqslant n$，所以 $q\leqslant 2n+1$.因此，这 $q+1$ 个顶点在 $\mathbf{R}^{2n+1}$ 中占有最广位置，决定 $\mathbf{R}^{2n+1}$ 中的一个单形 $\underline{t}_3^q=(u^0,u^1,\cdots,u^q)$. $\underline{t}_3^q$ 未必属于 L，但 $\underline{t}_1^h$ 与 $\underline{t}_2^k$ 都是 $\underline{t}_3^q$ 的面，所以规则相处，即 L 满足复形的条件 2°.于是，L 为一个复形，由 L 的作法，L 与 K 同构. □

定理 1.5.5 的证明启发我们得到：

定理 1.5.6 有限多面体 $|K|$ 必为 ANR，其中 K 为 $|K|$ 的一个剖分.

证明 设 $a^0,a^1,\cdots,a^k$ 为 K 的全体顶点.在 Euclid 空间 $\mathbf{R}^k$ 中，取标准的 k 维单形 $(e^0,e^1,\cdots,e^k)$，其中 $e^0=(0,0,\cdots,0)$(原点)，$e^i=(0,\cdots,0,\overset{i}{1},0,\cdots,0)$，$i=1,2,\cdots,k$.

由于 $e^0,e^1,\cdots,e^k$ 占有最广位置,故 $e^0,e^1,\cdots,e^k$ 这组点的任意 $q+1(q\leqslant k)$ 个在 $\mathbf{R}^k$ 中占有最广位置.作一一对应 $a^i\leftrightarrow e^i,i=0,1,\cdots,k$.根据引理 1.5.4 与定理 1.5.5 的证明知,必有 $(e^0,e^1,\cdots,e^k)$ 的一个子复形 L 与 K 同构.

如果 L 为 $(e^0,e^1,\cdots,e^k)$ 的闭包复形,由于 $|L|$ 同胚于单位方体 I^n,根据推论 1.5.1(1) 知,$|L|$ 为 AR,当然也为 ANR.于是,$|K|$ 为 AR 与 ANR.

如果 L 不为 $\underline{s}^k=(e^0,e^1,\cdots,e^k)$ 的闭包复形,则 $\underline{s}^k$ 的重心 $\overset{*}{s}{}^k\notin L$,以 $\overset{*}{s}{}^k$ 为中心向 $\dot{\underline{s}}^k$ 作重心投射 $r_k:U=\underline{s}^k-\{\overset{*}{s}{}^k\}\to\dot{\underline{s}}^k$.对 $\dot{\underline{s}}^k$ 中每个 $k-1$ 维单形 $\underline{s}^{k-1}$,如果 $\underline{s}^{k-1}\notin L$,以 $\overset{*}{s}{}^{k-1}$ 为中心向 $\underline{s}^{k-1}$ 的 $k-2$ 维骨架作投射;如果 $\underline{s}^{k-1}\in L$,在 $\underline{s}^{k-1}$ 上保持不动.我们记此映射为 r_{k-1}.以此类推得到一系列收缩映射 $r_k,r_{k-1},\cdots,r_1$.易见,$r=r_k\circ r_{k-1}\circ\cdots\circ r_1:U\to|L|$ 为邻域收缩映射,又因为 $\underline{s}^k$ 为 AR 与 ANR,根据定理 1.5.4(2) 知,$|L|$ 与 $|K|$ 都为 ANR. □

1.6 连续映射的同伦与拓扑空间的伦型、可缩空间、S^{n-1} 不为 B^n 的收缩核、Brouwer 不动点定理的各等价命题

连续映射的同伦、同伦类

从拓扑空间 X 到拓扑空间 Y 的两个连续映射 $f_0,f_1:X\to Y$ 的同伦是拓扑学里的一个极其重要的概念,它有明显的直观意义,刻画出了拓扑空间的一些基本性质.在代数拓扑里得到了许多关于同调群与同伦群的重要结论.

定义 1.6.1 设 $f_0,f_1:X\to Y$ 是拓扑空间 X 到拓扑空间 Y 的两个连续映射.如果存在连续映射 $F:X\times[0,1]\to Y$,使得

$$F(x,0)=f_0(x),\quad F(x,1)=f_1(x),\quad \forall x\in X,$$

则称 f_0 与 f_1 **同伦**,记作 $f_0\simeq f_1:X\to Y$,并称 F 为从 f_0 到 f_1 的一个**伦移**.这个同伦需要时也记为 $f_0\overset{F}{\simeq}f_1$.

如果 $f_0\simeq f_1:X\to X$,伦移 F 就称为**形变**.如果 $f_0\simeq f_1:X\to Y$,且 $f_1(x)=y_0\in Y$,则称 f_0 是**零伦**的.有时记作 $f_0\simeq y_0:X\to Y$.

例 1.6.1 设 $X=S^1$ 为圆周,自然将连续映射 $f_0,f_1:S^1\to Y$ 称为 Y 中的两条闭曲线.同伦 $f_0\overset{F}{\simeq}f_1$ 直观的说法就是闭曲线 f_0 在 Y 中能连续地变成闭曲线 f_1.

例 1.6.2 我们知道,如果拓扑空间 Y 中任意两点 p 与 q 都有一条连接它们的道路,即存在连续映射 $f:[0,1]\to Y$,使 $f(0)=p$,$f(1)=q$,则称 Y 是**道路连通**的.翻译成同伦,即存在同伦 $F:\{x_0\}\times[0,1]\to Y$,使 $F(x_0,t)=f(t)$,$F(x_0,0)=f(0)=p$,$F(x_0,1)=f(1)=q$.这也就是说,任意两个映射 $f_0,f_1:\{x_0\}\to Y$ 都同伦.

例 1.6.3 如果道路连通的拓扑空间 Y(如平面 $\mathbf{R}^2$ 中的区域,即道路连通的开集)中任一闭曲线 $f_0:S^1\to Y$ 能在 Y 中收缩成一点,即 f_0 **零伦**.翻译成同伦,即存在同伦

$$F:S^1\times[0,1]\to Y,$$

$$F(x,0)=f_0(x),\quad F(x,1)=f_1(x)=y_0\in Y,\quad \forall x\in S^1,$$

则称 Y 是**单连通**的.

显然(参阅文献[3]226 页定理 3.2.5),Y 单连通$\Leftrightarrow Y$ 中任何两条起点与终点分别相同的道路都是道路同伦的.

事实上,($\Leftarrow$)取起点与终点都为 y_0.根据右边条件,以 y_0 为基点(即以 y_0 为起点,y_0 为终点)的任何闭道路都道路同伦.特别地,与常值道路 y_0 道路同伦,故 Y 单连通.

($\Rightarrow$)对 $\forall\, y_0,y_1\in Y$,任何连接 y_0 到 y_1 的两条道路 r_0 与 r_1,则 $r_0r_1^{-1}$ 为以 y_0 为基点的闭道路,根据 Y 单连通,$r_0r^{-1}\simeq y_0$(常值道路),即存在连续映射

$$F:[0,1]\times[0,1]\to Y,$$

满足:

$$F(s,0)=r_0r_1^{-1}(s),\quad \forall s\in[0,1],$$
$$F(s,1)=y_0,\quad \forall s\in[0,1],$$
$$F(0,t)=y_0=F(1,t),\quad \forall t\in[0,1],$$
$$F\left(\frac{1}{2},0\right)=y_1\text{(见图 1.6.1)}.$$

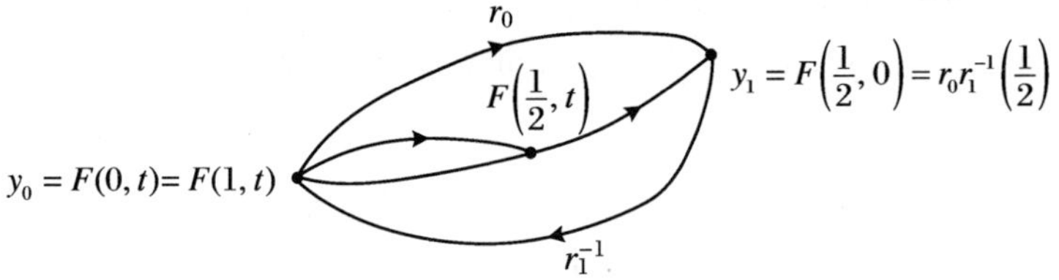

图 1.6.1

于是,由

$$G(s,t)=\begin{cases}F(s,t), & s\in\left[0,\dfrac{1}{2}\right],\\ F\left(\dfrac{1}{2},2t(1-s)\right), & s\in\left(\dfrac{1}{2},1\right]\end{cases}$$

立即推得

$$r_0 \simeq r_0 * c_{y_1} = G(\cdot,0) \simeq G(\cdot,1).$$

同理，

$$G(\cdot,1) \simeq c_{y_0} * r_1 \simeq r_1.$$

所以，$r_0 \simeq r_1$，其中 c_{y_0} 与 c_{y_1} 都为常值 y_0 与 y_1 的道路.

或者根据 $*$ 的广群性质(参阅文献[3]定理 3.1.1)有

$$r_1 \simeq c_{y_0} * r_1 = (r_0 * r_1^{-1}) * r_1 = r_0 * (r_1^{-1} * r_1) = r_0 * c_{y_1} \simeq r_0.$$

我们时常记 $F(x,t)=f_t(x)$，则收缩过程中的闭曲线就是 $f_t: S^1 \to Y$. 应该注意的是，要求 $f_t(x)$ 不仅是 x 的连续映射，还是两个变量 x 与 t 的连续映射.

定理 1.6.1 在从 X 到 Y 的所有映射组成的集合 Y^X 里，同伦关系是一个等价关系.

证明 (反身性)设 $f: X \to Y$，令

$$F: X \times [0,1] \to Y,$$
$$F(x,t) = f(x).$$

这是从 f 到 f 的一个伦移，故 $f \simeq f$.

(对称性)设 $f \simeq g: X \to Y$，$F: X \times [0,1] \to Y$ 是从 f 到 g 的一个伦移. 由 F 定义一个新的连续映射

$$F': X \times [0,1] \to Y,$$
$$F'(x,t) = F(x,1-t).$$

这是从 g 到 f 的一个伦移，故 $g \simeq f$.

(传递性)设 $f \simeq g: X \to Y$，$g \simeq h: X \to Y$，F 是从 f 到 g 的伦移，G 是从 g 到 h 的伦移. 我们由 F 与 G 定义一个新的连续映射(见文献[3]定理 1.3.5(粘接引理))有

$$H: X \times [0,1] \to Y,$$

$$H(x,t) = \begin{cases} F(x,2t), & 0 \leqslant t \leqslant \dfrac{1}{2}, \\ G(x,2t-1), & \dfrac{1}{2} < t \leqslant 1. \end{cases}$$

这是从 f 到 h 的一个伦移. □

根据定理 1.6.1，从 X 到 Y 的连续映射集合 Y^X 按同伦关系分成若干等价类，每个等价类称为一个**同伦类**，f 的等价类记作

$$[f] = \{g \mid g \simeq f\}.$$

例 1.6.4 设 X 为任意拓扑空间，Y 为 n 维 Euclid 空间 $\mathbf{R}^n$ 中的凸子集，即对 $\forall p, q \in Y$，必有 p 与 q 的连线 $\{(1-t)p+tq \mid t \in [0,1]\} \subset Y$，而且 $f_0, f_1: X \to Y$ 为任意两

个连续映射,则

$$F(x,t)=(1-t)f_0(x)+tf_1(x),\quad x\in X,\ t\in[0,1]$$

为从 f_0 到 f_1 的一个伦移,即 $f_0\overset{F}{\simeq}f_1$.因此,$Y^X$ 只有一个同伦类.

例 1.6.5　设 X 为紧致拓扑空间,(Y,ρ_Y)为度量(距离)空间,在

$$Y^X=\{f\mid f:X\to Y\text{ 为连续映射}\}$$

上令

$$\rho(f,g)=\max_{x\in X}\rho_Y(f(x),g(x)),\quad f,g\in Y^X,$$

则(Y^X,ρ)为度量空间,它刻画了 Y^X 中 f 与 g 逼近的程度.显然,(Y^X,ρ)的道路连通分支恰是 Y^X 的同伦类.

例 1.6.6　函数空间.

在分析数学中常遇到以某类函数为元素的集合 S,而为了便于处理所考虑的问题,必须在 S 中引入度量 ρ,使(S,ρ)形成度量空间,从而刻画了 S 中元素的逼近.

(1) 考虑函数的逼近或一致收敛时,$S=\{x(t)\mid x(t)\text{为}[a,b]\text{上的连续函数}\}$,令

$$\rho(x(t),y(t))=\max_{a\leqslant t\leqslant b}|x(t)-y(t)|.$$

(2) 在变分法与微分方程的稳定性理论中,$S=\{x(t)\mid x(t)\text{具有 }k\text{ 阶连续导数}\}$,令

$$\rho(x(t),y(t))=\sum_{i=0}^{k}\max_{a\leqslant t\leqslant b}|x^{(i)}(t)-y^{(i)}(t)|$$

或

$$\rho(x(t),y(t))=\max_{a\leqslant t\leqslant b}\{|x(t)-y(t)|,|x'(t)-y'(t)|,\cdots,|x^{(k)}(t)-y^{(k)}(t)|\}.$$

这种度量的逼近,不仅要求$|x(t)-y(t)|$很小,而且要求

$$|x'(t)-y'(t)|,\quad |x''(t)-y''(t)|,\quad \cdots,\quad |x^{(k)}(t)-y^{(k)}(t)|$$

都很小.

(3) 在积分方程论中,集合 $S=\{x(t)\mid x(t)\text{为}[a,b]\text{上的连续函数}\}$,令

$$\rho(x(t),y(t))=\left(\int_a^b(x(t)-y(t))^2\mathrm{d}t\right)^{\frac{1}{2}},$$

易证 ρ 为一个度量,故(S,ρ)为度量空间.

例 1.6.7　设 X,Y 为拓扑空间,如何在连续映射集合

$$Y^X=\{f\mid f:X\to Y\text{ 为连续映射}\}$$

中引入拓扑来刻画连续映射之间的逼近呢?

设 $E\subset X$ 为紧致集合,$U\subset Y$ 为开集,记

$$W(E,U)=\{f\in Y^X\mid f(E)\subset U\}\subset Y^X.$$

因为 $W(\{x_0\},Y)=Y^X$,故以$\{W(E,U)\mid E\subset X\text{ 为紧致集合},U\subset Y\text{ 为开集}\}$为子基,即所有的$\{W(E_1,U_1)\cap W(E_2,U_2)\cap\cdots\cap W(E_k,U_k)\mid E_i\subset X$ 为紧致集合,$U_i\subset Y$ 为开

集，$i=1,2,\cdots,k,k\in\mathbf{N}\}$形成了一个拓扑基，它唯一决定了一个拓扑，这个拓扑称为 Y^X 上的紧致开拓扑(参阅文献[3]定理 2.1.3).它刻画了 Y^X 中元素的逼近.

例 1.6.8 设 M 与 N 为 C^r 流形，

$$C^r(M,N)=\{f\mid f:M\to N\text{ 为 }C^r\text{ 映射}\},$$

在 $C^r(M,N)$上引入(参阅文献[3]定义 2.1.6)强 C^r 拓扑来刻画 $C^r(M,N)$中元素的逼近(参阅文献[11]).

定理 1.6.2(同伦的简单性质)

(1) 设 $f_0\simeq f_1:X\to Y$，$g:Y\to Z$ 为连续映射，则

$$gf_0\simeq gf_1:X\to Z.$$

(2) 设 $f:X\to Y$ 为连续映射，$g_0\simeq g_1:Y\to Z$，则

$$g_0f\simeq g_1f:X\to Z.$$

(3) 设 $f_0\simeq f_1:X\to Y$，$g_0\simeq g_1:Y\to Z$，则

$$g_0f_0\simeq g_1f_1:X\to Z.$$

证明 (1) 设 $F:X\times[0,1]\to Y$ 是从 f_0 到 f_1 的伦移，则 $H=gF:X\times[0,1]\to Z$ 是从 gf_0 到 gf_1 的伦移，故 $gf_0\simeq gf_1$.

(2) 设 $G:Y\times[0,1]\to Z$ 是从 g_0 到 g_1 的伦移.定义

$$H:X\times[0,1]\to Z,$$
$$H(x,t)=G(f(x),t),\quad\forall(x,t)\in X\times[0,1],$$

则 H 是从 g_0f 到 g_1f 的伦移，故 $g_0f\simeq g_1f$.

(3) 根据(1)与(2)得到

$$g_0f_0\simeq g_0f_1\simeq g_1f_1,$$

其中 $g_0f_0\simeq g_1f_1$ 的伦移为

$$I:X\times[0,1]\to Z,$$

$$I(x,t)=\begin{cases}g_0F(x,2t), & 0\leqslant t\leqslant\dfrac{1}{2},\\ G(f_1(x),2t-1), & \dfrac{1}{2}<t\leqslant 1.\end{cases}$$ □

这个定理表明，在一个复合(连续)映射中将若干个因子换成一个同伦的(连续)映射，其结果也与原来的复合(连续)映射同伦.

定理 1.6.3 设 $f:X\to S^n$($\mathbf{R}^{n+1}$中的单位球面)为非满的连续映射，则 f 零伦.

证明 设 $p\in S^n-f(x)$，不失一般性，$p=p_{北}$(北极).再设 $\varphi_{北}:S^n-\{p_{北}\}\to\mathbf{R}^n=\{(x_1,x_2,\cdots,x_n,0)\mid x_i\in\mathbf{R},i=1,2,\cdots,n\}$为北极投影，由于 $\mathbf{R}^n$ 为凸集，故 $\varphi_{北}f\simeq c$(常值映射)，则 $f=\varphi_{北}^{-1}\varphi_{北}f\simeq\varphi_{北}^{-1}c$(常值映射)，即 f 为零伦. □

Borsuk 定理

两个连续映射 $f,g:X\to Y$ 的同伦问题实际上是一个连续映射的扩张(延拓)问题. 我们在 $X\times[0,1]$的闭子空间$(X\times 0)\cup(X\times 1)$上定义一个连续映射

$$F':(X\times 0)\cup(X\times 1)\to Y,$$

使 $F'(x,0)=f(x),F'(x,1)=g(x)$. 于是

$$f\simeq g:X\to Y\Leftrightarrow F' \text{ 可以扩张(延拓) 到 } X\times[0,1] \text{ 上}.$$

因此,关于到 AR 与 ANR 空间 Y 的连续映射有以下两个重要定理及一个推论.

定理 1.6.4 设 X 为度量空间, Y 为 AR 空间, 则任意两个连续映射 $f,g:X\to Y$ 都同伦.

证明 因为 X 为度量空间, 所以 $X\times[0,1]$也为度量空间. 根据文献[3]定理 1.7.4, $X\times[0,1]$是正规的. $(X\times 0)\cup(X\times 1)$显然为 $X\times[0,1]$的闭子集. 又因为 Y 为 AR 空间, 故$(X\times 0)\cup(X\times 1)\to Y$ 的任一连续映射都能扩张到 $X\times[0,1]$上. 当然, 连续映射 $F':(X\times 0)\cup(X\times 1)\to Y$,

$$F'(x,0)=f(x),\quad F'(x,1)=g(x)$$

能扩张到连续映射 $F:X\times[0,1]\to Y$ 上. 从而, $f\overset{F}{\simeq}g$. □

定理 1.6.5(Borsuk 定理) 设 A 为度量空间 X 的闭子集, Y 是 ANR 空间. 连续映射 $f_0\overset{H_0}{\simeq}g_0:A\to Y$. 而且, f_0 能扩张成 $f:X\to Y$, 则 g_0 也能扩张到 X 上, 且有一扩张 $g:X\to Y$, 使 $f\overset{H}{\simeq}g$, 其中 $H:X\times[0,1]\to Y$ 为 $H_0:A\times[0,1]\to Y$ 的扩张.

证明 设 $H_0:A\times[0,1]\to Y$ 为连接 f_0 与 g_0 的伦移, $f:X\to Y$ 为 $f_0:A\to Y$ 的扩张. 考虑在正规空间 $X\times[0,1]$的闭子集$(A\times[0,1])\cup(X\times 0)$上定义一个映射

$$H':(A\times[0,1])\cup(X\times 0)\to Y,$$

$$H'(x,t)=\begin{cases}H_0(x,t), & (x,t)\in A\times[0,1],\\ f(x), & (x,t)\in X\times 0.\end{cases}$$

由于在$(A\times[0,1])\cap(X\times 0)=A\times 0$ 上 $H_0(x,0)=f_0(x)=f(x)$, 故这个映射是单值的. 再根据文献[3]定理 1.3.5(粘接引理), H'是连续的.

由于 Y 是 ANR 空间, H'能扩张到$(A\times[0,1])\cup(X\times 0)$的一个开邻域 U 上, 使 $H'':U\to Y$. 根据$[0,1]$的紧致性不难证明, 存在 A 在 X 中的开邻域 V 使得 $V\times[0,1]\subset U$. 于是, H''在$(V\times[0,1])\cup(X\times 0)$上是有定义且连续的.

显然, $X-V$ 与 A 是 X 中两个不相交的闭集. 由于正规(见文献[3]定理 1.7.4), 根据文献[3]定理 1.8.1(Urysohn 引理), 存在连续映射 $\varphi:X\to[0,1]$, 使它在 $X-V$ 上为

0，在 A 上为 1. 再定义

$$H: X \times [0,1] \to Y,$$
$$H(x,t) = H''(x, t \cdot \varphi(x)), \quad \forall (x,t) \in X \times [0,1].$$

易见，这是一个连续映射.

注意

$$H(x,0) = H''(x,0) = H'(x,0) = f(x), \quad \forall x \in X;$$
$$H(x,t) = H''(x,t) = H'(x,t) = H_0(x,t), \quad \forall x \in A;$$
$$H(x,1) = H_0(x,1) = g_0(x), \quad \forall x \in A.$$

所以，如果我们定义

$$g: X \to Y,$$
$$g(x) = H(x,1), \quad \forall x \in X,$$

则 g 为 g_0 的扩张，而且 $f \overset{H}{\simeq} g: X \to Y$. 从而，伦移 H 为伦移 H_0 的扩张. □

推论 1.6.1 设 A 为度量空间 X 的闭子集，Y 为 ANR 空间，则任一零伦的连续映射 $g_0: A \to Y$ 都能扩张成一个零伦的映射 $g: X \to Y$.

证明 根据题设，$g_0 \overset{H_0}{\simeq} f_0 = c$（常值）：$A \to Y$. 显然，$f_0 = c$ 可扩张成 $f = c: X \to Y$，根据 Borsuk 定理，g_0 也必能扩张成 $g: X \to Y$，使得 $g \overset{H}{\simeq} f = c: X \to Y$，且 g 也为零伦，H 为 H_0 的扩张. □

Borsuk 定理告诉我们，粗略地说，到 ANR 去的连续映射之能否扩张是这个连续映射 f_0 所属同伦类$[f_0]$的性质. 同伦问题既是扩张问题的特例，又与一般的扩张问题有密切的关系.

上面的 Borsuk 定理也给出了一个例子，说明在拓扑学的不少问题里，互相同伦的连续映射所起的作用完全相同，因而可以不加区别. 在这种问题里，我们能用更广的同伦映射来代替同胚映射. 不仅如此，在这种问题里，我们还能用下面定义的同伦等价的空间来代替同胚的空间.

空间的同伦等价、相同的伦型

定义 1.6.2 设 X, Y 为拓扑空间，如果存在一对连续映射 $h: X \to Y, k: Y \to X$ 使得 $kh \simeq \mathrm{id}_X: X \to X, hk \simeq \mathrm{id}_Y: Y \to Y$，则称 h 为从 X 到 Y 的一个**同伦等价**，k 称为 h 的一个**同伦逆**，而 X, Y 称为**同伦等价的拓扑空间**或称 X, Y 有**相同的伦型**，记作 $X \simeq Y$.

注意，k 并不是 h 的逆映射（h 不一定为同胚映射，甚至不一定为一一映射，见单位球体与一个点）.

定理 1.6.6 同伦等价关系$\simeq$是拓扑空间之间的一个等价关系.

证明 (1)(反身性)取 $h=\mathrm{id}_X$, $k=\mathrm{id}_X$,则 $kh=\mathrm{id}_X\simeq\mathrm{id}_X$, $hk=\mathrm{id}_X\simeq\mathrm{id}_X$,故 $X\simeq X$.

(2)(对称性)设 $X\simeq Y$,则 $kh\simeq\mathrm{id}_X$, $hk\simeq\mathrm{id}_Y$,这也表明 $k:Y\to X$ 也是一个同伦等价,则 $Y\simeq X$.

(3)(传递性)设 $X\simeq Y$, $Y\simeq Z$,

$$f:X\to Y,\ g:Y\to X\quad 与\quad h:Y\to Z, k:Z\to Y$$

是两对同伦等价.考虑 $u=hf:X\to Z$, $v=gk:Z\to X$.

$$vu=gkhf\simeq g\mathrm{id}_Y f=gf\simeq \mathrm{id}_X:X\to X,$$
$$uv=hfgk\simeq h\mathrm{id}_X k=hk\simeq \mathrm{id}_Z:Z\to Z,$$

及定理 1.6.2, $X\simeq Z$. □

根据这个定理,拓扑空间按同伦等价关系$\simeq$划分成许多等价类.我们将 $X\simeq Y$ 说成 X 与 Y 具有**相同的伦型**.

我们在点集拓扑中已经知道,两个拓扑空间 X, Y,如果存在一一连续映射 $f:X\to Y$,其逆映射 $f^{-1}:Y\to X$ 也是连续的,则称 f 为**同胚映射**或**拓扑映射**. f^{-1}称为 f 的**同胚逆**.此时,记 $X\cong Y$ 为 X 与 Y **同胚**.

显然, X 同胚于 Y,必有 X 同伦于 Y,但反之不成立.反例 $X=\{0\}$, $Y=[0,1]$(线段).

定理 1.6.7 同胚关系$\cong$是拓扑空间之间的一个等价关系.

证明 (1)(反身性)$\mathrm{id}_X:X\to X$ 为同胚(两个 X 上的拓扑是相同的),故 $X\cong X$.

(2)(对称性)设 $X\cong Y$, $f:X\to Y$ 为同胚映射,显然, $f^{-1}:Y\to X$ 也为同胚映射, $Y\cong X$.

(3)(传递性)设 $X\cong Y$, $Y\cong Z$, $f:X\to Y$ 与 $g:Y\to Z$ 都为同胚,则 $gf:X\to Z$ 也为同胚,故 $X\cong Z$. □

根据这个定理,拓扑空间按同胚关系$\cong$也划分成许多等价类.由于同胚必同伦(因 $f^{-1}f=\mathrm{id}_X\simeq\mathrm{id}_X$, $ff^{-1}=\mathrm{id}_Y\simeq\mathrm{id}_Y$),故由同胚划分的等价类比同伦划分的等价类更细致.一个同伦类中可分出若干同胚类.反之,两个拓扑空间同伦未必同胚,如 S^1 与 $S^1\times[0,1]$.

形变收缩核与强形变收缩核、零伦与可缩空间

我们再讨论两个与伦型有密切关系的重要概念.

定义 1.6.3 拓扑空间 X 的收缩核 A 称为 X 的一个**形变收缩核**.如果存在一个收

缩映射 $r:X\to A$(注意,由定义知,$r|_A=\mathrm{id}_A$),使得 $ir\simeq\mathrm{id}_X:X\to X$,这里 i 为包含映射.

拓扑空间 X 的收缩核 A 称为 X 的一个**强形变收缩核**,如果存在一个收缩映射 $r:X\to A$ 及连接 ir 与 id_X 的伦移 H,使得

$$H(x,t)=x,\quad \forall (x,t)\in A\times[0,1].$$

例 1.6.9 显然,强形变收缩核一定是形变收缩核.但形变收缩核不一定是强形变收缩核,反例如下:设 $X=[0,1]$为通常 Euclid 直线 $\mathbf{R}^1$ 上的闭区间,$A=\{1\}$为 $X=[0,1]$收缩核,收缩映射 $r:X=[0,1]\to A=\{1\}$,$r(x)=1$.作映射

$$F:X\times[0,1]=[0,1]\times[0,1]\to[0,1]=X,$$

$$F(x,t)=\begin{cases}2\left(\dfrac{1}{2}-t\right)=1-2t, & 0\leqslant t\leqslant\dfrac{1}{2},\\ (2t-1)x, & \dfrac{1}{2}<t\leqslant 1,\end{cases}$$

则 $1-2t|_{t=\frac{1}{2}}=0=(2t-1)x|_{t=\frac{1}{2}}$,根据文献[3]定理 1.3.5(粘接引理),$F(x,t)$关于$(x,t)$连续,且

$$F(x,0)=2\left(\frac{1}{2}-0\right)=1=ir(x),\quad F(x,1)=(2\cdot 1-1)x=x=\mathrm{id}_X x,$$

$$ir(x)=F(x,0)\simeq F(x,1)=\mathrm{id}_X x,$$

又

$$F\left(1,\frac{1}{2}\right)=0\neq 1=F(1,1),$$

从而,F 为形变收缩映射,但非强形变收缩映射.

另一反例可参阅文献[3]例 1.6.9.

进而,如果 A 是 X 的形变收缩核或强形变收缩核,则 $ir\simeq\mathrm{id}_X:X\to X$,$ri=\mathrm{id}_A:A\to A$,故 $A\simeq X$,即 A 与 X 有相同的伦型,且包含映射 $i:A\to X$ 就是一个同伦等价.

上面讨论了连续映射的同伦与空间的伦型.现在,我们来讨论零伦的映射与可缩的空间.从同伦的角度来说,最简单的连续映射是零伦的映射.最简单的拓扑空间自然是由一个点组成的空间.因此,在伦型的意义下,下面定义的可缩空间是最简单的拓扑空间.

定义 1.6.4 如果 X 与由一点组成的空间同伦等价,则称拓扑空间 X 是**可缩**的.

零伦与可缩之间有以下两个定理.

定理 1.6.8 拓扑空间 X 是可缩的$\Leftrightarrow$恒同映射 $\mathrm{id}_X:X\to X$ 是零伦的.

证明 ($\Rightarrow$)以 P 表示由一点组成的拓扑空间.因为 X 可缩,则有连续映射 $h:X\to P$,$k:P\to X$,使得 $kh\simeq\mathrm{id}_X:X\to X$.但 kh 为常值映射,故 $\mathrm{id}_X:X\to X$ 为零伦.

($\Leftarrow$)如果 $\mathrm{id}_X:X\to X$ 为零伦,则有一个常值映射 $c:X\to X$ 使 $\mathrm{id}_X\simeq c:X\to X$.作 h:

$X\to P$ 及 $k:P\to X$,使得 $k(P)=c(X)$.于是,$kh=c\simeq \mathrm{id}_X:X\to X$,$hk=\mathrm{id}_P:P\to P$,所以 $X\simeq P$.这就证明了 X 是可缩的. □

推论 1.6.2 设 X 为可缩的拓扑空间,则从 X 到拓扑空间 Y 的任意连续映射 $f:X\to Y$ 与从拓扑空间 Z 到 X 的任意连续映射 $g:Z\to X$ 都是零伦的.

证明 根据定理 1.6.8,因为 X 可缩,故 $\mathrm{id}_X\simeq c$(常值映射):$X\to X$.于是,对任意连续映射 $f:X\to Y$ 及连续映射 $g:Z\to X$,有

$$f=f\mathrm{id}_X\simeq fc:X\to Y,\quad g=\mathrm{id}_X g\simeq cg:Z\to X.$$

而 fc 与 cg 都是常值映射,所以 f 与 g 都是零伦的. □

最后,我们引入锥形的定义并介绍连续映射零伦的充要条件.

定义 1.6.5 设 X 为 m 维 Euclid 空间 $\mathbf{R}^m$ 中的紧致子集.将 $\mathbf{R}^m$ 视作 $\mathbf{R}^{m+1}$ 中的子空间,记

$$\mathbf{R}^m=\{(x_1,x_2,\cdots,x_m,0)\mid x_i\in\mathbf{R},i=1,2,\cdots,m\},$$

任取 $a\in\mathbf{R}^{m+1}-\mathbf{R}^m$,称

$$\hat{X}=\{\lambda x+(1-\lambda)x\mid x\in X,\lambda\in[0,1]\}$$

是以 X 为底、a 为顶的锥形.

直观地说,以 X 为底、a 为顶的锥形就是将 X 的每一点与 a 相连所得诸直线的并集.

有一个自然映射

$$k:X\times[0,1]\to\hat{X}$$

$$k(x,t)=ta+(1-t)x,\quad (x,t)\in X\times[0,1]$$

将柱形映成锥形,将柱形的底 $X\times 0$ 同胚地映成 X,将柱形的顶 $X\times 1$ 映成锥形的顶 a.显然,由定义知 k 为连续映射.既然 $\hat{X}$ 为紧致集 $X\times[0,1]$的连续像,那么 $\hat{X}$ 也是紧致的.

在同胚的意义下,锥形被 X 唯一地决定.明确地说:

引理 1.6.1 设 X,Y 分别是 $\mathbf{R}^m$,$\mathbf{R}^n$ 中的紧致子集,$a\in\mathbf{R}^{m+1}-\mathbf{R}^m$,$b\in\mathbf{R}^{n+1}-\mathbf{R}^n$,$\hat{X}$ 是 $\mathbf{R}^{m+1}$ 中以 X 为底、a 为顶的锥形,$\hat{Y}$ 是 $\mathbf{R}^{n+1}$ 中以 Y 为底、b 为顶的锥形.设 $h:X\to Y$ 为一个同胚映射,则 h 能扩张成一个同胚映射

$$\hat{h}:\hat{X}\to\hat{Y},$$

$$\hat{h}(ta+(1-t)x)=tb+(1-t)h(x),\quad ta+(1-t)x\in\hat{X}.$$

证明 很明显,这样定义的 $\hat{h}$ 是单值的,是 h 的一个扩张,并且二者一一对应.

先证 $\hat{h}$ 的连续性.以 $k:X\times[0,1]\to\hat{X}$,$k':Y\times[0,1]\to\hat{Y}$ 分别记从柱形到锥形的自然映射,以 $H:X\times[0,1]\to Y\times[0,1]$记由 h 所诱导的同胚映射,$H(x,t)=(h(x),t)$,

$\forall (x,t)\in X\times[0,1]$. 设 B 为 $\hat{Y}$ 中的任一闭子集，则不难验证，$\hat{h}^{-1}(B)=kH^{-1}k'^{-1}(B)$. 根据 k' 与 H 的连续性，$H^{-1}k'^{-1}(B)$ 为 $X\times[0,1]$ 中的闭子集，但 X 是紧致的，故 $H^{-1}K'^{-1}(B)$ 是紧致的. 再从 k 的连续性知，$\hat{h}^{-1}(B)=kH^{-1}k'^{-1}(B)$ 是紧致子集，而 $\hat{X}$ 为度量空间，故 $\hat{h}^{-1}(B)$ 为 $\hat{X}$ 的闭子集. 这就证明了 $\hat{h}$ 的连续性.

同理，$\hat{h}^{-1}$ 也是连续的. □

有了这个引理后，只要紧致空间 X 能嵌入 Euclid 空间，我们就可谈 X 上的锥形，而不必指明它嵌在哪一维的 Euclid 空间里，以哪一点作顶.

引理 1.6.2 n 维球面 S^n 上的锥形 $\hat{S}^n$ 同胚于 $n+1$ 维实心球面 B^{n+1}.

证明 作映射

$$f:\hat{S}^n\rightarrow B^{n+1},$$

使

$$f(ta+(1-t)x)=t\cdot 0+(1-t)x=(1-t)x,\quad \forall x\in S^n,\ \forall t\in[0,1].$$

显然，f 为同胚映射，故 $\hat{S}^n\cong B^{n+1}$. □

定理 1.6.9 设 X 为紧致空间，可以嵌入 Euclid 空间，$f:X\rightarrow Y$ 是从 X 到拓扑空间 Y 的连续映射，则

$$f:X\rightarrow Y \text{ 是零伦的} \Leftrightarrow f \text{ 可以扩张到 } \hat{X} \text{ 上成为 } \hat{f}:\hat{X}\rightarrow Y.$$

证明 将 X 嵌入 $\mathbf{R}^m$，取 $a\in\mathbf{R}^{m+1}-\mathbf{R}^m$，$\hat{X}$ 是以 X 为底、a 为顶的锥形.

$(\Leftarrow)$ 设 $f:X\rightarrow Y$ 可扩张为 $\hat{f}:\hat{X}\rightarrow Y$，以 $k:X\times[0,1]\rightarrow\hat{X}$ 记从柱形到锥形的自然映射. 则显然 $\hat{f}k:X\times[0,1]\rightarrow Y$ 就是连接 f 与一个常值映射的伦移. 所以 f 是零伦的.

$(\Rightarrow)$ 设 f 是零伦的，则存在一个伦移 $F:X\times[0,1]\rightarrow Y$，使得

$$F(x,0)=f(x),\quad F(x,1)=y_0\in Y,\quad \forall x\in X.$$

我们定义映射

$$\hat{f}:\hat{X}\rightarrow Y,\hat{f}(ta+(1-t)x)=F(x,t),\quad ta+(1-t)x\in\hat{X}.$$

容易验证，$\hat{f}$ 是单值的，并且是 f 的扩张. 下证 $\hat{f}$ 的连续性.

设 $B\subset Y$ 为任一闭子集，不难验证 $\hat{f}^{-1}(B)=kF^{-1}(B)$. 根据 F 的连续性，$F^{-1}(B)$ 是 $X\times[0,1]$ 的闭子集. 但 X 与 $[0,1]$ 都是紧致的，故 $X\times[0,1]$ 紧致，从而 $F^{-1}(B)$ 也紧致. 再从 k 的连续性知，$\hat{f}^{-1}(B)=kF^{-1}(B)$ 是紧致的. 因为 $\hat{X}$ 是度量空间，故 $\hat{f}^{-1}(B)$ 是 $\hat{X}$ 的闭子集，这表明 $\hat{f}$ 是连续的. □

推论 1.6.3 设 S^n 为 $\mathbf{R}^{n+1}$ 中的单位球面，B^{n+1} 为单位实心球，而 $f:S^n\rightarrow Y$ 是 S^n 到

拓扑空间 Y 的连续映射,则

$$f:S^n \to Y \text{ 是零伦的} \Leftrightarrow f \text{ 能扩张到 } B^{n+1} \text{ 上}.$$

证明 $f:S^n\to Y$ 是零伦的$\overset{\text{定理1.6.9}}{\Longleftrightarrow}f$ 能扩张到 $\hat{S}^n$ 上$\overset{\text{推论1.6.2}}{\Longleftrightarrow}f$ 能扩张到 B^{n+1}上. □

S^{n-1}不是 B^n 的收缩核、Brouwer 不动点定理

应用单纯同调群的结论来证明 S^{n-1}不是 B^n 的收缩核和 B^n 到 B^n 的连续映射的 Brouwer 不动点定理.实际上这两个定理与 S^{n-1}的恒同映射非零伦是彼此等价的,即从其中的任一个成立都可推出另两个也成立.

定理 1.6.10(S^{n-1}不为 B^n 的收缩核) $n-1$ 维的单位球面 S^{n-1}的恒同映射不能扩张为连续映射 $f:B^n\to S^{n-1}$,即 S^{n-1}不为单位球体 B^n 的收缩核.

证明 (证法 1)当 $n=1$ 时,(反证)假设有连续映射 $f:B^1\to S^0=\{-1,1\}$,使得 $f|_{S^0}=\mathrm{id}_{S^0}$,则 $S^0=f(B^1)$连通,这与 $S^0=\{-1,1\}$不连通相矛盾.

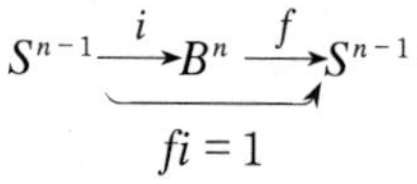

图 1.6.2

当 $n>1$ 时,令 $i:S^{n-1}\to B^n$ 为包含映射.(反证)假设 $1=\mathrm{id}_{S^{n-1}}:S^{n-1}\to S^{n-1}$能扩张为连续映射 $f:B^n\to S^{n-1}$,因而 $fi=1$(见图 1.6.2).根据定理 1.3.18,有 $f_{n*}i_{n*}=1$.因为 $H_n(B^n)=0$ 蕴涵着 $f_{n*}i_{n*}$为零同态,所以不可能为恒同构

$$1:J\cong H_{n-1}(S^{n-1})\to H_{n-1}(S^{n-1})\cong J,$$

矛盾.

(证法 2)由证法 1 得到($n\geqslant 2$)

$$f_{n-1^*}i_{n-1^*}=(fi)_{n-1^*}=(\mathrm{id}_{S^{n-1}})_{n-1^*}=\mathrm{id}_{H_{n-1}(S^{n-1})}:H_{n-1}(S^{n-1})\to H_{n-1}(S^{n-1}),$$

因而

$$i_{n-1^*}:J\cong H_{n-1}(S^{n-1})\to H_{n-1}(B^n)=0$$

为单射,矛盾.

或者

$$f_{n-1^*}:0=H_{n-1}(B^n)\to H_{n-1}(S^{n-1})\cong J$$

为满射,矛盾.

(证法 3)(借用同伦群)(反证)假设存在收缩映射 $f:B^n\to S^{n-1}$,使得 $f|_{S^{n-1}}=fi\simeq\mathrm{id}_{S^{n-1}}$,其中 $i:S^{n-1}\to B^n$ 为包含映射.

当 $n\geqslant 2$ 时,由于同伦群 $\pi_{n-1}(B^n)=0,\pi_{n-1}(S^{n-1})\cong J$,故

$$\begin{aligned}0&=f_*(0)=f_*i_*(\pi_{n-1}(S^{n-1}))=(fi)_*(\pi_{n-1}(S^{n-1}))\\&=(f|_{S^{n-1}})_*(\pi_{n-1}(S^{n-1}))=(\mathrm{id}_{S^{n-1}})_*(\pi_{n-1}(S^{n-1}))\\&=\pi_{n-1}(S^{n-1})\cong J\neq 0,\end{aligned}$$

矛盾.

当 $n=1$ 时,与证法 1 的证明相同.

(证法 4)应用 Morse-Sard 定理证明(参阅文献[4]定理 2.1.5). □

定理 1.6.11(Brouwer 不动点定理的三个等价命题) (1) 不存在收缩映射 $f:B^n\to S^{n-1}$,即不存在连续映射 $f:B^n\to S^{n-1}$, s.t. $f|_{S^{n-1}}=\mathrm{id}_{S^{n-1}}\Leftrightarrow$(2) S^{n-1} 上的恒同映射 $\mathrm{id}_{S^{n-1}}$ 非零伦$\Leftrightarrow$(3) (Brouwer 不动点定理)任何连续映射 $f:B^n\to B^n$ 必有不动点,即 $\exists\, x\in B^n$, s.t. $f(x)=x$.

证明 (1)$\Leftrightarrow$(2). 设 $\hat{S}^{n-1}$ 是以 S^{n-1} 为底、$v(\in\mathbf{R}^n-S^{n-1})$ 为顶的锥体. 显然,$\hat{S}^{n-1}$ 同胚于 B^n. 于是,(1)$\Leftrightarrow$(2)是定理 1.6.12 的特殊情形.

(1)$\Rightarrow$(3). (反证)假设存在连续映射 $f:B^n\to B^n$,它无不动点,即 $\forall\, x\in B^n$, $f(x)\neq x$. 令 $g(x)\in S^{n-1}$ 为连接 $f(x)$ 与 x 的直线沿 $\overrightarrow{f(x)x}$ 方向交 S^{n-1} 的那个点(见图 1.6.3),即

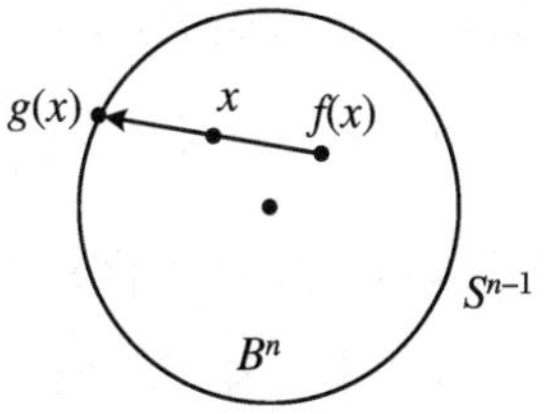

图 1.6.3

$$g(x)=x+t\frac{x-f(x)}{|x-f(x)|},$$

则

$$\begin{aligned}1&=\langle g(x),g(x)\rangle=\langle x+tu,x+tu\rangle\\&=\langle x,x\rangle+2t\langle x,u\rangle+t^2\langle u,u\rangle\\&=\langle x,x\rangle+2t\langle x,u\rangle+t^2,\end{aligned}$$

$$t^2+2t\langle x,u\rangle+\langle x,x\rangle-1=0.$$

因为 $t>0$,故

$$\begin{aligned}t&=\frac{-2\langle x,u\rangle+2\sqrt{\langle x,u\rangle^2-(\langle x,x\rangle-1)}}{2}\\&=-\langle x,u\rangle+\sqrt{\langle x,u\rangle^2-\langle x,x\rangle+1}.\end{aligned}$$

由于 $u=\dfrac{x-f(x)}{|x-f(x)|}$, $t(x)$, $g(x)$ 都为 x 的连续函数,且 $g|_{S^{n-1}}=\mathrm{id}_{S^{n-1}}$,故 $g:B^n\to S^{n-1}$ 为收缩映射,这与(1)相矛盾.

(1)$\Leftarrow$(3). (反证)假设存在收缩映射 $f:B^n\to S^{n-1}$,即 f 为连续映射,且 $f|_{S^{n-1}}=\mathrm{id}\,S^{n-1}$. 令 $a:S^{n-1}\to S^{n-1}$, $a(x)=-x$ 为对径映射,$i:S^{n-1}\to B^n$ 为包含映射,则 $iaf:B^n\to B^n$ 无不动点,这与(3)相矛盾. □

定理 1.6.11 是 Brouwer 不动点定理的三种等价形式,它使我们可以根据需要自如地应用任一形式,无疑是很有益处的.

定理 1.6.12 设 X 为与 B^n 同胚的拓扑空间,$\varphi:X\to B^n$ 为同胚. 又设 $f:X\to X$ 为

一个连续映射,则 f 必有不动点,即 X 必具有不动点性质.

证明　定义

$$\widetilde{f} = \varphi f \varphi^{-1}: B^n \to B^n.$$

由定理 1.6.11,$\widetilde{f}$必有不动点 x,由此推得

$$f(\varphi^{-1}(x)) = \varphi^{-1}\widetilde{f}\varphi(\varphi^{-1}(x)) = \varphi^{-1}\widetilde{f}(x) = \varphi^{-1}(x),$$

故 $\varphi^{-1}(x)$为 $f: X\to X$ 的不动点. □

定理 1.6.13　设 $X\subset \mathbf{R}^n$ 为紧致子集,Y 为拓扑空间,$f: X\to Y$ 为连续映射,则 f 零伦$\Leftrightarrow f$ 可延拓(或扩张)为 X 的锥形 $\hat{X} = \{tv+(1-t)x \mid x\in X, 0\leqslant t\leqslant 1\}$上的连续映射($v\in\mathbf{R}^{n+1}-\mathbf{R}^n$,其中 $\mathbf{R}^n=\{x\in\mathbf{R}^{n+1}\mid x=(x_1,x_2,\cdots,x_n,0)\}$).

证明　($\Leftarrow$)设 $k: X\times[0,1]\to\hat{X}$ 为自然映射,即 $k(x,t)=tv+(1-t)x$,$k(x,0)=x$,$k(x,1)=v$.如果 f 可延拓(或扩张)为连续映射 $\hat{f}:\hat{X}\to Y$,则 $\hat{f}k: X\times[0,1]\to Y$ 就是从 $\hat{f}k(x,0)=\hat{f}(x)=f(x)$到常值映射 $\hat{f}k(x,1)=\hat{f}(v)$的一个伦移,即 f 零伦.

($\Rightarrow$)如果 f 零伦,则存在伦移

$$F: X\times[0,1]\to Y,$$

s.t. $F(x,0)=f(x)$,$\forall x\in X$;$F(x,1)=y_0$.定义

$$\hat{f}:\hat{X}\to Y,$$

$$\hat{f}(tv+(1-t)x) = F(x,t).$$

易见,$\hat{f}$ 是定义确切的且为f 的一个延拓(或扩张)($\hat{f}(0v+(1-0)x)=F(x,0)=f(x)$).下证 $\hat{f}$ 是连续的.事实上,对任何闭集 $B\subset Y$,由 F 连续知,$F^{-1}(B)$为紧致集 $X\times[0,1]$中的闭集,它为紧致集.再由 k 连续知,$\hat{f}^{-1}(B)=k(F^{-1}(B))$也紧致,从而它为 $\hat{X}\subset\mathbf{R}^{n+1}$中的闭集,这就证明了 $\hat{f}$ 是连续的. □

1.7　Jordan 分割定理、Jordan 曲线定理

Euclid 空间中的一些拓扑性质

从以下两方面看,Euclid 空间在拓扑学中十分重要.一方面,有限维的可分度量空间都能嵌入 Euclid 空间;另一方面,分析中最常用的拓扑流形,每一点有与 Euclid 空间同胚的邻域.

然而,$\mathbf{R}^n$ 的拓扑性质的研究在代数拓扑发展起来以前,几乎一筹莫展.尤其是 $n>2$ 的情形.这一节会看到从定理1.6.10(S^{n-1}不为 B^n 的收缩核)或定理1.6.11(Brouwer 不动点定理)出发,我们就能证明 $\mathbf{R}^n$ 的许多重要而又难证的拓扑性质,这正显示了代数拓扑,尤其是同调论的强大威力.因此,这一节是单纯同调群的重要应用.

由于 $\mathbf{R}^n$ 本身不是有限多面体,我们常常不直接讨论 $\mathbf{R}^n$,而用 S^n 来代替它,因为去掉一个点就同胚于 $\mathbf{R}^n$.

单纯复形维数的拓扑不变性

单纯复形 K 的维数,可以用连续映射 $\varphi:K\to S^n$ 的性质来刻画.

引理 1.7.1 设 K 为维数小于 n 的单纯复形,则每个连续映射 $\varphi:K\to S^n$ 都是零伦的.

证明 将 S^n 剖分成 $n+1$ 维单形的边缘 $\dot{\underline{s}}^{n+1}$.根据定理1.3.5,存在整数 $r(\geqslant 0)$ 及从 $\mathrm{Sd}^{(r)}K$ 到 $\dot{\underline{s}}^{n+1}$ 的单纯映射 $\underline{f}:K\to\dot{\underline{s}}^{n+1}$,使得 $\varphi\simeq\underline{f}:\mathrm{Sd}^{(r)}K\to\dot{\underline{s}}^{n+1}$.由于 K 的维数小于 n,而单纯映射不能升高单形的维数,所以 $\underline{f}$ 不可能映满 $\dot{\underline{s}}^{n+1}$,从而 $\underline{f}$ 是零伦的(参阅定理1.6.3).再由 $\varphi\simeq\underline{f}$ 及 Borsuk 定理(定理1.6.5)或推论1.6.1推得 φ 也是零伦的. □

推论 1.7.1 如果 $m<n$,则任一连续映射 $\varphi:S^m\to S^n$ 都是零伦的,因而都能扩张成从以 S^m 为边界的 $m+1$ 维实心球 B^{m+1} 到 S^n 的连续映射.

证明 从引理1.7.1知 φ 零伦,扩张的存在性由 Borsuk 定理(定理1.6.5)或推论1.6.1得到. □

引理 1.7.2 设 K 为维数小于或等于 n 的单纯复形,$\varphi:A\to S^n$ 为多面体 $|K|$ 的闭子集 A 上的连续映射,则 φ 可以扩张成 $K\to S^n$.

证明 由于 S^n 为 ANR(推论1.5.1(3)),则存在 $|K|$ 的开子集 U,使 $A\subset U$,且 φ 能扩张成 $\bar{\varphi}:U\to S^n$.记 A 与 $|K|-U$ 的距离为 δ,显然 $\delta>0$.取 K 的充分细的重心重分 $\mathrm{Sd}^{(r)}K$,使它的单形的直径都小于 δ.$\mathrm{Sd}^{(r)}K$ 中所有与 A 相交的单形及它们的面组成一个子复形 L.很明显,$A\subset|L|\subset U$.我们只需证明 $\bar{\varphi}:L\to S^n$ 能扩张到 $\mathrm{Sd}^{(r)}K$ 上就行了.

以 M_q 表示 $\mathrm{Sd}^{(r)}K$ 的 q 维骨架与 L 的并,它是 $\mathrm{Sd}^{(r)}K$ 的子复形.我们将用归纳法证明 $\bar{\varphi}:L\to S^n$ 可以一步一步地扩张到 $M_q\,(0\leqslant q\leqslant n)$ 上去.显然,$\bar{\varphi}:L\to S^n$ 可以扩张成 $\bar{\varphi}^0:M_0\to S^n$,只需随意指定 $\mathrm{Sd}^{(r)}K\backslash L$ 的顶点的像就行了.

假如对于 $q<n$,已有 $\bar{\varphi}$ 的扩张 $\bar{\varphi}^q:M_q\to S^n$,则对于 $\mathrm{Sd}^{(r)}K\backslash L$ 的 $q+1$ 维单形 $\underline{s}_1,\cdots,\underline{s}_k$,$\bar{\varphi}^q$ 在它们的边缘上有定义.根据推论1.7.1,$\bar{\varphi}^q$ 可以扩张到每个 $\underline{s}_i$ 上,因而得出 $\bar{\varphi}^q$ 的扩张 $\bar{\varphi}^{q+1}:M_{q+1}\to S^n$.根据文献[3]定理1.3.5(粘接引理)知,$\bar{\varphi}^{q+1}$ 是连续的.

因此,我们能得到一串连续映射 $\bar{\varphi}^0,\bar{\varphi}^1,\cdots,\bar{\varphi}^n$. 由于 $\mathrm{Sd}^{(r)}K$ 的维数小于或等于 n,所以 $M_n=\mathrm{Sd}^{(r)}K$. 这里 $\bar{\varphi}^n:M_n=\mathrm{Sd}^{(r)}K\to S^n$ 就是 φ 的一个扩张. □

定理 1.7.1 设 K 为单纯复形. K 的维数小于或等于 $n\Leftrightarrow|K|$ 的任一闭子集 A 上的任一连续映射 $\varphi:A\to S^n$ 都能扩张成 $K\to S^n$.

证明 ($\Rightarrow$)参阅引理 1.7.2.

($\Leftarrow$)假设 K 的维数大于 n,设 A 为 K 的一个 $n+1$ 维单形 $\underline{s}$ 的边缘,$\varphi:A\to S^n$ 为一个同胚. 若 φ 有扩张 $\bar{\varphi}:K\to S^n$,则 $\varphi^{-1}\bar{\varphi}:K\to A$ 为一个收缩映射,这个连续映射将 $n+1$ 维单形 $\underline{s}$ 收缩成它的边缘,这与定理 1.6.10 相矛盾. □

从定理 1.7.1 可立即看出单纯复形维数的拓扑不变性.

定理 1.7.2(单纯复形维数的拓扑不变性) 同胚的两个单纯复形 K 与 L 的维数相等.

证明 由定理 1.7.1 知,K 为单纯复形,K 的维数小于或等于 $n\Leftrightarrow|K|$ 的任一闭子集 A 上的任一连续映射 $\varphi:A\to S^n$ 都能扩张成 $K\to S^n\overset{|K|\cong|L|}{\Longleftrightarrow}|L|$ 的任一闭子集 B 上的任一连续映射 $\psi:B\to S^n$ 都能扩张成 $L\to S^n\Leftrightarrow L$ 的维数小于或等于 n.

由此推得单纯复形 K 与 L 的维数相等. □

R^n 的分割集

现在要回答下面的问题:$\mathbf{R}^n$ 的哪些紧致子集 X 是分割 $\mathbf{R}^n$ 的? 所谓 X 分割 $\mathbf{R}^n$,是指 $\mathbf{R}^n-X$ 不连通.

为此我们还需做些准备,下面的引理 1.7.3 中的条件比引理 1.7.2 中的条件宽或弱,结论也弱,所以引理 1.7.3 可以看成引理 1.7.2 的发展.

引理 1.7.3 设 K 是维数小于或等于 $n+1$ 的复形,A 为 $|K|$ 的闭子集,$\varphi:A\to S^n$ 为连续映射,则在 $|K|-A$ 里有一个有限点集 F,使得 φ 能扩张成 $|K|-F\to S^n$.

证明 设 $\underline{s}_1,\cdots,\underline{s}_h$ 为 $\mathrm{Sd}^{(r)}K-L$ 的 $n+1$ 维单形,$\overset{*}{\underline{s}}_i$ 表示 $\underline{s}_i$ 的重心,令 F 为这些重心的集合. 每个 $\underline{s}_i-\overset{*}{\underline{s}}_i$ 可以通过径向投射收缩成 $\underline{s}_i$ 的边缘. 这些收缩映射拼起来可以得出一个收缩映射 $\rho:|K|-F\to M_n$ 和 $\bar{\varphi}^n\rho:|K|-F\to S^n$ 就是所求的扩张. □

引理 1.7.4 设 A 为 $\mathbf{R}^n(n\geqslant 2)$ 中的闭子集,$\{x_1,\cdots,x_q\}$ 与 $\{y_1,\cdots,y_q\}$ 为 $\mathbf{R}^n-A$ 里的两个有限子集,这 $2q$ 个点两两不相同,且 x_i 与 y_i 属于 $\mathbf{R}^n-A$ 的同一个连通分支(也是道路连通分支),则存在一个同胚映射 $h:\mathbf{R}^n\to\mathbf{R}^n$,使得 $h|A=\mathrm{id}_A$, $h(x_i)=y_i$ $(i=1,\cdots,q)$.

证明 我们只需证明,对每一个 $i(1\leqslant i\leqslant q)$,存在同胚映射 $h^i:\mathbf{R}^n\to\mathbf{R}^n$,使得 $h^i|_A=\mathrm{id}_A$, $h(x_k)=y_k$,当 $k<i$ 时,$h(x_i)=y_i$;当 $k>i$ 时,$h(x_k)=x_k$. 因为此时

$h = h^q \cdots h^1 : \mathbf{R}^n \to \mathbf{R}^n$就符合引理的要求.

既然 x_i 与 y_i 属于 $\mathbf{R}^n - A$ 的同一连通分支,则它们也属于开集

$$U = \mathbf{R}^n - (A \cup \{y_1, \cdots, y_{i-1}, x_{i+1}, \cdots, x_q\}$$

的同一连通分支,因此能在 U 里找到一串点 $x_i = z_0, z_1, \cdots, z_p = y_i$ 及一串 n 维实心球 $V_1, \cdots, V_p$,使得 z_{j-1}, z_j 在 V_j 的内部,而其余的 z 都不在 V_j 的内部.要证明存在同胚 $h^i : \mathbf{R}^n \to \mathbf{R}^n$ 使 $h^i|_{\mathbf{R}^n - U} = \mathrm{id}_{\mathbf{R}^n - U}$,且 $h^i(x_i) = y_i$,只需证对每一个 $j(1 \leqslant j \leqslant p)$,存在同胚 $h_j^i : \mathbf{R}^n \to \mathbf{R}^n$,使 $h_j^i|_{\mathbf{R}^n - U} = \mathrm{id}_{\mathbf{R}^n - U}$,且 $h_j^i(z_{j-1}) = z_j$,因为此时 $h^i = h_p^i \cdots h_1^i$ 即为所求.

V_j 是实心球,z_{j-1}与 z_j 为其内点,故存在 $V_j \to V_j$ 的同胚,将 z_{j-1}变成 z_j,且在 V_j 的边界上为恒同(例如:对 V_j 的任何边界点 x,令 $h_j^i(tz_{j-1} + (1-t)x) = tz_j + (1-t)x (0 \leqslant t \leqslant 1)$,见图 1.7.1).将此同胚扩张到 $\mathbf{R}^n$ 上,使在 V_j 之外为恒同,即得所需的 h_j^i. □

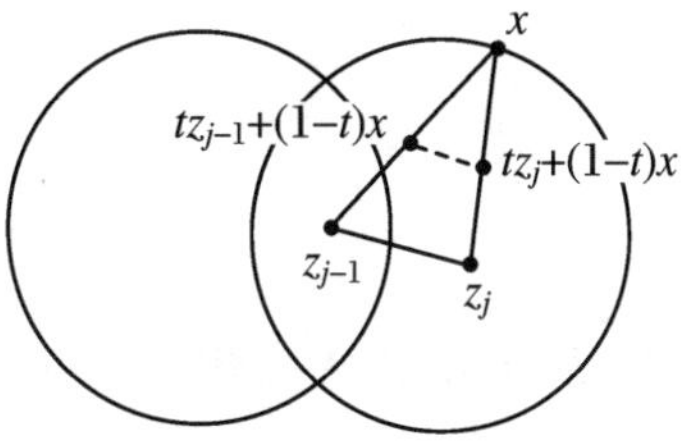

图 1.7.1

引理 1.7.5 设 A 为 $\mathbf{R}^n$ 的紧致子集,不分割 $\mathbf{R}^n$,则任一连续映射 $\varphi: A \to S^{n-1}$ 都能扩张成 $\mathbf{R}^n \to S^{n-1}$.

证明 将 $\mathbf{R}^n$ 看成S^n 去掉一个点x_0,因为 A 是紧致的,故 A 应为S^n 里的闭子集,自然 $x_0 \notin A$.根据引理 1.7.4,在 $\mathbf{R}^n - A = S^n - (A \cup x_0)$里有有限个子集$\{x_1, \cdots, x_q\}$,使得 φ 能扩张为$\bar{\varphi} : \mathbf{R}^n - \{x_1, \cdots, x_q\} \to S^{n-1}$.

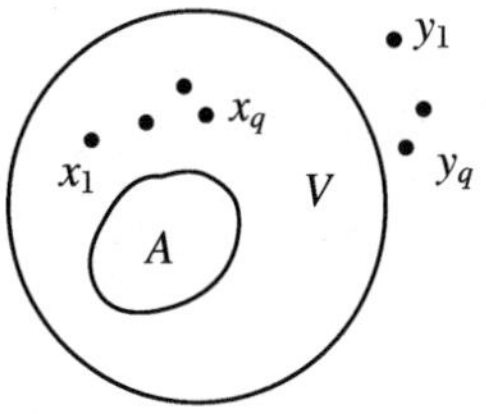

图 1.7.2

作一实心球 V 将 $A \cup \{x_1, \cdots, x_q\}$包含在内部,在 V 外任取q 个点$y_1, \cdots, y_q$(见图 1.7.2).由于 A 不分割 $\mathbf{R}^n$,即开集 $\mathbf{R}^n - A$ 连通.根据引理 1.7.4,有同胚 $h : \mathbf{R}^n \to \mathbf{R}^n$,使 $h|_A = \mathrm{id}_A, h(y_i) = x_i$.以 r 记 $\mathbf{R}^n$ 到 V 的一个收缩,$\bar{\varphi} hr : \mathbf{R}^n \to S^{n-1}$就是 φ 的一个扩张. □

现在转入 Borsuk 对 $\mathbf{R}^n$ 的分割集的研究.当然,我们假定 $n \geqslant 2$,因为 $n < 2$ 的情形是平庸的.

定理 1.7.3(Borsuk 分割原理) 设 X 为 $\mathbf{R}^n$ 的紧致子集,$x_0 \in \mathbf{R}^n - X$. x_0 属于 $\mathbf{R}^n - X$ 的无界连通分支⇔由

$$\varphi(x) = \frac{x - x_0}{|x - x_0|}$$

定义的连续映射 $\varphi : X \to S^{n-1}$是零伦的.

证明 (⇒)通过平移,我们可以把 x_0 看成 $\mathbf{R}^n$ 里的坐标原点. X 紧致故有界.于是通过相似变换又可以认为 X 包含于单位实心球B^n 的内部(B^n 的边界就是S^{n-1}).这时,

就有

$$\varphi(x) = \frac{x}{|x|}.$$

设 $x_0=0$ 属于 $\mathbf{R}^n - X$ 的连通分支 C. 假设 C 是无界的,由于 $\mathbf{R}^n$(或拓扑流形)中连通的开集等价于道路连通的开集(参阅文献[3]定理 1.4.5),存在连续映射 $p:[0,1]\to C$,使得 $p(0)=0,p(1)=x_1$,x_1 在 B^n 之外,定义一个伦移 $H:X\times[0,1]\to S^{n-1}$ 为

$$H(x,t) = \frac{x-p(t)}{|x-p(t)|}.$$

显然

$$H(x,0) = \frac{x-p(0)}{|x-p(0)|} = \frac{x-0}{|x-0|} = \frac{x}{|x|} = \varphi(x),$$

$$H(x,1) = \frac{x-p(1)}{|x-p(1)|} = \frac{x-x_1}{|x-x_1|} = \varphi_1(x).$$

因为对 $\forall x\in X\subset B^n$,$x_1$ 在球 B^n 外(见图 1.7.3),故

$$|x_1|+|x-x_1|>|x_1|>|x|,$$

$$|x_1|(|x_1|+|x-x_1|)>|x_1|\cdot|x|,$$

$$x_1(|x_1|+|x-x_1|)\neq|x_1|x,$$

$$\varphi_1(x) = \frac{x-x_1}{|x-x_1|}\neq\frac{x_1}{|x_1|}\in S^{n-1}.$$

这表明 φ_1 盖不满 S^{n-1}. 根据定理 1.6.3 的证明立知 φ_1 零伦,从而 $\varphi\simeq\varphi_1$ 也零伦.

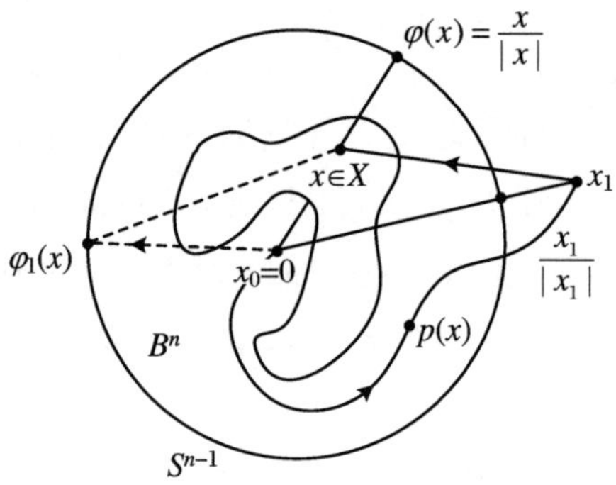

图 1.7.3

($\Leftarrow$)(反证)假设 $\mathbf{R}^n - X$ 的包含原点 O 的连通分支 C 是有界的,这时 $C\cup X$ 为 B^n 里的闭子集,如果 φ 零伦,即 $\varphi\simeq c$(常数):$X\to S^{n-1}$,根据定理 1.6.1,由于 c 可扩张为 $C\cup X\to S^{n-1}$,故 φ 也可扩张为 $\bar{\varphi}:C\cup X\to S^{n-1}$. 定义一个映射 $r:B^n\to S^{n-1}$ 为

$$r(x) = \begin{cases} \bar{\varphi}(x), & \text{当 } x \in C \cup X \text{ 时}, \\ \dfrac{x}{|x|}, & \text{当 } x \notin C \cup X \text{ 时}. \end{cases}$$

这两个式子在 X 上是一致的，都为 $\dfrac{x}{|x|}$，所以根据文献[3]定理 1.3.5(粘接引理)，$r(x)$ 在 X 的每一点处都连续. 因为 X 紧致，所以 $\mathbf{R}^n - X$ 的每个连通分支都为开集，故 r 在其上是连续的. 总之，$r: B^n \to S^{n-1}$ 为连续映射. 当 $x \in S^{n-1}$ 时，必有 $x \notin C \cup X$，故 $r(x) = \dfrac{x}{|x|} = x$. 由此推得 r 是从 B^n 到 S^{n-1} 的收缩映射，这与定理 1.6.10 相矛盾. □

定理 1.7.4(Borsuk)　设 X 为 $\mathbf{R}^n$ 的紧致子集，则

$$\mathbf{R}^n - X \text{ 连通} \Leftrightarrow \text{每个连续映射 } \varphi: X \to S^{n-1} \text{ 都零伦}.$$

证明　(⇒)设 $\varphi: X \to S^{n-1}$ 为任一连续映射，由于 $\mathbf{R}^n - X$ 连通，即 X 不分割 $\mathbf{R}^n$，根据引理 1.7.5，φ 能扩张为 $\bar{\varphi}: \mathbf{R}^n \to S^{n-1}$. 但是 $\mathbf{R}^n$ 是可缩的，所以 $\bar{\varphi}$ 零伦，因而 φ 亦零伦.

(⇐)(反证)假设 $\mathbf{R}^n - X$ 不连通，则它至少有两个连通分支，且无界连通分支只有一个. 从 $\mathbf{R}^n - X$ 的有界分支中取出一点 x_0. 于是，根据定理 1.7.3(Borsuk 分割原理)，由式

$$\varphi(x) = \frac{x - x_0}{|x - x_0|}$$

定义的映射 $\varphi: X \to S^{n-1}$ 就非零伦，这与题设 φ 零伦相矛盾. □

值得注意，定理 1.7.4 所提出的右边条件显然是 X 本身的拓扑性质. 因此，有：

定理 1.7.5　设 X, Y 都为 $\mathbf{R}^n$ 的紧致子集，而且相互同胚. 若 X 分割 $\mathbf{R}^n$，则 Y 必也分割 $\mathbf{R}^n$.

证明　X 分割 $\mathbf{R}^n$，即 $\mathbf{R}^n - X$ 非连通 $\overset{\text{定理1.7.4}}{\Longleftrightarrow}$ 每个连续映射 $\varphi: X \to S^{n-1}$ 非零伦 $\overset{X \cong Y}{\Longleftrightarrow}$ 每个连续映射 $\psi: Y \to S^{n-1}$ 非零伦 $\overset{\text{定理1.7.4}}{\Longleftrightarrow}$ Y 分割 $\mathbf{R}^n$，即 $\mathbf{R}^n - Y$ 非连通. □

例 1.7.1　设 $S^1 = \{(x, y, 0) \mid x^2 + y^2 = 1\}$，$\Sigma \subset \mathbf{R}^3$，且 $\Sigma \cong S^1$，则 $\mathbf{R}^3 - \Sigma$ 必为连通开集.

证明　因为 $\mathbf{R}^3 - S^1$ 连通(即 S^1 不分割 $\mathbf{R}^3$)且为开集，根据定理 1.7.5 立知，$\mathbf{R}^3 - \Sigma$ 也连通(即 Σ 也不分割 $\mathbf{R}^3$)且为开集. □

定理 1.7.4 与定理 1.7.5 的一个重要推论是：

定理 1.7.6(Jordan 分割定理)　如果 $\mathbf{R}^n$ 的子集 Σ 与 S^{n-1} 同胚(由 S^{n-1} 紧致立知 Σ 紧致)，则 Σ 分割 $\mathbf{R}^n$，Σ 是 $\mathbf{R}^n - \Sigma$ 的每一连通分支的边界.

证明　因为 S^{n-1} 分割 $\mathbf{R}^n$，又 $\Sigma \cong S^{n-1}$，根据定理 1.7.5，Σ 必分割 $\mathbf{R}^n$.

设 C 是 $\mathbf{R}^n - \Sigma$ 的一个连通分支，那么显然 C 的边界 $\dot{C}$ 是分割 $\mathbf{R}^n$ 的紧致子集，而且 $\dot{C} \subset \Sigma$. 根据定理 1.7.4，存在非零伦的连续映射 $\dot{C} \to S^{n-1}$. 然而，从 S^{n-1} 的紧致真子集到

S^{n-1}的连续映射总是零伦的(见引理 1.7.6),所以 $\dot{C}$ 不可能为 Σ 的真子集,因此,$\dot{C}=\Sigma$. □

引理 1.7.6 S^{n-1}的紧致真子集 A 到S^{n-1}的连续映射总是零伦的.

证明 因为 $A\subsetneqq S^{n-1}$,故 $\mathbf{R}^n-A$ 为连通开集,从而 A 不分割 $\mathbf{R}^n$. 由引理 1.7.5,任何连续映射 $\varphi: A\to S^{n-1}$都能扩张为连续映射 $\bar{\varphi}: \mathbf{R}^n\to S^{n-1}$,当然也能扩张为 $\bar{\varphi}|_{\hat{A}}: \hat{A}\to S^{n-1}$. 根据定理 1.6.8,$\varphi$ 是零伦的. □

S^{n-1}恰好将 $\mathbf{R}^n$ 分成两个连通分支,与 S^{n-1}同胚的 Σ 是不是也把 $\mathbf{R}^n$ 分割成两个连通分支呢? 是的,然而它的证明需要更多的代数拓扑知识,我们这里不做过多介绍,请读者查阅相关文献;当 $n=2$ 时,见 Jordan 曲线定理(定理 1.7.8). 从现有知识,我们所能证明的只是:

定理 1.7.7 设 A 与B 是 $\mathbf{R}^n$ 的子集,并存在一个从 n 维单位实心球B^n 到A 的同胚映射,它恰好将 S^{n-1}映成 B,则 $\mathbf{R}^n-B$ 恰有两个连通分支 $\mathbf{R}^n-A$ 与 $A-B$. 所以,$A-B$ 是 $\mathbf{R}^n$ 里的开集.

证明 由于 B^n 不分割 $\mathbf{R}^n$,而且 A 与B^n 同胚. 根据定理 1.7.5,$\mathbf{R}^n-A$ 连通. 由于 $A-B$ 同胚于B^n-S^{n-1},所以 $A-B$ 连通. 但是,$\mathbf{R}^n-B=(\mathbf{R}^n-A)\cup(A-B)$,所以与定理 1.7.6 联系起来看,$B$ 恰好将 $\mathbf{R}^n$ 分成两个连通分支(都为开集),且都以 B 为边界. □

Jordan 曲线定理

定理 1.7.6 并没说 Σ 恰将 $\mathbf{R}^n$ 分成两块,而分析中常用的 Jordan 曲线定理正是断定当 $n=2$ 时,Σ 恰好将 $\mathbf{R}^n$ 分成两个连通分支,一个是无界连通分支(显然恰有一个!),还有一个为有界连通分支. 这个定理的重要性是不言而喻的,但这个定理的证明却是十分困难甚至束手无策的,只有拓扑学家,尤其是代数拓扑学家才能完成.

定理 1.7.8(Jordan 曲线定理) 设平面 $\mathbf{R}^2$ 上的子集 Σ 与S^1 同胚,则 $\mathbf{R}^2-\Sigma$ 恰有两个连通分支(它们都是平面上的开集,一个无界,另一个有界),它们都以 Σ 为其公共边界.

证明 根据 Jordan 分割定理(定理 1.7.6),Σ 分割平面 $\mathbf{R}^2$,且是 $\mathbf{R}^2-\Sigma$ 的所有连通分支的公共边界. 待证的是 $\mathbf{R}^2-\Sigma$ 只有两个连通分支.

以 U 记 $\mathbf{R}^2-\Sigma$ 的无界连通分支(注意,只有一个无界连通分支),以 V 记 $\mathbf{R}^2-\Sigma$ 的一个有界连通分支. 取一点 $O\in V$,过 O 作两条方向相反的射线,它们与 Σ 的第一个交点分别记作 a,b(见图 1.7.4). 以 A 记从 a 到 b 的开的直线段,则 $A\subset V$,$\bar{A}\cap\Sigma=\{a,b\}$,$\Sigma-\{a,b\}$是两条不相交的开弧 A_1,A_2 的并集,$\Sigma=\bar{A}_1\cup\bar{A}_2$. 令 $\Sigma_1=\bar{A}_1\cup\bar{A}$,

$\Sigma_2=\bar{A}_2\cup\bar{A}$，它们都与 S^1 同胚. 以 U_1,U_2 记 $\mathbf{R}^2-\Sigma_1,\mathbf{R}^2-\Sigma_2$ 的无界连通分支.

先证 $U_1\cap U_2\subset U$. 设 $x_0\in U_1\cap U_2$，以 $\varphi:\Sigma\cup A\to S^1$ 记定理 1.7.3(Borsuk 分割原理)中所定义的连续映射

$$\varphi(x)=\frac{x-x_0}{|x-x_0|},\quad \forall x\in\Sigma\cup A.$$

根据定理 1.7.3，$\varphi|_{\Sigma_1}$ 与 $\varphi|_{\Sigma_2}$ 都是零伦的. 想证 $x_0\in U$(从而 $U_1\cap U_2\subset U$)，根据定理 1.7.3，即证 $\varphi|\Sigma$ 也零伦. 为此，将 $\mathbf{R}^2$ 中单位圆周 $x^2+y^2=1$ 的 $y>0$ 部分记作 B_1，$y<0$ 部分记作 B_2，x 轴上的开的直径记作 B；将单位实心圆记作 B^2，则显然存在同胚映射 $h:S^1\cup B\to\Sigma\cup A$，使 $h(B_i)=A_i(i=1,2)$，$h(B)=A$. 因为 $\varphi|_{\Sigma_1}$ 零伦，所以 $\varphi h|_{\bar{B}_1\cup B}$ 零伦，根据推论 1.6.3，φh 可以扩张到上半个实心圆内；同理，φh 可以扩张到下半个实心圆内. 于是，φh 可扩张到整个实心圆 B^2 上，再根据推论 1.6.3 知，$\varphi h|_{S^1}$ 零伦. 因而 $\varphi|_\Sigma$ 也零伦. 由此推得 $x_0\in U$，$U_1\cap U_2\subset U$.

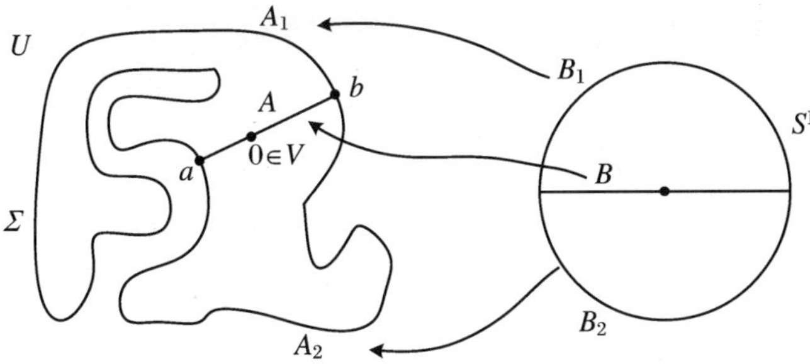

图 1.7.4

其次证 $U=U_1\cap U_2$. 以 W 记 $\mathbf{R}^2-(\Sigma\cup A)$的无界分支，显然 $W\subset U$，$W\subset U_1$，$W\subset U_2$. 又因为 $A\cap U=\varnothing$，$U\subset\mathbf{R}^2-(\Sigma\cup A)$，所以 $U\subset W$. 可见 $U=W\subset U_1\cap U_2$. 但 $U_1\cap U_2\subset U$ 是已证的，故 $U=U_1\cap U_2$.

由此可知 $A_1\subset U_2$，$A_2\subset U_1$. 这是因为 $A_1\subset\bar{U}=\bar{W}\subset\bar{U}_2$. 但 A_1 与 U_2 的边界 Σ_2 不相交，所以 A_1 必包含于 U_2. 同理，$A_2\subset U_1$.

现在来证明 $\mathbf{R}^2-(\Sigma\cup U)=V$. $\mathbf{R}^2-(\Sigma\cup U)\supset V$ 是显然的. 下面只需证 $\mathbf{R}^2-(\Sigma\cup U)\subset V$. 若 $x\in A$，则 $x\in V$. 今设 $x\in\mathbf{R}^2-(\Sigma\cup A\cup U)$，由于 $x\notin U=U_1\cap U_2$，故 $x\notin U_1$ 或 $x\notin U_2$，不妨设 $x\notin U_1$，则 x 属于 $\mathbf{R}^2-\Sigma_1$ 的某有界连通分支 V_1. 由上述论述知 $A_2\subset U_1$，V_1 不与 A_2 相交，故 $V_1\cup A\subset\mathbf{R}^2-\Sigma$，$A\subset\Sigma_1$ 属于 V_1 的边界，所以 $V_1\subset V_1\cup A\subset\bar{V}_1$；既然 V_1 连通，根据文献[3]定理 1.4.3，$V_1\cup A$ 亦连通. 由于 $\mathbf{R}^2-\Sigma$ 的连通分支 V 包含 A，故 $x\in V_1\cup A\subset V$.

由此可见，$\mathbf{R}^2-\Sigma$ 恰有两个连通分支 U,V. □

区域的不变性

定理 1.7.9(Brouwer 的区域不变性定理) 设 U_1, U_2 是 $\mathbf{R}^n$ 中两个同胚的子集.若 U_1 是开集,则 U_2 也必是开集.

证明 设 $h: U_1 \to U_2$ 为一个同胚映射,$x_2 \in U_2$,$x_1 = h^{-1}(x_2)$.取 x_1 的球形开邻域 V_1 使 $\bar{V}_1 \subset U_1$(开集).以 $\dot{V}_1$ 表示 V_1 的边界,于是,U_2 的子集 $A = h(\bar{V}_1)$与 $B = h(\dot{V}_1)$ 满足定理 1.7.7 的条件,所以 $A - B = h(\bar{V}_1) - h(\dot{V}_1) = h(\bar{V}_1 - \dot{V}_1)$为 $\mathbf{R}^n$ 的开集.因此,$x_2 = h(x_1) \in A - B = h(\bar{V}_1 - \dot{V}_1)$为 U_2 的内点.由于 $x_2 \in U_2$ 是任取的,故 U_2 也为 $\mathbf{R}^n$ 的开集. □

从定理 1.7.9 还可看出:

推论 1.7.2 设 X, Y 是 $\mathbf{R}^n$ 的两个子集,$h: X \to Y$ 是它们之间的一个同胚,则 h 把 X 的内点映成 Y 的内点,把 X 的边界点映成 Y 的边界点.反之也真.

证明 设 $x_0 \in X$ 为 X 的内点,则存在 x_0 的开邻域 $U \subset X$,根据定理 1.7.9,$h(U) \subset Y$,它为 $\mathbf{R}^n$ 中的开集,因此,$h(x_0) \in h(U) \subset h(X) = Y$,且 $h(U)$为 $\mathbf{R}^n$ 中的开集.于是,$h(x_0)$为 Y 的内点.反之,同胚 h^{-1}将 Y 的内点映成 X 的内点.由此推得 h 必将 X 的边界点映成 Y 的边界点,h^{-1}必将 Y 的边界点映成 X 的边界点. □

这个性质乃是 $\mathbf{R}^n$ 的特点,并非任何拓扑空间都具有的,举反例如下:

例 1.7.2 设 Z 为 $\mathbf{R}^3$ 中的(x, y)平面加上 z 轴组成的拓扑空间,即

$$Z = \{(x, y, 0) \mid x, y \in \mathbf{R}\} \cup \{(0, 0, z) \mid z \in \mathbf{R}\},$$

$X = \{(0,0,z) \mid z \in \mathbf{R}\}$为 z 轴,$Y = \{(x,0,0) \mid x \in \mathbf{R}\}$为 x 轴.对应

$$h: X \to Y,$$
$$(0,0,t) \mapsto (t,0,0)$$

是一个同胚,将 X 在 Z 中的内点$(0,0,1)$映成 Y 在 Z 中的边界点$(1,0,0)$.

定理 1.7.9 可以稍加推广.空间 M 称为一个 n **维拓扑流形**,如果 M 为 T_2(Hausdorff)空间(M 中任两点 p, q,必各有一个开邻域 U_p, U_q,使得 $U_p \cap U_q = \varnothing$),并且 M 的每一点都有一个开邻域同胚于 $\mathbf{R}^n$.

定理 1.7.10 设 M_1 与 M_2 都是 n 维拓扑流形,U_1 与 U_2 分别是 M_1 与 M_2 的子集,U_1 与 U_2 同胚.若 U_1 是 M_1 的开集,则 U_2 必是 M_2 的开集.

证明 设 $h: U_1 \to U_2$ 是一个同胚,$x_2 \in U_2$,$x_1 = h^{-1}(x_2)$.分别取 x_1, x_2 的开邻域 V_1, V_2,使得

$$x_1 \in V_1 \subset U_1, \quad x_2 \in V_2 \subset M_2, \quad h(V_1) \subset V_2,$$

V_1 与 V_2 都同胚于 $\mathbf{R}^n$.

以

$$g_1: V_1 \to \mathbf{R}^n \quad 与 \quad g_2: V_2 \to \mathbf{R}^n$$

记同胚映射. 根据定理 1.7.9, $g_2 h g_1^{-1}(\mathbf{R}^n)$ 是 $\mathbf{R}^n$ 里的开集, 所以 $hg_1^{-1}(\mathbf{R}^n) = h(V_1)$ 为 V_2 的开集, 当然也是 M_2 里的开集. 因此, x_2 有一个开邻域 $h(V_1)$ 包含在 U_2 内, 这就证明了 U_2 为 M_2 的开集. □

推论 1.7.3 不同维的拓扑流形不同胚.

证明 设 M_1, M_2 分别为 m_1, m_2 维拓扑流形, $m_1 = m_2 + k(k>0)$, 则 $M_2 \times \mathbf{R}^k$ 为 m_1 维拓扑流形, 而且包含一个同胚于 M_2 的非开的子集 $M_2 \times 0$. (反证) 假设 M_1 与 M_2 同胚, M_1 就要与一个 m_1 维拓扑流形 $M_2 \times \mathbf{R}^k$ 的一个非开的子集 $M_2 \times 0$ 同胚, 这与定理 1.7.10 相矛盾. □

推论 1.7.4 $\mathbf{R}^n \cong \mathbf{R}^m \Leftrightarrow n = m$.

证明 ($\Leftarrow$) 显然.

($\Rightarrow$)(证法 1)(反证) 假设 $n \neq m$, 根据推论 1.7.3 知, $\mathbf{R}^n \not\cong \mathbf{R}^m$. 这与已知 $\mathbf{R}^n \cong \mathbf{R}^m$ 相矛盾.

(证法 2) 设 $\mathbf{R}^n \overset{f}{\cong} \mathbf{R}^m$. 在北极投影下视 $\mathbf{R}^n$ 为 S^n 的子空间. 同样, 在北极投影下视 $\mathbf{R}^m$ 为 S^m 的子空间. 在同胚 f 下, 将有界集映为有界集, 将无界集映为无界集, 故 $f: \mathbf{R}^n \cong \mathbf{R}^m$ 可延拓为同胚 $\widetilde{f}: S^n \to S^m$. 根据推论 1.7.5, $n = m$.

(证法 3)(反证) 假设 $n \neq m$, 不妨设 $1 \leqslant n < m$, 因为 $\mathbf{R}^n \cong \mathbf{R}^m$, 所以有同胚 $f: \mathbf{R}^n \to \mathbf{R}^m$. 显然, $f|_{\mathbf{R}^n - \{0\}}: \mathbf{R}^n - \{0\} \to \mathbf{R}^m - \{f(0)\}$ 仍为同胚. 而 S^{n-1} 为 $\mathbf{R}^n - \{0\}$ 的形变收缩核, $S^{m-1}(f(0))$ 为 $\mathbf{R}^m - \{f(0)\}$ 的形变收缩核. 因此, 由奇异同调群的同伦不变性得到

$$\left.\begin{matrix} J, & n = 1 \\ 0, & n = 2,3,\cdots \end{matrix}\right\} = H_{n-1}(S^{m-1}(f(0))) \cong H_{n-1}(\mathbf{R}^m - \{f(0)\}) \cong H_{n-1}(\mathbf{R}^n - \{0\})$$

$$\cong H_{n-1}(S^{n-1}) = \begin{cases} J \oplus J, & n = 1, \\ J, & n = 2,3,\cdots, \end{cases}$$

矛盾.

(证法 4)(反证) 假设 $n \neq m$, 不妨设 $2 \leqslant n < m$. 因 $\mathbf{R}^n \cong \mathbf{R}^m$, 故根据证法 3 与同伦群的同伦不变性, 有

$$0 = \pi_{n-1}(S^{m-1}(f(0))) \cong \pi_{n-1}(\mathbf{R}^m - \{f(0)\})$$

$$\cong \pi_{n-1}(\mathbf{R}^n - \{0\}) \cong \pi_{n-1}(S^{n-1}) \cong J.$$

当 $0 = n < m$ 时, 独点集 $\{0\} = \mathbf{R}^0 = \mathbf{R}^n \not\cong \mathbf{R}^m$ (无限集).

当 $1 = n < m$ 时, $\mathbf{R}^1 - \{0\}$ 不连通. (反证) 设 $f: \mathbf{R}^1 \to \mathbf{R}^m$ 同胚, 则 $f|_{\mathbf{R}^1 - \{0\}}: \mathbf{R}^1 - \{0\} \to \mathbf{R}^m - \{f(0)\}$ 仍为同胚, 根据连通为拓扑不变性, $\mathbf{R}^m - \{f(0)\}$ 也不连通, 这与 $\mathbf{R}^m -$

$\{f(0)\}$明显为折线连通,当然为道路连通,也为连通相矛盾. □

推论 1.7.5 单位球面 $S^n \cong S^m \Leftrightarrow n=m$.

证明 ($\Leftarrow$)显然.

($\Rightarrow$)(证法 1)(反证)假设 $n\neq m$,根据推论 1.7.3 知,$S^n \not\cong S^m$,这与已知 $S^n\cong S^m$ 相矛盾.

(证法 2)设 $S^n \overset{f}{\cong} S^m$,则 $\mathbf{R}^n \cong S^n-\{0\} \overset{f|_{S^n-\{0\}}}{\cong} S^m-\{f(0)\}\cong \mathbf{R}^m$,根据推论 1.7.4,$n=m$.

(证法 3)(反证)假设 $n\neq m$,不妨设 $n<m$.因为 $S^n\cong S^m$,则由单纯同调群的拓扑不变性推得

$$\left.\begin{array}{ll} J, & n=0,\\ 0, & n=1,2,\cdots\end{array}\right\}\cong H_n(S^m)\cong H_n(S^n)\cong\begin{cases} J\oplus J, & n=0,\\ J, & n=1,2,\cdots.\end{cases}$$

当 $0=n<m$ 时,$\{-1,1\}=S^0=S^n\cong S^m$,左边为两点集与右边为无限集相矛盾.或者由连通为拓扑不变性,而左边不连通,右边连通推出矛盾.

(证法 4)(反证)假设 $n\neq m$,不妨设 $1\leqslant n<m$.因为 $S^n\cong S^m$,根据同伦群的拓扑不变性推得

$$0=\pi_n(S^m)\cong \pi_n(S^n)\cong J,$$

矛盾.当 $0=n<m$ 时,与证法 3 中相应部分的证明相同. □

推论 1.7.6 S^{n-1}到 $\mathbf{R}^n$ 的同胚像 Σ 绝不含内点,更不为 $\mathbf{R}^n$ 中的区域.

证明 设 $f:S^{n-1}\to\Sigma$ 为同胚.(反证)假设 $y_0\in\Sigma$ 为 $\mathbf{R}^n$ 中的内点,作 $\mathbf{R}^n$ 中含 y_0 的开球 V.根据 Brouwer 的区域不变性定理(定理 1.7.9),$f^{-1}(V)\subset S^{n-1}$为 $\mathbf{R}^n$ 中开集,这与 S^{n-1}不含内点相矛盾. □

例 1.7.3 填满正方形的连续曲线.

1989 年,Peano 用无穷级数构造出了一条连续曲线,它将正方形填满了,这一事实就像处处连续处处不可导的函数那样令人不可思议.文献[4]例 13.2.15 介绍的例子是 Schoenberg 于 1938 年提出的.

1.8 单纯上同调群、相对单纯下(上)同调群、切除定理、正合单纯下(上)同调序列

这一节,在单纯下同调群的基础上,将引入单纯上同调群、相对单纯下同调群和相对单纯上同调群.然后,给出重要的切除定理和正合单纯下(上)同调序列.

同态群

定义 1.8.1 设 A 与 G 为交换群，

$$f,g:A\to G$$

为同态，令

$$\begin{aligned}&f+g:A\to G,\\&a\mapsto(f+g)(a)=f(a)+g(a),\end{aligned}$$

显然，$f+g$ 仍为一个同态. 容易验证所有这种同态在上述加法下形成一个交换群，称为从交换群 A 到交换群 G 的**同态群**，记作 $\mathrm{Hom}(A,G)$，这里 Hom 为 homomorphism（同态）的缩写. 我们还将 $f(a)$ 记作

$$\langle f,a\rangle,$$

称它为 f 与 a 的 Kronecker 积. 易见，$\langle f,a\rangle$ 是 f 与 a 的双线性函数.

如果 A 为向量空间，而 G 为实数域，则在向量空间的理论中，$\mathrm{Hom}(A,G)$ 称为 A 的**对偶空间**.

如果 A 为有限维的自由群，而 G 为整数加群 J. 这两部分中只分别讨论“对偶同态”与“对偶基”这两个概念.

引理 1.8.1 设 A,B,G 为任意交换群，$f:A\to B$ 为一个同态. 对 $\forall a\in A$，$\forall\beta\in\mathrm{Hom}(B,G)$，我们用

$$\langle f^{\cdot}(\beta),a\rangle=\langle\beta,f(a)\rangle \tag{1.8.1}$$

定义 $f^{\cdot}$，显然，$f^{\cdot}$ 为一个同态，

$$\begin{aligned}&f^{\cdot}:\mathrm{Hom}(B,G)\to\mathrm{Hom}(A,G),\\&\beta\mapsto f^{\cdot}(a).\end{aligned}$$

同态 $f^{\cdot}$ 称为 f 的对偶同态. 用图表示为

$$\begin{array}{ccc}a\in A & \xrightarrow{\ f\ } & B\ni f(a)\\ | & & |\\ f^{\cdot}(\beta)\in\mathrm{Hom}(A,G) & \xleftarrow{\ f^{\cdot}\ } & \mathrm{Hom}(B,G)\ni\beta\\ \Downarrow & & \Downarrow\\ \langle f^{\cdot}(\beta),a\rangle & = & \langle\beta,f(a)\rangle\in G\end{array}$$

证明 对于 $\forall\beta$，$f^{\cdot}(\beta)$ 为一个单值对应：

$$\begin{aligned}&f^{\cdot}(\beta):A\to G,\\&a\mapsto f^{\cdot}(\beta)(a)=\langle f^{\cdot}(\beta),a\rangle=\langle\beta,f(a)\rangle.\end{aligned}$$

因为式(1.8.1)及 f 为同态，Kronecker 积关于第二个变元是线性的，所以对 $\forall\beta\in$

$\mathrm{Hom}(B,G)$,有

$$\begin{aligned}\langle f^{\cdot}(\beta),a_1+a_2\rangle&=\langle\beta,f(a_1+a_2)\rangle=\langle\beta,f(a_1)+f(a_2)\rangle\\&=\langle\beta,f(a_1)\rangle+\langle\beta,f(a_2)\rangle\\&=\langle f^{\cdot}(\beta),a_1\rangle+\langle f^{\cdot}(\beta),a_2\rangle,\quad\forall a_1,a_2\in A.\end{aligned}$$

这就证明了 $f^{\cdot}(\beta):A\to G$ 为一个同态,即 $f^{\cdot}(\beta)\in\mathrm{Hom}(A,G)$.

此外,由于式(1.8.1)及 Kronecker 积关于第一个变元也是线性的,所以对 $\forall a\in A$,有

$$\begin{aligned}\langle f^{\cdot}(\beta_1+\beta_2),a\rangle&=\langle\beta_1+\beta_2,f(a)\rangle=\langle\beta_1,f(a)\rangle+\langle\beta_2,f(a)\rangle\\&=\langle f^{\cdot}(\beta_1),a\rangle+\langle f^{\cdot}(\beta_2),a\rangle\\&=\langle f^{\cdot}(\beta_1)+f^{\cdot}(\beta_2),a\rangle.\end{aligned}$$

因为 a 是 A 的任意元素,故

$$f^{\cdot}(\beta_1+\beta_2)=f^{\cdot}(\beta_1)+f^{\cdot}(\beta_2),\quad\forall\beta_1,\beta_2\in\mathrm{Hom}(B,G).$$

这就证明了

$$f^{\cdot}:\mathrm{Hom}(B,G)\to\mathrm{Hom}(A,G)$$

为一个同态. □

引理 1.8.2　设同态

$$f:A\to B\quad 与\quad g:B\to C$$

的对偶同态分别为

$$f^{\cdot}:\mathrm{Hom}(B,G)\to\mathrm{Hom}(A,G)$$

与

$$g^{\cdot}:\mathrm{Hom}(C,G)\to\mathrm{Hom}(B,G),$$

则同态

$$gf:A\to C$$

的对偶同态为

$$(gf)^{\cdot}=f^{\cdot}g^{\cdot}:\mathrm{Hom}(C,G)\to\mathrm{Hom}(A,G).$$

上式表明对偶同态是逆变的.

证明　设 $r\in\mathrm{Hom}(C,G)$,则

$$\begin{aligned}\langle(gf)^{\cdot}(r),a\rangle&=\langle r,(gf)(a)\rangle=\langle r,gf(a)\rangle\\&=\langle g^{\cdot}(r),f(a)\rangle=\langle f^{\cdot}g^{\cdot}(r),a\rangle,\quad\forall a\in A,\end{aligned}$$

$$(gf)^{\cdot}=f^{\cdot}g^{\cdot}(r),\quad\forall a\in\mathrm{Hom}(C,G),$$

由此得到

$$(gf)^{\cdot}=f^{\cdot}g^{\cdot}.$$

□

引理 1.8.3　$gf=0$(零同态)蕴涵 $f^{\cdot}g^{\cdot}=0$.

证明 对$\forall a\in A$,有

$$\langle f^{\cdot}g^{\cdot}(r),a\rangle=\langle (gf)^{\cdot}(r),a\rangle=\langle 0^{\cdot}(r),a\rangle$$
$$=\langle r,0(a)\rangle=\langle r,0\rangle=0,$$

故

$$f^{\cdot}g^{\cdot}(r)=0,\quad \forall r\in C,$$
$$f^{\cdot}g^{\cdot}=0.$$
□

引理 1.8.4 设$X=\{x_1,x_2,\cdots,x_n\}$为n维自由群A的一个基,$g_1,g_2,\cdots,g_n$为任意n个整数,则同态群$\mathrm{Hom}(A,J)$中恰有一个元素α,s.t.

$$\langle \alpha,x_i\rangle=g_i,\quad i=1,2,\cdots,n. \tag{1.8.2}$$

证明 对$\forall a\in A$,它有唯一的表示:

$$a=\sum_{i=1}^{n}n_ix_i,\quad n_i\in J\text{ 为整数}.$$

由于 Kronecker 积关于第二个变元是线性函数,对于$\forall \alpha\in\mathrm{Hom}(A,J)$,有

$$\langle \alpha,a\rangle=\left\langle \alpha,\sum_{i=1}^{n}n_ix_i\right\rangle=\sum_{i=1}^{n}n_i\langle \alpha,x_i\rangle=\sum_{i=1}^{n}n_ig_i,$$

这表明若$\mathrm{Hom}(A,J)$的元素α满足式(1.8.2),则它在A中的元素a处的值就完全确定了.

另一方面,如果用式(1.8.2)作为α在基X上定义的值,再根据整系数线性扩张到A上定义了函数$\alpha:A\to J$.易见,α为一个同态.这表明$\mathrm{Hom}(A,J)$中至少有一个元素α满足式(1.8.2).

综合上述论述推得$\mathrm{Hom}(A,G)$中恰有一个元素α满足式(1.8.2). □

引理 1.8.5 设$X=\{x_1,x_2,\cdots,x_n\}$为n维自由群A的一个基,则同态群$\mathrm{Hom}(A,J)$恰有一个基$\xi=\{\xi_1,\xi_2,\cdots,\xi_n\}$,使得

$$\langle \xi_i,x_j\rangle=\delta_{ij}=\begin{cases}1, & i=j,\\ 0, & i\neq j.\end{cases}$$

因而,$\mathrm{Hom}(A,J)$也为n维自由群.ξ称为X的**对偶基**.

证明 根据引理 1.8.4,对每个i,恰有一个$\xi_i\in\mathrm{Hom}(A,J)$,使得

$$\langle \xi_i,x_j\rangle=\delta_{ij},\quad j=1,2,\cdots,n.$$

因此,只需证明$\xi=\{\xi_1,\xi_2,\cdots,\xi_n\}$为$\mathrm{Hom}(A,J)$的一个基.

首先,ξ为$\mathrm{Hom}(A,J)$中的一组线性无关的元素.事实上,如果$\sum\limits_{i=1}^{n}g_i\xi_i=0$,则对$\forall a\in A$,有

$$0=\langle 0,a\rangle=\left\langle \sum_{i=1}^{n}g_i\xi_i,a\right\rangle=\sum_{i=1}^{n}g_i\langle \xi_i,a\rangle.$$

特别对 $a=x_j$,有

$$0=\sum_{i=1}^{n}g_i\langle\xi_i,x_j\rangle=\sum_{i=1}^{n}g_i\delta_{ij}=g_j,\quad j=1,2,\cdots,n.$$

因此,$\xi=\{\xi_1,\xi_2,\cdots,\xi_n\}$是一个线性无关组.

其次,Hom(A,J) 中的每一元素 α 都是 ξ 中元素的一个线性组合. 事实上,设 $a=\sum_{i=1}^{n}n_ix_i$,则

$$\langle\xi_i,a\rangle=\langle\xi_i,\sum_{j=1}^{n}n_jx_j\rangle=\sum_{j=1}^{n}n_j\langle\xi_i,x_j\rangle=n_i,$$

$$\begin{aligned}\langle\alpha,a\rangle&=\sum_{i=1}^{n}n_i\langle\alpha,x_i\rangle=\sum_{i=1}^{n}n_ig_i=\sum_{i=1}^{n}g_i\langle\xi_i,a\rangle\\&=\langle\sum_{i=1}^{n}g_i\xi_i,a\rangle,\quad\forall a\in A,\end{aligned}$$

$$\alpha=\sum_{i=1}^{n}g_i\xi_i.$$

□

引理 1.8.6 设 $X=\{x_1,x_2,\cdots,x_r\}$为自由群 A 的基,$\xi=\{\xi_1,\xi_2,\cdots,\xi_r\}$为其对偶基;$Y=\{y_1,y_2,\cdots,y_s\}$为 B 的基,$\eta=\{\eta_1,\eta_2,\cdots,\eta_s\}$为其对偶基. 再设 $f:A\to B$ 为同态,

$$f(x_i)=\sum_{j=1}^{s}f_{ij}y_j,\quad i=1,2,\cdots,r,\tag{1.8.3}$$

其中 f_{ij} 都为整数. 于是,对偶同态 $f^\cdot$:Hom$(B,J)\to$Hom(A,J)可表示为

$$f^\cdot(\eta_i)=\sum_{j=1}^{r}f_{ji}\xi_j,\quad i=1,2,\cdots,s.\tag{1.8.4}$$

式(1.8.3)中的整数矩阵是式(1.8.4)中的整数矩阵的转置矩阵.

证明 因为 $f^\cdot$ 为 f 的对偶同态,故

$$\langle f^\cdot(\eta_i),x_j\rangle=\langle\eta_i,f(x_j)\rangle.$$

由式(1.8.3)及对偶基的定义,有

$$\langle\eta_i,f(x_j)\rangle=\langle\eta_i,\sum_{k=1}^{s}f_{jk}y_k\rangle=\sum_{k=1}^{s}f_{jk}\langle\eta_i,y_k\rangle=f_{ji}.$$

如果 $f^\cdot(\eta_i)=\sum_{k=1}^{r}g_{ik}\xi_k$,同样有

$$\langle f^\cdot(\eta_i),x_j\rangle=\langle\sum_{k=1}^{r}g_{ik}\xi_k,x_j\rangle=\sum_{k=1}^{r}g_{ik}\langle\xi_k,x_j\rangle=g_{ij}.$$

于是

$$g_{ij}=\langle f^\cdot(\eta_i),x_j\rangle=\langle\eta_i,f(x_j)\rangle=f_{ji}.$$

□

单纯上同调群

定义 1.8.2 设 K 为 n 维复形，$C_q(K)$是以整数为系数的 q 维单纯下链群，即 $C_q(K)=C_q(K;J)$，$q=0,1,\cdots,n$. G 为任一交换群. 同态群 $\mathrm{Hom}(C_q(K),G)$称为 K 的以 G 为值群的 q 维单纯上链群，记作 $C^q(K;G)$：

$$C^q(K;G) = \mathrm{Hom}(C_q(K),G).$$

它的元素称为复形 K 的以 G 为值群的 q 维单纯上链. 为区别，将 $C_q(K;G)$称为 q 维单纯下链群.

设 y^q 为任一 q 维单纯上链，因而它是一个同态：

$$y^q: C_q(K) \to G.$$

设 K 的一个有向单形的基本组是

$$\{s_i^q\}, \quad q = 0,1,\cdots,n; i = 1,2,\cdots,\alpha_q.$$

而同态 y^q 在$s_i^q \in C_q(K)$处的值为 $g_i \in G$：

$$y^q: s_i^q \mapsto g_i \in G, \quad i = 1,2,\cdots,\alpha_q.$$

根据引理 1.8.4，给定了任意一组值$\{g_i\}$，上式就唯一确定了一个 q 维单纯上链 y^q，并且这是通过以整数为系数的线性扩张来确定的：

$$y^q(x_q) = y^q\left(\sum_{i=1}^{\alpha_q} n_i s_i^q\right) = \sum_{i=1}^{\alpha_q} n_i y^q(s_i^q) = \sum_{i=1}^{\alpha_q} n_i g_i,$$

$$y^q: x_q \mapsto \sum_{i=1}^{\alpha_q} n_i g_i \in G.$$

以上是 q 维单纯上链的函数观点的定义.

换个角度，如果用

$$s_j^q \mapsto \begin{cases} g_i, & j = i, \\ 0, & j \neq i \end{cases}$$

表示单纯上链 $y_i^q = g_i s_i^q$，则

$$y^q = \sum_{i=1}^{\alpha_q} y_i^q = \sum_{i=1}^{\alpha_q} g_i s_i^q,$$

这时 G 自然也称为系数群.

应用 Kronecker 积，有

$$\langle y^q, x_q \rangle = y^q(x_q) = \sum_{i=1}^{\alpha_q} n_i g_i = \left\langle \sum_{i=1}^{\alpha_q} g_i s_i^q, \sum_{i=1}^{\alpha_q} n_i s_i^q \right\rangle,$$

它就与 Euclid 空间中两点的内积有相仿的形式. 如果$\langle y^q, x_q \rangle = 0$，就称 y^q 与 x_q 互相正交，记作 $y^q \perp x_q$ 或$x_q \perp y^q$.

单纯上链的函数观点与线性组合的表示各有其便利之处.读者可以根据需要选择其一使用.

定义 1.8.3 设 K 为复形,$C_q(K)$为 K 的 q 维单纯整下链群,$C^q(K;G)$为 K 的以 G 为值群的 q 维单纯上链群. K 上的下边缘算子

$$\partial = \partial_q : C_q(K) \to C_{q-1}(K)$$

的对偶同态

$$\delta = \delta^{q-1} : C^{q-1}(K;G) \to C^q(K;G)$$

称为 K 上的上边缘算子.对于任一 $q-1$ 维单纯上链 y^{q-1},δy^{q-1}为 q 维单纯上链,称为 y^{q-1}的上边缘.因为 ∂ 是线性的,故 δ 也是线性的.

对于$\forall x_q \in C_q(K)$,δy^{q-1}是由

$$\langle \delta y^{q-1}, s_j^q \rangle = \langle y^{q-1}, \partial s_j^q \rangle$$

定义的.

定理 1.8.1 $\delta\delta = 0$.

证明 (证法 1)对$\forall x_{q+2} \in C_{q+2}(K)$,$\forall y^q \in C^q(K;G)$,有

$$\langle \delta\delta y^q, x_{q+2} \rangle = \langle \delta y^q, \partial x_{q+2} \rangle = \langle y^q, \partial\partial x_{q+2} \rangle = \langle y^q, 0 \rangle = 0,$$

$$\delta\delta y^q = 0, \quad \forall y^q \in C^q(K;G),$$

$$\delta\delta = 0.$$

(证法 2)设 $f = \partial_{q+2}$,$g = \partial_{q+1}$,则

$$gf = \partial_{q+1}\partial_{q+2} = 0.$$

根据引理 1.8.2 与引理 1.8.3 得到

$$\delta^{q+2}\delta^{q+1} = f^{\cdot} g^{\cdot} = 0.$$ □

定义 1.8.4 从引理 1.1.4(2)出发,我们定义了单纯下同调群,现在我们从定理 1.8.1 出发来定义单纯上同调群.设复形 K 上的单纯上链 $y^q \in C^q(K;G)$的上边缘为 0,即 $\delta y^q = 0$,y^q 就称为一个**单纯上闭链**. q 维单纯上闭链的全体组成$C^q(K;G)$的一个子群,称为 K 的 **q 维单纯上闭链群**,记作 $Z^q(K;G)$.特别地,有 $Z^n(K;G) = C^n(K;G)$ ($\langle \delta y^n, x_{n+1} \rangle = \langle \delta y^n, 0 \rangle = 0$,$\delta y^n = 0$).如果 y^q 是一个 $q-1$ 维单纯上链 $y^{q-1} \in C^{q-1}(K;G)$ 的上边缘,即 $y^q = \delta y^{q-1}$,则称 y^q 为一个 **q 维单纯上边缘链**. q 维单纯上边缘链全体组成 $C^q(K;G)$的一个子群,称为 K 的 **q 维单纯上边缘链群**,记作 $B^q(K;G)$.显然,$B^0(K;G) = 0$.根据定理 1.8.1,有 $B^q(K;G) \subset Z^q(K;G)$.称商群

$$\frac{Z^q(K;G)}{B^q(K;G)} = \frac{\operatorname{Ker} \delta^q}{\operatorname{Im} \delta^{q-1}}$$

为 K 上的 q 维单纯上同调群,记作

$$H^q(K;G).$$

$Z^q(K;G)$中的模 $B^q(K;G)$等价类称为 q 维单纯上同调类.如果两个单纯上同调类 z_1^q 与 z_2^q 属于同一个单纯上同调类,就称它们**上同调**,仍记作 $z_1^q \sim z_2^q$ 或 $z_2^q \sim z_1^q$. z^q 的同调类记作

$$[z^q] = [z_1^q \in Z^q(K;G) \mid z_1^q \sim z^q],$$

$[z^q]$有时也记作 $\overset{*}{z}{}^q$.

单纯映射与单纯上链映射

引理 1.8.7 设 K 与 L 为复形,$f=\{f_q\}$为(下)链映射(如由单纯映射$\underline{f}:K\to L$ 所诱导出来的),而且 f 的对偶同态$f^{\cdot}=\{f^q\}$,

$$f^q:C^q(L;G)\to C^q(K;G).$$

则:

(1) $f^{\cdot}$ 与上边缘算子 δ 交换:

$$f^q\delta = \delta f^{q-1},$$

且称 $f^{\cdot}=\{f^q\}$为**上链映射**.

(2) $f=\{f_q\}$诱导出单纯上同调群之间的同态 $f^*=\{f^{q*}\}$,

$$f^{q*}:H^q(L;G)\to H^q(K;G).$$

证明 (1) $\forall x_q\in C_q(K)$, $\forall y^{q-1}\in C^{q-1}(L;G)$,

$$\begin{aligned}\langle f^q\delta y^{q-1},x_q\rangle &= \langle \delta y^{q-1},f_qx_q\rangle = \langle y^{q-1},\partial f_qx_q\rangle\\ &= \langle y^{q-1},f_{q-1}\partial x_q\rangle = \langle f^{q-1}y^{q-1},\partial x_q\rangle\\ &= \langle \delta f^{q-1}y^{q-1},x_q\rangle,\end{aligned}$$

因此

$$f^q\delta y^{q-1} = \delta f^{q-1}y^{q-1},$$

所以,

$$f^q\delta = \delta f^{q-1}.$$

(2) $f^qZ^q(L;G)\subset Z^q(K;G)$.

事实上,对$\forall z\in Z^q(L;G)$, $\forall x_{q+1}\in C_{q+1}(K)$,有

$$\delta f^qz \overset{(1)}{=} f^{q+1}\delta z = f^{q+1}(0) = 0,\quad f^qz\in Z^q(K;G),\quad f^qZ^q(L;G)\subset Z^q(K;G).$$

进而,$f^qB^q(L;G)\subset B^q(K;G)$.

事实上,对$\forall b\in B^q(L;G)$, $\exists c\in C^{q+1}(L;G)$, s.t. $b=\delta c$.于是

$$f^qb = f^q\delta c = \delta f^qc\in B^q(K;G),\quad f^qB^q(L;G)\subset B^q(K;G).$$

最后,对$\forall [z],[z_1],[z_2]\in H^q(L;G)$,有

$$f^{q*}([z]) = [f^qz]\in H^q(K;G).$$

$$f^{q*}([z_1]+[z_2])=f^{q*}([z_1+z_2])=[f^q(z_1+z_2)]=f^{q*}[z_1+z_2]$$
$$=f^{q*}([z_1]+[z_2])=f^{q*}[z_1]+f^{q*}[z_2],$$

即 $f^{q*}:H^q(L;G)\to H^q(K;G)$为一个同态. □

定义 1.8.5 现在来引入链同伦 $D=\{D_q\}$的对偶.设 $f,g:C_q(K)\to C_q(L)$为链同伦 $D=\{D_q\}$下的两个下链映射,即

$$D_q:C_q(K)\to C_{q+1}(L),$$

s.t.

$$\partial_{q+1}D_q+D_{q-1}\partial_q=g_q-f_q.$$

记 D_q 的对偶同态为

$$D^{q+1}:C^{q+1}(L;G)\to C^q(K;G),$$

而且 $D^{\cdot}=\{D^q\}$.

引理 1.8.8 设下链映射 $f,g:C_q(K)\to C_q(L)$是链同伦的:$D:f\simeq g$,则它们相应的上链映射 $f^{\cdot},g^{\cdot}:C^q(L;G)\to C^q(K;G)$满足:

$$D^{q+1}\delta^q+\delta^{q-1}D^q=g^q-f^q.$$

因而,它们诱导出上同调群之间的同一个同态

$$f^{q*}=g^{q*}:H^q(L;G)\to H^q(K;G).$$

我们也说,$f^{\cdot}=\{f^q\}$与 $g^{\cdot}=\{g^q\}$是链同伦的:$D^{\cdot}:f^{\cdot}\simeq g^{\cdot}$.

证明 对$\forall\, y^q\in C^q(L;G),\forall\, x_q\in C_q(K)$,有

$$\langle(D^{q+1}\delta^q+\delta^{q-1}D^q)y^q,x_q\rangle=\langle y^q,(\partial_{q+1}D_q+D_{q-1}\partial_q)x_q\rangle$$
$$=\langle y^q,(g_q-f_q)x_q\rangle=\langle(g^q-f^q)y^q,x_q\rangle,$$
$$(D^{q+1}\delta^q+\delta^{q-1}D^q)y^q=(g^q-f^q)y^q,$$
$$D^{q+1}\delta^q+\delta^{q-1}D^q=g^q-f^q.$$

最后,对$\forall\,[z]\in H^q(L;G)$,有

$$(g^{q*}-f^{q*})[z]=[(g^q-f^q)z]=[(D^{q+1}\delta^q+\delta^{q-1}D^q)z]$$
$$=[\delta^{q-1}D^qz]=0,$$
$$g^{q*}=f^{q*}.$$
□

在下同调群的重分不变性证明的基础上,我们很容易地证明上同调群的重分不变性.

定理 1.8.2(单纯上同调群的重分不变性)

$$\mathrm{Sd}^{q*}:H^q(\mathrm{Sd}\,K)\cong H^q(K)\quad 与\quad \pi^{q*}:H^q(K)\cong H^q(\mathrm{Sd}\,K)$$

为互逆的同构.

证明 在引理 1.3.10 中得到了

$$\pi_q \mathrm{Sd}_q = 1: C_q(K) \to C_q(K).$$

在引理1.3.11中又得到了

$$D: \mathrm{Sd}_q \pi_q \simeq 1_q : C_q(\mathrm{Sd}_q K) \to C_q(\mathrm{Sd}_q K).$$

根据引理1.8.1,有 π_q,Sd_q,恒同链映射 1_q 的对偶同态为 $\pi_q^{\cdot}$,$\mathrm{Sd}_q^{\cdot}$,$1_q^{\cdot}$.而且由 $\langle y^q, x_q\rangle = \langle y^q, 1_q x_q\rangle = \langle 1_q^{\cdot} y^q, x_q\rangle$,$y^q = 1_q^{\cdot} y^q$ 立知 $1_q^{\cdot}$ 仍为恒同链映射.再根据引理1.8.2与引理1.8.8,分别有

$$\mathrm{Sd}_q^{\cdot}\pi_q^{\cdot} = 1, \quad \pi_q^{\cdot}\mathrm{Sd}_q^{\cdot} \simeq 1.$$

于是,如同证明定理1.3.3一样推得互逆的同构

$$\mathrm{Sd}^{q*}: H^q(\mathrm{Sd}\,K) \cong H^q(K), \quad \pi^{q*}: H^q(K) \cong H^q(\mathrm{Sd}\,K),$$

其中 $\mathrm{Sd}_q^{\cdot} = \mathrm{Sd}^q$,$\pi_q^{\cdot} = \pi^q$. □

定理1.8.3(单纯上同调群的拓扑不变性) 同胚的两个复形 K 与 L 的各维单纯上同调群分别同构.

证明 设 $\varphi: K \to L$ 为同胚.$\varphi: K \to L$,$\varphi^{-1}: \mathrm{Sd}^{(m)} L \to K$ 都具有星形性质.在定理1.3.6的证明中,它们有单纯逼近 $\underline{f}$ 与 $\underline{g}$,分别诱导出单纯链映射 $f: C_q(K) \to C_q(L)$,$g: C_q(\mathrm{Sd}^{(m)} L) \to C_q(K)$.因为 $\underline{f}\,\underline{g}$ 与 $\pi^{(m)}$ 都为 $\varphi\varphi^{-1} = 1: \mathrm{Sd}^{(m)} L \to L$ 的单纯逼近,所以它们诱导出的链映射 fg,$\underline{\pi}^{(m)}: C_q(\mathrm{Sd}^{(m)} L) \to C_q(L)$ 诱导出相同的星形同态 $f_{q*} g_{q*} = \pi_{q*}^{(m)}$.然后,从 $\pi_{q*}^{(m)}$ 为同构(单纯同调群的重分不变性定理1.3.3)推得 f_{q*} 也为同构(见定理1.3.6证明(2)).

现在,对于单纯上同调群,根据引理1.8.1,有对偶同态

$$g^{\cdot} f^{\cdot}, \pi^{(m)\cdot}: C^q(L) \to C^q(\mathrm{Sd}^{(m)} L).$$

由于 $\underline{f}\,\underline{g}$ 与 $\underline{\pi}^{(m)}$ 都是恒同映射 $\varphi\varphi^{-1} = 1: \mathrm{Sd}^{(m)} L \to L$ 的单纯逼近,根据引理1.3.14(3),定义1.3.18及零调承载子定理(定理1.3.2),它们诱导出了链同伦的下链映射 fg 与 $\pi^{(m)}$.再根据引理1.8.8,对偶的上链映射 $g^{\cdot} f^{\cdot}$ 与 $\pi^{(m)\cdot}$ 也上链同伦.因而,$g^{q*} f^{q*} = \pi^{(m)q*}$.由单纯上同调群的重分不变性(定理1.8.2)推得 $\pi^{(m)q*}$ 为同构.根据类似单纯下同调群的证明(或见定理1.3.6证明(2))知,f^{q*} 也为同构.

设不是 $\varphi: K \to L$,而是 $\varphi: \mathrm{Sd}^{(r)} K \to L$ 具有星形性质,且 $\underline{f}^{(r)}$ 为 $\varphi: \mathrm{Sd}^{(r)} K \to L$ 的一个单纯逼近.根据上面的结论,$f^{(r)q*}: H^q(L) \to H^q(\mathrm{Sd}^{(r)} K)$ 为同构.于是

$$\mathrm{Sd}^{(r)q*} f^{(r)q*}: H^q(L) \to H^q(K)$$

为同构. □

定理1.8.4(单纯上同调群的伦型不变性) 设多面体 $|K|$ 与 $|L|$ 具有相同的伦型,即 $|K| \simeq |L|$,则复形 K 与 L 的同维单纯上同调群同构.

更确切地说,如果 $\varphi: K \to L$ 为同伦,$\psi: L \to K$ 为其同伦逆,即 $\psi\varphi \simeq 1: K \to K$,$\varphi\psi \simeq 1:$

$L \to L$,则

$$\varphi^{q*}: H^q(L) \to H^q(K)$$

为同构.而

$$\psi^{q*}: H^q(K) \to H^q(L)$$

为其同构逆,即 $\psi^{q*} = \varphi^{q*-1}$.

证明 (仿定理 1.8.3 的证明)因为 $\psi: L \to K$ 为 $\varphi: K \to L$ 的同伦逆.设 $\varphi: K \to L$, $\psi: \mathrm{Sd}^{(m)} L \to K$ 都具有星形性质.在定理 1.3.6 的证明中,它们有单纯逼近 $\underline{f}$ 与 $\underline{g}$,分别诱导出单纯链映射 $f: C_q(K) \to C_q(L)$, $g: C_q(\mathrm{Sd}^{(m)} L) \to C_q(K)$.因为 $\underline{f}\,\underline{g}$ 与 $\underline{\pi}^{(m)}$ 分别为 $\varphi\psi$ 与 $1: \mathrm{Sd}^{(m)} L \to L$ 的单纯逼近,再根据 $\varphi\psi \simeq 1$ 及定理 1.3.7,它们诱导的链映射 fg, $\pi^{(m)}: C_q(\mathrm{Sd}^{(m)} L) \to C_q(L)$ 诱导出相同的星形同态(注意到 $\underline{f}\,\underline{g} \simeq \varphi\psi \simeq 1 \simeq \underline{\pi}^{(m)}$):

$$f_{q*} g_{q*} = (fg)_{q*} = \pi_{q*}^{(m)},$$

然后,从 $\pi_{q*}^{(m)}$ 为同构(单纯下同调群的重分不变性定理)推得 f_{q*} 也为同构(见定理 1.3.6 证明(2)).

现在,对于单纯上同调群,根据引理 1.8.1,有对偶同态

$$g^{\cdot} f^{\cdot}, \pi^{(m)\cdot}: C^q(L) \to C^q(\mathrm{Sd}^{(m)} L).$$

由于 $\underline{f}\,\underline{g}$ 与 $\underline{\pi}^{(m)}$ 分别为 $\varphi\psi$ 与 $\pi^{(m)}: \mathrm{Sd}^{(m)} L \to L$ 的单纯逼近,根据引理 1.3.14(3),定义 1.3.18 及零调承载子定理(定理 1.3.2),它们诱导出了链同伦的下链映射 fg 与 $\pi^{(m)}$.再根据引理 1.8.8,对偶的上链映射 $g^{\cdot} f^{\cdot} = (fg)^{\cdot}$ 与 $\pi^{(m)\cdot}$ 彼此上链同伦,因而,$g^{q*} f^{q*} = \pi^{(m)q*}$.由单纯上同调群的重分不变性(定理 1.8.2)推得 $\pi^{(m)q*}$ 为同构.根据类似单纯下同调群的证明(或见定理 1.3.6 证明(2))知,f^{q*} 也为同构.

设不是 $\varphi: K \to L$,而是 $\varphi: \mathrm{Sd}^{(r)} K \to L$ 具有星形性质,且 $\underline{f}^{(r)}$ 为 $\varphi: \mathrm{Sd}^{(r)} K \to L$ 的一个单纯逼近.根据上面的结论,$f^{(r)q*}: H^q(L) \to H^q(\mathrm{Sd}^{(r)} K)$ 为同构.于是

$$\mathrm{Sd}^{(r)q*} f^{(r)q*}: H^q(L) \to H^q(K)$$

为同构. □

相对单纯上、下同调群

定义 1.8.6 设 K 为一个复形,L 为 K 的一个子复形.显然,$K-L$ 为单形的集合(但 $K-L$ 不必为复形).选定 $K-L$ 的有向单形的一个基本组,将 $K-L$ 的 q 维有向单形的每一个以整数为系数的线性组合称为 $K-L$ 上的一个 q 维相对单纯整下链,得到 $K-L$ 的 q 维相对单纯整下链群,记作 $C_q(K-L) = C_q(K,L)$.

值得注意的是,虽然 $K-L$ 的任一 q 维有向单形 s^q 也是 K 的一个 q 维有向单形,但是 s^q 在 K 上的下边缘 ∂s^q 不必是在 $K-L$ 上的一个 $q-1$ 维下链.换句话说,虽然

$C_q(K-L) \subset C_q(K)$，但 $\partial C_q(K-L) \overset{\text{未必}}{\subset} C_{q-1}(K-L)$. 如何定义 $K-L$ 上的下边缘算子呢？

自然，将 K 分为 L 与 $K-L$ 两部分，K 上的任一 q 维下链 $x \in C_q(K)$ 也可以唯一地分解为 L 上的部分 x_L 与 $K-L$ 上的部分 x_{K-L}：

$$x = x_L + x_{K-L}, \quad x_L \in C_q(L), \quad x_{K-L} \in C_q(K-L).$$

设 $x \in C_q(K-L)$，x 为 K 上的单纯下链，它的下边缘为 ∂x. 将 ∂x 在 $K-L$ 上的部分 $(\partial x)_{K-L}$ 称为 x 在 $K-L$ 上的下边缘，记作 $\hat{\partial} x$：

$$\hat{\partial} x = (\partial x)_{K-L}.$$

根据定义 1.8.4，我们定义 $K-L$ 的 q 维相对单纯下闭链群与 q 维相对单纯下边缘链群分别为

$$Z_q(K-L) = \operatorname{Ker} \hat{\partial}_q, \quad B_q(K-L) = \operatorname{Im} \hat{\partial}_{q+1}.$$

由 $\hat{\partial}\hat{\partial} = 0$ 立知

$$B_q(K-L) \subset Z_q(K-L) \subset C_q(K-L).$$

于是，我们定义 $K-L$ 的相对单纯下同调群为

$$H_q(K-L) = \frac{Z_q(K-L)}{B_q(K-L)} = \frac{\operatorname{Ker} \hat{\partial}_q}{\operatorname{Im} \partial_{q+1}}.$$

定理 1.8.5 显然

$$\hat{\partial}: C_q(K-L) \to C_{q-1}(K-L)$$

为同态，且

$$\hat{\partial}\hat{\partial} = 0.$$

也就是说

$$\{C(K-L), \partial\} = \{C_q(K-L), \hat{\partial}_q\}$$

为一个链复形.

证明 设 $x \in C_q(K-L)$，则

$$\hat{\partial} x = (\partial x)_{K-L} = \partial x - (\partial x)_L.$$

因而

$$\hat{\partial}\hat{\partial} x = \hat{\partial}\{\partial x - (\partial x)_L\} = \{\partial(\partial x - (\partial x)_L)\}_{K-L} = \{-\partial(\partial x)_L\}_{K-L} = 0$$

（注意到 $(\partial x)_L$，$-\partial(\partial x)_L$ 都为 L 上的链）. □

定义 1.8.6′（相对单纯下同调群的一个等价定义） L 为 K 的一个子复形，令

$$C_q(K \bmod L) = \frac{C_q(K)}{C_q(L)}.$$

首先,$C_q(K \bmod L)$的元素就是$C_q(L)$在$C_q(K)$中的陪集:对$\forall x \in C_q(K)$,陪集为$x + C_q(L)$.其次,因为L为K的子复形,同态

$$\partial: C_q(K) \to C_{q-1}(K)$$

同时也将$C_q(L)$映到$C_{q-1}(L)$.因而,根据定理1.2.1,∂诱导出一个同态

$$\tilde{\partial}: C_q(K \bmod L) \to C_{q-1}(K \bmod L).$$

由于$\partial\partial = 0$,故$\tilde{\partial}\tilde{\partial} = 0$.事实上,对$\forall x + C_q(L) \in C_q(K \bmod L)$,有

$$\tilde{\partial}\tilde{\partial}(x + C_q(L)) = \tilde{\partial}(\partial x + C_{q-1}(L)) = \partial\partial x + C_{q-2}(L) = 0 + C_{q-2}(L),$$

$$\tilde{\partial}\tilde{\partial} = 0.$$

由此得到链复形$\{C_q(K \bmod L), \tilde{\partial}\}$.相应得到相对单纯下同调群的另一定义,可记作$H_q(K \bmod L)$.

下面来证明如下引理.

引理1.8.9 $H_q(K \bmod L) \cong H_q(K - L)$.

证明 对$\forall y \in C_q(K - L)$,定义

$$h(y) = y + C_q(L) \in C_q(K \bmod L).$$

很显然

$$h: C_q(K - L) \to C_q(K \bmod L)$$

为同构.此外,对$\forall y \in C_q(K - L)$,有

$$h\hat{\partial}(y) = h(\partial y)_{K-L} = \partial y + C_{q-1}(L) \cong \tilde{\partial}(y + C_q(L)) \cong \tilde{\partial} h(y),$$

$$h\hat{\partial} = \tilde{\partial} h,$$

即同构h保持边缘.它将下闭链映为下闭链,将下边缘链映为下边缘链.事实上,当$z \in Z_q(K - L)$时,有

$$\tilde{\partial} h(z) = h\hat{\partial}(z) = h(0) = 0, \quad h(z) \in Z_q(K \bmod L).$$

当$x \in C_{q+1}(K - L)$时,有

$$h(\hat{\partial} x) = \tilde{\partial} h(x) \in B_q(K \bmod L).$$

由此推得

$$h(Z_q(K - L)) = Z_q(K \bmod L),$$

$$h(B_q(K - L)) = B_q(K \bmod L).$$ □

此后,我们将$K - L$改记为复形偶(K, L),将$C_q(K - L)$,$Z_q(K - L)$,$B_q(K - L)$,$H_q(K - L)$或$C_q(K \bmod L)$,$Z_q(K \bmod L)$,$B_q(K \bmod L)$,$H_q(K \bmod L)$都改记为$C_q(K, L)$,$Z_q(K, L)$,$B_q(K, L)$,$H_q(K, L)$.

例1.8.1 设$\underline{s}^n$与$\underline{\dot{s}}^n$分别为n维单形的闭包复形与边缘复形,则

$$H_q(s^n - \dot{s}^n) \cong \begin{cases} 0, & q \neq n, \\ J, & q = n. \end{cases}$$

证明 当 $q \neq n$ 时，$C_q(s^n, \dot{s}^n) = 0$，$Z_q(s^n, \dot{s}^n) = 0$，故 $H_q(s^n, \dot{s}^n) = 0$.

当 $q = n$ 时，$C_n(s^n, \dot{s}^n) = \{ns^n \mid n \in J\}$，$Z_n(s^n - \dot{s}^n) \cong J$，$B_n(s^n - \dot{s}^n) = 0$，$H_n(s^n - \dot{s}^n) \cong J$. □

相对单纯上同调群

定义 1.8.7 设 G 为任一交换群，(K,L) 为单纯复形偶，$C_q(K,L)$ 为 (K,L) 的 q 维相对单纯整下链群. 称同态

$$y^q: C_q(K,L) \to G$$

是 (K,L) 上的以 G 为值群的 q 维相对单纯上链. 由所有 q 维相对单纯上链组成一个 q 维相对单纯上链群

$$C_q(K,L;G) = \mathrm{Hom}(C_q(K,L),G).$$

注意 $y^q \in C_q(K,L;G)$ 可视作 $C^q(K;G)$ 的元素，且 $y^q \mid C_q(L) = 0$，即对 $\forall x_q \in C_q(L)$，有 $\langle y^q, x_q \rangle = 0$. 换句话说，可视 $C^q(K,L;G)$ 为 $C^q(K;G)$ 的子群.

定理 1.8.6 (1) 复形 K 上的上边缘同态

$$\delta: C^q(K;G) \to C^{q+1}(K;G)$$

将子群 $C^q(K,L;G)$ 映为 $C^{q+1}(K,L;G)$，即

$$\delta: C^q(K,L;G) \to C^{q+1}(K,L;G).$$

(2) 进而，上述同态 δ 为 (K,L) 的下边缘算子

$$\hat{\partial}: C_{q+1}(K,L) \to C_q(K,L)$$

的对偶同态 $\hat{\delta}$，称为 (K,L) 上的上边缘算子.

证明 (1) 对 $\forall y^q \in C^q(K,L;G)$，视它为 $C^q(K;G)$ 的一个元素. 再设 t^{q+1} 为 L 的任一 $q+1$ 维有向单形. 由于 L 为 K 的子复形，故 ∂t^{q+1} 在 L 上. 因此，在 K 上，

$$\langle \delta y^q, t^{q+1} \rangle = \langle y^q, \partial t^{q+1} \rangle = 0.$$

这表明 $\delta y^q \in C^{q+1}(K,L;G)$.

(2) 对 $\forall x_{q+1} \in C_{q+1}(K,L)$，$\forall y^q \in C^q(K,L;G)$，有

$$\langle \delta y^q, x_{q+1} \rangle = \langle y^q, \partial x_{q+1} \rangle = \langle y^q, (\partial x_{q+1})_{K-L} \rangle = \langle y^q, \hat{\partial} x_{q+1} \rangle = \langle \hat{\delta} y^q, x_{q+1} \rangle.$$

因此，在 $C^q(K,L;G)$ 上，$\hat{\delta} = \delta$. □

定理 1.8.7 设 $\hat{\delta}$ 为 $\hat{\partial}: C_{q+1}(K,L) \to C_q(K,L)$ 的对偶同态，则 $\hat{\delta}\hat{\delta} = 0$.

证明 (证法 1)对 $\forall y^q \in C^q(K,L;G)$，$\forall x_{q+2} \in C_q(K,L;G)$，有

$$\langle \hat{\delta}\hat{\delta}y^q, x_{q+2}\rangle = \langle \hat{\delta}y^q, \hat{\partial}x_{q+2}\rangle = \langle y^q, \hat{\partial}\hat{\partial}x_{q+2}\rangle = \langle y^q, 0\rangle = 0,$$

$$\hat{\delta}\hat{\delta}y^q = 0, \quad \hat{\delta}\hat{\delta} = 0.$$

(证法 2)根据定理 1.8.6(2),在(K,L)上有

$$\hat{\delta}\hat{\delta} = \delta\delta = 0.$$

□

定义 1.8.8 根据定理 1.8.6(2),

$$\hat{\partial}: C_{q+1}(K,L) \to C_q(K,L)$$

的对偶同态 $\hat{\delta}$ 就是

$$\delta: C^q(K;G) \to C^{q+1}(K;G)$$

限制到(K,L)上得到的

$$\delta: C^q(K,L;G) \to C^{q+1}(K;G).$$

令(K,L)上的 q 维相对上闭链群与 q 维相对上边缘链群分别为

$$Z^q(K,L;G) = \operatorname{Ker}\hat{\delta}^q = \operatorname{Ker}\delta^q,$$

$$B^q(K,L;G) = \operatorname{Im}\hat{\delta}^{q+1} = \operatorname{Im}\delta^q.$$

因为

$$C^q(K,L;G) \supset Z^q(K,L;G) \supset B^q(K,L;G),$$

所以我们定义

$$H^q(K,L;G) = \frac{Z^q(K,L;G)}{B^q(K,L;G)}$$

为(K,L)上的 q 维相对单纯上同调群.

切除定理

与相对单纯上、下同调群密切相关的重要定理是切除定理.它有许多应用.

定理 1.8.8 设 K 为复形,K_1 与 K_2 都为 K 的子复形,且 $K=K_1\cup K_2$,则对 $\forall q\in J$,有:

(1) $H_q(K_2,K_1\cap K_2;G)\cong H_q(K,K_1;G)$;

(2) $H^q(K_2,K_1\cap K_2;G)\cong H^q(K,K_1;G)$.

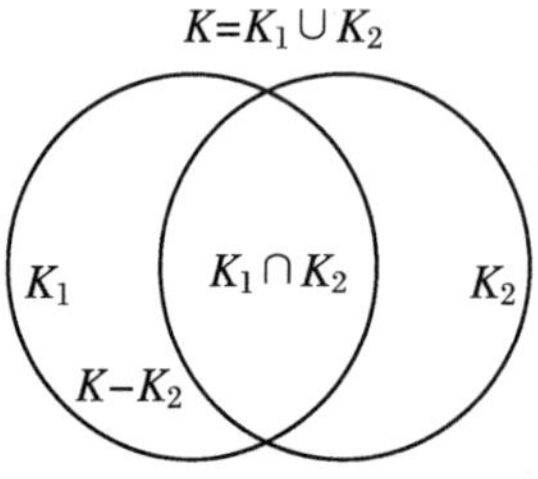

图 1.8.1

证明 显然,$K_1\cap K_2$ 为 K_2 的一个子复形.从复形偶(K,K_1)的 K 与 K_1 各切除一个开子复形 $K-K_2$,就得到一个新复形偶$(K_2,K_1\cap K_2)$(见图 1.8.1).因而

$$K_2 - K_1\cap K_2 = K - K_1. \qquad (1.8.5)$$

(1) 于是,对 $\forall q\in J$,有

$$C_q(K_2,K_1\cap K_2;G)=C_q(K,K_1;G) \tag{1.8.6}$$

值得注意的是,式(1.8.5)意味着单形 $\sigma\in K_2-K_1\cap K_2\Leftrightarrow\sigma\in K_2,\sigma\notin K_1\cap K_2\Leftrightarrow\sigma\in K_2,\sigma\notin K_1\Leftrightarrow\sigma\in K,\sigma\notin K_1\Leftrightarrow\sigma\in K-K_1$.

将$(K_2,K_1\cap K_2)$与(K,K_1)上的下边缘算子分别记为$\hat{\partial}$与$\hat{\partial}'$.根据式(1.8.5),还可得到式(1.8.6)的两个下链群中的每个下链 x,有

$$\hat{\partial}x=\hat{\partial}'x.$$

然后,有

$$Z_q(K_2,K_1\cap K_2;G)=Z_q(K,K_1;G),$$
$$B_q(K_2,K_1\cap K_2;G)=B_q(K,K_1;G).$$

于是,推得

$$H_q(K_2,K_1\cap K_2;G)=\frac{Z_q(K_2,K_1\cap K_2;G)}{B_q(K_2,K_1\cap K_2;G)}=\frac{Z_q(K,K_1;G)}{B_q(K,K_1;G)}=H_q(K,K_1;G).$$

(2) 由(1)知,

$$C_q(K_2,K_1\cap K_2)=C_q(K,K_1),$$
$$\begin{aligned}C^q(K_2,K_1\cap K_2;G)&=\mathrm{Hom}(C_q(K_2,K_1\cap K_2);G)\\&=\mathrm{Hom}(C_q(K,K_1),G)=C^q(K,K_1;G),\end{aligned}$$
$$\hat{\partial}=\hat{\partial}'.$$
$$\langle\hat{\delta}y^q,x_{q+1}\rangle=\langle y^q,\hat{\partial}x_{q+1}\rangle=\langle y^q,\hat{\partial}'x_{q+1}\rangle=\langle\hat{\delta}'y^q,x_{q+1}\rangle,$$
$$\hat{\delta}y^q=\hat{\delta}'y^q,\quad \hat{\delta}=\hat{\delta}'.$$
$$\begin{aligned}H^q(K_2,K_1\cap K_2;G)&=\frac{Z^q(K_2,K_1\cap K_2;G)}{B^q(K_2,K_1\cap K_2;G)}=\frac{Z^q(K,K_1;G)}{B^q(K,K_1;G)}\\&=H^q(K,K_1;G).\end{aligned}$$

□

注 1.8.1(切除定理的另一形式) 将 K_1 改记为 L,开子复形 $K-K_2$ 改记为 U,则

$$K\supset L\supset U,\quad K_2=K-U,\quad K_1\cap K_2=L-U.$$

于是,切除定理

$$H_q(K_2,K_1\cap K_2;G)=H_q(K,K_1;G),$$
$$H^q(K_2,K_1\cap K_2;G)=H^q(K,K_1;G)$$

就可改记为另一形式:

$$H_q(K-U,L-U;G)=H_q(K,L;G),$$
$$H^q(K-U,L-U;G)=H^q(K,L;G).$$

直观地说,L 的内部 U 不影响(K,L)的相对单纯同调群.

单纯同调序列

设(K,L)为一个复形偶,L 为K 的子复形.上面引入的相对单纯上(下)同调群有什么用?它的重要性在哪里?下面引入单纯下(上)同调序列这个重要的概念,进而证明下(上)单纯同调序列的正合性.这就将 K,L 与(K,L)的下(上)单纯同调群之间的一些关系方便而且集中地表达出来,并给出同调序列的重要应用.这里,相对单纯同调群 $H_q(K,L)$ 与 $H^q(K,L)$起到了关联、纽带作用,将一盘同调群的散沙凝聚起来并发挥重大效用.

单纯下同调序列

引理 1.8.10 设(K,L)为复形偶,则 K 的任一 q 维整下链 $x\in C_q(K)$有唯一的分解:

$$x = x_L + x_{K-L},\quad x_L \in C_q(L),\quad x_{K-L} \in C_q(K,L).$$

特别地,对三个链群 $C_q(K)$,$C_q(L)$,$C_q(K-L)$的零元素,有

$$0 = 0_L + 0_{K-L}.$$

考虑单值映射

$$i:C_q(L) \to C_q(K),$$
$$x_L \mapsto i(x_L) = x_L + 0_{K-L}$$

与

$$j:C_q(K) \to C_q(K,L),$$
$$x \mapsto j(x) = x_{K-L}.$$

显然,它们都为同态,分别称为包含同态与限制同态.

(1) $\partial i = i\partial$,即 i 为链映射.

(2) $\hat{\partial} j = j\partial$,即 j 为链映射.

链映射 i 与j 分别称为包含链映射与限制链映射.

(3) 图表

$$0 \to C_q(L) \xrightarrow{i} C_q(K) \xrightarrow{j} C_q(K,L) \to 0$$

是正合的.它是一个短正合序列,并且 i 是单的,j 是满的.

(4) 链映射 i 与j 分别诱导出单纯下同调群之间的同态$i_* = \{i_{q*}\}$,$j_* = \{j_{q*}\}$,

$$i_{q*}:H_q(L) \to H_q(K),$$
$$j_{q*}:H_q(K) \to H_q(K,L),$$

但 i_{q*} 未必单射,j_{q*} 未必满射.

证明 (1) 因为 L 为 K 的子复形,包含映射 $\underline{i}:L\to K$ 实际上是一个单纯映射,又因为 i 是由 $\underline{i}$ 诱导出的,根据引理 1.3.5,i 为一个链映射(或直接验证),即

$$\partial i = i\partial.$$

(2) 对 $\forall x\in C_q(K)$,由于 L 为 K 的子复形,故 ∂x_L 为 L 上的单纯下链,于是,$(\partial x_L)_{K-L}=0$,且

$$\begin{aligned} j\partial x - \hat{\partial} jx &= (\partial x)_{K-L} - \hat{\partial} x_{K-L} \\ &= (\partial x)_{K-L} - (\partial x_{K-L})_{K-L} \\ &= \{\partial(x - x_{K-L})\}_{K-L} = 0, \end{aligned}$$

$$(j\partial - \hat{\partial} j)x = 0, \quad j\partial - \hat{\partial} j = 0, \quad \hat{\partial} j = j\partial,$$

即 j 为链映射.

(3) 对 $\forall x\in C_q(L)$,

$$ji(x) = j(x+0) = 0,$$

故 $\operatorname{Im} i\subset \operatorname{Ker} j$.对 $\forall y=y_L+y_{K-L}\in C_q(K)$,若 $j(y)=j(y_L+y_{K-L})=y_{K-L}=0$,则

$$y = y_L + 0 = i(y_L),$$

故 $\operatorname{Im} i\supset \operatorname{Ker} j$.综上所述,有

$$\operatorname{Im} i = \operatorname{Ker} j.$$

这就证明了 $C_q(K)$处的正合性.

对 $\forall x\in C_q(L)$,

$$0 = i(x) = x + 0 \Leftrightarrow x = 0,$$

故

$$\operatorname{Ker} i = 0 = \operatorname{Im} 0,$$

这就证明了 $C_q(L)$处的正合性,也表明了 i 为单射.

对 $\forall z\in C_q(K,L)$,则 $0_L+z\in C_q(K)$,

$$j(0_L + z) = z,$$

从而

$$\operatorname{Im} j = C_q(K,L) = \operatorname{Ker} 0,$$

这表明 j 为满射.

(4) 根据引理 1.3.1,链映射 i 与 j 分别诱导出单纯下同调群之间的同态

$$i_{q*}: H_q(L)\to H_q(K),$$

$$j_{q*}: H_q(K)\to H_q(K,L).$$

但 i_{q*} 未必单射,j_{q*} 未必满射.

反例:$K=\underline{s}^n$ 与 $L=\dot{\underline{s}}^n$ 分别为 n 维单形$\underline{s}^n$ 的闭包复形与边缘复形.根据例 1.2.2(2),

$H_n(s^n)=0$;例 1.2.9,$H_n(\underline{\dot{s}}^n)=0$ 以及例 1.8.1,$H_n(s^n,\underline{\dot{s}}^n)\cong J$,

$$0 = H_n(s^n) \xrightarrow{j_{n*}} H_n(s^n,\underline{\dot{s}}^n) \cong J,$$

j_{q*} 不为满射;而

$$J \cong H_{n-1}(\dot{s}^n) \xrightarrow{i_{n-1^*}} H_{n-1}(s^n) = 0,$$

i_{n-1^*} 不为单射. □

引理 1.8.11 复形 K 上的下边缘算子∂_q 限制到 $Z_q(K,L)$上时,

$$\partial_q: Z_q(K,L) \to Z_{q-1}(L),$$
$$\partial_q: B_q(K,L) \to B_{q-1}(L).$$

根据定理 1.2.1,∂诱导出同态$\partial_* = \{\partial_{q*}\}$:

$$\partial_{q*}: H_q(K,L) \to H_{q-1}(L).$$

证明 设 $z\in Z_q(K,L)$,即

$$0 = \hat{\partial} z = (\partial z)_{K-L} \Leftrightarrow \partial z \in C_{q-1}(L).$$

这表明

$$\partial Z_q(K,L) \subset C_{q-1}(L).$$

又因为$\partial\partial z=0$,$\partial z\in Z_{q-1}(L)$,所以

$$\partial Z(K,L) \subset Z_{q-1}(L).$$

再设 $b\in B_q(K,L)$,即 $b=\hat{\partial}x=\partial x-(\partial x)_L$,$x\in C_{q+1}(K,L)$. 于是

$$b - \partial x = -(\partial x)_L \in C_q(L).$$

因此

$$\partial b = \partial(b - \partial x) = \partial\{-(\partial x)_L\} \in B_{q-1}(L),$$
$$\partial B_q(K,L) \subset B_{q-1}(L).$$ □

引理 1.8.11 指出,对于相对单纯下闭链 $z\in \overset{*}{z}\in H_q(K,L)$,$0=\hat{\partial}z=(\partial z)_{K-L}$,

$$\partial_{q*}(\overset{*}{z}) = (\partial_{q*} z)^* \in H_{q-1}(L),$$

简记为$\partial_*(\overset{*}{z})=(\partial z)^*=\{(\partial z)_L\}^*\in H_{q-1}(L)$. 这个出乎意料的发现,使得我们在定理 1.8.9 的单纯下同调序列

$$\cdots \to H_q(L) \xrightarrow{i_{q*}} H_q(K) \xrightarrow{j_{q*}} H_q(K,L) \to H_{q-1}(L) \xrightarrow{i_{q-1^*}} \cdots$$

中填补了一个尚缺的同态$\partial_{q*}: H_q(K,L)\to H_{q-1}(L)$. 剩下的是要证单纯下同调序列各处的正合性. 从而得到了一个完美的结果.

定理 1.8.9(正合单纯下同调序列) 设 K 为 n 维复形,L 为 K 的非空子复形. 单纯下同调群与同态的序列

$$0 \to H_n(L) \xrightarrow{i_{n*}} H_n(K) \xrightarrow{j_{n*}} H_n(K,L) \xrightarrow{\partial_{n*}} H_{n-1}(L) \xrightarrow{i_{n-1*}} \cdots$$
$$\xrightarrow{\partial_{q+1*}} H_q(L) \xrightarrow{i_{q*}} H_q(K) \xrightarrow{j_{q*}} H_q(K,L) \xrightarrow{\partial_{q*}} H_{q-1}(L) \xrightarrow{i_{q-1*}} \cdots$$
$$\xrightarrow{\partial_{1*}} H_0(L) \xrightarrow{i_{0*}} H_0(K) \xrightarrow{j_{0*}} H_0(K,L) \xrightarrow{\partial_{0*}} 0$$

是正合的，称作(K,L)的正合单纯下同调序列.

在序列中：

当 $q>\dim L$（L 的维数）或整数 $q\leqslant -1$ 时，理解 $H_q(L)=0$；

当 $q>\dim K$（K 的维数）或整数 $q\leqslant -1$ 时，理解 $H_q(K)=0$；

当 $q>\dim(K-L)$或整数 $q\leqslant -1$ 时，理解 $H_q(K,L)=0$.

证明 （证法1）(1) 在 $H_q(K)$处的正合性.

考虑序列有关的一段：

$$H_q(L) \xrightarrow{i_*} H_q(K) \xrightarrow{j_*} H_q(K,L).$$

根据 i 与 j 的定义或引理 1.8.10(3)，$ji=0$. 再根据引理 1.3.1 与引理 1.3.2，有 $j_* i_* =0$，即 $\mathrm{Im}\, i_* \subset \mathrm{Ker}\, j_*$.

另一方面，设 $z\in \overset{*}{z}\in H_q(K)$，且 $\overset{*}{z}\in \mathrm{Ker}\, j_*$，即 $j_*(\overset{*}{z})=0$. 于是

$$(j(z))^* = j_*(\overset{*}{z}) = 0,$$

即 $j(z)\in B_q(K,L)$，也就是说 $\exists\, x\in C_{q+1}(K,L)$，s.t.

$$(\partial x)_{K-L} = \hat{\partial} x = j(z) = z_{K-L}.$$

因此

$$(z-\partial x)_{K-L} = 0, \quad z-\partial x \in C_q(L).$$

记 $y=z-\partial x$，则

$$\partial y = \partial z - \partial\partial x = 0-0 = 0,$$

即 $y\in Z_q(L)$. 进而，有

$$i_*(\overset{*}{y}) = (iy)^* = \overset{*}{y} = (z-\partial x)^* = \overset{*}{z},$$
$$\mathrm{Im}\, i_* \supset \mathrm{Ker}\, j_*.$$

由上推得

$$\mathrm{Im}\, i_* = \mathrm{Ker}\, j_*.$$

(2) 在 $H_q(K,L)$处的正合性.

考虑序列有关的一段：

$$H_q(K) \xrightarrow{j_*} H_q(K,L) \xrightarrow{\partial_*} H_{q-1}(L).$$

设 $z\in \overset{*}{z}\in H_q(K)$，则$\partial z=0$. 根据 j 的定义，$j(z)=z-z_L=z_{K-L}$，故

$$\partial j(z) = \partial(z - z_L) = \partial(-z_L) \in B_{q-1}(L).$$

于是,根据引理 1.8.11,有

$$\partial_* j_*(\overset{*}{z}) = \{\partial j(z)\}^* = 0,$$

$$\operatorname{Im} j_* \subset \operatorname{Ker} \partial_*$$

($q=0$ 时,$B_{-1}(L)$与 $H_{-1}(L)$都视作零群).

另一方面,设 $z \in \overset{*}{z} \in H_q(K,L)$,且$\partial_*(\overset{*}{z})=0$,即$(\partial z)^* = \partial_*(\overset{*}{z})=0$,$\partial z \in B_{q-1}(L)$,也就是$\exists\, x \in C_q(L)$,s.t. $\partial z = \partial x$(在 $q=0$ 时,可取 $x=0$).记 $y=z-x$,则既有

$$\partial y = \partial(z - x) = 0, \quad y = z - x \in Z_q(K),$$

又有

$$j(y) = j(z - x) = z.$$

于是

$$j_*(\overset{*}{y}) = (j(y))^* = \overset{*}{z}.$$

这就证明了

$$\operatorname{Im} j_* \supset \operatorname{Ker} \partial_*.$$

由上推得

$$\operatorname{Im} j_* = \operatorname{Ker} \partial_*.$$

(3) 在 $H_q(L)$处的正合性.

考虑序列有关的一段:

$$H_{q+1}(K,L) \xrightarrow{\partial_*} H_q(L) \xrightarrow{i_*} H_q(K).$$

对于$\forall\, z \in \overset{*}{z} \in H_{q+1}(K,L)$,由 $i\partial z = \partial z \in B_q(K)$知

$$i_*\partial_*(\overset{*}{z}) = (i\partial z)^* = (\partial z)^* = 0\ (q = n \text{ 时}, H_{q+1}(K,L) = 0, z = 0),$$

$$i_*\partial_* = 0.$$

这就表明

$$\operatorname{Im} \partial_* \subset \operatorname{Ker} i_*.$$

另一方面,设 $z \in \overset{*}{z} \in H_q(L)$,且 $i_*(\overset{*}{z})=0$,即

$$(iz)^* = i_*(\overset{*}{z}) = 0,$$

也就是 $z=i(z) \in B_q(K)$.因此,$\exists\, x \in C_{q+1}(K)$,s.t. $i(z)=z=\partial x$.令 $y=j(x)$,则有

$$\hat{\partial} y = \hat{\partial} j(x) = j\partial(x) = ji(z) = 0,$$

得到 $y \in Z_{q+1}(K,L)$,设 $y \in \overset{*}{y}$.此外,$jx = x - x_L$ 蕴涵着$\partial jx = \partial x - \partial x_L$,其中$\partial x_L \in B_q(L)$.于是

$$\partial_*(\overset{*}{y}) = \partial_*(jx)^* = (\partial jx)^* = (\partial x - \partial x_L)^* = (\partial x)^* = \overset{*}{z}.$$

这就证明了

$$\operatorname{Im}\partial_* \supset \operatorname{Ker} i_*.$$

由上推得

$$\operatorname{Im}\partial_* = \operatorname{Ker} i_*.$$

(证法 2)参阅定理 2.5.3. □

单纯上同调序列

设(K,L)为复形偶,它的同态 i 与j:

$$0 \to C_q(L) \xrightarrow{i} C_q(K) \xrightarrow{j} C_q(K,L) \to 0$$

的对偶同态分别为 $i^\cdot$ 与 $j^\cdot$:

$$0 \leftarrow C^q(L;G) \xleftarrow{i^\cdot} C^q(K;G) \xleftarrow{j^\cdot} C^q(K,L;G) \leftarrow 0.$$

K 上的一个单纯上链y 也有唯一的分解:

$$y = y_L + y_{K-L}, \quad y_L \in C^q(L;G), \quad y_{K-L} \in C^q(K,L;G)$$

(这里 $y_L|_{C_q(K,L;G)}=0, y_{K-L}|_{C_q(L)}=0$).

易见,对$\forall\, y\in C^q(K;G), \forall\, x\in C_q(L)$,有

$$\langle i^\cdot y, x\rangle = \langle y, i(x)\rangle = \langle y_L + y_{K-L}, x + 0_{K-L}\rangle = \langle y_L, x\rangle,$$

$$i^\cdot y = y_L, \quad i^\cdot: y \mapsto y_L.$$

此外,对$\forall\, x\in C_q(K), y_{K-L}\in C^q(K,L)$,有

$$\langle j^\cdot y_{K-L}, x\rangle = \langle y_{K-L}, j(x)\rangle = \langle y_{K-L}, x_{K-L}\rangle = \langle y_{K-L}, x_L + x_{K-L}\rangle = \langle y_{K-L}, x\rangle,$$

$$j^\cdot(y_{K-L}) = y_{K-L}, \quad j^\cdot: y_{K-L} \mapsto y_{K-L} = 0_L + y_{K-L}.$$

以上表明 $j^\cdot$ 为包含同态,而 $i^\cdot$ 为限制同态,这与单纯下同调群中 i 为包含同态,j 为限制同态恰相反.

引理 1.8.12 同态序列

$$0 \leftarrow C^q(L;G) \xleftarrow{i^\cdot} C^q(K;G) \xleftarrow{j^\cdot} C^q(K,L;G) \leftarrow 0$$

是正合的,其中$(ji)^\cdot = i^\cdot j^\cdot$.

证明 对$\forall\, y\in C^q(K,L;G), \forall\, x\in C_q(L)$,有

$$\langle i^\cdot j^\cdot y, x\rangle = \langle j^\cdot y, ix\rangle = \langle y, jx_L\rangle = \langle y, 0\rangle = 0,$$

$$i^\cdot j^\cdot y = 0, \quad i^\cdot j^\cdot = 0,$$

$$\operatorname{Im} j^\cdot \subset \operatorname{Ker} i^\cdot.$$

反之,若 $y\in C^q(K;G)\cap \operatorname{Ker} i^\cdot$,则

$$0 = i^\cdot y = y_L,$$

$$j^{\cdot}\ y_{K-L} = 0_L + y_{K-L} = y_L + y_{K-L} = y,$$

$$\mathrm{Im}\ j^{\cdot} \supset \mathrm{Ker}\ i^{\cdot}.$$

由上推得

$$\mathrm{Im}\ j^{\cdot} = \mathrm{Ker}\ i^{\cdot}.$$

至于 $i^{\cdot}$ 满射，$j^{\cdot}$ 单射，上面已证. □

引理 1.8.13 (1) $i^{\cdot}\delta = \delta i^{\cdot}$，即 $i^{\cdot}$ 为单纯上链映射.

(2) $j^{\cdot}\delta = \delta j^{\cdot}$，即 j 也为单纯上链映射.

根据(1)(2)推得，$i^{\cdot}$ 与 $j^{\cdot}$ 分别诱导出单纯上同调群的同态 i^* 与 j^*，且有 $(ji)^{\cdot} = i^{\cdot} j^{\cdot}$ 与 $(ji)^* = i^* j^*$，

$$H^q(L;G) \xleftarrow{i^*} H^q(K;G) \xleftarrow{j^*} H^q(K,L;G).$$

证明 (1) 对 $\forall\, y \in C^q(K;G)$，$x \in C_{q+1}(L)$，有

$$\begin{aligned}\langle i^{\cdot}\ \delta y, x\rangle &= \langle \delta y, i(x)\rangle = \langle y, \partial i(x)\rangle = \langle y, i\partial x\rangle \\ &= \langle i^{\cdot}\ y, \partial x\rangle = \langle \delta i^{\cdot}\ y, x\rangle,\end{aligned}$$

$$i^{\cdot}\ \delta y = \delta i^{\cdot}\ y,\quad i^{\cdot}\ \delta = \delta i^{\cdot}.$$

(2) 对 $\forall\, y \in C^q(K,L;G)$，$\forall\, x \in C_q(K)$，有

$$\begin{aligned}\langle j^{\cdot}\ \delta y, x\rangle &= \langle \delta y, j(x)\rangle = \langle y, \hat{\partial} j(x)\rangle = \langle y, j\partial x\rangle \\ &= \langle j^{\cdot}\ y, \partial x\rangle = \langle \delta j^{\cdot}\ y, x\rangle,\end{aligned}$$

$$j^{\cdot}\ \delta y = \delta j^{\cdot}\ y,\quad j^{\cdot}\ \delta = \delta j^{\cdot}.$$ □

引理 1.8.14 设 (K,L) 为复形偶，L 非空，复形 K 上的上边缘算子 δ 限制到 $Z^q(L;G)$ 上时，有

$$\delta: Z^q(L;G) \to Z^{q+1}(K,L;G),$$

$$\delta: B^q(L;G) \to B^{q+1}(K,L;G).$$

因而，δ 诱导出一个同态

$$\delta^*: H^q(L;G) \to H^{q+1}(K,L;G),$$

$$\delta^*(\overset{*}{z}) = (\delta z)^*,\quad z \in \overset{*}{z} \in H^q(L;G),$$

δ^* 称为**上联系同态**.

证明 根据引理 1.8.11，复形 K 上的下边缘算子 ∂ 限制到 $Z_q(K,L)$ 上时，有

$$\partial: Z_q(K,L) \to Z_{q-1}(L),$$

$$\partial: B_q(K,L) \to B_{q-1}(L).$$

由此推得复形 K 上的上边缘算子 δ 限制到 $Z^q(L;G)$ 上时，有

$$\delta: Z^q(L;G) \to Z^{q+1}(K,L;G),$$

$$\delta: B^q(L;G) \to B^{q+1}(K,L;G).$$ □

定理 1.8.10（正合单纯上同调序列） 设 K 为 n 维复形，L 为 K 的非空子复形. 复形偶 (K,L) 的单纯上同调序列

$$0 \leftarrow H^n(L) \xleftarrow{i^*} H^n(K) \xleftarrow{j^*} H^n(K,L) \xleftarrow{\delta^*} H^{n-1}(L) \xleftarrow{i^*} \cdots$$
$$\xleftarrow{\delta^*} H^q(L) \xleftarrow{i^*} H^q(K) \xleftarrow{j^*} H^q(K,L) \xleftarrow{\delta^*} H^{q-1}(L) \xleftarrow{i^*} \cdots$$
$$\leftarrow H^0(L) \xleftarrow{i^*} H^0(K) \xleftarrow{j^*} H^0(K,L) \xleftarrow{\delta^*} 0$$

是正合的.

证明 （证法 1）根据正合序列

$$0 \to C_q(L) \xrightarrow{i} C_q(K) \xrightarrow{j} C_q(K,L) \to 0$$

与

$$0 \leftarrow C^q(L) \xleftarrow{i^\cdot} C^q(K) \xleftarrow{j^\cdot} C^q(K,L) \leftarrow 0$$

的对偶性，并将 $i,j,\partial,\partial_*,C_q(L),C_q(K),C_q(K,L)$ 分别改为 $j^\cdot,i^\cdot,\delta,\delta^*,C^q(K,L)$，$C^q(K),C^q(L)$，再参照正合单纯下同调序列（定理 1.8.9）的证明，得到正合单纯上同调序列的定理 1.8.10 的证明.

(1) 在 $H^q(K)$ 处的正合性.

考虑序列有关的一段：

$$H^q(L) \xleftarrow{i^*} H^q(K) \xleftarrow{j^*} H^q(K,L).$$

根据 $i^\cdot$ 与 $j^\cdot$ 的定义或引理 1.8.12，$i^\cdot j^\cdot=0$. 再根据引理 1.8.13，有 $i^* j^*=0$，即 $\operatorname{Im} j^* \subset \operatorname{Ker} i^*$.

另一方面，设 $z \in \overset{*}{z} \in H^q(K)$，且 $\overset{*}{z} \in \operatorname{Ker} i^*$，即 $i^*(\overset{*}{z})=0$，则 $\delta z=0$ 且

$$(i^\cdot(z))^* = i^*(\overset{*}{z}) = 0,$$

故 $i^\cdot(z) \in B^q(L)$，即 $\exists\, x \in C^{q-1}(L)$，s.t.

$$(\delta x)_L = \tilde{\delta} x = i^\cdot(z) = z_L.$$

因此

$$(z-\delta x)_L = z_L - (\delta x)_L = 0, \quad z-\delta x \in C^q(K,L).$$

记 $y=z-\delta x$，则

$$\delta y = \delta z - \delta\delta x = 0-0 = 0,$$

即 $y \in Z^q(K,L)$. 进而，有

$$j^*(\overset{*}{y}) = (j^\cdot y)^* = \overset{*}{y} = (z-\delta x)^* = \overset{*}{z},$$
$$\operatorname{Im} j^* \supset \operatorname{Ker} i^*.$$

由上推得

$$\operatorname{Im} j^* = \operatorname{Ker} i^*.$$

(2) 在 $H^q(L)$处的正合性.

考虑序列有关的一段:

$$H^{q+1}(K,L) \xleftarrow{\delta^*} H^q(L) \xleftarrow{i^*} H^q(K).$$

设 $z\in \overset{*}{z}\in H^q(K)$,则 $\delta z=0$.根据 $i^{\cdot}$ 的定义,$i^{\cdot}(z)=z_L$,由引理 1.8.14,

$$\delta i^{\cdot}(z) = \delta z_L \in B^{q+1}(K,L).$$

于是

$$\delta^* i^*(\overset{*}{z}) = (\delta i^{\cdot} z)^* = (\delta z_L)^* = 0,$$

$$\operatorname{Im} i^* \subset \operatorname{Ker} \delta^*.$$

另一方面,设 $z\in \overset{*}{z}\in H^q(L)$,且 $\delta^*(\overset{*}{z})=0$,即$(\delta z)^*=\delta^*(\overset{*}{z})=0$,$\delta z\in B^{q+1}(K,L)$,因此,$\exists\, x\in C^q(K,L)$,s.t. $\delta z=\delta x$.记 $y=z-x$,则既有

$$\delta y = \delta(z-x) = 0,\quad y = z-x \in Z^q(K),$$

又有

$$i^{\cdot}(y) = i^{\cdot}(z-x) = z.$$

于是

$$i^*(\overset{*}{y}) = (i^{\cdot}(y))^* = \overset{*}{z}.$$

这就证明了

$$\operatorname{Im} i^* \supset \operatorname{Ker} \delta^*.$$

由上推得

$$\operatorname{Im} i^* = \operatorname{Ker} \delta^*.$$

(3) 在 $H^q(K,L)$处的正合性.

考虑序列有关的一段:

$$H^q(K) \xleftarrow{j^*} H^q(K,L) \xleftarrow{\delta^*} H^{q-1}(L).$$

对 $\forall\, z\in \overset{*}{z}\in H^{q-1}(L)$,由 $j^{\cdot}\delta z=\delta z\in B^q(K)$知

$$j^*\delta^*(\overset{*}{z}) = (j^{\cdot}\delta z)^* = (\delta z)^* = 0,$$

$$j^*\delta^* = 0.$$

这就表明

$$\operatorname{Im} \delta^* \subset \operatorname{Ker} j^*.$$

另一方面,设 $z\in \overset{*}{z}\in H^q(K,L)$,且 $j^*(\overset{*}{z})=0$,即

$$(j^{\cdot} z)^* = j^*(\overset{*}{z}) = 0,$$

也就是 $z=j^{\cdot} z\in B^q(K)$.因此,$\exists\, x\in C^{q-1}(K)$,s.t. $j^{\cdot} z=z=\delta x$.

令 $y=i^{\cdot} x$,则有

$$\tilde{\delta} y = \tilde{\delta} i^{\cdot} x = i^{\cdot}\delta x = i^{\cdot} j^{\cdot}(z) = (ji)^{\cdot}(z) = 0,$$

得到 $y \in Z^{q-1}(L)$，设 $y \in \overset{*}{y}$. 此外，$i^{\cdot} x = x - x_{K-L}$ 蕴涵着 $\delta i^{\cdot} x = \delta x - \delta x_{K-L}$，其中 $\delta x_{K-L} \in B^q(K,L)$. 于是

$$\delta^*(\overset{*}{y}) = \delta^*(i^{\cdot} x)^* = (\delta i^{\cdot} x)^* = (\delta x - \delta x_{K-L})^* = (\delta x)^* = \overset{*}{z}.$$

这就证明了

$$\operatorname{Im} \delta^* \supset \operatorname{Ker} j^*.$$

由上推得

$$\operatorname{Im} \delta^* = \operatorname{Ker} j^*.$$

(证法 2)参阅定理 2.5.2 与定理 2.5.3 的证明. □

注 1.8.2 定理 1.8.9 与定理 1.8.10 中的系数群改为任意交换群 G 时，定理仍成立，而且证明在形式上仍是一样的.

单纯映射与同调序列的同态

定义 1.8.9 设(K,L)与(K',L')为两个复形偶，$\underline{f}: K \to K'$为单纯映射，使得$\underline{f}(L) \subset L'$，我们就称$\underline{f}$为从$(K,L)$到$(K',L')$的单纯映射，记作$\underline{f}:(K,L) \to (K',L')$. 此时，自然诱导出两个同调群的同态：

$$f_{q*}: H_q(K) \to H_q(K'), \quad (f|_L)_{q*}: H_q(L) \to H_q(L').$$

不仅如此，我们还能诱导出从 $H_q(K,L)$到 $H_q(K',L')$的第 3 个同态. 为此，考虑任一 $y \in C_q(K,L)$，有 $x \in C_q(K)$，使得 $x_{K-L} = y$(特别地，取 $x = y = 0 + y$)，我们定义

$$\hat{f} = \hat{f}_q: C_q(K,L) \to C_q(K',L'),$$

$$y \mapsto \hat{f}(y) = (fx)_{K'-L'}.$$

这定义不依赖于 x 的选取，或者说定义是确切的(或是合理的，或是定义好了的). 事实上，如果 $x' \in C_q(K)$，使得 $x'_{K-L} = y$，则

$$\underline{f}(L) \subset L', \quad (fx')_{K'-L'} = (fx)_{K'-L'}$$

(fx'与fx 不同的部分全在L'中).

下证

$$\hat{f}: C_q(K,L) \to C_q(K',L')$$

为链映射. 根据$\hat{\partial}$与$\hat{f}$ 的定义，有

$$\hat{f}\hat{\partial}y = \hat{f}(\partial y)_{K-L} = (f\partial y)_{K'-L'} = (\partial f y)_{K'-L'} = \hat{\partial}(fy)_{K'-L'} = \hat{\partial}\hat{f}y$$

(这里 $y = 0 + y$ 可视作$C_q(K)$的元素). 由此，推得链映射 $\hat{f}$ 诱导出单纯下同调群的同态

$$\hat{f}_{q*}: H_q(K,L) \to H_q(K',L').$$

定理 1.8.11 设单纯映射$\underline{f}:(K,L)\to(K',L')$所诱导出的单纯下同调群之间的三个同态 $f_*=\{f_q\}$,$\hat{f}_*=\{\hat{f}_{q*}\}$与$(f|_L)_*=\{(f|_L)_{q*}\}$,使得下列单纯下同调序列图表

$$\begin{array}{ccccccccc}
\cdots\to H_q(L) & \xrightarrow{i_{q*}} & H_q(K) & \xrightarrow{j_{q*}} & H_q(K,L) & \xrightarrow{\partial_{q*}} & H_{q-1}(L)\to\cdots \\
\downarrow{\scriptstyle (f|_L)_{q*}} & & \downarrow{\scriptstyle f_{q*}} & & \downarrow{\scriptstyle \hat{f}_{q*}} & & \downarrow{\scriptstyle (f|_L)_{q-1^*}} \\
\to H_q(L') & \xrightarrow{i'_{q*}} & H_q(K') & \xrightarrow{j'_{q*}} & H_q(K',L') & \xrightarrow{\partial'_{q*}} & H_{q-1}(L')\to\cdots
\end{array}$$

具有交换性(注意:上行与下行分别具有正合性).

此时,我们就说单纯映射$\underline{f}:(K,L)\to(K',L')$诱导出了$(K,L)$与$(K',L')$的同调序列之间的一个同态.

证明 (证法 1)(1) 因为$\{i_q\}$是由单纯映射$\underline{i}:L\to K$(包含映射)诱导的,故

$$f_{q*}i_{q*}=(fi)_{q*}=(i'(f|_L))_{q*}=i'_{q*}(f|_L)_{q*}.$$

(2) 对$\forall\, x\in C_q(K)$,有

$$\hat{f}_qj_qx=\hat{f}_qx_{K-L}=(f_qx)_{K'-L'}=j'_qf_qx,$$

$$\hat{f}_qj_q=j'_qf_q,$$

$$\hat{f}_{q*}j_{q*}=j'_{q*}f_{q*}.$$

(3) 对$\forall\, z\in Z_q(K,L)$,显然,$f_q\partial z$ 为同调类$(f|_L)_{q-1^*}\partial_*\overset{*}{z}$ 中的一个闭链.另一方面,根据定义 1.8.9(取 $x=z$),有

$$\partial\hat{f}z=\partial(fz)_{K'-L'}=\partial\{fz-(fz)_{L'}\}=\partial fz-\partial(fz)_{L'}.$$

由此推得$\partial\hat{f}z$ 与∂fz 都是同调类$\partial_*\hat{f}_{q*}\overset{*}{z}$ 中的闭链.这就证明了

$$\partial_*\hat{f}_{q*}\overset{*}{z}=(f|_L)_{q-1^*}\partial_*\overset{*}{z},\quad \partial_*\hat{f}_{q*}=(f|_L)_{q-1^*}\partial_*.$$

(证法 2)参阅定理 2.5.5 证法 2. □

第 2 章

奇异同调群

用标准 q 维单形 Δ^q 上的连续映射 $\sigma:\Delta^q\to X$ 自然定义了一个 q 维奇异单形，然后得到了 q 维奇异链群 $C_q(X;G)=\left\{\sum\limits_i g_i\sigma_i \mid g_i\in G\right\}$. 应用 Δ^q 上的边缘运算导出奇异单形 σ 和奇异链 $\sum\limits_i g_i\sigma_i$ 上的边缘算子 ∂_q 使得 $\{C_q(X;G),\partial_q\}$ 成为一个奇异链复形，从而得到奇异闭链群 $Z_q(X;G)=\{z\in C_q(X;G)\mid \partial z=0\}$ 和奇异边缘链群 $B_q(X;G)=\{\partial_q z \mid z\in C_{q+1}(X;G)\}$，由 $\partial_q\partial_{q+1}=0$ 知，$B_q(X;G)\subset Z_q(X;G)$. 于是，得到 q 维奇异下同调群 $H_q(X;G)=\dfrac{Z_q(X;G)}{B_q(X;G)}$.

应用奇异链上的柱形，构造一个伦移 $D_q=F_{\Delta_{q+1}}P_q:\Delta_q(X)\to\Delta_{q+1}(Y)$，从而证明了同伦定理，即 $f\simeq g:X\to Y$ 必有 $f_{q*}=g_{q*}$，进而证明了奇异下同调群的伦型不变性. 这个定理的证明自然要比单纯同调群的伦型不变性的证明简单得多.

我们证明了多面体的单纯下同调群与奇异下同调群的同构定理. 由此定理立知，多面体的单纯同调群在同构意义下与剖分无关.

在证明了相对奇异下同调群的伦型不变性定理，以及证明了奇异上同调群的伦型不变性定理和相对奇异上同调群的伦型不变性定理后，还指出奇异下、上同调序列都是正合的. 证明的思路：一种是仿照单纯同调序列正合性的证法；另一种是作为定理 2.5.3 的特例.

给出了奇异下同调群的切除定理和奇异上同调群的切除定理及其应用后，我们证明了奇异 Mayer-Vietoris 序列、相对奇异 Mayer-Vietoris 序列以及奇异上同调序列都是正合的，并给出了它的应用.

奇异上同调群的万有系数定理：

$$H^q(X;G)\cong \mathrm{Hom}(H_q(X;J)\oplus \mathrm{Ext}(H_{q-1}(X;J),G)$$

表明以任意交换群 G 为系数群的奇异上同调群完全由 X 的奇异整下同调群决定；而奇异下同调群的万有系数定理：

$$H_q(X;G)\cong H_q(X;J)\otimes G\oplus \mathrm{Tor}(H_{q-1}(X;J),G)$$

表明以任意交换群 G 为系数群的奇异下同调群也完全由 X 的奇异整下同调群决定.

根据奇异上同调群的万有系数定理的公式和整单纯下同调群结构的公式：

$$H_q(K) \cong \underbrace{J \oplus \cdots \oplus J}_{R_q\text{个}} \oplus J_{\theta_q^1} \oplus J_{\theta_q^2} \oplus \cdots \oplus J_{\theta_q^\tau}, \quad \theta_q^i \text{ 整除 } \theta_q^{i+1},$$

以及

$$\mathrm{Hom}(J,G) \cong G, \quad \mathrm{Hom}(J_n,G) \cong {}_nG,$$
$$\mathrm{Ext}(J,G) = 0, \quad \mathrm{Ext}(J_n,G) \cong G_n,$$

可以给出 $H^q(|K|;G)$的明确表达式;同样,根据奇异下同调群的万有系数定理的公式和整单纯下同调群结构的公式以及

$$J \otimes G \cong G, \quad J_n \otimes G \cong G_n,$$
$$\mathrm{Tor}(J,G) = 0, \quad \mathrm{Tor}(J_n,G) \cong {}_nG,$$

可以给出 $H_q(|K|;G)$的明确表达式.由此推出 $H^q(|K|,G)$与 $H_q(|K|,G)$必定是有限个 G,G_n 与${}_nG$ 型的群的直和.

关于 Euler-Poincaré 示性数有公式:

$$\chi(|K|) = \sum_{q=0}^{n}(-1)^q R_q = \sum_{q=0}^{n}(-1)^q \alpha_q,$$

α_q 为复形中 q 维单形的个数,R_q 为复形 K 的第 q 个 Betti 数.

$$\chi(X) = \chi(A) + \chi(X,A)$$

若有两个有定义(参阅定理 2.9.4),

$$\chi(K) = \sum_{q=0}^{n}(-1)^q R_q^{(p)},$$

p 为素数.

$$\chi(K) = \sum_{q=0}^{n}(-1)^q \dim H_q(K;G),$$

G 为域.

$$\chi(Z) = \sum(-1)^q \alpha_q,$$

Z 为球状复形,α_q 为 q 维胞腔的个数.

应用 Euler-Poincaré 示性数,我们研究了 2 维连通紧致曲面的分类问题和证明了 $\mathbf{R}^3$ 中恰有五种正多面体.

因为 $H_n(S^n) \cong J$,我们对连续映射 $f: S^n \to S^n$ 引入代数拓扑度 $\deg_A f$,使得

$$f_*(a) = \deg_A f \cdot a,$$

其中 a 为$H_n(S^n)$的生成元.我们还引入了 f 的微分拓扑度 $\deg_D f$,并证明了

$$\deg_A f = \deg_D f.$$

接着给出了著名的 Hopf 分类定理,即

$$f \simeq g: S^n \to S^n \Leftrightarrow \deg_A f = \deg_A g \quad \text{或} \quad \deg_D f = \deg_D g.$$

同时还给出了大量的与度数有关的典型例题.

我们不加证明地引用几个与同调群相关的著名定理：Euler-Hopf 指数定理、Gauss-Bonnet 公式、de Rham 上同调群的同构定理以及 Poincaré 对偶定理. 此外，要提高同调理论方面的水平，可仔细研读 Bott 的《代数拓扑中微分形式》，也可研究、探索另一个高级拓扑不变量——同伦群（特别是第一同伦群，即基本群）.

2.1 奇异下同调群的拓扑不变性与伦型不变性

以前我们先定义单（纯）形、单纯链、边缘并得到一个单纯链复形，然后定义出单纯同调群. 我们想将这种步骤推广到一般的拓扑空间中去. 然而拓扑空间里不一定有单形啊！我们从哪里出发来定义链呢？

一种自然的想法是考虑拓扑空间中的弯曲单形，这种原始的想法几经雕琢，演变成今天的奇异单形，它是从（标准）单纯形到该拓扑空间的连续映射. 于是，自然产生了奇异下链、奇异下链复形与奇异下同调群.

奇异单形与奇异下链、奇异下链复形、奇异下同调群

定义 2.1.1 我们知道，q 维的自然单形是 $q+1$ 维 Euclid 空间 $\mathbf{R}^{q+1}$ 中的以各坐标轴上的单位点 $e^0, e^1, \cdots, e^q$（见图 2.1.1）为顶点的那个 q 维单形 $(e^0, e^1, \cdots, e^q)$. 这个单形，连同它的顶点的自然顺序，称为标准的 q 维有序单形，记作 Δ_q.

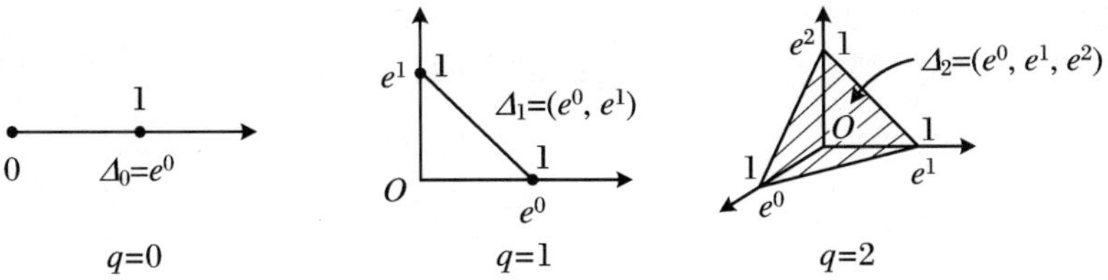

图 2.1.1

设 X 为一个拓扑空间，整数 $q \geqslant 0$，从 Δ_q 到 X 的一个连续映射 $\sigma: \Delta_q \to X$ 称为 X 的一个 q **维奇异(连续)单形**. 注意，奇异单形是一个连续映射 σ，而不是这个映射的像集 $\sigma(\Delta_q)$. 当把映射 σ 视作奇异单形时，我们总把它写成 σ_q.

以 X 的全体 q 维奇异单形为基所产生的自由交换群称为 X 的 q **维奇异(连续)下链群**，记作 $C_q(X)$，$C_q(X)$的元素称为 X 的 q **维奇异(连续)下链**.

换句话说，X 的一个 q 维奇异下链就是 q 维奇异单形的一个整系数的有限线性组合

$$c_q = \sum_i g_i \sigma_q^i.$$

两个 q 维奇异下链

$$c_q = \sum_i g_i \sigma_q^i \quad 与 \quad c'_q = \sum_i g'_i \sigma_q^i$$

相等当且仅当 $g_i = g'_i$. c_q 与 c'_q 的和定义为

$$c_q + c'_q = \sum_i (g_i + g'_i) \sigma_q^i.$$

例 2.1.1 X 的 0 维奇异单形是 $\Delta_0 \to X$ 的连续映射,因此,X 的 0 维奇异单形与 X 的点一一对应:$\sigma: \Delta_0 \to X$ 对应于点 $\sigma(\Delta_0) \in X$.

X 的 1 维奇异单形是 $\Delta_1 \to X$ 的连续映射.因此,X 的 1 维奇异单形与 X 中的道路一一对应:令 $\varphi: [0,1] \to \Delta_1$ 为将 0,1 分别映射成 e^0, e^1 的那个线性映射,则可让 $\sigma: \Delta_1 \to X$ 对应于道路 $\sigma\varphi: [0,1] \to X$.

由此可见,奇异下链群一般是异常庞大的.

例 2.1.2 设 X 为 n 维 Euclid 空间 $\mathbf{R}^n$ 的子空间,点 $a^0, a^1, \cdots, a^q \in X$,并且点集 $\{a^0, a^1, \cdots, a^q\}$ 的凸包整个落在 X 中,我们有唯一的线性映射

$$[a^0 a^1 \cdots a^q]: \Delta_q \to X,$$

使得

$$e^i \to a^i, \quad i = 0, 1, \cdots, q.$$

换句话说,我们定义

$$[a^0 a^1 \cdots a^q](\lambda_0 e^0 + \lambda_1 e^1 + \cdots + \lambda_q e^q) = \lambda_0 a^0 + \lambda_1 a^1 + \cdots + \lambda_q a^q.$$

显然,$[a^0 a^1 \cdots a^q]$ 为 X 的一个 q 维奇异单形,被点 $a^0, a^1, \cdots, a^q$ 及它们的排列顺序所完全确定,被称为 X 的一个**线性奇异单形**.

注意,如果 $a^0 \neq a^1$,则不但 $[a^0 a^1] \neq [a^1 a^0]$,而且 $[a^0 a^1] \neq -[a^1 a^0]$,并且

$$[a^0 a^1](\lambda_0 e^0 + \lambda_1 e^1) = \lambda_0 a^0 + \lambda_1 a^1,$$

$$\pm [a^1 a^0](\lambda_0 e^0 + \lambda_1 e^1) = \pm (\lambda_0 a^1 + \lambda_1 a^0).$$

这说明不能将 $[a^0 a^1 \cdots a^q]$ 当作有向单形看待.

奇异下边缘算子、奇异下链复形、奇异下同调群

定义 2.1.2 设 $\sigma: \Delta_q \to X$ 为一个 q 维奇异单形,称

$$\sigma_{q-1}^{(i)} = \sigma[e^0 \cdots \hat{e}^i \cdots e^q]: \Delta_{q-1} \to X$$

为 σ 的第 $i(0 \leqslant i \leqslant q)$ 个面,称

$$\partial_q \sigma_q = \sum_{i=0}^{q} (-1)^i \sigma_{q-1}^{(i)} \in C_{q-1}(X)$$

为 σ 的下边缘,它是 X 的 $q-1$ 维奇异下链.

从 q 维奇异单形的下边缘作线性扩张,得到下边缘算子

$$\partial_q: C_q(X) \to C_{q-1}(X).$$

例 2.1.3 0维链的边缘总为0.如果按例2.1.1的方式将0维奇异单形与点等同起来,将1维奇异单形与道路等同起来,则一条道路的边缘等于它的终点减起点.

例 2.1.4 设 X 为 n 维 Euclid 空间 $\mathbf{R}^n$ 的子空间,$[a^0a^1\cdots a^q]$为 X 的一个线性奇异单形(见例2.1.2),则显然

$$[a^0a^1\cdots a^q]^{(i)} = [a^0a^1\cdots a^q][e^0\cdots\hat{e}^i\cdots e^q] = [a^0\cdots\hat{a}^i\cdots a^q],$$

$$\begin{aligned}\partial_q[a^0a^1\cdots a^q] &= \sum_{i=0}^{q}(-1)^i[a^0a^1\cdots a^q][e^0\cdots\hat{e}^i\cdots e^q] \\ &= \sum_{i=0}^{q}(-1)^i[a^0\cdots\hat{a}^i\cdots a^q].\end{aligned}$$

我们指出一个十分重要的现象.设 $\sigma:\Delta_q\to X$ 为 X 的一个 q 维奇异单形,Δ_q 为 $q+1$ 维 Euclid 空间 $\mathbf{R}^{q+1}$中的一个凸集,它上面有一个特别的 q 维线性奇异单形:

$$[e^0e^1\cdots e^q] \in C_q(\Delta_q).$$

其实,$[e^0e^1\cdots e^q]$就是恒同映射 $1:\Delta_q\to\Delta_q$,立即可看出

$$\sigma[e^0e^1\cdots e^q] = \sigma_q.$$

这个式子表明:每个 q 维奇异单形都可以看成是一个特定拓扑空间 Δ_q 上的一个特定的 q 维线性奇异单形$[e^0e^1\cdots e^q]$在连续映射 σ 下的像.所以,可以说拓扑空间 Δ_q 的奇异单形$[e^0e^1\cdots e^q]$是所有 q 维奇异单形的一个标本或模型.

引理 2.1.1 $\partial_q\partial_{q+1}=0$.

换句话说,拓扑空间 X 的奇异下链群与下边缘算子的序列

$$C(X) = \{C_q(X),\partial_q\},\quad \partial_{q-1}\partial_q = 0,$$

$$\cdots \to C_q(X) \xrightarrow{\partial_q} C_{q-1}(X) \xrightarrow{\partial_{q-1}} \cdots \to C_1(X) \xrightarrow{\partial_1} C_0(X) \xrightarrow{\partial_0} 0$$

是一个下链复形,它被称为拓扑空间 X 的奇异下链复形.

证明 容易验证,当 $i<j$ 时,

$$\begin{aligned}[e^0\cdots\hat{e}^i\cdots e^q][e^0\cdots\hat{e}^j\cdots e^{q+1}] &= [e^0\cdots\hat{e}^i\cdots\hat{e}^j\cdots e^{q+1}] \\ &= [e^0\cdots\hat{e}^{j-1}\cdots e^q][e^0\cdots\hat{e}^i\cdots e^{q+1}]:\Delta_{q-1}\to\Delta_q\to\Delta_{q+1}.\end{aligned}$$

因此,根据上式,对 X 的任何 $q+1$ 维奇异单形 σ,有

$$\begin{aligned}(\sigma^{(j)})^{(i)} &= \sigma^{(j)}[e^0e^1\cdots\hat{e}^i\cdots e^{q+1}] \\ &= \sigma[e^0e^1\cdots\hat{e}^{j-1}\cdots e^q][e^0\cdots\hat{e}^i\cdots e^{q+1}] \\ &= \sigma[e^0\cdots\hat{e}^i\cdots e^q][e^0\cdots\hat{e}^j\cdots e^{q+1}] \\ &= (\sigma^{(i)})[e^0e^1\cdots\hat{e}^j\cdots e^{q+1}] = (\sigma^{(i)})^{(j-1)}.\end{aligned}$$

于是

$$\begin{aligned}\partial_q\partial_{q+1}\sigma_{q+1} &= \partial_q\sum_{i=0}^{q+1}(-1)^i\sigma^{(i)} = \sum_{i=0}^{q+1}(-1)^i\partial_q\sigma^{(i)} \\ &= \sum_{i=0}^{q+1}\sum_{j=0}^{q}(-1)^{i+j}(\sigma^{(i)})^{(j)} \\ &= \sum_{i\leqslant j}(-1)^{i+j}(\sigma^{(i)})^{(j)} + \sum_{i>j}(-1)^{i+j}(\sigma^{(i)})^{(j)} \\ &= \sum_{i<j}(-1)^{i+j-1}(\sigma^{(i)})^{(j-1)} + \sum_{i<j}(-1)^{i+j}(\sigma^{(j)})^{(i)} \\ &\xlongequal{\text{上式}} \sum_{i<j}(-1)^{i+j-1}(\sigma^{(j)})^{(i)} - \sum_{i<j}(-1)^{i+j-1}(\sigma^{(j)})^{(i)} \\ &= 0.\end{aligned}$$

由于$\partial_q\partial_{q+1}$为同态,所以$\partial_q\partial_{q+1}=0$. □

定义 2.1.3 设 X 为拓扑空间,称

$$\{C(X),\partial\} = \{C_q(X),\partial_q\}$$

为 X 的奇异(连续)下链复形,而称

$$\partial_q: C_q(X) \to C_{q-1}(X)$$

的核

$$Z_q(X) = \mathrm{Ker}\,\partial_q(\partial_q\ \text{核}) = \{c_q \in C_q(X) \mid \partial_q c_q = 0\}$$

为 X 的 q 维奇异(连续)下闭链群;称

$$\partial_{q+1}: C_{q+1}(X) \to C_q(X)$$

的像

$$B_q(X) = \mathrm{Im}\,\partial_{q+1}(\partial_{q+1}\ \text{像}) = \{\mathrm{Im}\,c_{q+1} \mid c_{q+1} \in C_{q+1}(X)\}$$

为 X 的 q 维奇异(连续)下边缘链群(其中 Ker 为 Kernel(核)的缩写,Im 为 Image(像)的缩写).

根据引理 2.1.1 知,$B_q(X)\subset Z_q(X)$,则称商群

$$H_q(X) = \frac{Z_q(X)}{B_q(X)} = \frac{\mathrm{Ker}\,\partial_q}{\mathrm{Im}\,\partial_{q+1}}$$

为 X 的 q **维奇异(连续)下同调群**.

例 2.1.5 设 $X=\{p\}$是由一个点组成的拓扑空间,则

$$H_q(\{p\}) = \begin{cases}\cong J(\text{整数群}), & q = 0, \\ = 0, & q > 0.\end{cases}$$

证明 因为 $X=\{p\}$只含一个点 p,故 q 维奇异单形

$$\sigma_q:[e^0e^1\cdots e^q] \to X = \{p\},$$

$$\sigma_q(x) = p,$$

仅此一个！于是

$$C_q(X) = C_q(\{p\}) = \{c\sigma_q \mid c \in J\}.$$

由于

$$\partial_0\sigma_0 = 0,$$

$$\partial_q\sigma_q = \sum_{i=0}^{q}(-1)^i\sigma_q^{(i)} = \left[\sum_{i=0}^{q}(-1)^i\right]\sigma_{q-1} = \begin{cases}0, & q\text{ 为奇数},\\ \sigma_{q-1}, & q\text{ 为偶数},\end{cases}$$

所以

$$Z_0(X) = Z_0(\{p\}) = \operatorname{Ker}\partial_0 = J,$$

$$B_0(X) = B_0(\{p\}) = \operatorname{Im}\partial_1 = 0,$$

$$H_0(X) = H_0(\{p\}) = \frac{Z_0(\{p\})}{B_0(\{p\})} = \frac{\operatorname{Ker}\partial_0}{\operatorname{Im}\partial_1} \cong J.$$

当 $q>0$ 时，

$$Z_q(X) = \begin{cases}J, & q\text{ 为奇数},\\ 0, & q\text{ 为偶数},\end{cases}$$

$$B_q(X) = \begin{cases}J, & q\text{ 为奇数},\\ 0, & q\text{ 为偶数},\end{cases}$$

$$H_q(X) = H_q(\{p\}) = \frac{Z_q(\{p\})}{B_q(\{p\})} = 0. \qquad \square$$

定义 2.1.4 对于 0 维奇异下链 $\sum\limits_i n_i a_i$，

$$\varepsilon = \operatorname{In}: C_0(X) \to J,$$

$$\varepsilon\left(\sum_i n_i a_i\right) = \operatorname{In}\left(\sum_i n_i a_i\right) = \sum_i n_i$$

为增广同态，$\sum\limits_i n_i$ 为 $\sum\limits_i n_i a_i$ 的**指数**.

显然，$\varepsilon = \operatorname{In}$ 为一个满同态(其中 In 为 Index(指数)的缩写).

引理 2.1.2 对于道路连通的拓扑空间 X，有

(1) $\operatorname{Ker}\varepsilon = B_0(X)$；

(2) $H_0(X) \cong J$，

且 X 的每个零维奇异单形都可以作为 $H_0(X)$ 的一个生成元.

证明 (1) 设 $x = \sum\limits_i n_i s_i \in C_1(X)$，$s_i$ 为定向奇异 1 维单形，$\partial_1 s_i = s_i^{(0)} - s_i^{(1)}$，故

$$\begin{aligned}\varepsilon(\partial_1 x) &= \varepsilon\left(\partial_1\sum_i n_i s_i\right) = \varepsilon\left(\sum_i n_i\partial_1 s_i\right) = \sum_i n_i\left[\varepsilon(s_i^{(0)}) - \varepsilon(s_i^{(1)})\right]\\ &= \sum_i n_i \cdot 0 = 0,\end{aligned}$$

$$B_0(X) \subset \mathrm{Ker}\,\varepsilon.$$

由于 X 道路连通,对每个零维奇异单形 a,必存在 1 维单形 s,使得 s 为连接 a_0(固定)到 a 的一条道路.于是,有

$$\partial s = s^{(0)} - s^{(1)} = a - a_0,$$
$$a = a_0 + \partial s,$$
$$[a] = [a_0 + \partial s] = [a_0],$$
$$H_0(X) = \{n[a_0] \mid n \in J\} = \{n[a] \mid n \in J\} \cong J,$$

其中$[a_0]$与$[a]$都可以作为 $H_0(X)$的一个生成元.

另一方面,设

$$y = \sum_i n_i a_i = \sum_i n_i(a_0 + \partial_1 s_i) = \left(\sum_i n_i\right)a_0 + \partial_1\left(\sum_i n_i s_i\right)$$
$$= 0 \cdot a_0 + \partial_1\left(\sum_i n_i s_i\right) = \partial_1\left(\sum_i n_i s_i\right) \in B_0(X),$$

则

$$\mathrm{Ker}\,\varepsilon \subset B_0(X).$$

综上所述,得到

$$\mathrm{Ker}\,\varepsilon = B_0(X).$$

(2)(证法 1)由增广同态

$$\varepsilon = \mathrm{In}: C_0(X) \to J,$$
$$\varepsilon\left(\sum_i n_i a_i\right) = \sum_i n_i$$

诱导的同态 ε_* 显然满足

$$\varepsilon_*: H_0(X) = \frac{Z_0(X)}{B_0(X)} \overset{(1)}{=\!=} \frac{C_0(X)}{\mathrm{Ker}\,\varepsilon} \to J,$$
$$\varepsilon_*[x] = [\varepsilon(x)]$$

既为单射又为满射,它是一个同构,即

$$\varepsilon_*: H_0(X) \cong J.$$

(证法 2)因为 X 为道路连通的拓扑空间,故对 $\forall\, p_0, p_1 \in X$,必有连接 p_0 与 p_1 的道路 $\sigma\varphi:[0,1]\to X$,其中 $\varphi:[0,1]\to\Delta_1$ 为线性映射,且 $\varphi(0)=e^0$,$\varphi(1)=e^1$.而 $\sigma:\Delta_1\to X$ 为 X 中的 1 维奇异单形.显然

$$\partial\sigma = \sum_{i=0}^{1}(-1)^i\sigma^{(i)} = \sigma^{(0)} - \sigma^{(1)} = p_1 - p_0, \quad p_1 \sim p_0 \ (p_1 \text{ 同调于 } p_0).$$

因此,$H_0(X)$中$[p_0]$为同调类中的基,$H_0(X)\cong J$. □

引理 2.1.3 设 X 的道路连通分支的集合为$\{X_\alpha\}_{\alpha\in\Gamma}$,则

$$H_q(X) \cong \bigoplus_{\alpha\in\Gamma} H_q(X_\alpha).$$

证明

$$H_q(X) = H_q\left(\bigcup_{\alpha\in\Gamma} X_\alpha\right) = \frac{Z_q\left(\bigcup_{\alpha\in\Gamma} X_\alpha\right)}{B_q\left(\bigcup_{\alpha\in\Gamma} X_\alpha\right)}$$

$$= \frac{\bigoplus_{\alpha\in\Gamma} Z_q(X_\alpha)}{\bigoplus_{\alpha\in\Gamma} B_q(X_\alpha)} \cong \bigoplus_{\alpha\in\Gamma} \frac{Z_q(X_\alpha)}{B_q(X_\alpha)}$$

$$= \bigoplus_{\alpha\in\Gamma} H_q(X_\alpha).$$

或者由连续映射 $\sigma:(e^0 e^1 \cdots e^q) \to X$ 将道路连通集 $(e^0 e^1 \cdots e^q)$ 映为道路连通集 $\sigma(e^0 e^1 \cdots e^q)$，它必映入某道路连通分支 X_α. 而且

$$\sigma:(e^0 e^1 \cdots e^q) \to X_\alpha$$

也为 X 的子拓扑空间 X_α 中的一个奇异单形.

$$\begin{array}{ccc} \sigma & \mapsto & \sigma \\ \pitchfork & & \pitchfork \\ C_q(X) & & C_q(X_\alpha) \end{array}$$

自然延拓为

$$C_q(X) \to \bigoplus_{\alpha\in\Gamma} C_q(X_\alpha)$$

的一个同构与

$$Z_q(X) \to \bigoplus_{\alpha\in\Gamma} Z_q(X_\alpha)$$

的一个同构，以及

$$B_q(X) \to \bigoplus_{\alpha\in\Gamma} B_q(X_\alpha)$$

的一个同构. 因此，也导致了同构

$$H_q(X) = \frac{Z_q(X)}{B_q(X)} = \frac{\bigoplus_{\alpha\in\Gamma} Z_q(X)}{\bigoplus_{\alpha\in\Gamma} B_q(X_\alpha)}$$

$$\cong \bigoplus_{\alpha\in\Gamma} \frac{Z_q(X_\alpha)}{B_q(X_\alpha)} = \bigoplus_{\alpha\in\Gamma} H_q(X_\alpha).$$ □

连续映射的同调性质、奇异下同调群的拓扑不变性

定义 2.1.5 设 $f:X\to Y$ 为一个连续映射，则 f 自然地使 X 的每一个 q 维奇异单形 $\sigma:\Delta_q\to X$ 对应于 Y 的一个 q 维奇异单形 $f\sigma:\Delta_q\to Y$，将其对应记作

$$f_q = f_{\Delta_q}:\sigma_q \mapsto f_{\Delta_q}(\sigma) = (f\sigma)_q.$$

作线性扩张,得到奇异链之间的诱导同态

$$f_{\Delta_q}: C_q(X) \to C_q(Y).$$

引理 2.1.4 设 $f: X \to Y$ 为连续映射,则图表

$$\begin{array}{ccc} C_q(X) & \xrightarrow{f_{\Delta_q}} & C_q(Y) \\ \downarrow{\partial_q} & & \downarrow{\partial_q} \\ C_{q-1}(X) & \xrightarrow{f_{\Delta_{q-1}}} & C_{q-1}(Y) \end{array}$$

是可交换的,即

$$\partial_q f_{\Delta_q} = f_{\Delta_{q-1}} \partial_q.$$

换句话说,同态序列 $f_\Delta = \{f_{\Delta_q}\}$是一个链映射:

$$f_{\Delta_q}: C_q(X) \to C_q(Y).$$

因此,f_Δ 就诱导出奇异同调群之间的一个序列的同态$f_* = \{f_{q*}\}$:

$$f_{q*}: H_q(X) \to H_q(Y).$$

$$[z_q] \mapsto f_{q*}[z_q] = [f_{\Delta_q} z_q].$$

f_{q*} 称为由 f 所诱导的奇异下同调群的同态,简称为**同调同态**.

证明 首先,对 X 的任何 q 维奇异单形 $\sigma_q: \Delta_q \to X$,有

$$\begin{aligned} f_{\Delta_{q-1}} \partial_q \sigma_q &= f_{\Delta_{q-1}} \sum_{i=0}^{q} (-1)^i \sigma_{q-1}^{(i)} = \sum_{i=0}^{q} (-1)^i f_{\Delta_{q-1}} (\sigma_{q-1}^{(i)}) \\ &= \sum_{i=0}^{q} (-1)^i (f\sigma)_{q-1}^{(i)} = \partial_q (f\sigma)_q = \partial_q f_{\Delta_q} \sigma_q, \end{aligned}$$

$$f_{\Delta_{q-1}} \partial_q = \partial_q f_{\Delta_q}.$$

其次,有

$$f_{\Delta_q} Z_q(X) \subset Z_q(Y),$$

$$f_{\Delta_q} B_q(X) \subset B_q(Y).$$

这是因为 $\forall z_q \in Z_q(X)$,有

$$\partial_q (f_{\Delta_q} z_q) = f_{\Delta_{q-1}} (\partial_q z_q) = f_{\Delta_{q-1}} (0) = 0, \quad f_{\Delta_q} z_q \in Z_q(Y);$$

$\forall x_{q+1} \in C_{q+1}(X)$,有

$$f_{\Delta_q} (\partial_{q+1} x_{q+1}) = \partial_{q+1} (f_{\Delta_{q+1}} x_{q+1}) \in B_q(Y).$$

于是,对 $\forall z_q \in Z_q(X)$, $\forall b_q \in B_q(X)$,有

$$f_{\Delta_q} (z_q + b_q) = f_{\Delta_q} z_q + f_{\Delta_q} b_q.$$

由此推得

$$f_{q*}[z_q + b_q] = [f_{\Delta_q} (z_q + b_q)] = [f_{\Delta_q} z_q + f_{\Delta_q} b_q]$$

$$= [f_{\Delta_q} z_q] = f_{q*}[z_q],$$

即 $f_{q*}[z_q]=[f_{\Delta_q}z_q]$与$[z_q]$中代表元 z_q 的选取无关!

f_{q*}为同态是显然的,

$$\begin{aligned} f_{q*}([z'_q]+[z''_q]) &= f_{q*}[z'_q+z''_q] = [f_{\Delta_q}(z'_q+z''_q)] \\ &= [f_{\Delta_q}z'_q+f_{\Delta_q}z''_q] = [f_{\Delta_q}z'_q]+[f_{\Delta_q}z''_q] \\ &= f_{q*}[z'_q]+f_{q*}[z''_q]. \end{aligned}$$

□

引理 2.1.5 (1) 设 $1:X\to X$ 为恒同映射,则 $1_{\Delta_q}:C_q(X)\to C_q(X)$为恒同链映射.因而,$1_{q*}:H_q(X)\to H_q(X)$为恒同自同构.

(2) 设 $f:X\to Y$ 与 $g:Y\to Z$ 都为连续映射,则

$$(g\circ f)_{\Delta_q} = g_{\Delta_q}f_{\Delta_q}:C_q(X)\to C_q(Z).$$

因而

$$(g\circ f)_{q*} = g_{q*}f_{q*}:H_q(X)\to H_q(Z).$$

证明 (1) $1_{\Delta_q}\sigma_q=(1\sigma)_q=\sigma_q$.$1_{\Delta_q}:C_q(X)\to C_q(X)$为恒同态,事实上是恒同构.显然,$1_{q*}:H_q(X)\to H_q(X)$为恒同自同构.

(2)

$$(g\circ f)_{\Delta_q}\sigma_q = (gf\sigma)_q = (g(f\sigma))_q = g_{\Delta_q}(f\sigma)_q = g_{\Delta_q}f_{\Delta_q}\sigma_q,$$

$$(g\circ f)_{\Delta_q} = g_{\Delta_q}f_{\Delta_q},$$

$$(g\circ f)_{q*}[\sigma_q] = [(gf)_{\Delta_q}\sigma_q] = [g_{\Delta_q}f_{\Delta_q}\sigma_q] = g_{q*}[f_{\Delta_q}\sigma_q] = g_{q*}f_{q*}[\sigma_q],$$

$$(g\circ f)_{q*} = g_{q*}f_{q*}.$$

□

定理 2.1.1(奇异下同调群的拓扑不变性) 同胚的拓扑空间的同维的奇异同调群是同构的.更确切地说,设 $f:X\to Y$ 为同胚,$g=f^{-1}:Y\to X$ 是 f 的逆映射,则同态 $f_{q*}:H_q(X)\to H_q(Y)$为同构,并且 $g_{q*}=f_{q*}^{-1}$ 为其同构逆.

证明 由于 $g\circ f=1:X\to X$,根据引理 2.1.5,有

$$g_{q*}f_{q*} = 1_{q*} = 1:H_q(X)\to H_q(X).$$

同理

$$f_{q*}g_{q*} = 1:H_q(Y)\to H_q(X).$$

所以,f_{q*}为同构,$g_{q*}=f_{q*}^{-1}$为同构逆. □

读者一定记得,对于单纯复形的同调群,我们曾经费了多少力气才得到连续映射的同调性质与单纯同调群的拓扑不变性.而现在对于奇异同调群,它们几乎是奇异同调群定义的直接推论.这是奇异同调群的一大优点.什么原因呢?连续映射将单纯形不一定变为单纯形,在证明单纯同调群的拓扑不变性时需要重心重分、单纯逼近且有星形性质以及引入星形同态等一系列措施.但是,连续映射却将奇异单形变为奇异单形,情况变得

很简单,当然奇异同调群的拓扑不变性证明一目了然.这正说明了连续映射是与奇异下同调群相匹配的映射.

要证明同伦的映射诱导出相同的下同调群的同态,由此得出奇异下同调群的伦型不变性.应用的工具是奇异链上的柱形.

奇异链上的柱形

定义 2.1.6 我们试图对 X 上的每个 q 维奇异单形 σ_q,定义 $X\times[0,1]$上的一个 $q+1$维奇异链 $P_q(\sigma_q)$,它称为 σ_q 上的**柱形**.

既然 Δ_q 上的$[e^0e^1\cdots e^q]$可以看成 q 维奇异单形的模型,我们先来定义

$$P_q[e^0e^1\cdots e^q].$$

在 $\Delta_q\times[0,1]$(它是 $\mathbf{R}^{q+1}\times\mathbf{R}^1=\mathbf{R}^{q+2}$ 里的凸集)里,记$(e^i,0)$为 $e^{i\prime}$,$(e^i,1)$为 $e^{i\prime\prime}$.我们规定

$$P_q[e^0e^1\cdots e^q]=\sum_{i=0}^{q}(-1)^i[e^{0\prime}e^{1\prime}\cdots e^{i\prime}e^{i\prime\prime}\cdots e^{q\prime\prime}]\in C_{q+1}(\Delta_q\times[0,1]).\quad(2.1.1)$$

下面给出了这个定义的几何直观背景(见图 2.1.2).

$q=1$, $P_1[e^0e^1]=[e^{0'}e^{0''}e^{1''}]-[e^{0'}e^{1'}e^{1''}]$　　$q=2$, $P_2[e^0e^1e^2]=[e^{0'}e^{0''}e^{1''}e^{2''}]-[e^{0'}e^{1'}e^{1''}e^{2''}]+[e^{0'}e^{1'}e^{2'}e^{2''}]$

图 2.1.2

现在设 $\sigma_q:\Delta_q\to X$ 为X 的任一q 维奇异单形.我们采用一种记号:若 $f:X\to Y$ 为连续映射,则以 $f\times[0,1]:X\times[0,1]\to Y\times[0,1]$表示连续映射$(x,t)\mapsto(f(x),t)$.令

$$P_q\sigma_q=(\sigma_q\times[0,1])_{\Delta_{q+1}}P_q[e^0e^1\cdots e^q]\in C_{q+1}(X\times[0,1]),\qquad(2.1.2)$$

再作线性扩张,就得到一个同态

$$P_q:C_q(X)\to C_{q+1}(X\times[0,1]),$$

并称它为**柱形同态**.

特别地,当 $\sigma_q=[e^0e^1\cdots e^q]:\Delta_q\to\Delta_q$ 时,

$$\begin{aligned}P_q\sigma_q&=(\sigma_q\times[0,1])_{\Delta_{q+1}}P_q[e^0e^1\cdots e^q]\\&=1_{\Delta_{q+1}}P_q[e^0e^1\cdots e^q]=P_q[e^0e^1\cdots e^q]\in C_{q+1}(\Delta_q\times[0,1]),\end{aligned}$$

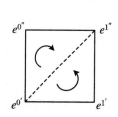

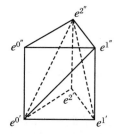

这时式(2.1.2)就是式(2.1.1).

此外,显然有

$$\begin{array}{ccc} C_q(\Delta_q) & \xrightarrow{P_q} & C_{q+1}(\Delta_q\times[0,1]) \\ \downarrow \sigma_{\Delta_q} & & \downarrow (\sigma_q\times[0,1])_{\Delta_{q+1}} \\ C_q(X) & \xrightarrow{P_q} & C_{q+1}(X\times[0,1]) \end{array}$$

可交换,即

$$P_q\sigma_{\Delta_q} = (\sigma_q\times[0,1])_{\Delta_{q+1}}P_q.$$

例 2.1.6 设 X 是 n 维 Euclid 空间 $\mathbf{R}^n$ 中的子拓扑空间,$[a^0a^1\cdots a^q]$是 X 中的一个 q 维线性奇异单形.在 $X\times[0,1]$中记 $a^{i\prime}=(a^i,0)$,$a^{i\prime\prime}=(a^i,1)$,则根据式(2.1.1)、式(2.1.2),有

$$\begin{aligned} P_q[a^0a^1\cdots a^q] &= ([a^0a^1\cdots a^q]\times[0,1])_{\Delta_{q+1}}P_q[e^0e^1\cdots e^q] \\ &= ([a^0a^1\cdots a^q]\times[0,1])_{\Delta_{q+1}}\sum_{i=0}^{q}(-1)^i[e^{0\prime}e^{1\prime}\cdots e^{i\prime}e^{i\prime\prime}\cdots e^{q}] \\ &\overset{\text{线性}}{=\!=\!=} \sum_{i=0}^{q}(-1)^i[a^{0\prime}a^{1\prime}\cdots a^{i\prime}a^{i\prime\prime}\cdots a^{q\prime\prime}]. \end{aligned}$$

引理 2.1.6 设 $f:X\to Y$ 为连续映射,则

$$P_qf_{\Delta_q} = (f\times[0,1])_{\Delta_{q+1}}P_q:C_q(X)\to C_{q+1}(Y\times[0,1]),$$

即

$$\begin{array}{ccc} C_q(X) & \xrightarrow{P_q} & C_{q+1}(X\times[0,1]) \\ \downarrow f_{\Delta_q} & & \downarrow (f\times[0,1])_{\Delta_{q+1}} \\ C_q(Y) & \xrightarrow{P_q} & C_{q+1}(Y\times[0,1]) \end{array}$$

是可交换的.

证明 显然,有

$$(x,t)\xrightarrow{\sigma\times[0,1]}(\sigma(x),t)\xrightarrow{f\times[0,1]}(f\sigma(x),t).$$

其中两箭头的复合记为 $f\sigma\times[0,1]$.

于是

$$\begin{aligned} P_qf_{\Delta_q}(\sigma_q) = P_q(f\sigma)_q &= (f\sigma\times[0,1])_{\Delta_{q+1}}P_q[e^0e^1\cdots e^q] \\ &= (f\times[0,1])_{\Delta_{q+1}}(\sigma\times[0,1])_{\Delta_{q+1}}P_q[e^0e^1\cdots e^q], \end{aligned}$$

$$P_qf_{\Delta_q} = (f\times[0,1])_{\Delta_{q+1}}P_q:C_q(X)\to C_{q+1}(Y\times[0,1]).$$ □

引理 2.1.7 以 $i',i'':X\to X\times[0,1]$记连续映射 $i'(x)=(x,0)$,$i''(x)=(x,1)$,则

对 X 的任一 q 维奇异单形 $\sigma_q:\Delta_q\to X$,有

$$\partial'_{q+1}P_q\sigma_q = i''_{\Delta_q}\sigma_q - i'_{\Delta_q}\sigma_q - P_{q-1}\partial_q\sigma_q,$$

$$\partial'_{q+1}P_q = i''_{\Delta_q} - i'_{\Delta_q} - P_{q-1}\partial_q.$$

证明 先考虑 Δ_q 上的线性奇异单形 $[e^0e^1\cdots e^q]$,则

$$\begin{aligned}\partial'_{q+1}P_q[e^0e^1\cdots e^q] &= \partial'_{q+1}\sum_{i=0}^{q}(-1)^i[e^{0\prime}e^{1\prime}\cdots e^{i\prime}e^{i\prime\prime}\cdots e^{q\prime\prime}]\\ &= \sum_{i=0}^{q}(-1)^i\Big(\sum_{j=0}^{i-1}(-1)^j[e^{0\prime}e^{1\prime}\cdots\hat{e}^j\cdots e^{i\prime}e^{i\prime\prime}\cdots e^{q\prime\prime}]\\ &\quad+(-1)^i[e^{0\prime}e^{1\prime}\cdots e^{(i-1)\prime}e^{i\prime\prime}\cdots e^{q\prime\prime}]+(-1)^{i+1}[e^{0\prime}e^{1\prime}\cdots e^{i\prime}e^{(i+1)\prime\prime}\cdots e^{q\prime\prime}]\\ &\quad+\sum_{j=i+1}^{q}(-1)^{j+1}[e^{0\prime}e^{1\prime}\cdots e^{i\prime}e^{i\prime\prime}\cdots\hat{e}^{j\prime\prime}\cdots e^{q\prime\prime}]\Big).\end{aligned}\tag{2.1.3}$$

式(2.1.3)中右边除第一项与最末项

$$[e^{0\prime\prime}e^{1\prime\prime}\cdots e^{q\prime\prime}] \quad 与 \quad [e^{0\prime}e^{1\prime}\cdots e^{q\prime}]$$

外,其余诸项都成对地相消.

另一方面,根据例 2.1.6,有

$$\begin{aligned}P_{q-1}\partial_q[e^0e^1\cdots e^q] &= P_{q-1}\sum_{j=0}^{q}(-1)^j[e^0e^1\cdots\hat{e}^j\cdots e^q]\\ &= \sum_{j=0}^{q}(-1)^j\Big(\sum_{i=0}^{j-1}(-1)^i[e^{0\prime}e^{1\prime}\cdots e^{i\prime}e^{i\prime\prime}\cdots\hat{e}^{j\prime\prime}\cdots e^{q\prime\prime}]\\ &\quad+\sum_{i=j+1}^{q}(-1)^{i-1}[e^{0\prime}e^{1\prime}\cdots\hat{e}^{j\prime}\cdots e^{i\prime}e^{i\prime\prime}\cdots e^{q\prime\prime}]\Big).\end{aligned}\tag{2.1.4}$$

式(2.1.3)的第二、四行分别与式(2.1.4)的第三、二行正好相差一个负号,所以

$$\partial'_{q+1}P_q[e^0e^1\cdots e^q] = [e^{0\prime\prime}e^{1\prime\prime}\cdots e^{q\prime\prime}]-[e^{0\prime}e^{1\prime}\cdots e^{q\prime}]-P_{q-1}\partial_q[e^0e^1\cdots e^q].\tag{2.1.5}$$

现在考虑一般情形,有

$$\begin{aligned}\partial'_{q+1}P_q\sigma_q &\xlongequal[\text{式(2.1.4)}]{\text{定义 2.1.6}} \partial'_{q+1}(\sigma_q\times[0,1])_{\Delta_{q+1}}P_q[e^0e^1\cdots e^q]\\ &\xlongequal{\text{引理 2.1.4}} (\sigma_q\times[0,1])_{\Delta_q}\partial_{q+1}P_q[e^0e^1\cdots e^q]\\ &\xlongequal{\text{式(2.1.5)}} (\sigma\times[0,1])_{\Delta_q}([e^{0\prime\prime}e^{1\prime\prime}\cdots e^{q\prime\prime}]-[e^{0\prime}e^{1\prime}\cdots e^{q\prime}]-P_{q-1}\partial_q[e^0e^1\cdots e^q]).\end{aligned}$$

根据定义 2.1.6 中的式(2.1.4)与引理 2.1.4,得到(见图 2.1.3)

$$\begin{aligned}\partial'_{q+1}P_q\sigma_q &= (\sigma\times[0,1])_{\Delta_q}([e^{0\prime\prime}e^{1\prime\prime}\cdots e^{q\prime\prime}]-[e^{0\prime}e^{1\prime}\cdots e^{q\prime}]-P_{q-1}\partial_q[e^0e^1\cdots e^q])\\ &\xlongequal[\text{式(2.1.4)}]{\text{定义 2.1.6}} i''_{\Delta_q}\sigma_q - i'_{\Delta_q}\sigma_q - P_{q-1}\sigma_{\Delta_{q-1}}\partial_q[e^0e^1\cdots e^q]\end{aligned}$$

$$\xlongequal{\text{引理 2.1.4}} i''_{\Delta_q}\sigma_q - i'_{\Delta_q}\sigma_q - P_{q-1}\partial_q\sigma_{\Delta_q}[e^0e^1\cdots e^q]$$

$$= i''_{\Delta_q}\sigma_q - i'_{\Delta_q}\sigma_q - P_{q-1}\partial_q\sigma_q. \qquad \square$$

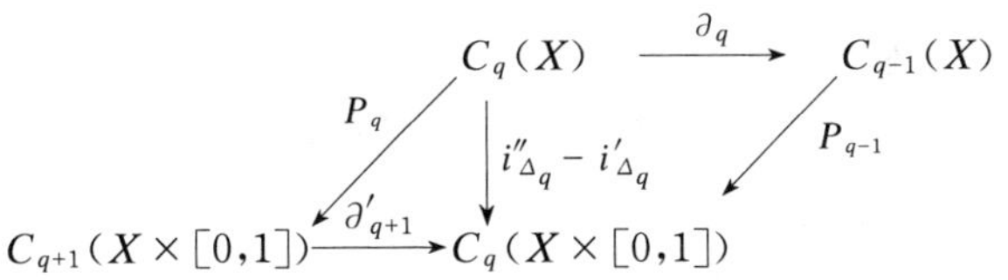

图 2.1.3

奇异下同调群的同伦不变性

定理 2.1.2(同伦定理) 设连续映射 $f,g:X\to Y$ 为同伦,则链映射 $f_\Delta,g_\Delta:C(X)\to C(Y)$为链同伦.因而

$$f_{q*} = g_{q*}:H_q(X)\to H_q(Y).$$

证明 设 $F:X\times[0,1]\to Y$ 为连接f 与g 的伦移,则 $f=Fi'$,$g=Fi''$.对 X 的每一个奇异单形 $\sigma_q:\Delta_q\to X$,根据引理 2.2.7,有

$$\partial'_{q+1}F_{\Delta_{q+1}}P_q\sigma_q + F_{\Delta_q}P_{q-1}\partial_q\sigma_q = F_{\Delta_q}(\partial'_{q+1}P_q + P_{q-1}\partial_q)\sigma_q$$

$$= F_{\Delta_q}(i''_{\Delta_q} - i'_{\Delta_q})\sigma_q = (g_{\Delta_q} - f_{\Delta_q})\sigma_q.$$

所以,令 $D_q = F_{\Delta_{q+1}}P_q:\Delta_q(X)\to\Delta_{q+1}(Y)$,则$\{D_q\}$为连接$\{f_{\Delta_q}\}$与$\{g_{\Delta_q}\}$的链伦移.于是,对$\forall x_q\in\Delta_q(X)$,有

$$\partial_{q+1}F_{\Delta_{q+1}}P_qx_q + F_{\Delta_q}P_{q-1}\partial_qx_q = (g_{\Delta_q} - f_{\Delta_q})x_q.$$

而对$\forall z_q\in Z_q(X)$,有

$$\partial'_{q+1}F_{\Delta_{q+1}}P_qz_q = \partial'_{q+1}F_{\Delta_{q+1}}P_qz_q + F_{\Delta_q}P_{q-1}\partial_qz_q = (g_{\Delta_q} - f_{\Delta_q})z_q,$$

$$g_{q*}[z_q] = [g_{\Delta_q}z_q] = [f_{\Delta_q}z_q + \partial'_{q+1}F_{\Delta_{q+1}}P_qz_q] = [f_{\Delta_q}z_q] = f_{q*}[z_q],$$

$$g_{q*} = f_{q*}. \qquad \square$$

定理 2.1.3(奇异下同调群的伦型不变性) 设拓扑空间 X,Y 有相同的伦型,则

$$H_q(X)\cong H_q(Y),\quad q = 0,1,2,\cdots.$$

更确切地说,设 $f:X\to Y$ 为一个同伦等价,$g:Y\to X$ 为f 的一个同伦逆,则

$$f_{q*}H_q(X)\to H_q(Y)$$

为同构,而且 $g_{q*}=f_{q*}^{-1}$为同构逆.

证明 由于 $g\circ f\simeq 1$,根据引理 2.1.5(2)及同伦定理(定理 2.1.2),得到

$$g_{q*}f_{q*} = (g\circ f)_{q*} = 1_{q*} = 1:H_q(X)\to H_q(X).$$

同理

$$f_{q*}g_{q*} = (f\circ g)_{q*} = 1_{q*} = 1: H_q(Y)\to H_q(Y).$$

因此,f_{q*} 为同构,且 $g_{q*}=f_{q*}^{-1}$ 也为同构. □

推论 2.1.1(奇异下同调群的拓扑不变性) 设 $f: X\to Y$ 为同胚,$g: Y\to X$ 为同胚逆,则

$$f_{q*}H_q(X)\cong H_q(Y)$$

为同构,而 $g_{q*}=f_{q*}^{-1}$ 也为同构.

证明 从 $g\circ f=1_X\simeq 1_X$,$f\circ g=1_Y\simeq 1_Y$ 和定理 2.1.3 立即推出. □

例 2.1.7 设拓扑空间 X 是可缩的(即 X 与独点拓扑空间有相同的伦型),则

$$H_q(X)=\begin{cases}J, & q=0,\\ 0, & q>0.\end{cases}$$

换句话说,可缩空间是零调的.

证明 这是定理 2.1.3 与例 2.1.5 明显的推论. □

2.2 奇异链的重心重分、覆盖定理、多面体的单纯下同调群与奇异下同调群的同构定理

设 K 为一个单纯复形.一方面,从第 1 章知道 K 有一个单纯链复形

$$C(K)=\{C_q(K),\partial_q\},$$

从而得到单纯同调群 $H_q(K)$;另一方面,多面体 $|K|$ 是一个拓扑空间,它有奇异下链复形 $C(|K|)=\{C_q(|K|),\partial_q\}$,从而得出奇异下同调群 $H_q(|K|)$.这一节总的目的就是证明这两种同调群是同构的.于是,奇异下同调群的确是复形的单纯下同调群的一种推广.

首先建立从 $C(K)$ 到 $C(|K|)$ 的下链映射,而建立反方向的下链映射是很困难的任务,留待最后去完成.先做准备工作.我们证明:在定义奇异下同调群时其实只需要考虑充分小的奇异单形就行了(确切的含义见覆盖定理(定理 2.2.2)).为了证明覆盖定理,我们需要一种将奇异单形"切细"的作法——重心重分.

设 K^ω 是一个有序复形,ω 是它的顶点的序,$a^{i_0}a^{i_1}\cdots a^{i_q}$ 是 K 的一个有向单形,其顶点是按 ω 的顺序写出的,则令

$$\theta_q^\omega a^{i_0}a^{i_1}\cdots a^{i_q}=[a^{i_0}a^{i_1}\cdots a^{i_q}],$$

这里 $[a^{i_0}a^{i_1}\cdots a^{i_q}]$ 是例 2.1.2 中的线性奇异单形,它其实是 $\Delta_q\to K$ 的一个单纯映射.作线性扩张,我们得到一个同态:

$$\theta_q^{\omega}: C_q(K) \to C_q(|K|),$$
$$\theta^{\omega}: C(K) \to C(|K|).$$

例 2.2.1 同态 θ_q^{ω} 依赖于 ω 的选取.

例如,取 K 为1维单形 (a^0, a^1) 的闭包复形,序 ω 为 $a^0 \prec a^1$,ω' 为 $a^1 \prec a^0$,则

$$\theta_1^{\omega}: a^0a^1 \mapsto [a^0a^1],$$
$$\theta_1^{\omega'}: a^0a^1 = -a^1a^0 \mapsto -[a^1a^0],$$

所以,$\theta_1^{\omega} \neq \theta_1^{\omega'}$(见例 2.1.2).

引理 2.2.1 同态序列 $\theta^{\omega} = \{\theta_q^{\omega}\}$,

$$\theta^{\omega}: C(K) \to C(|K|)$$

为一个链映射.

证明 设 $a^{i_0}a^{i_1}\cdots a^{i_q}$ 为 K 的任一有向单形,顶点按序 ω 写出,根据例 2.1.4,

$$\partial\theta^{\omega}a^{i_0}a^{i_1}\cdots a^{i_q} = \partial[a^{i_0}a^{i_1}\cdots a^{i_q}] = \sum_{k=0}^{q}(-1)^k[a^{i_0}a^{i_1}\cdots \hat{a}^{i_k}\cdots a^{i_q}]$$
$$= \sum_{k=0}^{q}(-1)^k\theta^{\omega}a^{i_0}a^{i_1}\cdots \hat{a}^{i_k}\cdots a^{i_q} = \theta^{\omega}\partial a^{i_0}a^{i_1}\cdots a^{i_q}.$$

它表明 θ^{ω} 为一个链映射. □

根据引理 2.2.1,θ^{ω} 诱导出一个序列同态

$$\theta_{*q}^{\omega}: H_q(K) \to H_q(|K|).$$

下面我们将证明:θ_*^{ω} 不依赖于序 ω 的选取,并且是一个同构.

现在,我们要利用链映射 θ^{ω} 来提出奇异链的一种既直观又方便的表示法.

设 K^{ω} 为一个有序复形,$c_q \in C_q(K)$ 为 K 上的一个 q 维链. $\varphi: |K| \to X$ 为一个连续映射,我们采用记号:

$$(K^{\omega}, c_q, \varphi) = \varphi_{\Delta}\theta^{\omega}c_q \in C_q(X),$$

直观地说,$(K^{\omega}, c_q, \varphi)$ 表示有序复形 K^{ω} 上的链 c_q 在连续映射 φ 下的像.

引理 2.2.2 记号 $(K^{\omega}, c_q, \varphi)$ 有以下运算法则:

(1) $\partial(K^{\omega}, c_q, \varphi) = (K^{\omega}, \partial c_q, \varphi)$.

(2) 设 $f: X \to Y$ 为连续映射,则 $f_{\Delta}(K^{\omega}, c_q, \varphi) = (K^{\omega}, c_q, f\circ\varphi)$.

(3) 设 $K'^{\omega'}$ 为有序复形,$h: K'^{\omega'} \to K^{\omega}$ 为非退化的(即在 h 下没有退化单形)保序的单纯映射,则

$$(K'^{\omega'}, c'_q, \varphi\circ h) = (K^{\omega}, h_q c'_q, \varphi).$$

这里,右边括号里的 h_q 是单纯下链映射.

证明 (1) 易见

$$\partial(K^{\omega}, c_q, \varphi) = \partial\varphi_{\Delta}\theta^{\omega}c_q = \varphi_{\Delta}\partial\theta^{\omega}c_q$$

$$\xlongequal{\text{引理 2.2.1}} \varphi_{\Delta}\theta^{\omega}\partial c_q = (K^{\omega},\partial c_q,\varphi).$$

(2) $f_{\Delta}(K^{\omega},c_q,\varphi)=f_{\Delta}\varphi_{\Delta}\theta^{\omega}c_q=(f\circ\varphi)_{\Delta}\theta^{\omega}c_q=(K^{\omega},c_q,f\circ\varphi).$

(3) 设 $b^{j_0}b^{j_1}\cdots b^{j_q}$ 是 K' 的任一有向单形，顶点已按顺序 ω 写出，h 将 b^{j_k} 变成 a^{i_k}，$k=0,1,\cdots,q$. 由于 h 非退化且保序，所以 $h_q(b^{j_0}b^{j_1}\cdots b^{j_q})=a^{i_0}a^{i_1}\cdots a^{i_q}$ 也是有向单形，而且顶点已按顺序 ω 写出. 因而，

$$\begin{aligned}\varphi_{\Delta}h_{\Delta}\theta^{\omega'}(b^{j_0}b^{j_1}\cdots b^{j_q}) &= \varphi_{\Delta}h_{\Delta}[b^{j_0}b^{j_1}\cdots b^{j_q}] = \varphi_{\Delta}[a^{i_0}a^{i_1}\cdots a^{i_q}]\\ &= \varphi_{\Delta}\theta^{\omega}(a^{i_0}a^{i_1}\cdots a^{i_q}) = \varphi_{\Delta}\theta^{\omega}h_q(b^{j_0}b^{j_1}\cdots b^{j_q}).\end{aligned}$$

作线性扩张，即得：对任一 $c'_q\in C_q(K)$，

$$\begin{aligned}(K^{\omega'},c'_q,\varphi\circ h) &= (\varphi h)_{\Delta}\theta^{\omega'}c'_q = \varphi_{\Delta}h_{\Delta}\theta^{\omega'}c'_q\\ &= \varphi_{\Delta}\theta^{\omega}h_q c'_q = (K^{\omega},h_q c'_q,\varphi).\end{aligned}$$

□

例 2.2.2　Δ_q 为有序单形，$e^0e^1\cdots e^q\in C_q(\Delta_q)$. 设 $\sigma:\Delta_q\to X$ 为 X 的 q 维奇异单形，则

$$(\Delta_q,e^0e^1\cdots e^q,\sigma) = \sigma_{\Delta}\theta_q^{\omega}e^0e^1\cdots e^q = \sigma_{\Delta}[e^0e^1\cdots e^q] = \sigma_q.$$

奇异链的重心重分

定义 2.2.1　以后当我们谈到一个复形 K 的重心重分 $\mathrm{Sd}\,K$ 时，总认为 $\mathrm{Sd}\,K$ 是有序复形，它的顶点是自然顺序，即高维单形的顶点在前.

设 $\sigma:\Delta_q\to X$ 为 X 的任一 q 维奇异单形，我们定义 σ_q 的重心重分

$$\mathrm{Sd}_q\sigma_q = (\mathrm{Sd}\,\Delta_q,\mathrm{Sd}_q e^0e^1\cdots e^q,\sigma)\in C_q(X),$$

括号里的 Sd_q 表示单纯链的重心重分. 然后作线性扩张，得到重心重分同态：

$$\mathrm{Sd}_q: C_q(X)\to C_q(X).$$

引理 2.2.3　设 $f:X\to Y$ 为连续映射，则

$$\begin{array}{ccc} C_q(X) & \xrightarrow{f_{\Delta}} & C_q(Y)\\ {\scriptstyle \mathrm{Sd}_q}\big\downarrow & & \big\downarrow{\scriptstyle \mathrm{Sd}_q}\\ C_q(X) & \xrightarrow{f_{\Delta}} & C_q(Y)\end{array}$$

是可交换的，即

$$f_{\Delta}\mathrm{Sd}_q = \mathrm{Sd}_q f_{\Delta}.$$

证明　设 $\sigma:\Delta_q\to X$ 为 X 的任一 q 维奇异单形，则

$$\begin{aligned}f_{\Delta}\mathrm{Sd}_q\sigma_q &= f_{\Delta}(\mathrm{Sd}\,\Delta_q,\mathrm{Sd}_q e^0e^1\cdots e^q,\sigma)\\ &\xlongequal{\text{引理 2.2.2(2)}} (\mathrm{Sd}\,\Delta_q,\mathrm{Sd}_q e^0e^1\cdots e^q,f\sigma)\end{aligned}$$

$$\xlongequal{\mathrm{Sd}_q\text{ 的定义}} \mathrm{Sd}_q(f\circ\sigma)_q = \mathrm{Sd}_q f_\Delta \sigma_q.$$

再根据同态 f_{Δ_q} 与 Sd_q 的线性性质知,

$$f_\Delta \mathrm{Sd}_q = \mathrm{Sd}_q f_\Delta.$$

□

引理 2.2.4 设 K^ω 为有序复形,$c_q\in C_q(K)$,$\varphi:|K|\to X$ 为连续映射,则

$$\mathrm{Sd}_q(K^\omega, c_q, \varphi) = (\mathrm{Sd}\,K, \mathrm{Sd}_q c_q, \varphi).$$

证明 只需对 c_q 为一个有向单形 $a^{i_0}a^{i_1}\cdots a^{i_q}$ 的情形进行论证.设其顶点已按 ω 的顺序写出,则由于

$$[a^{i_0}a^{i_1}\cdots a^{i_q}]:\Delta_q\to K$$

无论作为映射 $\Delta_q\to K^\omega$ 来看还是作为 $\mathrm{Sd}\,\Delta_q\to\mathrm{Sd}\,K$ 来看都是非退化的保序的单纯映射,所以根据引理 2.2.2(3),有

$$(K^\omega, a^{i_0}a^{i_1}\cdots a^{i_q}, \varphi) = (\Delta_q, e^0e^1\cdots e^q, \varphi[a^{i_0}a^{i_1}\cdots a^{i_q}]),$$

$$(\mathrm{Sd}\,K, \mathrm{Sd}_q a^{i_0}a^{i_1}\cdots a^{i_q}, \varphi) = (\mathrm{Sd}\,\Delta_q, \mathrm{Sd}_q e^0e^1\cdots e^q, \varphi[a^{i_0}a^{i_1}\cdots a^{i_q}]).$$

根据定义,Sd_q 将前式右端变成后式右端,因此,它将前式左端变成后式左端,即

$$\mathrm{Sd}_q(K^\omega, a^{i_0}a^{i_1}\cdots a^{i_q}, \varphi) = (\mathrm{Sd}\,K, \mathrm{Sd}_q a^{i_0}a^{i_1}\cdots a^{i_q}, \varphi).$$

□

引理 2.2.5 同态序列 $\mathrm{Sd}=\{\mathrm{Sd}_q\}$,

$$\mathrm{Sd}:\Delta(X)\to\Delta(X)$$

是一个链映射,它称为奇异链的重分链映射.

证明 设 $\sigma_q:\Delta_q\to X$ 为 X 的任一奇异单形,则

$$\begin{aligned}
\partial\mathrm{Sd}_q\sigma_q &\xlongequal{\text{定义 2.2.1}} \partial(\mathrm{Sd}\,\Delta_q, \mathrm{Sd}_q e^0e^1\cdots e^q, \sigma)\\
&\xlongequal{\text{引理 2.2.2(1)}} (\mathrm{Sd}\,\Delta_q, \partial\mathrm{Sd}_q e^0e^1\cdots e^q, \sigma)\\
&\xlongequal{\text{引理 1.3.8}} (\mathrm{Sd}\,\Delta_q, \mathrm{Sd}_{q-1}\partial e^0e^1\cdots e^q, \sigma)\\
&\xlongequal{\text{引理 2.2.4}} \mathrm{Sd}_{q-1}(\Delta_q, \partial e^0e^1\cdots e^q, \sigma)\\
&\xlongequal{\text{引理 2.2.2(1)}} \mathrm{Sd}_{q-1}\partial(\Delta_q, e^0e^1\cdots e^q, \sigma) = \mathrm{Sd}_{q-1}\partial\sigma_q,
\end{aligned}$$

$$\partial\mathrm{Sd}_q = \mathrm{Sd}_{q-1}\partial.$$

从而,Sd 为链映射. □

重分链映射 $\mathrm{Sd}:C(X)\to C(X)$ 的最重要的性质是下面的定理 2.2.1.

定理 2.2.1 $\mathrm{Sd}\simeq 1:C(X)\to C(X)$,即 Sd 与 1 是链同伦的.

由此得到

$$\mathrm{Sd}_{q*} = 1:H_q(X)\to H_q(X).$$

证明 (对 q 应用归纳法)逐步作出链伦移 $R_{X,q}:C_q(X)\to C_{q+1}(X)$,满足条件:

(ⅰ)$_q$ $\partial R_{X,q}=1-\mathrm{Sd}_q-R_{X,q-1}\partial$;

(ⅱ)$_q$ 对任何连续映射$f:X\to Y$,有

$$R_{Y,q}f_\Delta = f_\Delta R_{X,q},$$

即

$$\begin{array}{ccc} C_q(X) & \xrightarrow{f_\Delta} & C_q(Y) \\ {\scriptstyle R_{X,q}}\downarrow & & \downarrow{\scriptstyle R_{Y,q}} \\ C_{q+1}(X) & \xrightarrow{f_\Delta} & C_{q+1}(Y) \end{array}$$

是可交换的.

先看 $q=0$.对每一拓扑空间 X,令 $R_{X,0}=0$,则由 $\mathrm{Sd}_0=1$(即 0 维奇异单形的重心重分等于原来的 0 维奇异单形)知,(ⅰ)$_0$ 是满足的.(ⅱ)$_0$ 显然也是满足的.

现在设 $q>0$,并设对任一 $p<q$ 及任一 X 已定义同态 $R_{X,p}:\Delta_p(X)\to\Delta_{p+1}(X)$,满足(ⅰ)$_p$ 与(ⅱ)$_p$.我们要对任一 X 定义

$$R_{X,q}:C_q(X)\to C_{q+1}(X),$$

使它们满足(ⅰ)$_q$ 与(ⅱ)$_q$.

考虑 Δ_q 上的奇异单形$[e^0e^1\cdots e^q]$及奇异链

$$\xi_q = (1-\mathrm{Sd}_q-R_{\Delta_q,q-1}\partial)[e^0e^1\cdots e^q]\in C_q(\Delta_q).$$

因为

$$\begin{aligned}\partial\xi_q &= (\partial-\partial\mathrm{Sd}_q-\partial R_{\Delta_q,q-1}\partial)[e^0e^1\cdots e^q] \\ &= (\partial-\mathrm{Sd}_{q-1}\partial-\partial R_{\Delta_q,q-1}\partial)[e^0e^1\cdots e^q] \\ &\xlongequal{\text{引理 2.2.5}} (1-\mathrm{Sd}_{q-1}-\partial R_{\Delta_q,q-1})\partial[e^0e^1\cdots e^q] \\ &\xlongequal{\text{归纳}(1)_{q-1}} R_{\Delta_q,q-1}\partial\partial[e^0e^1\cdots e^q] \\ &= 0.\end{aligned}$$

所以,ξ_q 为奇异下闭链.

然而,根据例 2.1.7,Δ_q 是零调的,当 $q>0$ 时,存在 $q+1$ 维奇异下链

$$\zeta_{q+1}\in C_{q+1}(\Delta_q),$$

使得

$$\partial\zeta_{q+1} = \xi_q = (1-\mathrm{Sd}_q-R_{\Delta_q,q-1}\partial)[e^0e^1\cdots e^q]. \tag{2.2.1}$$

对任一拓扑空间 X 的任一 q 维奇异单形$\sigma:\Delta_q\to X$,定义

$$R_{X,q}(\sigma_q) = \sigma_\Delta\zeta_{q+1}\in C_{q+1}(X), \tag{2.2.2}$$

然后作线性扩张得到同态

$$R_{X,q}: C_q(X) \to C_{q+1}(X).$$

$(\mathrm{i})_q$ 的验证：

$$\begin{aligned}
\partial R_{X,q}(\sigma_q) &\xlongequal{\text{式(2.2.2)}} \partial\sigma_\Delta\zeta_{q+1} = \sigma_\Delta\partial\zeta_{q+1} \\
&\xlongequal{\text{式(2.2.1)}} \sigma_\Delta(1 - \mathrm{Sd}_q - R_{\Delta_q,q-1}\partial)[e^0e^1\cdots e^q] \\
&\xlongequal{\text{定理 2.2.1}(\mathrm{ii})_{q-1}} (1 - \mathrm{Sd}_q - R_{X,q-1})\sigma_\Delta[e^0e^1\cdots e^q] \\
&= (1 - \mathrm{Sd}_q - R_{X,q-1}\partial)\sigma_q,
\end{aligned}$$

$$\partial R_{X,q} = 1 - \mathrm{Sd}_q - R_{X,q-1}\partial.$$

$(\mathrm{ii})_q$ 的验证：对任一连续映射 $f: X \to Y$，根据式(2.2.2)，有

$$\begin{aligned}
R_{Y,q}f_\Delta(\sigma_q) &= R_{Y,q}(f\circ\sigma)_q = (f\circ\sigma)_\Delta\zeta_{q+1} \\
&= f_\Delta\sigma_\Delta\zeta_{q+1} = f_\Delta R_{X,q}(\sigma_q),
\end{aligned}$$

$$R_{Y,q}f_\Delta = f_\Delta R_{X,q}.$$

这就得到了连接 Sd 与 1 的链伦移 $R_X = \{R_{X,q}\}$. □

覆盖定理

定义 2.2.2 设 $V = \{V_\lambda\}$ 为拓扑空间 X 的一个覆盖，即 X 的每一点至少是一个 V_λ 的内点.

如果 $\{V_\lambda\}$ 为开覆盖(每个 V_λ 都为开集)，满足上述条件.

如果 X 的奇异单形 $\sigma: \Delta_q \to X$ 满足 $\sigma(\Delta_q) \subset V_\lambda$(某个 λ)，则称 σ 与 V 是**相容的**. 与覆盖 V 相容的 q 维奇异单形的全体生成 $C_q(X)$ 的一个子群，记作 $C_q^V(X)$，称它为与覆盖 V 相容的 q 维奇异链群. $C_q^V(X)$ 的元素称为与 V 相容的 q 维奇异链. 换言之，$C_q^V(X)$ 的元素是与 V 相容的 q 维单形的有限线性组合.

明显地，如果 σ 是与 V 相容的 q 维奇异单形，则 σ 的第 i 个面 $\sigma^{(i)}$ 也是与 V 相容的，故 $\partial_q C_q^V(X) \subset C_{q-1}^V(X)$. 因此，$C^V(X) = \{C_q^V(X), \partial_q\}$ 是 $\Delta(X)$ 的一个子链复形. 而包含同态的序列 $j = \{j_q\}$，

$$j_q: C_q^V(X) \to C_q(X)$$

是一个链映射，即 $\partial_q j_q = j_{q-1}\partial_q$. 换言之，

$$\begin{array}{ccc}
C_q^V(X) & \xrightarrow{j_q} & C_q(X) \\
{\scriptstyle\partial_q}\big\downarrow & & \big\downarrow{\scriptstyle\partial_q} \\
C_{q-1}^V(X) & \xrightarrow{j_{q-1}} & C_q(X)
\end{array}$$

是可交换的.

引理 2.2.6 设 σ_q 为 X 的任一 q 维奇异单形,则存在整数 $r(\geqslant 0)$,使得 σ_q 的第 r 次重心重分 $\mathrm{Sd}^{(r)}\sigma_q\in C_q^V(X)$.

证明 根据对 V 的规定,$\{\mathrm{Int}\ V_\lambda\}$ 为 X 的开覆盖.故 $\{\sigma^{-1}\mathrm{Int}\ V_\lambda\}$ 为紧致集 Δ_q 的开覆盖,根据文献[3]定理 1.6.13,存在 Lebesgue 数 $\delta>0$,使得 Δ_q 的每个直径小于 δ 的子集都包含于某个 $\sigma^{-1}\mathrm{Int}\ V_\lambda$ 中.因而,其 σ 像包含于某个 V_λ 中.根据引理 1.3.7(2),存在整数 $r(\geqslant 0)$,使得 $\mathrm{Sd}^r\Delta_q$ 的单形直径都小于 δ.根据引理 2.2.4,

$$\mathrm{Sd}^{(r)}\sigma_q=\mathrm{Sd}^{(r)}(\Delta_q,e^0e^1\cdots e^q,\sigma)=(\mathrm{Sd}^r\Delta_q,\mathrm{Sd}^re^0e^1\cdots e^q,\sigma).$$

因此,$\mathrm{Sd}^{(r)}\sigma_q$ 为与 V 相容的奇异单形的线性组合. □

定理 2.2.2(覆盖定理) 设 $V=\{V_\lambda\}$ 为 X 的一个覆盖,使 X 的每一点至少是某一 V_λ 的内点,则存在一个链映射 $\bar{j}:C(X)\to C^V(X)$,使得

$$\bar{j}j=1:C^V(X)\to C^V(X),$$

$$j\bar{j}\simeq 1:C(X)\to C(X).$$

证明 假如存在一个整数 $r(\geqslant 0)$,使得对 X 的每一个奇异单形 σ_q,$\mathrm{Sd}^r\sigma_q$ 都属于 $C^V(X)$,则就可取 Sd^r 作为 $C(X)\to C^V(X)$ 的链映射.而连接 Sd^r 与 1 的链伦移可以取成 $R(1+\mathrm{Sd}+\mathrm{Sd}^2+\cdots+\mathrm{Sd}^{r-1})$.这里的 R 就是定理 2.2.1 证明中所得的链伦移.可惜,一般说来通用于所有奇异单形的 r 不见得存在(注意,奇异单形可能有无限个),我们必须修改上述想法.

设 $r(\sigma)$ 表示使 $\mathrm{Sd}^r\sigma\in C^V(X)$ 的最小非负整数,定义一个链伦移

$$\theta_q:C_q(X)\to C_{q+1}(X)$$

为

$$\theta_q\sigma_q=R_q(1+\mathrm{Sd}+\cdots+\mathrm{Sd}^{r(\sigma_q)-1})\sigma_q.$$

将 $r(\sigma),r(\sigma^{(i)})$ 简记为 $r,r^{(i)}$.当然 $r\geqslant r^{(i)}$.算一算 $1-\partial\theta-\theta\partial$ 就知道:

$$\begin{aligned}(1-\partial\theta-\theta\partial)\sigma_q&=\sigma_q-\partial\theta\sigma_q-\theta\partial\sigma_q\\&=\mathrm{Sd}^0\sigma_q-\partial\Big(\sum_{j=0}^{r-1}R_q\mathrm{Sd}^j\sigma_q\Big)-\theta\Big(\sum_{i=0}^{q}(-1)^i\sigma_{q-1}^{(i)}\Big)\\&=\sigma_q-\sum_{j=0}^{r-1}(1-\mathrm{Sd}_q-R_{q-1}\partial)\mathrm{Sd}^j\sigma_q-\sum_{i=0}^{q}(-1)^i\theta\sigma_{q-1}^{(i)}\\&=\sigma_q-\Big(\sum_{j=0}^{r-1}\mathrm{Sd}^j\sigma_q-\sum_{j=1}^{r}\mathrm{Sd}^j\sigma_q-\sum_{j=0}^{r-1}\sum_{i=0}^{q}(-1)^iR_{q-1}\mathrm{Sd}^j\sigma_{q-1}^{(i)}\Big)\\&\quad-\sum_{i=0}^{q}(-1)^i\sum_{j=0}^{r^{(i)}-1}R_{q-1}\mathrm{Sd}^j\sigma_{q-1}^{(i)}\end{aligned}$$

$$= \mathrm{Sd}^r\sigma_q + \sum_{i=0}^{q}(-1)^i\sum_{j=r^{(i)}}^{r-1}R_{q-1}\mathrm{Sd}^j\sigma_{q-1}^{(i)}$$

$$\triangleq \bar{j}_q\sigma_q,$$

其中

$$\bar{j}_q: C_q(X) \to C_q^V(X)$$

为

$$\bar{j}_q\sigma_q = \mathrm{Sd}^r\sigma_q + \sum_{i=0}^{q}(-1)^i\sum_{j=r^{(i)}}^{r-1}R_{q-1}\mathrm{Sd}^j\sigma_{q-1}^{(i)} \in C_q^V(X).$$

$\bar{j} = \{\bar{j}_q\}$为一个链映射.这是因为

$$\partial\bar{j}\sigma_q = \partial(1-\partial\theta-\theta\partial)\sigma_q = (\partial-\partial\theta\partial)\sigma_q$$

$$= (1-\partial\theta-\theta\partial)\partial\sigma_q = \bar{j}\partial\sigma_q,$$

$$\partial\bar{j} = \bar{j}\partial.$$

根据$\bar{j}$的作法,有

$$\partial\theta + \theta\partial = 1 - j\bar{j},$$

所以$j\bar{j} \simeq 1: C(X) \to C(X)$.另一方面,如果$\sigma_q \in C^V(X)$,则$r(\sigma)=0$,此时$\bar{j}\sigma_q = \sigma_q$,这就证明了$\bar{j}j = 1: C^V(X) \to C^V(X)$. □

现在我们来研究多面体的单纯同调群与奇异同调群之间的同构.

开星形覆盖 V

设K为复形,我们构造多面体$|K|$的一个覆盖V如下:

以$\overset{*}{s}$记K的单形$\underline{s}$的重心,$\mathrm{st}_{\mathrm{Sd}K}s^*$记重心重分$\mathrm{Sd}\,K$中顶点$\overset{*}{s}$的开星形.

令

$$V_s = \bigcup_{\underline{t}\prec\underline{s}}\mathrm{st}_{\mathrm{Sd}K}\overset{*}{t}.$$

从K的每一单形$\underline{s}$得一$V_s \subset |K|$,我们就得到一族子集$V=\{V_s\}$,由于$\{\mathrm{st}_{\mathrm{Sd}K}\overset{*}{s}\}$为$|K| = |\mathrm{Sd}\,K|$的一个开覆盖,所以$V$是$|K|$的一个开覆盖,它满足覆盖定理(定理 2.2.2)对覆盖的要求.

引理 2.2.7 (1) 如果$\{\underline{t}\}$为复形K的一族单形,$\bigcap\underline{t} = \underline{s}$或$\varnothing$,则$\bigcap V_t = V_s$或$\varnothing$.

(2) 如果非空集合$A \subset |K|$至少属于一个V_s,则恰有一个最低维的单形$\underline{s}(A)$使$A \subset V_{s(A)}$.若$B \subset A$,则$\underline{s}(B) \prec \underline{s}(A)$.

证明 (1) 设 $x \in |K|$ 在 Sd K 中的承载单形是 $(\overset{*}{s}_0, \overset{*}{s}_1, \cdots, \overset{*}{s}_r)$,其中 $\underline{s}_0 \prec \underline{s}_1 \prec \cdots \prec \underline{s}_r$(见定理 1.3.1). $\underline{s}_0$ 依赖于 x,记为 $\underline{s}_0(x)$.明显地,

$$x \in V_s = \bigcup_{\underline{t} \prec \underline{s}} \mathrm{st}_{\mathrm{Sd}\,K}\overset{*}{t} \Leftrightarrow \underline{s}_0(x) \prec \underline{s}.$$

所以

$$x \in \bigcap V_t \Leftrightarrow x \in V_t, \quad \forall \underline{t} \Leftrightarrow \underline{s}_0(x) \prec \underline{t}, \ \forall \underline{t} \Leftrightarrow \underline{s}_0(x) \prec \bigcap \underline{t},$$

这表明 $\bigcap V_t = V_s$ 或 $\varnothing$.

(2) 设 $\{\underline{t}\}$ 是 K 中使 $A \subset V_t$ 的单形 $\underline{t}$ 的集合(由题设知它非空),又设 $\underline{s} = \bigcap \underline{t}$,根据 (1),

$$A \subset \bigcap V_t \overset{(1)}{=\!=\!=} V_s,$$

这里,$\underline{s}$ 就是 $\underline{s}(A)$.

如果 $B \subset A$,则 $B \subset A \subset V_{s(A)}$.因此,$\underline{s}(B) \prec \underline{s}(A)$. □

引理 2.2.8 每个 V_s 都是可缩的.

证明 由于 $\underline{s} \subset V_s$ 而单形 $\underline{s}$ 可缩,故只需证明 $\underline{s}$ 是 V_s 的形变收缩核.沿用引理 2.2.7(1)证明中的记号,设 $x \in V_s$,且序列 $\underline{s}_0 \prec \underline{s}_1 \prec \cdots \prec \underline{s}_r$ 在 $\underline{s}$ 上的一段是 $\underline{s}_0 \prec \underline{s}_1 \prec \cdots \prec \underline{s}_p (p \geq 0)$.以 μ_{s_i} 表示 x 在 Sd K 中相应于顶点 $\overset{*}{s}_i$ 的重心坐标,则

$$x = \mu_{s_0}\overset{*}{s}_0 + \mu_{s_1}\overset{*}{s}_1 + \cdots + \mu_{s_r}\overset{*}{s}_r, \quad \mu_{s_i} > 0, \ i = 0, 1, \cdots, r, \ \sum_{i=0}^{r} \mu_{s_i} = 1.$$

取

$$\bar{x} = \frac{\mu_{s_0}\overset{*}{s}_0 + \mu_{s_1}\overset{*}{s}_1 + \cdots + \mu_{s_p}\overset{*}{s}_p}{\sum_{i=0}^{p} \mu_{s_i}},$$

则显然连接 x 与 $\bar{x}$ 的线段

$$\varphi_t(x) = (1-t)x + t\bar{x}, \quad 0 \leq t \leq 1$$

整个落在 V_s 内.此外,当 $x \in \underline{s}$ 时,$\bar{x} = x$,从而 $\varphi_t(x) = (1-t)x + t\bar{x} = (1-t)x + tx = x$.因此,$\varphi_t$ 为 V_s 到 $\underline{s}$ 的连接 $\varphi_0(x) = x$(恒同映射)与 $\varphi_1(x) = \bar{x}$ 的伦移,而 $\underline{s}$ 为 V_s 的形变收缩核. □

链映射 $\psi: \Delta^V(|K|) \to C(K)$

现在我们来构造一个链映射 $C^V(|K|) \to C(K)$.先对每一点 $x \in |K|$,取定 $\underline{s}(x)$ 的任选一点 $a(\sigma x)$ 与之对应.设 $\sigma: \Delta_q \to K$ 是一个与 V 相容的奇异单形.根据引理 2.2.7(2),恰有一个最低维的奇异单形 $\underline{s}(\sigma(\Delta_q))$ 使 $\underline{s}(\sigma(\Delta_q)) \subset V_{\underline{s}(\sigma(\Delta_q))}$.记 $\underline{s}(\sigma(\Delta_q)) = \underline{s}(\sigma)$.再根据引理 2.2.7(2),$a(\sigma e^i) \in \underline{s}(\sigma e^i) \prec \underline{s}(\sigma)$,所以诸 $a(\sigma e^i)$ 都是 $\underline{s}(\sigma)$ 的顶点.令

$$\psi_q\sigma_q = \begin{cases} a(\sigma e^0)a(\sigma e^1)\cdots a(\sigma e^q), & \text{当 } a(\sigma e^i) \text{ 两两不相同时}, \\ 0, & \text{当 } a(\sigma e^i) \text{ 有相同的时}. \end{cases}$$

然后，作线性扩张得到同态 $\psi_q: C_q^V(K) \to C_q(K^\omega)$.

引理 2.2.9 同态序列

$$\psi = \{\psi_q\}: C^V(|K|) \to C(K^\omega)$$

为一个链映射，即

$$\partial_q \psi_q = \psi_{q-1}\partial_q.$$

证明 当 $q=0$ 时，

$$\partial_0\psi_0\sigma_0 = 0 = \psi_0 0 = \psi_0\partial_0\sigma_0;$$

当 $q>0$ 时，

$$\partial_q\psi_q\sigma_q = \begin{cases} \partial_q a(\sigma e^0)a(\sigma e^1)\cdots a(\sigma e^q), & \text{当 } a(\sigma e^i) \text{ 两两不相同时}, \\ \partial_q 0, & \text{当 } a(\sigma e^i) \text{ 有相同的时} \end{cases}$$

$$= \begin{cases} \sum\limits_{i=0}^{q}(-1)^i a(\sigma e^0)a(\sigma e^1)\cdots \widehat{a(\sigma e^i)}\cdots a(\sigma e^q), & \text{当 } a(\sigma e^i) \text{ 两两不相同时}, \\ 0, & \text{当 } a(\sigma e^i) \text{ 有相同的时} \end{cases}$$

$$= \begin{cases} \sum\limits_{i=0}^{q}(-1)^i a(\sigma e^0)a(\sigma e^1)\cdots \widehat{a(\sigma e^i)}\cdots a(\sigma e^q), & \text{当 } a(\sigma e^i) \text{ 两两不相同时}, \\ \sum\limits_{i=0}^{q}(-1)^i 0, & \text{当 } a(\sigma e^i) \text{ 至少有三个相同时}, \\ (-1)^i a(\sigma e^0)a(\sigma e^1)\cdots \widehat{a(\sigma e^i)}\cdots a(\sigma e^j)\cdots a(\sigma e^q) & \\ \quad + (-1)^j a(\sigma e^0)a(\sigma e^1)\cdots a(\sigma e^i)\cdots \widehat{a(\sigma e^j)}\cdots a(\sigma e^q), & \\ \quad \text{当 } a(\sigma e^i) \text{ 恰有两个相等，即 } a(\sigma e^i) = a(\sigma e^j), i<j \text{ 时} & \end{cases}$$

$$= \sum_{i=1}^{q}(-1)^i\psi_{q-1}\sigma_{q-1}^{(i)} = \psi_{q-1}\sum_{i=0}^{q}(-1)^i\sigma_{q-1}^{(i)} = \psi_{q-1}\partial_q\sigma_q,$$

$\partial_q\psi_q = \psi_{q-1}\partial_q$. □

多面体的单纯同调群与奇异同调群的同构定理

在复形 K 上取定一个序 ω. 本节开始已定义了链映射 $\theta^\omega: C(K) \to C(|K|)$. 注意，$\theta^\omega$ 的像其实在 $C^V(|K|)$ 里面，因为对任一有向单形 $s = a^{i_0}a^{i_1}\cdots a^{i_q}$，$\theta^\omega a^{i_0}a^{i_1}\cdots a^{i_q} = [a^{i_0}a^{i_1}\cdots a^{i_q}]$ 将 s 映成 $\underline{s} \subset V_s$. 为区别起见，当看成到 $C^V(|K|)$ 的链映射时，我们将 θ^ω 写成 $\psi^\omega: C(K) \to C^V(|K|)$. 于是，$\theta^\omega = j\psi^\omega$:

$$C_q(K^\omega)\underset{\psi}{\overset{\psi^\omega}{\rightleftarrows}}C_q^V(|K|)\underset{j}{\overset{j}{\rightleftarrows}}C_q(|K|).$$
$$\underbrace{\qquad\qquad\qquad\qquad\qquad}_{\theta^\omega}$$

引理 2.2.10 (1) $\psi\psi^\omega=1:C(K^\omega)\to C(K^\omega)$;

(2) $\psi^\omega\psi\simeq 1:C^V(|K|)\to C^V(|K|)$.

由此得到

$$\psi_{*q}:H_q^V(|K|)\to H_q(K^\omega)$$

为同构,而

$$\psi^\omega_{*q}=\psi^{-1}_{*q}:H_q(K^\omega)\to H_q^V(|K|)$$

为同构逆.

证明 (1) 明显地,若 x 是 K 的顶点,则引理 2.2.9 中的 $a(x)=x$,所以对 K^ω 的任一有向单形 $a^{i_0}a^{i_1}\cdots a^{i_q}$,

$$\begin{aligned}\psi\psi^\omega a^{i_0}a^{i_1}\cdots a^{i_q}&=\psi[a^{i_0}a^{i_1}\cdots a^{i_q}]\\&=a(a^{i_0})a(a^{i_1})\cdots a(a^{i_q})=a^{i_0}a^{i_1}\cdots a^{i_q}.\end{aligned}$$

因而,

$$\psi\psi^\omega=1.$$

(2) 我们知道:

① $1,\psi^\omega\psi:C^V(|K|)\to C^V(|K|)$都是链映射(见引理 2.2.1 与引理 2.2.9),并且都保持 0 维链的指数不变.

② 对每一个奇异单形 $\sigma\in\Delta^V(|K|)$,σ 与 $\psi^\omega\psi\sigma$ 都是 $V_{s(\sigma)}$ 上的链,即都属于 $C(V_{s(\sigma)})\subset C^V(|K|)$.

③ 对 σ 的每个面 $\sigma^{(i)}$,$s(\sigma^{(i)})\prec s(\sigma)$(见引理 2.2.7(2)).因而,$V_{s(\sigma^{(i)})}\subset V_{s(\sigma)}$.

④ 根据引理 2.2.8,每个 V_s 都是可缩的,从而是零调的.于是,我们可以采用零调承载子的方法,把对应 $\sigma\to C(V_{s(\sigma)})$看成一个承载子 C,重演一遍零调承载子定理(定理 1.3.2)的证明,得到一个连接 1 与 $\psi^\omega\psi$ 的链伦移.从而,$\psi^\omega\psi\simeq 1:C^V(|K|)\to C^V(|K|)$. □

现在,考虑 $C(K)$与 $C(|K|)$之间的关系.设

$$\bar{j}:C(|K|)\to C^V(|K|)$$

为定理 2.2.2 中的链映射.

记 $\bar\theta=\psi\,\bar{j}:C(|K|)\to C(K)$,显然 $\bar\theta$ 为链映射.

定理 2.2.3(复形的单纯同调群与多面体的奇异同调群的同构定理) 对任一有序复形 K^ω,都有

$$\bar\theta\theta^\omega=1:C(K^\omega)\to C(K^\omega),$$

$$\theta^{\omega}\bar{\theta} \simeq 1: C(|K|) \to C(|K|).$$

因此

$$\theta_*^{\omega}: H_q(K^{\omega}) \to H_q(|K|)$$

为同构,并且它不依赖于 ω 的选取.以后,我们将 θ_*^{ω} 写成 θ_*.记 $\bar{\theta} = \psi\,\bar{j}: C(|K|) \to C(K^{\omega})$,则显然 $\bar{\theta}$ 是链映射.

证明 (证法 1)根据覆盖定理(定理 2.2.2)和引理 2.2.10,得到

$$\bar{\theta}\theta^{\omega} = \psi\,\bar{j}\,j\psi^{\omega} = \psi\psi^{\omega} = 1,$$

而且

$$\theta^{\omega}\bar{\theta} = j\psi^{\omega}\psi\,\bar{j} \simeq j\,\bar{j} \simeq 1.$$

因此

$$\begin{aligned}\bar{\theta}_*\theta_*^{\omega} &= 1: H_q(K^{\omega}) \to H_q(|K|),\\ \theta_*^{\omega}\bar{\theta}_* &= 1: H_q(|K|) \to H_q(|K|).\end{aligned}$$

于是,θ_*^{ω} 为一个同构,$\theta_*^{\omega} = \bar{\theta}_*^{-1}$ 为 $\bar{\theta}_*$ 的同构逆.但由于 $\bar{j}$,ψ 不依赖于 ω 的选取,故 $\bar{\theta} = \psi\,\bar{j}$ 与 $\bar{\theta}_*$ 以及 $\theta_*^{\omega} = \bar{\theta}_*^{-1}$ 也不依赖 ω 的选取.

(证法 2)参阅文献[2]定理 4.7.1 的证明.在证明过程中要用到相对同调群以及同调正合序列的知识. □

推论 2.2.1

$$j_{q*}: H_q^V(X) \to H_q(X)$$

为同构,而

$$\bar{j}_{q*} = j_{q*}^{-1}: H_q(X) \to H_q^V(X)$$

也为同构,且为 j_{q*} 的同构逆.

证明 (证法 1)根据覆盖定理(定理 2.2.2),得到

$$\bar{j}\,j = 1: C^V(X) \to C^V(X),$$

$$j\,\bar{j} \simeq 1: C(X) \to C(X),$$

则

$$\bar{j}_{q*}\,j_{q_*} = 1_{q*} = 1: H_q^V(X) \to H_q^V(X),$$

$$j_{q*}\,\bar{j}_{q_*} = 1_{q*} = 1: H_q(X) \to H_q(X).$$

从而

$$j_{q*}: H_q^V(X) \to H_q(X)$$

为同构,而

$$\bar{j}_{q*} = j_{q*}^{-1}: H_q(X) \to H_q^V(X)$$

为其同构逆.

(证法 2) $j_{q*}: C_q^V(X) \to C_q(X)$ 为包含映射.

对 $\forall [z] \in H_q(X)$,有

$$z = \sum_{i=1}^{s} n_i \sigma_i \in Z_q(X).$$

根据引理 1.3.7(2)及文献[3]的定理 1.6.13,$\exists r_i \in \mathbf{N} \cup \{0\}$,s.t.

$$\mathrm{Sd}^{(r_i)} \sigma_i \in C_q^V(X).$$

令 $r = \max\limits_{1 \leqslant i \leqslant s} \{r_i\}$,

$$\mathrm{Sd}^{(r)} Z = \sum_{i=1}^{s} n_i \mathrm{Sd}^{(r)} \sigma_i \in Z_q^V(X).$$

因此

$$j_{q*}([\mathrm{Sd}^{(r)} z]_{C^V(X)}) = [\mathrm{Sd}^{(r)} Z]_{C(X)} \xlongequal{\mathrm{Sd} \simeq 1} [Z]_{C(X)},$$

从而,j_{q*} 为满射.

另一方面,设 $[x]_{C(X)} \in H_q^V(X)$,$[j_q x] = j_{q*}[x]_{C(X)} = 0$,$x = \partial c$,$c \in C_{q+1}(X)$. $\exists r \in \mathbf{N} \cup \{0\}$,s.t.

$$\mathrm{Sd}^{(r)} c \in C_{q+1}^V(X).$$

于是

$$\mathrm{Sd}^{(r)} x = \mathrm{Sd}^{(r)} \partial c = \partial \mathrm{Sd}^{(r)} c \in C_q^V(X),$$

$$\mathrm{Sd}^{(r)} x \overset{C^V(X)}{\sim} 0.$$

再根据定理 2.2.1,故 $x \overset{C^V(X)}{\sim} 0$,即$[x]_{C^V(X)} = 0$.从而,$j_{q*}$ 为单射;$j_{q*}: H_q^V(X) \to H_q(X)$ 为同构. □

推论 2.2.2 设 K_1 与 K_2 为多面体$|K| = |K_1| = |K_2|$的两个单纯剖分,则

$$H_q(K_1) \cong H_q(|K|) = H_q(K_2), \quad \forall q \in J.$$

证明 (证法 1)参阅单纯同调群的拓扑不变性及注 1.3.1.

(证法 2)根据定理 2.2.3,有

$$H_q(K_1) \cong H_q(|K|) = H_q(K_2).$$ □

设(K,L)为复形偶,$(|K|,|L|)$为对应的拓扑空间的空间偶.ω 为 K 的所有顶点的一个排列,ω 也给出了每一单形的顶点的一个排列,从而给出了单形的一个定向,它成为有序复形,记作 K^ω.这样得到的定向单形的链群记作 $C_q^\omega(K)$.易知,$\{C_q^\omega(K), \partial_q\}_{q \in J}$ 的同调群与第 1 章定义的单纯同调群 $H_q(K)$ 是同构的.

设 $a^0a^1\cdots a^q$ 为 K^ω 中的一个有向单形，$a^0,a^1,\cdots,a^q$ 为它在 ω 中的顺序. 由

$$a^0a^1\cdots a^q \mapsto l(a^0a^1\cdots a^q) = [a^0a^1\cdots a^q]$$

自然定义了一个同态

$$l: C_q^\omega(K) \to C_q(|K|).$$

其中 $l(a^0a^1\cdots a^q)=[a^0a^1\cdots a^q]$ 为线性奇异单形. 易见，l 为一个链映射，即

$$\begin{aligned}\partial l(a^0a^1\cdots a^q) &= \partial[a^0a^1\cdots a^q] \overset{\text{例 2.1.4}}{=\!=\!=} \sum_{i=0}^{q}(-1)^i[a^0\cdots\hat{a}^i\cdots a^q] \\ &= \sum_{i=0}^{q}(-1)^i l(a^0\cdots\hat{a}^i\cdots a^q) = l\sum_{i=0}^{q}(-1)^i(a^0\cdots\hat{a}^i\cdots a^q) \\ &= l\partial(a^0a^1\cdots a^q).\end{aligned}$$

根据 l 与∂的线性性质，有

$$\partial l = l\partial.$$

推论 2.2.3 设(K,L)为一个复形偶，$(|K|,|L|)$为对应的拓扑空间的空间偶，则

$$l_*: H_q(K,L) \to H_q(|K|,|L|)$$

也为同构(相对同调群参阅定义 1.8.6 与定义 2.3.1).

证明 映射

$$l: C_q^\omega(K) \to C_q(|K|)$$

诱导出链映射

$$l: C_q^\omega(K,L) \to C_q(|K|,|L|).$$

对(K,L)与$(|K|,|L|)$的正合序列

$$\begin{array}{ccccccccc} H_q(L) & \to & H_q(K) & \to & H_q(K,L) & \to & H_{q-1}(L) & \to & H_{q-1}(K) \\ \downarrow & & \downarrow & & \downarrow & & \downarrow & & \downarrow \\ H_q(|L|) & \to & H_q(|K|) & \to & H_q(|K|,|L|) & \to & H_{q-1}(|L|) & \to & H_{q-1}(|K|), \end{array}$$

根据定理 2.2.3 的证法 2，在 l_* 下，

$$H_q(L) \cong H_q(|L|), \quad H_q(K) \cong H_q(|K|),$$

$$H_{q-1}(L) \cong H_{q-1}(|L|), \quad H_{q-1}(K) \cong H_{q-1}(|K|).$$

再应用五项引理 2.5.2，得到

$$l_*: H_q(K,L) \cong H_q(|K|,|L|).$$

□

2.3 相对奇异下同调群的伦型不变性定理

相对奇异下同调群

设 A 为拓扑空间 X 的子拓扑空间. 对于拓扑空间偶 (X,A),可以类似单纯复形偶 (K,L)(见定义 1.8.7)将相对单纯下同调群 $H_q(X,L)=H_q(K-L)$推广到相对奇异下同调群 $H_q(X,A)$.

为方便、统一,将 2.1 节定义的奇异下同调群($A=\varnothing$)称为**绝对奇异下同调群**.

定义 2.3.1 设 A 为 X 的子拓扑空间,整系数奇异(连续)链复形 $\{C(A),\partial\}=\{C_q(A),\partial_q\}$可以用一种自然的方式视作整系数奇异(连续)链复形$\{C(X),\partial\}=\{C_q(X),\partial_q\}$的子链复形,即 $C(A)$由 $C(X)$中那些承载集属于 A 的奇异(连续)单形自然生成. 显然,边缘算子∂在这个子链复形 $C(A)$上是封闭的,即$\partial_q:C_q(A)\to C_{q-1}(A)$. 设 $C_q(X,A)$为所有不属于 A 的 q 维奇异单形产生的 $C_q(X)$的子奇异链群,则

$$C_q(X)=C_q(A)\oplus C_q(X,A).$$

于是,$\forall\, x\in C_q(X)$可唯一表示为

$$x=x_A+x_{(X,A)},$$

其中 $x_A\in C_q(A)$,$x_{(X,A)}\in C_q(X,A)$. 令

$$\widetilde{\partial}_q:C_q(X,A)\to C_{q-1}(X,A),$$

$$x\mapsto\widetilde{\partial}_q x=(\partial_q x)_{(X,A)}=\partial_q x-(\partial_q x)_A.$$

显然,$\widetilde{\partial}_q$ 为同态,根据下面引理 2.3.1,称$\{C(X,A),\widetilde{\partial}\}=\{C_q(X,A),\widetilde{\partial}_q\}$为$(X,A)$的相对奇异下链复形,而$\widetilde{\partial}$称为$(X,A)$上的相对奇异下边缘算子. 注意,$\{C(X,A),\partial\}$未必为奇异下链复形. 例如,当 $X=[0,1]$,$A=\{0\}$时,令 σ 为 X 上的线性奇异单形,则

$$\partial\sigma=\{1\}-\{0\}\notin C_0(X,A)=C_0([0,1],\{0\}),$$

$$\widetilde{\partial}\sigma=\{1\}\in C_0([0,1],\{0\}).$$

我们还分别称

$$Z_q(X,A)=\operatorname{Ker}\widetilde{\partial}_q \quad 与 \quad B_q(X,A)=\operatorname{Im}\widetilde{\partial}_{q+1}$$

为(X,A)的 q 维相对奇异下闭链群与 q 维相对奇异下边缘链群. 再根据引理 2.3.1,有

$$B_q(X,A)\subset Z_q(X,A)\subset C_q(X,A).$$

从而,立即可定义(X,A)的 q 维相对奇异下同调群

$$H_q(X,A)=\frac{Z_q(X,A)}{B_q(X,A)}=\frac{\operatorname{Ker}\tilde{\partial}_q}{\operatorname{Im}\tilde{\partial}_{q+1}}.$$

引理 2.3.1 $\tilde{\partial}\tilde{\partial}=0$.

证明 设 $x\in C_q(X,A)$，则

$$\tilde{\partial}x=(\partial x)_{(X,A)}=\partial x-(\partial x)_A,$$

$$\begin{aligned}\tilde{\partial}\tilde{\partial}x&=\tilde{\partial}(\partial x-(\partial x)_A)=\{\partial(\partial x-(\partial x)_A)\}_{(X,A)}\\&=\{-\partial(\partial x)_A\}_{(X,A)}=0.\end{aligned}$$

这最后一个等号是因为 $(\partial x)_A$ 是 A 中的奇异链，而 $\{C_q(A),\partial_q\}$ 为 $\{C_q(X),\partial_q\}$ 的子链复形，故 $\partial(\partial x)_A\in C_{q-2}(A)$. 从而

$$\{-\partial(\partial x)_A\}_{(X,A)}=0.$$ □

现在换一个角度来描述相对奇异同调群. 这一方面能使我们更清楚、更全面、更深刻地理解相对奇异下同调群；另一方面在论述时，对不同的问题可采用其中合适的一种方法来描述. 这两种表述是等价的.

定义 2.3.1′ 令

$$C_q(X\bmod A)=\frac{C_q(X)}{C_q(A)}.$$

$C_q(X\bmod A)$ 中的元素就是 $C_q(A)$ 在 $C_q(X)$ 中的陪集. x 的陪集为

$$\{x'\mid x'-x\in C_q(A)\}=x+C_q(A).$$

$C_q(X\bmod A)$ 为交换群，称为空间偶 (X,A) 的 q **维相对奇异下链群**，系数仍属整数群 J.

显然，同态

$$\partial_q: C_q(X)\to C_{q-1}(X),$$
$$\partial_q: C_q(A)\to C_{q-1}(A)$$

诱导出同态

$$\hat{\partial}: C_q(X\bmod A)=\frac{C_q(X)}{C_q(A)}\to\frac{C_{q-1}(X)}{C_{q-1}(A)}=C_{q-1}(X\bmod A),$$

$$x+C_q(A)\mapsto\hat{\partial}(x+C_q(A))=\partial_q x+C_{q-1}(A).$$

引理 2.3.1′ $\hat{\partial}_{q-1}\hat{\partial}_q=0$.

证明 对 $\forall\, x+C_q(A)\in C_q(X\bmod A)$，

$$\begin{aligned}\hat{\partial}_{q-1}\hat{\partial}_q(x+C_q(A))&=\hat{\partial}_{q-1}(\partial_q x+C_{q-1}(A))=\partial_{q-1}\partial_q x+C_{q-2}(A)\\&=0+C_{q-2}(A)\quad(C_{q-2}(X\bmod A)\text{ 中的零元}).\end{aligned}$$

$$\hat{\partial}_{q-1}\hat{\partial}_q = 0.$$ □

由引理 2.3.1′知，$\{C(X\bmod A),\hat{\partial}\}=\{C_q(X\bmod A),\hat{\partial}_q\}$为$(X,A)$的一个链复形，被称为**相对奇异下链复形**.$\hat{\partial}$也被称为$(X,A)$上的**相对奇异下边缘算子**.

$$Z_q(X\bmod A) = \operatorname{Ker}\hat{\partial}_q,\quad B_q(X\bmod A) = \operatorname{Im}\hat{\partial}_{q+1}$$

分别被称为 q **维相对奇异下闭链群**与**相对奇异下边缘链群**.而

$$H_q(X\bmod A) = \frac{Z_q(X\bmod A)}{B_q(X\bmod A)} = \frac{\operatorname{Ker}\hat{\partial}_q}{\operatorname{Im}\hat{\partial}_{q+1}}$$

被称为空间偶(X,A)的 q 维**相对奇异下同调群**.

定理 2.3.1 定义 2.3.1 与定义 2.3.1′中的两种相对奇异同调群是同构的，即

$$H_q(X,A)\cong H_q(X\bmod A).$$

证明 令

$$h_q: C_q(X,A)\to C_q(X\bmod A),$$
$$x\mapsto h_q(x) = x + C_q(A),$$

则显然 h_q 为同构，且 h_q 满足：

$$h_{q-1}\tilde{\partial}_q x = h_{q-1}(\partial_q x)_{(X,A)} = (\partial_q x)_{(X,A)} + C_{q-1}(A)$$
$$= \partial_q x + C_{q-1}(A) = \hat{\partial}_q(x + C_q(A)) = \hat{\partial}_q h_q(x),\quad \forall x\in C_q(X,A),$$
$$h_{q-1}\tilde{\partial}_q = \hat{\partial}_q h_q,$$

故 $h=\{h_q\}$保持边缘，保持闭链.事实上，$\forall x\in B_q(X,A)$，则$\exists c\in C_{q+1}(X,A)$，s.t. $x=\tilde{\partial}_{q+1}c$.于是

$$h_q x = h_q\tilde{\partial}_{q+1}c = \hat{\partial}_{q+1}h_{q+1}c\in B_q(X\bmod A).$$

$\forall z\in Z_q(X,A)$，有

$$\hat{\partial}_q h_q(z) = h_{q-1}\tilde{\partial}_q(z) = h_{q-1}(0) = 0,$$

故 $h_q(z)\in Z_q(X\bmod A)$.然后，立知

$$h_{*q}: H_q(X,A)\to H_q(X\bmod A)$$

为同构. □

为方便，我们常将 $C_q(X\bmod A)$，$Z_q(X\bmod A)$，$B_q(X\bmod A)$，$H_q(X\bmod A)$记为 $C_q(X,A)$，$Z_q(X,A)$，$B_q(X,A)$，$H_q(X,A)$.

引理 2.3.2 设(X,A)为拓扑空间偶，则：

(1) $z\in Z_q(X,A)\Leftrightarrow\partial_q z\in C_{q-1}(A)$，即

$$Z_q(X,A)=\operatorname{Ker}\hat{\partial}_q=\partial_q^{-1}(C_{q-1}(A))$$
$$=\{z\in C_q(X,A)\mid \partial_q z\in C_{q-1}(A)\}.$$

(2) $z\in B_q(X,A)\Leftrightarrow \exists\, a\in C_q(A),x\in C_{q+1}(X),\text{s.t. } z=a+\partial_{q+1}x$，即

$$B_q(X,A)=\operatorname{Im}\hat{\partial}_{q+1}=\{z\in C_q(X)\mid \exists\, a\in C_q(A),\text{s.t. } z\overset{\times}{\sim}a\}.$$

证明 (1) $z\in Z_q(X,A)\Leftrightarrow \partial_q z+C_{q-1}(A)=\hat{\partial}_q(z+C_q(A))=0\Leftrightarrow \partial_q z\in C_{q-1}(A)$.

(2) $z\in B_q(X,A)\Leftrightarrow \exists\, x\in C_{q+1}(X,A),\text{s.t. } z=\hat{\partial}_{q+1}x=\partial_{q+1}x+C_q(A)\Leftrightarrow \exists\, x\in C_{q+1}(X),a\in C_q(A),\text{s.t. } z=a+\partial_{q+1}x$. □

相对奇异下链同态、相对奇异下同调群的同伦与拓扑不变性

为证明相对奇异同调群也是同伦不变量，先讨论拓扑空间偶(X,A)与(Y,B)之间连续映射的诱导同态.

定义 2.3.2 设 $f:(X,A)\to(Y,B)$为空间偶之间的连续映射，即 $f:X\to Y$ 为拓扑空间 X 到 Y 的连续映射，并且 $f(A)\subset B$，则 f 诱导出两个同态

$$f_{\Delta_q}:C_q(X)\to C_q(Y),\quad f_{\Delta_q}:C_q(A)\to C_q(B).$$

因而 $f:(X,A)\to(Y,B)$的诱导同态为

$$\hat{f}_{\Delta_q}:C_q(X,A)\to C_q(Y,B)$$
$$x+C_q(A)\mapsto \hat{f}_{\Delta_q}(x+C_q(A))=f_{\Delta_q}(x)+C_q(B).$$

$$\begin{aligned}\hat{\partial}_q^Y\hat{f}_{\Delta_q}(x+C_q(A))&=\hat{\partial}_q^Y(f_{\Delta_q}(x)+C_q(B))=\partial_q^Y f_{\Delta_q}(x)+C_{q-1}(B)\\&=f_{\Delta_{q-1}}\partial_q^X(x)+C_{q-1}(B)=\hat{f}_{\Delta_{q-1}}(\partial_q^X(x)+C_{q-1}(A))\\&=\hat{f}_{\Delta_{q-1}}\hat{\partial}_q^X(x+C_q(A)),\end{aligned}$$

$$\hat{\partial}_q^Y\hat{f}_{\Delta_q}=\hat{f}_{\Delta_{q-1}}\hat{\partial}_q^X,$$

其中$\hat{\partial}_q^X,\hat{\partial}_q^Y$ 分别为$(X,A),(Y,B)$的相对奇异下边缘算子. 因此，$\hat{f}_\Delta$ 是链复形

$$\{C_q(X,A),\hat{\partial}_q^X\}\quad 与\quad \{C_q(Y,B),\hat{\partial}_q^Y\}$$

之间由 f 诱导的链映射. 从而 $\hat{f}_{\Delta_q}$ 诱导出相对奇异下同调群之间的同态

$$\hat{f}_{q*}:H_q(X,A)\to H_q(Y,B).$$

引理 2.3.3 (1) 设 $f:(X,A)\to(Y,B),g:(Y,B)\to(Z,C)$为两个空间偶之间的连续映射，则

$$\widehat{(g\circ f)}_{q*}=\hat{g}_{q*}\hat{f}_{q*}:H_q(X,A)\to H_q(Z,C).$$

(2) 恒同映射 $\mathrm{id}_X:(X,A)\to(X,A)$的诱导恒同态为

$$\hat{\mathrm{id}}_{Xq*}=\mathrm{id}:H_q(X,A)\to H_q(X,A).$$

证明 (1) 对$\forall z\in Z_q(X,A),[z]\in H_q(X,A)$,有

$$\begin{aligned}\widehat{(g\circ f)}_{q*}([z])&=[\widehat{(g\circ f)}_{\Delta_q}(z+C_q(A))]=[g_{\Delta_q}\circ f_{\Delta_q}(z)+C_q(C)]\\&=\hat{g}_{q*}\hat{f}_{q*}([z]),\end{aligned}$$

$$\widehat{(g\circ f)}_{q*}=\hat{g}_{q*}\hat{f}_{q*}.$$

(2)

$$\hat{\mathrm{id}}_{Xq*}([z])=[\hat{\mathrm{id}}_{X\Delta_q}(z+C_q(A))]=[\mathrm{id}_{X\Delta_q}(z)+C_q(A)]=[z],$$

$$\hat{\mathrm{id}}_{Xq*}=\mathrm{id}.$$

□

由引理 2.3.3 立知,相同奇异下同调群也是拓扑不变量.它关于空间偶及空间偶上的连续映射也是协变函子.

为证明相对奇异下同调群是同伦不变的,我们先引入如下定义.

定义 2.3.3 设连续映射 $F:X\times I\to Y$,使得 $F(A\times I)\subset B$,则称 F 为连接$f(x)=F(x,0)$ 与 $g(x)=F(x,1)$的相对同伦,记作

$$f\overset{F}{\simeq}g:(X,A)\to(Y,B).$$

限制 F 于$A\times I$ 上,$f,g:A\to B$ 也是一个同伦.在定理 2.1.2 的证明中我们定义了伦移算子 $D=\{D_q\}$.由 D 的构造知,对于 $x\in C_q(A)$,$D_qx\in C_{q+1}(B)$.因此,从相对同伦 F 得到

$$f_{\Delta_q}\overset{D}{\simeq}g_{\Delta_q}:C_q(X)\to C_q(Y),$$

$$f_{\Delta_q}\overset{D}{\simeq}g_{\Delta_q}:C_q(A)\to C_q(B),$$

$$f_{q*}=g_{q*}:H_q(X)\to H_q(Y),$$

$$f_{q*}=g_{q*}:H_q(A)\to H_q(B).$$

利用 $D_q:C_q(X)\to C_{q+1}(Y)$定义同态

$$\hat{D}_q:C_q(X,A)\to C_{q+1}(Y,B),$$

$$\hat{D}_q(x+C_q(A))=D_q(x)+C_{q+1}(B),\quad x+C_q(A)\in C_q(x,A).$$

引理 2.3.4 设 $f\overset{F}{\simeq}g:(X,A)\to(Y,B)$是空间偶的同伦.定义 2.3.3 中定义的同态 $\hat{D}=\{\hat{D}_q\}$是 $\hat{f}$ 与$\hat{g}$ 的伦移,即

$$\hat{\partial}^Y\hat{D} + \hat{D}\hat{\partial}^X = \hat{g}_\Delta - \hat{f}_\Delta.$$

证明 参阅定理2.2.1的证明. □

定理2.3.2(相对同伦定理) 设 $f \overset{F}{\simeq} g:(X,A)\to(Y,B)$是空间偶的同伦,则

$$\hat{f}_{q*} = \hat{g}_{q*}:H_q(X,A)\to H_q(Y,B).$$

证明 完全类似定理2.1.2的证明. □

定理2.3.3(相对奇异下同调群的伦型不变性) 设空间偶(X,A)与(Y,B)有相同的伦型,则

$$H_q(X,A)\cong H_q(Y,B).$$

更确切地说,设 $f:X\to Y$ 为一个同伦等价,$g:Y\to X$ 为f 的一个同伦逆,则

$$\hat{f}_{q*}:H_q(X,A)\to H_q(Y,B)$$

为同构,而且 $\hat{g}_{q*}=\hat{f}_{q*}^{-1}$ 为 $\hat{f}_{q*}$ 的同构逆.

证明 参阅定理2.1.3的证明. □

推论2.3.1(相对奇异下同调群的同胚不变性) 设 $f:(X,A)\to(Y,B)$为同胚,即 $f:X\to Y$ 与$f:A\to B$ 都为同胚,而 $g:(Y,B)\to(X,A)$为 f 的同胚逆,则

$$\hat{f}_{q*}:H_q(X,A)\to H_q(Y,B)$$

为同构,而且 $\hat{g}_{q*}=f_{q*}^{-1}$ 为 $\hat{f}_{q*}$ 的同构逆.

证明 由 $g\circ f=1_{(X,A)}\simeq 1_{(X,A)}$,$f\circ g=1_{(Y,B)}\simeq 1_{(Y,B)}$和定理2.3.3立即推出. □

2.4 奇异上同调群的伦型不变性定理、相对奇异上同调群的伦型不变性定理

奇异上同调群

定义2.4.1 设 X 为拓扑空间,$C_q(X)$为 $q(q=0,1,2,\cdots)$维整奇异链群. G 为任一交换群(加群). 同态群 $\mathrm{Hom}(C_q(X),G)$称为 X 的以G 为值群的q **维奇异上链群**,记作 $C^q(X;G)$. 它的元素称为 X 的以G 为值群的q **维奇异上链**. 注意,奇异上链群

$$C^q(X;G) = \mathrm{Hom}(C_q(X),G)$$

的上标 q 为其维数.

设 y^q 为任一q 维奇异上链,即它是一个同态(函数观点或算子观点或映射观点):

$$y^q: C_q(X) \to G.$$

又设全体 q 维奇异单形为$\{\sigma_q^i \mid i \in I(\text{指标集})\} \subset C_q(X)$,令

$$y^q(\sigma_q^i) = g_i \in G.$$

于是,对任意 q 维奇异下链 $x_q = \sum_i n_i \sigma_q^i \in C_q(X)$(有限和,即至多有限个 $n_i \neq 0$),

$$y^q(x_q) = y^q\left(\sum_i n_i \sigma_q^i\right) = \sum_i n_i y^q(\sigma_q^i) = \sum_i n_i g_i.$$

另一方面,我们定义特别简单的 q 维奇异上链 $y_j^q = g_j \sigma_j^q$,使得

$$y_j^q(\sigma_q^i) = g_j \sigma_j^q(\sigma_q^i) = \begin{cases} g_j, & i = j, \\ 0, & i \neq j. \end{cases}$$

于是,可将上述 $y^q(y^q(\sigma_q^i) = g_i \in G, \forall i \in I)$形式上唯一表示为

$$y^q = \sum_j g_j \sigma_j^q \quad (\text{形式线性组合}).$$

这时 G 自然称为系数群.由于指标集 I 可能为有限集,也可能为可数集,甚至不可数集,因此,得到

$$\left\langle \sum_j g_j \sigma_j^q, \sum_i n_i \sigma_q^i \right\rangle = \langle y^q, x_q \rangle = \sum_i n_i g_i \quad (\text{有限和}).$$

式

$$\left\langle \sum_j g_j \sigma_j^q, \sum_i n_i \sigma_q^i \right\rangle = \sum_i n_i g_i$$

就与 Euclid 空间中的内积有相仿的形式,所以将 $y^q(x_q)$写作$\langle y^q, x_q \rangle$并称为 Kronecker 积.因此,当$\langle y^q, x_q \rangle = 0$时,我们还说 y^q 与 x_q 互相正交或垂直,并记作 $y^q \perp x_q$,或 $x_q \perp y^q$.

奇异上链的函数观点的定义与形式线性组合的表示各有其便利之处.读者根据需要取其一种.

定义 2.4.2 设 $C_q(X)$为拓扑空间 X 的 q 维整(系数)奇异下链群,$C^q(X;G)$为 X 的以 G 为值群的 q 维奇异上链群.X 上的奇异下边缘算子

$$\partial = \partial_q: C_q(X) \to C_{q-1}(X)$$

的对偶同态

$$\delta = \delta^{q-1}: C^{q-1}(X;G) \to C^q(X;G)$$

称为 X 上的奇异上边缘算子(有时省略∂_q 下标 q,省略上标 $q-1$).这里,对偶同态就是,对 $\forall x_q \in C_q(X)$, $\forall y^{q-1} \in C^{q-1}(X;G)$满足:

$$\langle \delta y^{q-1}, x_q \rangle = \langle y^{q-1}, \partial x_q \rangle.$$

由于∂为同态,是线性的,故 $\delta y^{q-1} \in C^q(X;G)$.又因为$\langle , \rangle$是双(或偏)线性的,所以 δ 为同态.

如果 X 上的奇异上链 $y^q \in C^q(X;G)$的上边缘为零,即 $\delta y^q = 0$,则称 y^q 为一个 q

维奇异上闭链. q 维奇异上闭链的全体组成 $C^q(X;G)$ 的一个子群,并称作 X 的 q **维奇异上闭链群**,记作 $Z^q(X;G)$. 如果 y^q 为一个 $q-1$ 维奇异上链 x^{q-1} 的上边缘,即 $y^q=\delta x^{q-1}$,则称 y^q 为一个 q **维奇异上边缘链**. q 维奇异上边缘链的全体组成 $C^q(X;G)$ 的一个子群,并称作 X 的 q **维奇异上边缘链群**,记作 $B^q(X;G)$. 显然,有

$$B^0(X;G)=\delta B^{-1}(X;G)=\delta 0=0.$$

根据下面的引理 2.4.1,得到

$$B^q(X;G)\subset Z^q(X;G)\subset C^q(X;G),$$

从而,商群

$$\frac{Z^q(X;G)}{B^q(X;G)}=\frac{\text{Ker }\delta_q}{\text{Im }\delta_{q-1}}$$

称作 X 的 q **维奇异上同调群**,记作

$$H^q(X;G).$$

$Z^q(X;G)$ 中的模 $B^q(X;G)$ 等价类称为奇异上同调类. 如果两个奇异上闭链 z_1^q 与 z_2^q 属于同一个奇异上同调类,就说它们是互相**上同调**的,仍记作 $z_1^q\sim z_2^q$ 或 $z_2^q\sim z_1^q$.

引理 2.4.1 $\delta\delta=0$.

证明 对 $\forall\, x_{q+1}\in C_{q+1}(X)$, $\forall\, y^{q-1}\in C^{q-1}(X;G)$,有

$$\langle\delta\delta y^{q-1},x_{q+1}\rangle=\langle\delta y^{q-1},\partial x_{q+1}\rangle=\langle y^{q-1},\partial\partial x_{q+1}\rangle=\langle y^{q-1},0\rangle=0,$$

$$\delta\delta y^{q-1}=0,\quad \forall\, y^{q-1}\in C^{q-1}(X;G).$$

由此得到 $\delta\delta=0$. □

为相对应,我们也分别将 $C_q(X)$, $Z_q(X)$, $B_q(X)$, $H_q(X)$ 称为 X 的 q **维奇异整下链群**、q **维奇异整下闭链群**、q **维奇异整下边缘链群**、q **维奇异整下同调群**.

连续映射的奇异上同调性质、奇异上同调群的同伦不变性

定义 2.4.3 设 X, Y 为拓扑空间, $f:X\to X$ 为连续映射, $f_{\Delta_q}:C_q(X)\to C_q(Y)$ 为由 f 诱导的奇异下链群的同态. 我们令

$$f^q=f^{\Delta_q}:C^q(Y;G)\to C^q(X;G),$$

使得对 $\forall\, y^q\in C^q(Y;G)$ 满足:

$$\langle f^{\Delta_q}y^q,x_q\rangle=\langle y^q,f_{\Delta_q}x_q\rangle,\quad \forall\, x_q\in C_q(X).$$

显然,由 f_{Δ_q} 线性推得 $f^{\Delta_q}y^q\in C^q(X;G)$. 又由 $\langle,\rangle$ 双(偏)线性知, $f^{\Delta_q}:C^q(Y)\to C^q(X)$ 线性,从而 f^{Δ_q} 为同态,称它为由 f **诱导的奇异上链群的同态**.

引理 2.4.2 f^{Δ_q} 为奇异上链映射,即 $\delta f^{\Delta_q}=f^{\Delta_{q+1}}\delta$.

因此, f 就诱导出奇异上同调群之间的一个序列的同态 $f^*=\{f^{q*}\}$:

$$f^{q*}:H^q(Y;G)\to H^q(X;G),$$
$$[z^q]\mapsto f^{q*}[z^q]=[f^{\Delta_q}z^q].$$

f^{q*} 称为**由 f 诱导的上同调同态**.

证明 对 $\forall\, x_{q+1}\in C_{q+1}(X)$, $\forall\, y^q\in C^q(Y;G)$,有

$$\begin{aligned}\langle\delta f^{\Delta_q}y^q,x_{q+1}\rangle &= \langle f^{\Delta_q}y^q,\partial x_{q+1}\rangle = \langle y^q,f_{\Delta,q}\partial x_{q+1}\rangle\\ &= \langle y^q,\partial f_{\Delta,q+1}x_{q+1}\rangle = \langle\delta y^q,f_{\Delta,q+1}x_{q+1}\rangle\\ &= \langle f^{\Delta_{q+1}}\delta y^q,x_{q+1}\rangle,\quad \forall\, x_{q+1}\in C_{q+1}(X),\end{aligned}$$
$$\delta f^{\Delta_q}y^q = f^{\Delta_{q+1}}\delta y^q,\quad \forall\, y^q\in C^q(Y;G),$$
$$\delta f^{\Delta_q} = f^{\Delta_{q+1}}\delta.$$

其次,有

$$f^{\Delta_q}Z^q(Y;G)\subset Z^q(X;G),$$
$$f^{\Delta_q}B^q(Y;G)\subset B^q(X;G).$$

这是因为对 $\forall\, z^q\in Z^q(Y;G)$,有

$$\delta(f^{\Delta_q}z^q) = f^{\Delta_{q+1}}(\delta z^q) = f^{\Delta_{q+1}}(0) = 0,\quad f^{\Delta_q}z^q\in Z^q(X;G);$$

$\forall\, z^{q-1}\in C^{q-1}(Y;G)$,有

$$f^{\Delta_q}(\delta z^{q-1}) = \delta f^{\Delta_{q-1}}(z^{q-1})\in B^q(X;G).$$

于是,对 $\forall\, z^q\in Z^q(Y;G)$, $\forall\, b^q\in B^q(X;G)$,有

$$f^{\Delta_q}(z^q+b^q) = f^{\Delta_q}z^q + f^{\Delta_q}b^q.$$

由此推得

$$\begin{aligned}f^{q*}([z^q+b^q]) &= [f^{\Delta_q}(z^q+b^q)] = [f^{\Delta_q}z^q+f^{\Delta_q}b^q] = [f^{\Delta_q}z^q]\\ &= f^{q*}([z^q]),\end{aligned}$$

即 $f^{q*}[z^q]=[f^{\Delta_q}z^q]$,与 $[z^q]$ 中代表元 z^q 的选取无关!

f^{q*} 为同态是显然的:

$$\begin{aligned}f^{q*}([z^{q\prime}]+[z^{q\prime\prime}]) &= f^{q*}[z^{q\prime}+z^{q\prime\prime}] = [f^{\Delta_q}(z^{q\prime}+z^{q\prime\prime})]\\ &= [f^{\Delta_q}z^{q\prime}+f^{\Delta_q}z^{q\prime\prime}] = [f^{\Delta_q}z^{q\prime}]+[f^{\Delta_q}z^{q\prime\prime}]\\ &= f^{q*}[z^{q\prime}]+f^{q*}[z^{q\prime\prime}].\end{aligned}$$ □

引理 2.4.3 (1) 设 $1:X\to X$ 为恒同映射,则 $1^{\Delta_q}:C^q(X;G)\to C^q(X;G)$ 为恒同链映射.因此

$$1^{q*}:H^q(X;G)\to H^q(X;G)$$

为恒同自同构.

(2) 设 $f:X\to Y$ 与 $g:Y\to Z$ 都为连续映射,则

$$(g\circ f)^{\Delta_q} = f^{\Delta_q}g^{\Delta_q}:C^q(Z;G)\to C^q(X;G),$$

$$(g \circ f)^{q*} = f^{q*} g^{q*}: H^q(Z;G) \to H^q(X;G).$$

证明 (1) 因为

$$\langle 1^{\Delta_q} y^q, x_q \rangle = \langle y^q, 1_{\Delta_q} x_q \rangle = \langle y^q, x_q \rangle,$$

$$1^{\Delta_q} y^q = y^q,$$

所以

$$1^{\Delta_q}: C^q(X;G) \to C^q(X;G)$$

为恒同态,事实上是恒同构.

于是

$$1^{q*}[z] = [1^{\Delta_q}(z)] = [z], \quad \forall [z] \in H^q(X;G),$$

$$1^* = 1: H^q(X;G) \to H^q(X;G).$$

(2) 因为

$$\langle (g \circ f)^{\Delta_q} z^q, x_q \rangle = \langle z^q, (g \circ f)_{\Delta_q} x_q \rangle = \langle z^q, g_{\Delta_q} f_{\Delta_q} x_q \rangle$$
$$= \langle g^{\Delta_q} z^q, f_{\Delta_q} x_q \rangle = \langle f^{\Delta_q} g^{\Delta_q} z^q, x_q \rangle, \quad \forall x_q \in C_q(X),$$

$$(g \circ f)^{\Delta_q} z^q = f^{\Delta_q} g^{\Delta_q} z^q, \quad \forall z^q \in C^q(Z;G),$$

$$(g \circ f)^{\Delta_q} = f^{\Delta_q} g^{\Delta_q},$$

$$(g \circ f)^{q*}[z^q] = [(g \circ f)^{\Delta_q} z^q] = [f^{\Delta_q} g^{\Delta_q} z^q]$$
$$= f^{q*} g^{q*}[z^q], \quad \forall [z^q] \in H^q(Z;G),$$

$$(g \circ f)^{q*} = f^{q*} g^{q*},$$

所以同调群之间的同态是逆变的. □

定理 2.4.1(奇异上同调群的伦型不变性) 设拓扑空间 X 与 Y 有相同的伦型,则

$$H^q(X;G) \cong H^q(Y;G).$$

更确切地说,设 $f: X \to Y$ 为一个同伦等价,$g: Y \to X$ 为 f 的一个同伦逆,则

$$f^{q*}: H^q(Y;G) \to H^q(X;G)$$

为同构,而且 $g^{q*} = f^{q*-1}$ 为 f^{q*} 的同构逆.

证明 由于 $g \circ f \simeq 1$,根据引理 2.4.3 及

$$f^{q*} g^{q*} = (g \circ f)^{q*} = 1_X^{q*} = 1: H^q(X;G) \to H^q(X;G),$$

同理

$$g^{q*} f^{q*} = (f \circ g)^{q*} = 1_Y^{q*} = 1: H^q(Y;G) \to H^q(Y;G).$$

因此,f^{q*} 既为满射又为单射,即 f^{q*} 为同构,而 $g^{q*} = f^{q*-1}$ 为 f^{q*} 的同构逆. □

推论 2.4.1(奇异上同调群的同胚不变性) 设 $f: X \to Y$ 为同胚,$g: Y \to X$ 为 f 的同胚逆,则

$$f^{q*}: H^q(Y;G) \to H^q(X;G)$$

为同构,而 $g^{q*}=f^{q*-1}$也为同构.

证明 由 $g\circ f=1_X\simeq 1_X, f\circ g=1_Y\simeq 1_Y$ 和定理 2.4.1 立即推出. □

相对奇异上同调群

定义 2.4.4 设(X,A)为拓扑空间偶,G 为任一交换群,$C_q(X,A)$为(X,A)的 q 维整奇异下链群.我们称同态

$$y^q: C_q(X,A)\to G$$

为(X,A)的以 G 为值群的 q **维相对奇异上链**;称同态群

$$C^q(X,A;G) = \mathrm{Hom}(C_q(X,A),G)$$

为(X,A)的 q **维相对奇异上链群**.显然,如同奇异上同调群一样,得到(X,A)的相对奇异上链与相对奇异下链的 Kronecker 积以及相对奇异上链的线性表示.易见,$C^q(X,A;G)$可视作 $C^q(X;G)$的一个子群.

设

$$\hat{\partial}_q: C_q(X,A)\to C_{q-1}(X,A)$$

为 q 维整奇异下边缘,

$$\hat{\delta}: C^q(X,A;G)\to C^{q+1}(X,A;G)$$

为其对偶同态,即对 $\forall x_{q+1}\in C_{q+1}(X,A)$, $\forall y^q\in C^q(X,A;G)$,有

$$\langle\hat{\delta}_q y^q, x_{q+1}\rangle = \langle y^q, \hat{\partial}_{q+1}x_{q+1}\rangle.$$

易见,$\hat{\delta}_q y^q\in C^{q+1}(X,A;G)$,$\hat{\delta}^q: C^q(X,A;G)\to C^{q+1}(X,A;G)$为同态.

引理 2.4.4 $\hat{\delta}\hat{\delta}=0$.

证明 对 $\forall x_{q+2}\in C_{q+2}(X,A)$, $\forall y^q\in C^q(X,A;G)$,有

$$\langle\hat{\delta}\hat{\delta}y^q, x_{q+2}\rangle = \langle\hat{\delta}y^q, \hat{\partial}x_{q+2}\rangle = \langle y^q, \hat{\partial}\hat{\partial}x_{q+2}\rangle \xlongequal{\text{引理 2.3.1}'} \langle y^q, 0\rangle = 0,$$

$$\hat{\delta}\hat{\delta}y^q = 0,\quad \forall y^q\in C^q(X,A;G),$$

$$\hat{\delta}\hat{\delta} = 0.$$ □

于是,$\{C(X,A;G),\hat{\delta}\}=\{C^q(X,A;G),\hat{\delta}^q\}$为相对奇异上链复形,称

$$Z^q(X,A;G) = \mathrm{Ker}\,\hat{\delta}^q$$

为 q **维相对奇异上闭链群**;称

$$B^q(X,A;G) = \mathrm{Im}\,\hat{\delta}^{q-1}$$

为 q **维相对奇异上边缘链群**.由引理 2.4.4 知 $\hat{\delta}\hat{\delta}=0$,故得到

$$B^q(X,A;G) \subset Z^q(X,A;G) \subset C^q(X,A;G).$$

于是,我们可以定义(X,A)的 q **维相对奇异上同调群**为

$$H^q(X,A;G) = \frac{Z^q(X,A;G)}{B^q(X,A;G)} = \frac{\operatorname{Ker}\hat{\delta}^q}{\operatorname{Im}\hat{\delta}^{q-1}}.$$

关于 δ 与 $\hat{\delta}$ 有下面深刻的内在联系:

定理 2.4.2 (1) 设(X,A)为拓扑空间偶. X 上的奇异上边缘同态

$$\delta: C^q(X;G) \to C^{q+1}(X;G)$$

也将 $C^q(X;G)$的子群 $C^q(X,A;G)$映到 $C^{q+1}(X;G)$的子群 $C^{q+1}(X,A;G)$,即

$$\delta: C^q(X,A;G) \to C^{q+1}(X,A;G). \tag{2.4.1}$$

(2) 进而,式(2.4.1)中的同态恰为(X,A)的相对奇异下边缘算子

$$\hat{\partial}: C_{q+1}(X,A) \to C_q(X,A)$$

的对偶同态 $\hat{\delta}$.

证明 (1) 设 $y^q \in C^q(X,A;G)$(视作 $C^q(X;G)$的一个元素),$t_{q+1} \in C_{q+1}(A)$为 A 的任一 $q+1$ 维整奇异单形. 由于 $A \subset X$ 为 X 的子拓扑空间,所以$\partial t_{q+1} \in C_q(A)$,即 ∂t_{q+1} 在 A 上. 因而,在 X 上有

$$\langle \delta y^q, t_{q+1} \rangle = \langle y^q, \partial t_{q+1} \rangle = 0, \quad \delta y^q \big|_{C_{q+1}(A)} = 0.$$

这说明 $\delta y^q \in C^{q+1}(X,A;G)$,因而

$$\delta: C^q(X,A;G) \to C^{q+1}(X,A;G).$$

(2) 对 $\forall\, x_{q+1} \in C_{q+1}(X,A)$, $\forall\, y^q \in C^q(X,A;G)$,有

$$\begin{aligned}\langle \delta y^q, x_{q+1} \rangle &\overset{X\text{上}}{=\!=} \langle y^q, \partial x_{q+1} \rangle \overset{y^q \in C^q(X,A;G)}{=\!=\!=\!=\!=\!=} \langle y^q, (\partial x_{q+1})_{(X,A)} \rangle \\ &= \langle y^q, \hat{\partial} x_{q+1} \rangle = \langle \hat{\delta} y^q, x_{q+1} \rangle,\end{aligned}$$

$$\delta y^q = \hat{\delta} y^q, \quad \forall\, y^q \in C^q(X,A;G),$$

$$\delta = \hat{\delta}.$$

□

推论 2.4.2 δ 作为(X,A)上的上边缘算子时,$\delta\delta = 0$.

证明 (证法 1)由定理 2.4.2(1),得

$$\delta: C^q(X,A;G) \to C^{q+1}(X,A;G).$$

此外,再根据引理 2.4.1,在(X,A)上当然有 $\delta\delta = 0$.

(证法 2)由定理 2.4.2(2)知,在(X,A)上 $\delta = \hat{\delta}$ 为$\hat{\partial}$的对偶同态,所以根据引理 2.4.4,在(X,A)上有 $\delta\delta = \hat{\delta}\hat{\delta} = 0$. □

连续映射的相对奇异上同调性质、相对奇异上同调群的同伦不变性

定义 2.4.5 设(X,A),(Y,B)都为拓扑空间偶,$f:(X,A)\to(Y,B)$为连续映射,$\hat{f}_{\Delta_q}:C_q(X,A)\to C_q(Y,B)$为由 f 诱导的相对奇异下链群的同态.我们令

$$\hat{f}^{\Delta_q}:C^q(Y,B;G)\to C^q(X,A;G),$$

使得对$\forall\, y\in C^q(Y,B;G)$满足:

$$\langle \hat{f}^{\Delta_q}y^q,x_q\rangle=\langle y^q,\hat{f}_{\Delta_q}x_q\rangle,\quad \forall\, x_q\in C_q(X,A;G).$$

显然,由 $\hat{f}_{\Delta_q}$ 线性推得

$$\hat{f}^{\Delta_q}y^q\in C^q(X,A;G).$$

又由$\langle,\rangle$双(偏)线性知

$$\hat{f}^{\Delta_q}:C^q(Y,B;G)\to C^q(X,A;G)$$

线性,从而 $\hat{f}^{\Delta_q}$ 为同态,并称它为由 f 诱导的**相对奇异上链群的同态**.

引理 2.4.5 $\hat{f}^{\Delta_q}$ 为相对奇异上链映射,即 $\hat{\delta}\hat{f}^{\Delta_q}=\hat{f}^{\Delta_{q+1}}\hat{\delta}$.

因此,f 就诱导出奇异上同调群之间的一个序列的同态$\hat{f}^*=\{\hat{f}^{q*}\}$,

$$\hat{f}^{q*}:H^q(Y;G)\to H^q(X;G),$$

$$[z^q]\mapsto\hat{f}^{q*}[z^q]=[\hat{f}^{\Delta_q}z^q],$$

$\hat{f}^{q*}$ 称为由 f 诱导的**相对奇异上同调同态**.

证明

$$\begin{aligned}\langle\hat{\delta}^{r}\hat{f}^{\Delta_q}y^q,x_{q+1}\rangle&=\langle\hat{f}^{\Delta_q}y^q,\hat{\partial}_X x_{q+1}\rangle=\langle y^q,\hat{f}_{\Delta_q}\hat{\partial}_X x_{q+1}\rangle\\&=\langle y^q,\hat{\partial}_X\hat{f}_{\Delta_{q+1}}x_{q+1}\rangle=\langle\hat{\delta}^{Y}y^q,\hat{f}_{\Delta_{q+1}}x_{q+1}\rangle\\&=\langle\hat{f}^{\Delta_{q+1}}\hat{\delta}^{Y}y^q,x_{q+1}\rangle,\end{aligned}$$

$\forall\, x_{q+1}\in C_{q+1}(X,A)$,有

$$\hat{\delta}^{Y}\hat{f}^{\Delta_q}y^q=\hat{f}^{\Delta_{q+1}}\hat{\delta}^{Y}y^q,\quad\forall\, y^q\in C^q(Y,B;G);$$

$$\hat{\delta}^{Y}\hat{f}^{\Delta_q}=\hat{f}^{\Delta_{q+1}}\hat{\delta}^{Y},$$

其中 $\hat{\delta}^X$,$\hat{\delta}^Y$ 分别为(X,A),(Y,B)的相对奇异上边缘算子.因此,$\hat{f}^{\Delta}$ 是链复形

$$\{C^q(Y,B;G),\hat{\delta}^{Yq}\}\quad 与\quad\{C^q(X,A;G),\hat{\delta}^{Xq}\}$$

之间由 f 诱导的链映射. 从而 $\hat{f}^{\Delta_q}$ 诱导出**相对奇异上同调群之间的同态**:

$$\hat{f}^{q*}:H^q(Y,B;G)\to H^q(X,A;G).$$ □

引理 2.4.6 (1) 设(X,A)为拓扑空间偶, $1:(X,A)\to(X,A)$为恒同映射,

$$1^{\Delta_q}:C^q(X,A;G)\to C^q(X,A;G)$$

为恒同链映射. 因此

$$1^{q*}:H^q(X,A;G)\to H^q(X,A;G)$$

为恒同自同构.

(2) 设(X,A), (Y,B), (Z,C)为三个拓扑空间偶, $f:(X,A)\to(Y,B)$, $g:(Y,B)\to(Z,C)$都为连续映射, 则

$$(\widehat{g\circ f})^{\Delta_q}=\hat{f}^{\Delta_q}\hat{g}^{\Delta_q}:C^q(Z,C;G)\to C^q(X,A;G).$$

因而

$$(\widehat{g\circ f})^{q*}=\hat{f}^{q*}\hat{g}^{q*}:H^q(Z;G)\to H^q(X,A;G).$$

证明 类似引理 2.4.3 的证明. □

定理 2.4.3(相对奇异上同群的伦型不变性) 设拓扑空间偶(X,A)与(Y,B)有相同的伦型, 则

$$H^q(X,A;G)\cong H^q(Y,B;G).$$

更确切地说, 设 $f:(X,A)\to(Y,B)$为一个同伦等价, $g:(Y,B)\to(X,A)$为 f 的一个同伦逆, 则

$$\hat{f}^{q*}:H^q(Y,B;G)\to H^q(X,A;G)$$

为同构, 而且 $\hat{g}^{q*}=\hat{f}^{q*-1}$为 $\hat{f}^{q*}$ 的同构逆.

证明 类似定理 2.4.1 的证明. □

推论 2.4.3(相对奇异上同调群的同胚不变性) 设 $f:(X,A)\to(Y,B)$为同胚, $g:(Y,B)\to(X,A)$为 f 的同胚逆, 则

$$f^{*q}:H^q(Y,B;G)\to H^q(X,A;G)$$

为同构, 而 $g^{*q}=f^{*q-1}$也为同构.

证明 由 $g\circ f=1_X\simeq 1_X$, $f\circ g=1_Y\simeq 1_Y$ 和定理 2.4.3 立即推出. □

2.5 正合奇异下(上)同调序列

前面我们讨论了单纯复形上的单纯同调群与正合单纯同调序列, 以及一般拓扑空间

上的奇异下同调群.这一节继续讨论奇异同调群的性质与正合奇异同调序列.

联系同态∂_*

设(X,A)为一个拓扑空间偶,$i:A\to X$ 为包含映射,$j:X=(X,\varnothing)\to(X,A)$为空间偶的连续映射,$j$ 由 X 上的恒同映射决定,这里,我们等同 X 与$(X,\varnothing)$.于是,有下奇异链映射

$$C_q(A)\xrightarrow{i_{\Delta_q}}C_q(X)\xrightarrow{j_{\Delta_q}}C_q(X,A).$$

从而,有奇异同调群的同态

$$H_q(A)\xrightarrow{i_{q*}}H_q(X)\xrightarrow{j_{q*}}H_q(X,A).$$

由

$$A\xrightarrow{i}X\xrightarrow{j}(X,A),$$
$$x\mapsto i(x)=x\mapsto(j\circ i)(x)=j(i(x))=j(x)=x,$$

可得到

$$j_{\Delta_q}i_{\Delta_q}=(j\circ i)_{\Delta_q}=0.$$

下证存在联系同态

$$\partial_{q*}:H_q(X,A)\to H_{q-1}(A),$$

使得奇异下同调群的序列

$$H_q(A)\xrightarrow{i_{q*}}H_q(X)\xrightarrow{j_{q*}}H_q(X,A)$$

可以延伸下去,成为

$$\cdots\xrightarrow{\partial_{q+1}{}^*}H_q(A)\xrightarrow{i_{q*}}H_q(X)\xrightarrow{j_{q*}}H_q(X,A)\xrightarrow{\partial_{q*}}H_{q-1}(A)\xrightarrow{i_{q-1}{}^*}\cdots.$$

定义 2.5.1 对拓扑空间偶(X,A),有自然定义的奇异下同调群的联系同态

$$\partial_{q*}:H_q(X,A)\to H_{q-1}(A),$$
$$\partial_{q*}[e]\mapsto\partial_{q*}[e]=\partial_{q*}[x+C_q(A)]=[\partial_q x],$$

其中 $e=x+C_q(A)\in Z_q(X,A)$,$x\in C_q(X)$,有$\hat{\partial}_q e=\partial_q x+C_{q-1}(A)=0$.于是,$\partial_q x\in C_{q-1}(A)$.显然,$\partial_{q-1}\partial_q x=0$,故$\partial_q x\in Z_{q-1}(A)$是 A 上的一个闭链.

引理 2.5.1 $\partial_{q*}:H_q(X,A)\to H_{q-1}(A)$的定义是合理的,即证明$\partial_{q*}[x+C_q(A)]=[\partial_q x]$与 x 的选取无关.

证明 首先,如果

$$e=x+C_q(A)=x'+C_q(A)\in Z_q(X,A),$$

并记 $a=x-x'\in C_q(A)$,则

$$[\partial_q x]=[\partial_q(x'+a)]=[\partial_q x'+\partial_q a]=[\partial_q x']\in H_{q-1}(A).$$

其次，如果

$$e' = x + \hat{\partial}_{q+1} y + C_q(A) = x + \partial_{q+1} y + C_q(A) \in Z_q(X, A),$$

其中 $y \in C_{q+1}(X, A)$，则$[e'] = [e]$，也有

$$\partial_{q*}[e'] = [\partial_q(x + \partial_{q+1} y)] = [\partial_q x] = \partial_{q*}[e].$$

综上所述，得到

$$\partial_{q*}[x + C_q(A)] = [\partial_q x]$$

与 x 的选择无关. □

定理 2.5.1 设(X, A)与(Y, B)为拓扑空间，$f:(X, A) \to (Y, B)$为连续映射，证明如下每一方块都可交换：

$$\begin{array}{ccccccccc}
\cdots \to H_q(A) & \xrightarrow{i^A_{q*}} & H_q(X) & \xrightarrow{j^X_{q*}} & H_q(X, A) & \xrightarrow{\partial_{q*}} & H_{q-1}(A) \to \cdots \\
\downarrow f_{q*} & & \downarrow f_{q*} & & \downarrow \hat{f}_{q*} & & \downarrow f_{q-1*} \\
\cdots \to H_q(B) & \xrightarrow{i^B_{q*}} & H_q(Y) & \xrightarrow{j^Y_{q*}} & H_q(Y, B) & \xrightarrow{\partial'_{q*}} & H_{q-1}(B) \to \cdots
\end{array}$$

$$\begin{array}{ccccccccc}
\to H_0(A) & \xrightarrow{i^A_{0*}} & H_0(X) & \xrightarrow{j^X_{0*}} & H_0(X, A) & \xrightarrow{\partial_{0*}} & H_{-1}(A) = 0 \\
\downarrow f_{0*} & & \downarrow f_{0*} & & \downarrow \hat{f}_{0*} & & \downarrow f_{-1*} = 0 \\
\to H_0(B) & \xrightarrow{i^B_{0*}} & H_0(Y) & \xrightarrow{j^Y_{0*}} & H_0(Y, B) & \xrightarrow{\partial'_{0*}} & H_{-1}(B) = 0.
\end{array}$$

证明 （证法1）(1) 对 $\forall [x] \in H_q(A)$，有

$$\begin{aligned} f_{q*} i^A_{q*}[x] &= f_{q*}[i^A_{\Delta_q} x] = f_{q*}[x] = [f_{\Delta_q} x] \\ &= [i^B_{\Delta_q} f_{\Delta_q} x] = i^B_{q*}[f_{\Delta_q} x] = i^B_{q*} f_{q*}[x], \end{aligned}$$

故

$$f_{q*} i^A_{q*} = i^B_{q*} f_{q*}.$$

(2) 对 $\forall [x] \in H_q(X) = H_q(X, \varnothing)$，有

$$\begin{aligned} \hat{f}_{q*} j^X_{q*}[x] &= \hat{f}_{q*}[j^X_{\Delta_q} x + C_q(A)] = [f_{\Delta_q} j^X_{\Delta_q} x + C_q(B)] \\ &= [j^Y_{\Delta_q} f_{\Delta_q} x + C_q(B)] = j^Y_{q*}[f_{\Delta_q} x] = j^Y_{q*} f_{q*}[x], \end{aligned}$$

故

$$\hat{f}_{q*} j^X_{q*} = j^Y_{q*} f_{q*}.$$

(3) 对 $\forall [x + C_q(A)] \in H_q(X, A)$，$\forall q > 0$，有

$$\begin{aligned} \partial'_{q*} \hat{f}_{q*}[x + C_q(A)] &= \partial'_{q*}[f_{\Delta_q} x + C_q(B)] = [\partial'_q f_{\Delta_q} x] \\ &= [f_{\Delta_{q-1}} \partial_q x] = f_{q-1*}[\partial_q x] = f_{q-1*} \partial_{q*}[x + C_q(A)], \end{aligned}$$

故

$$\partial'_{q*}\hat{f}_{q*} = f_{q-1*}\partial_{q*}.$$

当 $q=0$ 时,由于 $H_{-1}(A)=0=H_{-1}(B)$,$\partial_{0*}=0=\partial'_{0*}$,$f_{-1*}=0$,故

$$\partial'_{0*}\hat{f}_{0*} = 0 = f_{-1*}\partial_{0*}.$$

(证法 2)参阅定理 2.5.5. □

为进一步讨论由拓扑空间偶决定的三个奇异同调群 $H_q(A)$,$H_q(X)=H_q(X,\varnothing)$,$H_q(X,A)$之间的重要性质:序列

$$\cdots\xrightarrow{\partial_{*q+1}}H_q(A)\xrightarrow{i_{*q}}H_q(X)\xrightarrow{j_{*q}}H_q(X,A)\xrightarrow{\partial_{*q}}H_{q-1}(A)\xrightarrow{i_{*q-1}}\cdots$$

的正合性,我们先介绍一些相关的代数知识.

正合序列、五项引理

定义 2.5.2 设$\{G_q\}$为一个交换群,$q\in J$(整数群).如果对每个整数 q,存在同态 $\varphi_q:G_q\to G_{q-1}$,并且满足:

$$\operatorname{Im}\varphi_{q+1} = \operatorname{Ker}\varphi_q,\quad \forall q\in J,$$

则称这些群与群之间的同态 $G=\{G_q,\varphi_q\}$构成的序列

$$\cdots\xrightarrow{\varphi_{q+2}}G_{q+1}\xrightarrow{\varphi_{q+1}}G_q\xrightarrow{\varphi_q}G_{q-1}\xrightarrow{\varphi_{q-1}}\cdots$$

是**正合**的,该序列是一个**正合序列**.

由于 $\operatorname{Im}\varphi_{q+1}=\operatorname{Ker}\varphi_q$,故两次连续同态 $\varphi_q\varphi_{q+1}=0$.因此,正合序列也具有链复形的性质.但是,

$$\operatorname{Ker}\varphi_q/\operatorname{Im}\varphi_{q+1}$$

对任何 $q\in J$ 都为平凡群(零群).

例 2.5.1 如果正合序列$\{G_q,\varphi_q\}$中除 G_1,G_2 外,其余的 $G_q=\{0\}$.当 $q\neq 2$ 时,自然有 $\varphi_q=0$(零同态).由正合序列

$$0\to G_2\xrightarrow{\varphi_2}G_1\to 0$$

在 G_2 处的正合性,$\operatorname{Ker}\varphi_2=0$,$\varphi_2$ 为单射;由 G_1 处的正合性立知 φ_2 为满射.因此,$\varphi_2:G_2\to G_1$ 为同构,即 $G_2\overset{\varphi_2}{\cong}G_1$.

例 2.5.2 设 G 为交换群,H 为其非空子群,$i:H\to G$,$i(x)=x$ 为包含映射,$j:G\to G/H$,$x\mapsto j(x)=[x]$,其中等价类$[x]=\{z\mid z\sim x\}=\{z\mid z-x\in H\}$.$j$ 是自然投影.显然,序列

$$0\to H\xrightarrow{i}G\xrightarrow{j}G/H\to 0$$

为正合序列. i 为单射, j 为满射.

相反地,如果

$$0 \to G_1 \xrightarrow{i} G_2 \xrightarrow{j} G_3 \to 0$$

为交换群的正合序列,则由正合性知, i 为单射, j 为满射. 于是,同态 $j: G_2 \to G_3$ 诱导出同构 $G_2/\mathrm{Im}\, i = G_2/\mathrm{Ker}\, j \cong G_3$,由于 i 为单射, $G_1 \cong i(G_1)$, G_1 可视作 G_2 的子群. 再应用 $\mathrm{Ker}\, j = \mathrm{Im}\, i \cong G_1$ 得到同构 $G_3 \cong G_2/G_1$,即

$$0 \to G_1 \xrightarrow{i} G_2 \xrightarrow{j} G_3 \cong G_2/G_1 \to 0.$$

例 2.5.3 对于拓扑空间偶 (X, A),有下面奇异下链映射的序列:

$$0 \xrightarrow{k} C_q(A) \xrightarrow{i_{\Delta_q}} C_q(X) \xrightarrow{j_{\Delta_q}} C_q(X, A) \xrightarrow{l} 0,$$

其中 i_{Δ_q} 是由包含映射 $i: A \to X$ 产生的奇异链映射,

$$j_{\Delta_q}: C_q(X) \to C_q(X, A) = C_q(X)/C_q(A)$$

为投影,也可以看作由拓扑空间偶的包含映射 $j: X = (X, \varnothing) \to (X, A)$ 产生的奇异链映射. 上式两端的 0 表示由零元素构成的平凡交换群. 同态 k 也将 0 映成 $C_q(A)$ 中的零元素,而 l 将 $C_q(X, A)$ 中的元素都映成 0. 易证

$$\mathrm{Im}\, k = \mathrm{Ker}\, i_{\Delta_q}, \quad \mathrm{Im}\, i_{\Delta_q} = \mathrm{Ker}\, j_{\Delta_q}, \quad \mathrm{Im}\, j_{\Delta_q} = \mathrm{Ker}\, l.$$

其中 $\mathrm{Im}\, k = \mathrm{Ker}\, i_{\Delta_q} = 0$ 表明 i_{Δ_q} 为单射;而 $\mathrm{Im}\, j_{\Delta_q} = \mathrm{Ker}\, l = C_q(X, A)$ 表明 j_{Δ_q} 为满射. 由同态映射知, k, l 是唯一确定的,有时在这样的序列中被省略了.

下面的五项引理是代数与代数拓扑中的一个重要引理. 它有广泛的应用,其证明的方法也是非常典型的.

引理 2.5.2(五(项)引理) 下图中上、下两行都是正合序列,并且每一方块中的同态都可以交换:

$$\begin{array}{ccccccccc}
A_1 & \xrightarrow{\alpha 1} & A_2 & \xrightarrow{\alpha 2} & A_3 & \xrightarrow{\alpha 3} & A_4 & \xrightarrow{\alpha 4} & A_5 \\
\downarrow \varphi_1 & & \downarrow \varphi_2 & & \downarrow \varphi_3 & & \downarrow \varphi_4 & & \downarrow \varphi_5 \\
B_1 & \xrightarrow{\beta_1} & B_2 & \xrightarrow{\beta_2} & B_3 & \xrightarrow{\beta_3} & B_4 & \xrightarrow{\beta_4} & B_5.
\end{array}$$

如果 $\varphi_1, \varphi_2, \varphi_4, \varphi_5$ 都为同构,则中间的 φ_3 也为同构.

证明 采用图表追踪法.

(1) 先证 φ_3 为单射.

设 $a_3 \in A_3$ 使得 $\varphi_3(a_3) = 0$. 由

$$\varphi_4 \alpha_3(a_3) = \beta_3 \varphi_3(a_3) = \beta_3(0) = 0$$

及 φ_4 为单射得到 $\alpha_3(a_3) = 0$, $a_3 \in \mathrm{Ker}\, \alpha_3$. 根据引理中上一行的正合性, $\mathrm{Ker}\, \alpha_3 = \mathrm{Im}\, \alpha_2$,

$\exists\, a_2 \in A_2$,s. t. $\alpha_2(a_2) = a_3$. 再由

$$0 = \varphi_3(a_3) = \varphi_3\alpha_2(a_2) = \beta_2\varphi_2(a_2),$$
$$\varphi_2(a_2) \in \operatorname{Ker}\beta_2 = \operatorname{Im}\beta_1,$$

以及下一行的正合性,$\exists\, b_1 \in B_1$,s. t. $\beta_1(b_1) = \varphi_2(a_2)$. 由于 φ_1 为满射(φ_1 只用到满射!),$\exists\, a_1 \in A$,s. t. $\varphi_1(a_1) = b_1$. 又由

$$\varphi_2\alpha_1(a_1) = \beta_1\varphi_1(a_1) = \beta_1(b_1) = \varphi_2(a_2)$$

及 φ_2 为单射得到 $\alpha_1(a_1) = a_2$. 从上一行的正合性得到

$$a_3 = \alpha_2(a_2) = \alpha_2\alpha_1(a_1) = 0.$$

这就证明了 φ_3 为单射(见图 2.5.1).

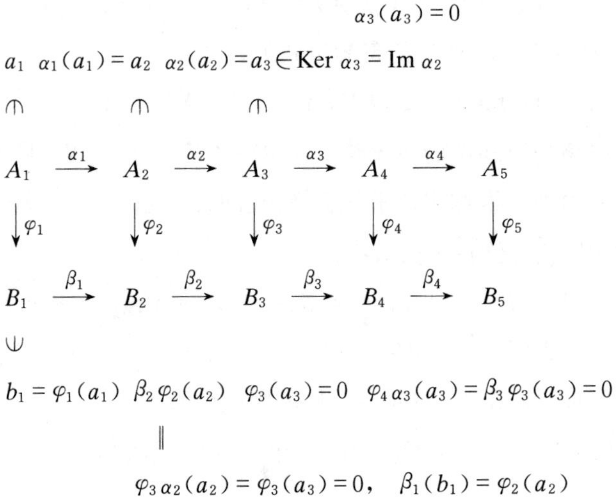

图 2.5.1

(2) 再证 φ_3 为满射. 对 $\forall\, b_3 \in B_3$,$\beta_3(b_3) \in B_4$. 由于 φ_4 为满射,$\exists\, a_4 \in A_4$,s. t. $\varphi_4(a_4) = \beta_3(b_3)$. 再由

$$\varphi_5\alpha_4(a_4) = \beta_4\varphi_4(a_4) = \beta_4\beta_3(b_3) = 0$$

及 φ_5 为单射(φ_5 只用到单射!)得到 $\alpha_4(a_4) = 0$. 由上一行的正合性,$\exists\, a_3 \in A_3$,s. t. $\alpha_3(a_3) = a_4$.

根据

$$\beta_3\varphi_3(a_3) = \varphi_4\alpha_3(a_3) = \varphi_4(a_4) = \beta_3(b_3),$$
$$\beta_3[b_3 - \varphi_3(a_3)] = 0,$$
$$b_3 - \varphi_3(a_3) \in \operatorname{Ker}\beta_3 = \operatorname{Im}\beta_2,$$

故有 $b_2 \in B_2$,s. t.

$$\beta_2(b_2) = b_3 - \varphi_3(a_3).$$

进一步，由于 φ_2 为满射，$\exists\, a_2 \in A_2$，s.t. $\varphi_2(a_2)=b_2$. 于是

$$\varphi_3(\alpha_2(a_2)+a_3)=\beta_2\varphi_2(a_2)+\varphi_3(a_3)=\beta_2(b_2)+\varphi_3(a_3)=b_3,$$

这就证明了 φ_3 为满射（见图 2.5.2）.

$$\begin{array}{ccccccccc}
 & & a_2 & & \alpha_2(a_2)=a_3 & & \alpha_3(a_3)=a_4 & & \alpha_4(a_4)=0 \\
 & & \cap & & \cap & & \cap & & \\
A_1 & \xrightarrow{\alpha_1} & A_2 & \xrightarrow{\alpha_2} & A_3 & \xrightarrow{\alpha_3} & A_4 & \xrightarrow{\alpha_4} & A_5 \\
\downarrow{\scriptstyle\varphi_1} & & \downarrow{\scriptstyle\varphi_2} & & \downarrow{\scriptstyle\varphi_3} & & \downarrow{\scriptstyle\varphi_4} & & \downarrow{\scriptstyle\varphi_5} \\
B_1 & \xrightarrow{\beta_1} & B_2 & \xrightarrow{\beta_2} & B_3 & \xrightarrow{\beta_3} & B_4 & \xrightarrow{\beta_4} & B_5 \\
 & & \cup & & \cup & & \beta_3(b_3)=\varphi_4(a_4) & &
\end{array}$$

$$b_2=\varphi_2(a_2)\quad b_3=\varphi_3(\alpha_2(a_2)+a_3)\quad \varphi_5\alpha_4(a_4)=\beta_4\varphi_4(a_4)=\beta_4\beta_3(b_3)=0$$

$$\beta_2(b_2)=b_3-\varphi_3(a_3)\in \operatorname{Ker}\beta_3=\operatorname{Im}\beta_2$$

图 2.5.2

综合(1)，(2)，我们证得 $\varphi_3: A_3 \to B_3$ 为同构. □

注 2.5.1 从引理 2.5.2 的证明中可以看出，其条件可减弱为：φ_1 为满射，φ_5 为单射，φ_2 与 φ_4 为同构.

拓扑空间偶(X,A)的正合奇异下同调序列

定理 2.5.2（拓扑空间偶(X,A)的正合奇异下同调序列） 设(X,A)为一个拓扑空间偶，则奇异下同调群的长序列

$$\cdots \xrightarrow{\partial_{q+1*}} H_q(A) \xrightarrow{i_{q*}} H_q(X) \xrightarrow{j_{q*}} H_q(X,A) \xrightarrow{\partial_{q*}} H_{q-1}(A) \xrightarrow{i_{q-1*}} \cdots$$

$$\cdots \xrightarrow{\partial_{2*}} H_1(A) \xrightarrow{i_{1*}} H_1(X) \xrightarrow{j_{1*}} H_1(X,A) \xrightarrow{\partial_{1*}} H_0(A) \xrightarrow{i_{0*}} H_0(X)$$

$$\xrightarrow{j_{0*}} H_0(X,A) \xrightarrow{\partial_{0*}} 0 = H_{-1}(A)$$

是正合的（注意，当 $q\leqslant -1$ 时，$C_q(A)=0$，$C_q(X)=0$，$C_q(X,A)=0$，故 $H_q(A)=0$，$H_q(X)=0$，$H_q(X,A)=0$）.

证明 （证法 1）先证 $\operatorname{Im} j_{0*}=H_0(X,A)(=\operatorname{Ker}\partial_{0*})$（在 $H_0(X,A)$ 处的正合性）. 事实上，对 $\forall\,[z+C_0(A)]\in H_0(X,A)$，$z\in C_0(X)=Z_0(X)$，有

$$j_{0*}([z])=[j_{\Delta_0}(z)+C_0(A)]=[z+C_0(A)]\in H_0(X,A).$$

因此

$$\operatorname{Im} j_{0*}=j_{0*}(H_0(X))=H_0(X,A)=\operatorname{Ker}\partial.$$

对 $\forall\, q=1,2,\cdots$，有：

(1) $\mathrm{Im}\, i_{q*} = \mathrm{Ker}\, j_{q*}$(在 $H_q(X)$处的正合性).

先证 $\mathrm{Im}\, i_{q*} \subset \mathrm{Ker}\, j_{q*}$. 对 $\forall\, i_{q*}[z] \in \mathrm{Im}\, i_{q*}$, $[z] \in H_q(A)$, 由于 $z \in Z_q(A)$, 故

$$j_{q*}i_{q*}([z]) = j_{q*}[i_{\Delta_q}z] = j_{q*}[z] = [j_{\Delta_q}z + C_q(A)]$$
$$= [z + C_q(A)] = [C_q(A)] = 0 \in H_q(X,A).$$

于是, $\mathrm{Im}\, i_{q*} \subset \mathrm{Ker}\, j_{q*}$.

再证 $\mathrm{Ker}\, j_{q*} \subset \mathrm{Im}\, i_{q*}$. 设 $[z] \in \mathrm{Ker}\, j_{q*} \subset H_q(X)$, 即

$$j_{q*}[z] = [j_\Delta(z) + C_q(A)] = [z + C_q(A)] = 0 \in H_q(X,A).$$

这表明 $z + C_q(A)$是相对边缘链. 因此, $\exists\, x \in C_{q+1}(X,A)$, s.t. $z + C_q(A) = \hat{\partial}_q x = \partial_q x - (\partial_q x)_A$, 从而 $z - \partial_q x \in C_q(A)$. 又因为 z 与$\partial_q x$ 都为 X 的闭链, $z - \partial x$ 也是 X 的闭链, 且属于 $C_q(A)$, 所以 $z - \partial_q x \in Z_q(A)$. 它分别决定了 $H_q(A)$ 与 $H_q(X)$ 的元素 $[z-\partial_q x]_A$ 和 $[z-\partial_q x]_X$. 由于 z 与 $z - \partial_q x$ 在 X 上同调, 得到

$$i_{q*}([z - \partial x]_A) = [z - \partial_q x]_X = [z].$$

于是, $\mathrm{Ker}\, j_{q*} \subset \mathrm{Im}\, i_{q*}$.

(2) $\mathrm{Im}\, j_{q*} = \mathrm{Ker}\, \partial_{q*}$(在 $H_q(X,A)$处的正合性).

先证 $\mathrm{Im}\, j_{q*} \subset \mathrm{Ker}\, \partial_{q*}$. 对 $\forall\, j_{q*}([z]) = [z + C_q(A)] \in \mathrm{Im}\, j_{q*}$, $z \in Z_q(X)$, 由于 $\partial_q z = 0$, 故

$$\partial_{q*}j_{q*}([z]) = \partial_{q*}([z + C_q(A)]) = [\partial_q z] = [0] = 0 \in H_q(A).$$

于是, $\mathrm{Im}\, j_{q*} \subset \mathrm{Ker}\, \partial_{q*}$.

再证 $\mathrm{Ker}\, \partial_{q*} \subset \mathrm{Im}\, j_{q*}$. 对 $\forall\, [z + C_q(A)] \in \mathrm{Ker}\, \partial$, $z + C_q(A) \in Z_q(X,A)$, 有

$$\partial_{q*}([z + C_q(A)]) = [\partial_q z] = 0 \in H_{q-1}(A).$$

这表明 $\exists\, c \in C_q(A)$, s.t. $\partial_q z = \partial_q c$. 链 $z - c$ 显然是 X 的闭链. 它决定 $H_q(X)$的元素 $[z-c]$满足:

$$j_{q*}([z - c]) = [z - c + C_q(A)] = [z + C_q(A)] \in \mathrm{Im}\, j_{q*}.$$

于是, $\mathrm{Ker}\, \partial_{q*} \subset \mathrm{Im}\, j_{q*}$.

(3) $\mathrm{Im}\, \partial_{q+1^*} = \mathrm{Ker}\, i_{q*}$(在 $H_q(A)$处的正合性).

先证 $\mathrm{Im}\, \partial_{q+1^*} \subset \mathrm{Ker}\, i_{q*}$. 设 $[z] \in H_{q+1}(X,A)$, 则由联系同态∂_{q+1^*} 的定义知,

$$i_{q*}\partial_{q+1^*}[z] = i_{q*}[\partial_{q+1}z] = [i_{\Delta_q}\partial_{q+1}z] = [\partial_{q+1}z] \in H_q(X).$$

这里视 z 为 X 的 q 维奇异链, 取边缘后, $\partial_{q+1}z$ 为 X 上的边缘链, 故 $[\partial_{q+1}z] = 0$, 从而, $\mathrm{Im}\, \partial_{q+1^*} \subset \mathrm{Ker}\, i_{q*}$.

再证 $\mathrm{Ker}\, i_{q*} \subset \mathrm{Im}\, \partial_{q+1^*}$. 对 $\forall\, [z] \in \mathrm{Ker}\, i_{q*} \subset H_q(A)$, 有

$$i_{q*}[z] = [i_{\Delta_q}z] = [z] = 0 \in H_q(X),$$

即 A 的闭链 z 在 X 上为边缘链, 故有 $c \in C_{q+1}(X)$, 使得 $\partial_{q+1}c = z \in Z_q(A) \subset$

$C_q(A)$. 而

$$c \in C_q(X),\ c \in Z_{q+1}(X,A)$$

$$\Leftrightarrow \partial_{q+1} c + C_q(A) = \hat{\partial}_{q+1}(c + C_{q+1}(A)) = 0 + C_q(A)$$

$$\Leftrightarrow \partial_{q+1} c \in C_q(A).$$

由此证明了 $c \in Z_q(X,A)$. 于是

$$\partial_{q+1*}[c] = [\partial_{q+1} c] = [z],$$

$$[z] \in \operatorname{Im} \partial_{q+1*}, \quad \operatorname{Ker} i_{*q} \subset \operatorname{Im} \partial_{q+1*}.$$

(证法 2)作为定理 2.5.3 的特例,参阅该定理的证明及注 2.5.2. □

链复形的下同调正合序列

奇异同调序列的正合性有许多形式的推广. 我们考虑链复形和链映射的五项短正合序列.

定义 2.5.3 设 $C = \{C_q, \partial_q\}_{q\in J}$, $D = \{D_q, \partial_q\}_{q\in J}$, $E = \{E_q, \partial_q\}_{q\in J}$ 为三个链复形, $\lambda = \{\lambda_q : C_q \to D_q\}_{q\in J}$, $\mu = \{\mu_q : D_q \to E_q\}_{q\in J}$ 为两个链映射. 如果对每个整数 q, 短序列

$$0 \to C_q \xrightarrow{\lambda_q} D_q \xrightarrow{\mu_q} E_q \to 0$$

是正合的, 我们就称链复形 C, D, E 上的链映射 λ, μ 构成的序列

$$0 \to C \xrightarrow{\lambda} D \xrightarrow{\mu} E \to 0$$

为短正合序列. 两端的 0 表示平凡群. 显然, λ_q 为单射, μ_q 为满射.

例 2.5.4 设(X,A)为拓扑空间偶, 则有映射的序列

$$A \xrightarrow{i} X \xrightarrow{j} (X,A),$$

它诱导链复形的短正合序列

$$0 \to C_q(A) \xrightarrow{i_{\Delta_q}} C_q(X) \xrightarrow{j_{\Delta_q}} C_q(X,A) \to 0.$$

记 $C(A) = \{C_q(A), \partial_q\}_{q\in J}$, $C(X) = \{C_q(X), \partial_q\}_{q\in J}$, $C(X,A) = \{C_q(X,A), \hat{\partial}_q\}_{q\in J}$, 则得到短正合序列

$$0 \to C(A) \xrightarrow{i_\Delta} C(X) \xrightarrow{j_\Delta} C(X,A) \to 0.$$

进而, 我们还由它导出了长正合序列

$$\cdots \xrightarrow{\partial_{q+1*}} H_q(A) \xrightarrow{i_{q*}} H_q(X) \xrightarrow{j_{q*}} H_q(X,A) \xrightarrow{\partial_{q*}} H_{q-1}(A) \xrightarrow{i_{q-1*}} \cdots$$

$$\cdots \xrightarrow{\partial_{2*}} H_1(A) \xrightarrow{i_{1*}} H_1(X) \xrightarrow{j_{1*}} H_1(X,A) \xrightarrow{\partial_{1*}} H_0(A) \xrightarrow{i_{0*}} H_0(X)$$

$$\xrightarrow{j_{0*}} H_0(X,A) \xrightarrow{\partial_{0*}} H_{-1}(A) = 0.$$

引理 2.5.3 在定义 2.5.3 中,对于短正合序列

$$0 \to C \xrightarrow{\lambda} D \xrightarrow{\mu} E \to 0,$$

存在自然定义的联系同态 $\nu_* = \{\nu_{q*}\}_{q \in J}$:

$$\nu_{q*}: H_q(E) \to H_{q-1}(C), \quad q \in J.$$

证明 下面同态图中每一行都正合,根据链映射的定义,它的每一方块都可交换.

$$\begin{array}{ccccccccc}
0 \to & C_q & \xrightarrow{\lambda_q} & D_q & \xrightarrow{\mu_q} & E_q & \to 0 \\
& \downarrow \partial_q & & \downarrow \partial_q & & \downarrow \partial_q & \\
0 \to & C_{q-1} & \xrightarrow{\lambda_{q-1}} & D_{q-1} & \xrightarrow{\mu_{q-1}} & E_{q-1} & \to 0 \\
& \downarrow \partial_{q-1} & & \downarrow \partial_{q-1} & & \downarrow \partial_{q-1} & \\
0 \to & C_{q-2} & \xrightarrow{\lambda_{q-2}} & D_{q-2} & \xrightarrow{\mu_{q-2}} & E_{q-2} & \to 0.
\end{array}$$

设$[e] \in H_q(E)$,$e \in E_q$,$\partial_q e = 0$(e 为闭链).由于 μ_q 为满射,$\exists\, d \in D_q$,s.t. $e = \mu_q(d)$.由

$$\mu_{q-1}\partial_q(d) = \partial_q \mu_q(d) = \partial_q e = 0, \quad \partial_q(d) \in \operatorname{Ker} \mu_{q-1}$$

及中间一行的正合性,$\exists\, c \in C_{q-1}$,s.t. $\lambda_{q-1} c = \partial_q d$.注意 λ_{q-1}为单射,故 $c = \lambda_{q-1}^{-1}\partial_q d$,再由

$$\lambda_{q-2}\partial_{q-1} c = \partial_{q-1}\lambda_{q-1} c = \partial_{q-1}\partial_q d = 0$$

及 λ_{q-2}为单射得到$\partial_{q-1} c = 0$,即 $c \in Z_{q-1}(C)$.这样,从$[e] \in H_q(E)$就得到了$[c] \in H_{q-1}(C)$.

上面的作法不是唯一的,有的步骤存在多种选择.但是,我们可以证明映射

$$\nu_{*q}: H_q(E) \to H_q(C), \quad \nu_{*q}[e] = [c] = [\lambda_{q-1}^{-1}\partial_q d]$$

是定义好了的(或者是定义确切的,与多种步骤的选择无关!).

对于$[e] \in H_q(E)$,取 $e' = e + \partial_{q+1} a$.类似上面的证明,有 $d' \in D_q$,$c' \in C_{q-1}$,使得

$$e' = \mu_q d', \quad \lambda_{q-1} c' = \partial_q d'.$$

这里需验证$[c] = [c'] \in H_{q-1}(C)$.

由上面的证明可推得

$$\mu_q(d' - d) = e' - e = \partial_{q+1} a, \quad \lambda_{q-1}(c' - c) = \partial_q(d' - d).$$

对交换图表

$$\begin{array}{ccccccccc}
0 \to & C_{q+1} & \xrightarrow{\lambda_{q+1}} & D_{q+1} & \xrightarrow{\mu_{q+1}} & E_{q+1} & \to 0 \\
 & \downarrow \partial_{q+1} & & \downarrow \partial_{q+1} & & \downarrow \partial_{q+1} & \\
0 \to & C_q & \xrightarrow{\lambda_q} & D_q & \xrightarrow{\mu_q} & E_q & \to 0 \\
 & \downarrow \partial_q & & \downarrow \partial_q & & \downarrow \partial_q & \\
0 \to & C_{q-1} & \xrightarrow{\lambda_{q-1}} & D_{q-1} & \xrightarrow{\mu_{q-1}} & E_{q-1} & \to 0
\end{array}$$

应用图表追踪法,对 $a \in E_{q+1}$,由于 μ_{q+1} 为满射,$\exists f \in D_{q+1}$,s.t. $\mu_{q+1}(f) = a$.由

$$\mu_q \partial_{q+1}(f) = \partial_{q+1}\mu_{q+1}(f) = \partial_{q+1}(a) = e' - e = \mu_q(d' - d),$$

$$\mu_q(d' - d - \partial_{q+1}(f)) = 0$$

可得

$$d' - d - \partial_{q+1}(f) \in \operatorname{Ker} \mu_q.$$

因此,由正合性得 $\exists g \in C_q$,s.t. $\lambda_q(g) = d' - d - \partial_{q+1}(f)$.再由

$$\lambda_{q-1}\partial_q(g) = \partial_q \lambda_q(g) = \partial_q(d' - d - \partial_{q+1}(f)) = \partial_q(d' - d) = \lambda_{q-1}(c' - c),$$

λ_{q-1} 为单射立即得到 $c' - c = \partial_q(g)$.这就证明了 $[c] = [c'] \in H_{q-1}(C)$. □

注 2.5.2 根据引理 2.5.3 的证明,自然会问:例 2.5.3 作为引理 2.5.3 的特例,所求得的 $\nu_* = \{\nu_{*q}\}$ 是否就是定义 2.5.1 中的联系同态 $\partial_* = \{\partial_{q*}\}$? 回答是肯定的.事实上,因为

$$e = \mu_q(d) = j_{\Delta_q}(d) = d - (d)_A \in E_q = C_q(X, A),$$

$$c = i_{\Delta_{q-1}}(c) = \lambda_{q-1}(c) = \partial_q d,$$

所以

$$\begin{aligned}\nu_{*q}[e] &= [c] = [\partial_q d] = [\partial_q(e + (d)_A)] = [\partial_q e + \partial_q(d)_A] \\ &= [\partial_q e] = \partial_{q*}[e],\end{aligned}$$

或者

$$\begin{aligned}\nu_{*q}[e] &= [\lambda_{q-1}^{-1}\partial_q d] = [i_{\Delta_q}^{-1}\partial_q d] = [\partial_q d] \\ &= [\partial_q e + \partial_q(d)_A] = [\partial_q e] = \partial_{q*}[e].\end{aligned}$$

由此推得

$$\nu_{*q} = \partial_{q*}.$$

至此不知例 2.5.3 中奇异下同调序列的联系同态 $\{\partial_{q*}\}$ 是由引理 2.5.3 中的 $\{\nu_{*q}\}$ 得到的,还是依定义 2.5.1 中猜测再验证的,有待查证.后者的可能性大.

类似于拓扑空间偶 (X, A) 的下同调序列,可以证明:

定理 2.5.3(长正合序列) 短正合序列 $0 \to C \xrightarrow{\lambda} D \xrightarrow{\mu} E \to 0$ 诱导出长下同调序列

$$\cdots \xrightarrow{\mu_{q+1}{}^{*}} H_{q+1}(E) \xrightarrow{\nu_{q+1}{}^{*}} H_q(C) \xrightarrow{\lambda_{q*}} H_q(D) \xrightarrow{\mu_{q*}} H_q(E) \xrightarrow{\nu_{q*}} H_{q-1}(C) \xrightarrow{\lambda_{q-1}{}^{*}} \cdots$$

是正合的.

证明 （1）$\operatorname{Im} \lambda_{q*} = \operatorname{Ker} \mu_{q*}$（在 $H_q(D)$ 处的正合性）.

先证 $\operatorname{Im} \lambda_{q*} \subset \operatorname{Ker} \mu_{q*}$. 对 $\forall [z] \in H_q(C), z \in Z_q(C)$, 有

$$\mu_{q*} \lambda_{q*}[z] = [\mu_q \lambda_q(z)] \xlongequal{\text{短正合}} [0],$$
$$\mu_{q*} \lambda_{q*} = 0,$$
$$\operatorname{Im} \lambda_{q*} \subset \operatorname{Ker} \mu_{q*}.$$

再证 $\operatorname{Ker} \mu_{q*} \subset \operatorname{Im} \lambda_{q*}$. 设 $[z] \in H_q(D), z \in Z_q(D)$, s.t. $[z] \in \operatorname{Ker} \mu_{q*}$, 即

$$\mu_{q*}[z] = [\mu_q z] = 0 \in H_q(E),$$

故

$$\mu_q z = \partial_{q+1} e, \quad e \in E_{q+1}.$$

现在, 我们应用图表追踪法来寻找 $c \in Z_q(C)$（见图 2.5.3）, 使得 $\lambda_{q*}[c] = [z] \in \operatorname{Im} \lambda_{q*}$, 从而, $\operatorname{Ker} \mu_{q*} \subset \operatorname{Im} \lambda_{q*}$. 事实上, 在图 2.5.3 中由于 μ_{q+1} 为满射, $\exists d \in D_{q+1}$, s.t. $\mu_{q+1}(d) = e$. 于是

$$\mu_q(\partial_{q+1} d) = \partial_{q+1}(\mu_{q+1} d) = \partial_{q+1} e = \mu_q z,$$
$$\mu_q(z - \partial_{q+1} d) = 0,$$
$$z - \partial_{q+1} d \in \operatorname{Ker} \mu_q = \operatorname{Im} \lambda_q,$$

故 $\exists c \in C_q$, s.t. $\lambda_q c = z - \partial_{q+1} d, z = \lambda_q c + \partial_{q+1} d$. 由

$$0 = \partial_q z = \partial_q(\lambda_q c + \partial_{q+1} d) = \lambda_{q-1} \partial_q c + 0 = \lambda_{q-1}(\partial_q c)$$

及 λ_{q-1} 为单射立知, $\partial_q c = 0, c \in Z_q(C)$. 最后, 明显地, 有

$$[z] = [\lambda_q c + \partial_{q+1} d] = [\lambda_q c] = \lambda_{q*}[c] \in \operatorname{Im} \lambda_{q*}.$$

$$
\begin{array}{ccc}
d & & \mu_{q+1} d = e \\
\pitchfork & & \pitchfork \\
C_{q+1} \xrightarrow{\lambda_{q+1}} & D_{q+1} \xrightarrow{\mu_{q+1}} & E_{q+1} \\
\downarrow \partial_{q+1} & \downarrow \partial_{q+1} & \downarrow \partial_{q+1} \\
C_q \xrightarrow{\lambda_q} & D_q \xrightarrow{\mu_q} & E_q \\
\cup & \cup & \mu_q z = \partial_{q+1} e \\
c & \lambda_q c = z - \partial_{q+1} d &
\end{array}
$$

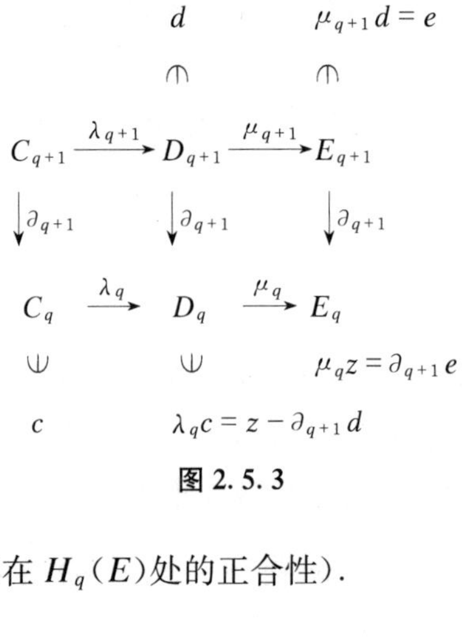

图 2.5.3

（2）$\operatorname{Im} \mu_{q*} = \operatorname{Ker} \nu_{q*}$（在 $H_q(E)$ 处的正合性）.

先证 $\mathrm{Im}\,\mu_{q*}\subset\mathrm{Ker}\,\nu_{q*}$. 对 $\forall[e]\in\mathrm{Im}\,\mu_{q*}$, $\exists[d]\in H_q(D)$, $d\in Z_q(D)$, s.t. $[e]=\mu_{q*}([d])=[\mu_q(d)]$. 于是,有

$$\nu_{q*}[\mu_q(d)]=\nu_{q*}[e]=[c]=[\lambda_{q-1}^{-1}\partial_q d]=[\lambda_{q-1}^{-1}0]=0.$$

$$\mu_q(d)\in\mathrm{Ker}\,\nu_{q*},\quad \mathrm{Im}\,\mu_{q*}\subset\mathrm{Ker}\,\nu_{q*}.$$

再证 $\mathrm{Ker}\,\nu_{q*}\subset\mathrm{Im}\,\mu_{q*}$. 对 $\forall z\in Z_q(E)$, $[z]\in\mathrm{Ker}\,\nu_{q*}$, 由于 $\mu_q:D_q\to E_q$ 为满射, $\exists x\in D_q$, s.t. $\mu_q(x)=z$, 故有

$$0=\nu_{q*}[z]=\nu_{q*}[\mu_q(x)]\xlongequal{\text{引理 2.5.3}}[\lambda_{q-1}^{-1}\partial_q x],$$

且 $\exists c\in C_q$, s.t. $\lambda_{q-1}^{-1}\partial_q x=\partial_q c$. 于是, $x-\lambda_q c\in D_q$, 且

$$\partial_q(x-\lambda_q c)=\partial_q x-\lambda_{q-1}\partial_q c=\partial_q x-\partial_q x=0,$$

$$x-\lambda_q c\in Z_q(D),$$

$$[x-\lambda_q c]\in H_q(D),$$

故

$$\mu_{q*}[x-\lambda_q c]=[\mu_q(x)-(\mu_q\lambda_q)(c)]=[\mu_q(x)-0(c)]=[\mu_q(x)]=[z],$$

$$[z]\in\mathrm{Im}\,\mu_{q*},\quad \mathrm{Ker}\,\nu_{q*}\subset\mathrm{Im}\,\mu_{q*}.$$

(3) $\mathrm{Im}\,\nu_{q+1^*}=\mathrm{Ker}\,\lambda_{q*}$(在 $H_q(C)$处的正合性).

先证 $\mathrm{Im}\,\nu_{q+1^*}\subset\mathrm{Ker}\,\lambda_{q*}$. 对 $\forall[e]\in H_{q+1}(E)$, $\nu_{q*}[e]\in\mathrm{Im}\,\nu_{q+1^*}$,

$$\lambda_{q*}\nu_{q+1^*}[e]=\lambda_{q*}[c]=[\lambda_q(c)]=[\partial_{q+1}d]=0\in H_q(D).$$

因此

$$\nu_{q+1^*}[e]\subset\mathrm{Ker}\,\lambda_{q*},$$

$$\mathrm{Im}\,\nu_{q+1^*}\subset\mathrm{Ker}\,\lambda_{q*}.$$

再证 $\mathrm{Ker}\,\lambda_{q*}\subset\mathrm{Im}\,\nu_{q+1^*}$(参阅引理 2.5.3 中 ν_{q*} 的定义). 对 $\forall[c]\in\mathrm{Ker}\,\lambda_{q*}\subset H_q(C)$, 有

$$0=\lambda_{q*}([c])=[\lambda_q c]\in H_q(D).$$

它表明 $\exists d\in D_{q+1}$, s.t.

$$\lambda_q c=\partial_{q+1}d.$$

令 $e=\mu_{q+1}(d)$, 则

$$\nu_{q+1^*}[\mu_{q+1}d]=\nu_{q+1^*}[e]=[c],$$

$$[c]\in\mathrm{Im}\,\nu_{q+1^*},\quad \mathrm{Ker}\,\lambda_{q*}\subset\mathrm{Im}\,\nu_{q+1^*},$$

其中

$$\partial_{q+1}e=\partial_{q+1}\mu_{q+1}(d)=\mu_q\partial_{q+1}d=\mu_q\lambda_q c=0,$$

$$e\in Z_{q+1}(E).$$ □

定理 2.5.4 设 $C=\{C_q,\partial_q\}$, $D=\{D_q,\partial_q\}$, $E=\{E_q,\partial_q\}$ 与 $C'=\{C'_q,\partial'_q\}$, $D'=$

$\{D'_q,\partial'_q\}$, $E'=\{E'_q,\partial'_q\}$都为链复形,下述的 $\lambda=\{\lambda_q\mid\lambda_q:C_q\to D_q\}$, $\{\mu_q\mid\mu_q:D_q\to E_q\}$都为链映射,$f,g,h$ 都为链映射,且图表

$$\begin{array}{ccccccccc} 0 & \to & C & \xrightarrow{\lambda} & D & \xrightarrow{\mu} & E & \to & 0 \\ & & \downarrow f & & \downarrow g & & \downarrow h & & \\ 0 & \to & C' & \xrightarrow{\lambda'} & D' & \xrightarrow{\mu'} & E' & \to & 0 \end{array}$$

可交换,两横行都是正合的,则有下同调群与诱导同态的交换图表

$$\begin{array}{ccccccccccc} \cdots & \to & H_q(C) & \xrightarrow{\lambda_{q*}} & H_q(D) & \xrightarrow{\mu_{q*}} & H_q(E) & \xrightarrow{\nu_{q*}} & H_{q-1}(C) & \to & \cdots \\ & & \downarrow f_{q*} & & \downarrow g_{q*} & & \downarrow h_{q*} & & \downarrow f_{q-1*} & & \\ \cdots & \to & H_q(C') & \xrightarrow{\lambda'_{q*}} & H_q(D') & \xrightarrow{\mu'_{q*}} & H_q(E') & \xrightarrow{\nu'_{q*}} & H_{q-1}(C') & \to & \cdots. \end{array}$$

证明 (1) 对$\forall z\in Z_q(C)$,

$$g_{q*}\lambda_{q*}([z])=[g_q\lambda_q(z)]=[\lambda'_qf_q(z)]=\lambda'_{q*}f_{q*}([z]),$$

故

$$g_{q*}\lambda_{q*}=\lambda'_{q*}f_{q*},$$

即图表

$$\begin{array}{ccc} H_q(C) & \xrightarrow{\lambda_{q*}} & H_q(D) \\ \downarrow f_{q*} & & \downarrow g_{q*} \\ H_q(C') & \xrightarrow{\lambda'_{q*}} & H_q(D') \end{array}$$

是可交换的.

(2) 对$\forall z\in Z_q(D)$,

$$h_{q*}\mu_{q*}([z])=[h_q\mu_q(z)]=[\mu'_qg_q(z)]=\mu'_{q*}g_{q*}([z]),$$

故

$$h_{q*}\mu_{q*}=\mu'_{q*}g_{q*},$$

即图表

$$\begin{array}{ccc} H_q(D) & \xrightarrow{\mu_{q*}} & H_q(E) \\ \downarrow g_{q*} & & \downarrow h_{q*} \\ H_q(D') & \xrightarrow{\mu'_{q*}} & H_q(E') \end{array}$$

是可交换的.

(3) 再证图表

$$\begin{array}{ccc} H_q(E) & \xrightarrow{\nu_{q*}} & H_{q-1}(C) \\ \downarrow h_{q*} & & \downarrow f_{q-1*} \\ H_q(E') & \xrightarrow{\nu'_{q*}} & H_{q-1}(C') \end{array}$$

是可交换的,即 $f_{q-1^*}\nu_{q*}=\nu'_{q*}h_{q*}$.事实上,对$\forall z\in Z_q(E)$,因为

$$0\to C_q\xrightarrow{\lambda_q}D_q\xrightarrow{\mu_q}E_q\to 0$$

为短正合序列,故 μ_q 为满射,从而$\exists x\in D_q$,s. t. $\mu_q x=z$. 于是,$[\mu_q x]=[z]\in H_q(E)$. 短正合序列又表明 λ_q 为单射,再根据 ν_{q*},ν'_{q*} 的定义,由引理 2. 5. 3 的证明,有

$$\begin{aligned} \nu'_{q*}h_{q*}[z] &= \nu'_{q*}h_{q*}([\mu_q x]) = \nu'_{q*}[h_q\mu_q x] = \nu'_{q*}[\mu'_q g_q x] \\ &= [\lambda'^{-1}_{q-1}\partial'_q g_q x] = [\lambda'^{-1}_{q-1}g_{q-1}\partial_q x] = [f_{q-1}\lambda^{-1}_{q-1}\partial_q x] = f_{q-1^*}\nu_{q*}[z], \end{aligned}$$

即

$$\nu'_{q*}h_{q*} = f_{q-1^*}\nu_{q*}.$$

其中 $\lambda'^{-1}_{q-1}g_{q-1}=f_{q-1}\lambda^{-1}_{q-1}\Leftrightarrow g_{q-1}\lambda_{q-1}=\lambda'_{q-1}f_{q-1}$. □

作为定理 2. 5. 4 的特例,我们有:

定理 2. 5. 5 设 $f:(X,A)\to(Y,B)$为拓扑空间偶的连续映射,图表

$$\begin{array}{ccccccccc} \cdots\to H_q(A) & \xrightarrow{i^A_{q*}} & H_q(X) & \xrightarrow{j^X_{q*}} & H_q(X,A) & \xrightarrow{\partial_{q*}} & H_{q-1}(A) & \xrightarrow{i^A_{q-1^*}} & \\ \downarrow f^A_{q*} & & \downarrow f^X_{q*} & & \downarrow \hat{f}_{q*} & & \downarrow f^A_{q-1^*} & & \\ \cdots\to H_q(B) & \xrightarrow{i^B_{q*}} & H_q(Y) & \xrightarrow{j^Y_{q*}} & H_q(Y,B) & \xrightarrow{\partial'_{q*}} & H_{q-1}(B) & \xrightarrow{i^B_{q-1^*}} & \end{array}$$

$$\begin{array}{ccccccc} \cdots\to H_0(A) & \xrightarrow{i^A_{0*}} & H_0(X) & \xrightarrow{j^X_{0*}} & H_0(X,A) & \xrightarrow{\partial_{-1^*}} & H_{-1}(A)=0 \\ \downarrow f^A_{0*} & & \downarrow f^X_{0*} & & \downarrow \hat{f}_{0*} & & \downarrow f_{-1^*}=0 \\ \cdots\to H_0(B) & \xrightarrow{i^B_{0*}} & H_0(Y) & \xrightarrow{j^Y_{0*}} & H_0(Y,B) & \xrightarrow{\partial'_{-1^*}} & H_{-1}(B)=0 \end{array}$$

的上、下两行都为正合序列,且方块是可交换的.

证明 (证法 1)类似定理 1. 8. 11 的证法 1.

(证法 2)在定理 2. 5. 4 中取 $\lambda_{q*}=i^A_{q*}$,$\mu_{q*}=j^X_{q*}$,$\nu_{q*}=\partial_{q*}$,$f_{q*}=f^A_{q*}$,$g_{q*}=f^X_{q*}$,$h_{q*}=\hat{f}_{q*}$. □

增广同态与正合的约化同调群序列

定义 2. 5. 4 设 X 为拓扑空间,$C_q(X)=C_q(X,J)$是它的 q 维整奇异下链群,整数群 J 为系数群. 令

$$\widetilde{C}_q(X)=\begin{cases}C_q(X), & q\neq -1,\\ J, & q=-1,\end{cases}\quad \widetilde{\partial}_q=\begin{cases}\partial_q, & q\neq 0,\\ \varepsilon, & q=0.\end{cases}$$

这里 $\varepsilon=\mathrm{In}:\widetilde{C}_0(X)=C_0(X)\to J$ 是定义 2.1.4 中的增广同态.像以前一样,我们约定,如果 $q<-1$,$\widetilde{C}_q(X)=C_q(X)=0$,$\widetilde{\partial}_q=\partial_q=0$. 由增广同态的定义 2.1.4 和引理 2.1.2(1),有 $\widetilde{\partial}_0\widetilde{\partial}_1=\varepsilon\partial_1=0$. 因此

$$\widetilde{C}(X)=\{\widetilde{C}_q(X),\widetilde{\partial}_q\}_{q\in J}$$

也是一个链复形,称作拓扑空间 X 上的**增广奇异下链复形**,它可用序列表示为

$$\cdots\to C_{q+1}(X)\xrightarrow{\partial_{q+1}}C_q(X)\xrightarrow{\partial_q}\cdots\to C_1(X)\xrightarrow{\partial_1}C_0(X)\xrightarrow{\varepsilon}J\to 0.$$

相应的同调群

$$\widetilde{H}_q(X)=H_q(\widetilde{C}(X))$$

称作 X 的**约化奇异下同调群**.

定理 2.5.6 对于拓扑空间 $X(\neq\varnothing)$,有

$$H_q(X)=\begin{cases}\widetilde{H}_q(X), & q\neq 0,\\ J\oplus\widetilde{H}_0(X), & q=0.\end{cases}$$

证明 显然,当 $q\neq 0$ 时,$H_q(X)=\widetilde{H}_q(X)$. 而

$$\widetilde{H}_{-1}(X)=\frac{\mathrm{Ker}\,\widetilde{\partial}_{-1}}{\mathrm{Im}\,\widetilde{\partial}_0}=\frac{\mathrm{Ker}\,\widetilde{\partial}_{-1}}{\mathrm{Im}\,\varepsilon}\cong\frac{J}{J}=0.$$

当 $q=0$ 时,由两种同调群的定义:

$$H_0(X)=\frac{Z_0(X)}{B_0(X)},\quad \widetilde{H}_0(X)=\frac{\widetilde{Z}_0(X)}{\widetilde{B}_0(X)},$$

其中 $Z_0(X)=C_0(X)$,$\widetilde{Z}_0(X)=\mathrm{Ker}\,\widetilde{\partial}_0=\mathrm{Ker}\,\varepsilon$,$\widetilde{B}_0(X)=\mathrm{Im}\,\widetilde{\partial}_1=\mathrm{Im}\,\partial_1=B_0(X)$.

对于点 $x\in X$,同样以 x 表示奇异 0 单形,设 $c=\sum_{i=1}^{k}n_ix_i\in C_0(X)=\widetilde{C}_0(X)$,$x_0$ 为 X 中的一定点,则有

$$c=\sum_{i=1}^{k}n_ix_i=\Big(\sum_{i=1}^{k}n_i\Big)x_0+\sum_{i=1}^{k}n_i(x_i-x_0),$$

$$\varepsilon(c)=\sum_{i=1}^{k}n_i,\quad \sum_{i=1}^{k}n_i(x_i-x_0)\in\mathrm{Ker}\,\varepsilon.$$

所以,$\widetilde{C}_0(X)=C_0(X)$可以分解成

$$Z_0(X)=J_{x_0}\oplus\widetilde{Z}_0(X),$$

其中 $J_{x_0}\cong J$ 由 x_0 生成. 于是

$$H_0(X)=\frac{Z_0(X)}{B_0(X)}=\frac{J_{x_0}\oplus\widetilde{Z}_0(X)}{\widetilde{B}_0(X)}\cong J\oplus\widetilde{H}_0(X),$$

这里用到了 $\widetilde{B}_0(X)\subset\widetilde{Z}_0(X)$, $J_{x_0}\cap\widetilde{B}_0(X)=0$. □

推论 2.5.1 拓扑空间 X 道路连通 $\Leftrightarrow\widetilde{H}_0(X)=0(H_0(X)\cong J)$. 特别地,对于一点所成的拓扑空间 $\{p\}$,有 $\widetilde{H}_q(\{p\})=0,\forall q\in J$(参阅例 2.1.5).

证明 (证法 1)根据引理 2.1.2(2), $H_0(X)\cong J$. 又根据定理 2.5.6, $H_0(X)\cong J\oplus\widetilde{H}_0(X)$,由此得到 $\widetilde{H}_0(X)=0$.

反之,若 $\widetilde{H}_0(X)=0$, X 必道路连通.(反证)假设 X 非道路连通,取 p,q 使它们属于两个不同的道路连通分支. 显然, $\widetilde{\partial}(\{p\}-\{q\})=1-1=0$, $\{p\}-\{q\}$ 为 0 维闭链,但 $\{p\}-\{q\}\neq\partial x$,其中 x 为 1 维边缘链. 由此得到 $\widetilde{Z}_0(X)\supsetneqq\widetilde{B}_0(X)$, $\widetilde{H}_0(X)\neq 0$,矛盾.

(证法 2)根据引理 2.1.2(1), $\mathrm{Ker}\,\widetilde{\partial}_0=\mathrm{Ker}\,\varepsilon=B_0(X)$,则

$$\widetilde{H}_0(X)=\frac{\widetilde{Z}_0(X)}{\widetilde{B}_0(X)}=\frac{\mathrm{Ker}\,\widetilde{\partial}_0}{\mathrm{Im}\,\widetilde{\partial}_1}=\frac{\mathrm{Ker}\,\varepsilon}{\mathrm{Im}\,\partial_1}=\frac{\mathrm{Ker}\,\varepsilon}{B_0(X)}=\frac{B_0(X)}{B_0(X)}=0.$$ □

值得指出的是,在许多问题的讨论与证明中用约化同调群要比一般的同调群简单得多,其结果的描述更统一或完整.

定义 2.5.5 如果链复形 C 的同调群 $H_q(C)=0,\forall q\in J$,则称这样的链复形是**零调**的.

例如,独点 p 所成的拓扑空间 $\{p\}$ 是零调的. n 维 Euclid 空间 $\mathbf{R}^n$ 中的非空凸集(独点 x_0 集是该凸集的形变 $(1-t)x+tx_0$ 的收缩核,其中 x 为该凸集的任一点, x_0 为该凸集的一个固定点),从而凸集与 $\{x_0\}$ 有相同的伦型、相同的奇异同调群,同时也是零调的.

例 2.5.5 设 $X=\{x_1,x_2,\cdots,x_k\}$ 为 k 个不同点组成的离散拓扑空间, k 个独点集 $\{x_1\},\{x_2\},\cdots,\{x_k\}$ 为 X 的 k 个道路连通分支. $\widetilde{\partial}_0=\varepsilon=\mathrm{In}:C_0(X)=\widetilde{C}_0(X)\to J$, $\varepsilon\left(\sum_{i=1}^k n_ix_i\right)=\sum_{i=1}^k n_i$ 为增广同态(或指数映射).

$$0=\varepsilon(x)=\varepsilon\left(\sum_{i=1}^k n_ix_i\right)=\sum_{i=1}^k n_i,\quad n_k=-(n_1+n_2+\cdots+n_{k-1})$$

$$\Leftrightarrow x=\sum_{i=1}^k n_ix_i=\sum_{i=1}^{k-1}n_ix_i-\sum_{i=1}^{k-1}n_ix_k=\sum_{i=1}^{k-1}n_i(x_i-x_k)\in\mathrm{Ker}\,\varepsilon=\widetilde{Z}_0(X).$$

易见

$$\widetilde{B}_0(X) = \operatorname{Im}\widetilde{\partial}_1 = \operatorname{Im}\partial_1 = 0,$$

故

$$\widetilde{H}_0(X) = \frac{\widetilde{Z}_0(X)}{\widetilde{B}_0(X)} = \frac{\widetilde{Z}_0(X)}{0} = \widetilde{Z}_0(X) \cong \overbrace{J \oplus J \oplus \cdots \oplus J}^{k-1\text{个}}.$$

特别地,当 $k=2$ 时,

$$\widetilde{H}_0(\{x_1,x_2\}) \cong J \neq 0 = 0 \oplus 0 = H_0(\{x_1\}) \oplus H_0(\{x_2\}) = H_0(\{x_1,x_2\}),$$

$$\widetilde{H}_0(\{x_1,x_2\}) \cong J \neq 0 = 0 \oplus 0 = \widetilde{H}_0(\{x_1\}) \oplus \widetilde{H}_0(\{x_2\}).$$

这就表明 $\widetilde{H}_0(X)$不具有引理 2.1.3 的性质.

在正合奇异下同调序列(定理 2.5.2)的基础上,有:

定理 2.5.7(正合的约化奇异下同调序列) 设 A 为拓扑空间 X 的非空子拓扑空间,则空间偶(X,A)有正合的约化下同调序列

$$\cdots \to H_q(A) \xrightarrow{i_{q*}} H_q(X) \xrightarrow{j_{q*}} H_q(X,A) \xrightarrow{\partial_{q*}} H_{q-1}(A) \to \cdots$$

$$\to H_1(X,A) \xrightarrow{\widetilde{\partial}_{1*}} \widetilde{H}_0(A) \xrightarrow{\widetilde{i}_{0*}} \widetilde{H}_0(X) \xrightarrow{\widetilde{j}_{0*}} H_0(X,A) \xrightarrow{\widetilde{\partial}_{-1*}} \widetilde{H}_{-1}(A) = 0 \to \cdots.$$

证明 根据定理 2.5.2,只要证明下列约化情况的增广链群序列是正合的:

$$0 \to \widetilde{C}(A) \to \widetilde{C}(X) \to C(X,A) \to 0.$$

其结尾的情况

$$\begin{array}{ccccccc}
 & & \downarrow \partial_2^A & & \downarrow \partial_2^X & & \downarrow \hat{\partial}_2 \\
0 \to & & C_1(A) & \xrightarrow{i_{\Delta_1}} & C_1(X) & \xrightarrow{j_{\Delta_1}} & C_1(X,A) \to 0 \\
 & & \downarrow \partial_1^A & & \downarrow \partial_1^X & & \downarrow \hat{\partial}_1 \\
0 \to & & C_0(A) & \xrightarrow{i_{\Delta_0}} & C_0(X) & \xrightarrow{j_{\Delta_0}} & C_0(X,A) \to 0 \\
 & & \downarrow \widetilde{\partial}_0^A = \varepsilon & & \downarrow \widetilde{\partial}_0^X = \varepsilon & & \downarrow \hat{\partial}_0 \\
0 \to & & C_{-1}(A) = J & \xrightarrow{\mathrm{id}_J} & C_{-1}(X) = J & \longrightarrow & C_{-1}(X,A) = 0 \\
 & & \downarrow \widetilde{\partial}_{-1}^A = 0 & & \downarrow \widetilde{\partial}_{-1}^X = 0 & & \downarrow \hat{\partial}_{-1} = 0 \\
0 \to & & C_{-2}(A) = 0 & \longrightarrow & C_{-2}(X) = 0 & \longrightarrow & C_{-2}(X,A) = 0
\end{array}$$

的每一行是正合的,并且每个方块的同态都是可交换的.例如,

$$\varepsilon i_{\Delta_0}\Big(\sum_i n_i x_i\Big) = \varepsilon\Big(\sum_i n_i x_i\Big) = \sum_i n_i = \mathrm{id}_J\Big(\sum_i n_i\Big)$$
$$= \mathrm{id}_J\Big(\varepsilon\Big(\sum_i n_i x_i\Big)\Big) = \mathrm{id}_J\varepsilon\Big(\sum_i n_i x_i\Big),$$

$$\varepsilon i_{\Delta_0} = \mathrm{id}_J\varepsilon.$$

当 $q \geqslant 1$ 时，

$$\widetilde{H}_q(A) = H_q(A),\quad \widetilde{H}_q(X) = H_q(X),$$
$$\widetilde{i}_{q*} = i_{q*},\quad \widetilde{j}_{q*} = j_{q*};$$

当 $q \geqslant 2$ 时，$\widetilde{\partial}_{q*} = \partial_{q*}$. 再根据定理 2.5.2，就得到了本定理的正合的约化下同调序列. □

注 2.5.3 对于空间偶(X,A)有两种联系同态：如果 $q>1$，联系同态

$$\partial_{q*}: H_q(X,A) \to H_{q-1}(A) \quad 与 \quad \widetilde{\partial}_{q*}: H_q(X,A) \to \widetilde{H}_{q-1}(A)$$

是相同的；而

$$\partial_{0^*}: H_0(X,A) \to H_0(A) \quad 与 \quad \widetilde{\partial}_{0^*}: H_1(X,A) \to \widetilde{H}_0(A)$$

是不同的. 拓扑空间 A 上两种 0 维同调群的关系是(参阅定理 2.5.6)

$$H_0(A) \cong J \oplus \widetilde{H}_0(A).$$

如果$[x + C_1(A)] \in H_1(X,A)$，根据定义 2.5.1，$\partial_1 x \in C_0(A)$. 这时必有 $\varepsilon(\partial_1 x) = 0$. 所以联系同态像$\widetilde{\partial}_{1^*}[x + C_1(A)] = [\partial_1 x] \in \widetilde{H}_0(A)$. 这说明联系同态$\partial_{1^*}: H_1(X,A) \to H_0(A)$是由下面的同态合成的：

$$\underbrace{H_1(X,A) \xrightarrow{\widetilde{\partial}_{1^*}} \widetilde{H}_0(A) \longrightarrow J \oplus \widetilde{H}_0(A)}_{\partial_{1^*}} \cong H_0(A).$$

更具体地，有

$$\partial_{1^*}[x + C_1(A)] = [\partial_1 x] = \Big[\sum_i n_i a_i\Big] = \Big[\Big(\sum_i n_i\Big)a_0 + \sum_i n_i(a_i - a_0)\Big]$$
$$= \Big[0 + \sum_i n_i(a_i - a_0)\Big] \in J_{a_0} + \widetilde{H}_0(A) \cong H_0(A),$$

其中

$$0 = \varepsilon(\partial_1 x) = \varepsilon\Big(\sum_i n_i a_i\Big) = \sum_i n_i.$$

与定理 2.5.5 类似，关于正合的约化下同调序列，有：

定理 2.5.8 设 $f:(X,A) \to (Y,B)$为拓扑空间偶的连续映射，则图表

$$\begin{array}{ccccccccc}
\to H_q(A) & \xrightarrow{i^A_{q*}} & H_q(X) & \xrightarrow{j^X_{q*}} & H_q(X,A) & \xrightarrow{\partial_{q*}} & H_{q-1}(A) & \to \cdots \\
\downarrow f^A_{q*} & & \downarrow f^X_{q*} & & \downarrow \hat{f}_{q*} & & \downarrow f^A_{q-1*} & \\
\to H_q(B) & \xrightarrow{i^B_{q*}} & H_q(Y) & \xrightarrow{j^Y_{q*}} & H_q(Y,B) & \xrightarrow{\partial'_{q*}} & H_{q-1}(B) & \to \cdots
\end{array}$$

$$
\begin{array}{ccccccccc}
\xrightarrow{\widetilde{\partial}_{0*}} \widetilde{H}_0(A) & \xrightarrow{\widetilde{i}^{A}_{0*}} & \widetilde{H}_0(X) & \xrightarrow{\widetilde{j}^{X}_{0*}} & H_0(X,A) & \xrightarrow{\widetilde{\partial}^{A}_{-1*}} & \widetilde{H}_{-1}(A) = 0 \to \cdots \\
\downarrow{\scriptstyle \widetilde{f}^{A}_{0*}} & & \downarrow{\scriptstyle \widetilde{f}^{X}_{0*}} & & \downarrow{\scriptstyle \hat{f}_{0*}} & & \downarrow \\
\xrightarrow{\widetilde{\partial}'_{0*}} \widetilde{H}_0(B) & \xrightarrow{\widetilde{i}^{B}_{0*}} & \widetilde{H}_0(Y) & \xrightarrow{\widetilde{j}^{Y}_{0*}} & H_0(Y,B) & \xrightarrow{\widetilde{\partial}^{B}_{-1*}} & \widetilde{H}_{-1}(B) = 0 \to \cdots
\end{array}
$$

的上、下两行都为正合序列,且每个方块都是可交换的.

证明 由定理 2.5.5 知,当 $q\geqslant 0$ 时,有

$$
\begin{array}{ccccccc}
0 \to C_q(A) & \xrightarrow{i^{A}_{\Delta_q}} & C_q(X) & \xrightarrow{j^{X}_{\Delta_q}} & C_q(X,A) \to 0 \\
\downarrow{\scriptstyle f^{A}_{\Delta_q}} & & \downarrow{\scriptstyle f^{X}_{\Delta_q}} & & \downarrow{\scriptstyle \hat{f}_{\Delta_q}} \\
0 \to C_q(B) & \xrightarrow{i^{B}_{\Delta_q}} & C_q(Y) & \xrightarrow{j^{X}_{\Delta_q}} & C_q(X,A) \to 0.
\end{array}
$$

此外

$$
\begin{array}{ccccc}
0 \to C_{-1}(A) \cong J & \xrightarrow{\mathrm{id}^{A}_{J}} & C_{-1}(X) \cong J & \longrightarrow & C_{-1}(X,A) = 0 \\
\downarrow{\scriptstyle \mathrm{id}_J} & & \downarrow{\scriptstyle \mathrm{id}_J} & & \downarrow \\
0 \to C_{-1}(B) \cong J & \xrightarrow{\mathrm{id}^{B}_{J}} & C_{-1}(Y) \cong J & \longrightarrow & C_{-1}(Y,B) = 0
\end{array}
$$

与

$$
\begin{array}{ccccc}
0 \to C_{-2}(A) = 0 & \longrightarrow & C_{-2}(X) = 0 & \longrightarrow & C_{-2}(X,A) = 0 \\
\downarrow & & \downarrow & & \downarrow \\
0 \to C_{-2}(B) = 0 & \longrightarrow & C_{-2}(Y) = 0 & \longrightarrow & C_{-2}(Y,B) = 0
\end{array}
$$

的每个方块都是可交换的,故根据定理 2.5.5 可推得本定理的结论. □

空间仨(三元组)的奇异下同调正合序列

定义 2.5.6 设三个拓扑空间 X,A,B 有包含关系 $B\subset A\subset X$,将它们记作(X,A,B),称作**(拓扑)空间三元组**或**空间仨**.由这三个空间可以形成三个空间偶(X,A),(X,B)与(A,B).分别以 i,j 表示它们之间的包含映射:

$$i:(A,B)\to(X,B),\quad j:(X,B)\to(X,A).$$

于是

$$i_{\Delta_q}:C_q(A,B)\to C_q(X,B),\quad j_{\Delta_q}:C_q(X,B)\to C_q(X,A)$$

都为链映射.我们得出链复形与链映射的序列

$$0\to C_q(A,B)\xrightarrow{i_{\Delta_q}} C_q(X,B)\xrightarrow{j_{\Delta_q}} C_q(X,A)\to 0.$$

显然它是正合的. 事实上,由于

$$i_{\Delta_q}(x + C_q(B)) = x + C_q(B) = 0 \in C_q(X,B)$$
$$\Leftrightarrow x \in C_q(B) \Leftrightarrow x + C_q(B) = 0 \in C_q(A,B),$$

故 i_{Δ_q} 为单射. 因为 $\forall\, x + C_q(A) \in C_q(X,A)$,所以

$$j_{\Delta_q}(x + C_q(B)) = x + C_q(A),$$

从而 j_{Δ_q} 为满射.

应用引理 2.5.3,有:

定理 2.5.9 对于空间三元组(空间仨)(X,A,B)有如下正合奇异下同调序列:

$$\cdots \to H_q(A,B) \xrightarrow{\widetilde{i}_{q*}} H_q(X,B) \xrightarrow{\widetilde{j}_{q*}} H_q(X,A) \xrightarrow{\widetilde{\partial}_{q*}} H_{q-1}(A,B) \to \cdots.$$

引理 2.5.4 引理 2.5.3 中的联系同态$\widetilde{\partial}_{q*}$是由下列映射$\partial_{q*}$与$\overline{j}_{q*}$合成的:

$$\underbrace{H_q(X,A) \xrightarrow{\partial_{q*}} H_{q-1}(A) \xrightarrow{\overline{j}_{q*}} H_{q-1}(A,B)}_{\widetilde{\partial}_{q*}},$$

其中$\overline{j}_{q*}$由包含映射$\overline{j}: A = (A,\varnothing) \to (A,B)$决定.

证明 根据定义 2.5.6、引理 2.5.3 和定理 2.5.3,有

$$0 \to C_q(A) \xrightarrow{\lambda_q = i_{\Delta_q}} C_q(X) \xrightarrow{\mu_q = j_{\Delta_q}} C_q(X,A) \to 0,$$

$$\begin{matrix} \cup & & \cup \\ d & & e = \mu_q(d) = j_{\Delta_q}(d) = d + C_q(A) \end{matrix}$$

$$H_q(A) \xrightarrow{\lambda_{q*} = i_{q*}} H_q(X) \xrightarrow{\mu_{q*} = j_{q*}} H_q(X,A) \xrightarrow{\nu_{q*} = \partial_{q*}} H_{q-1}(A).$$

$$0 \to C_q(A,B) \xrightarrow{\widetilde{\lambda}_q = \widetilde{i}_{\Delta_q}} C_q(X,B) \xrightarrow{\widetilde{\mu}_q = \widetilde{j}_{\Delta_q}} C_q(X,A) \to 0,$$

$$\begin{aligned} d + C_q(B) \qquad\qquad & e = \widetilde{\mu}_q(d + C_q(B)) = \widetilde{j}_{\Delta_q}(d + C_q(B)) \\ & \quad = d + C_q(A) \end{aligned}$$

$$H_q(A,B) \xrightarrow{\widetilde{\lambda}_{q*} = \widetilde{i}_{q*}} H_q(X,B) \xrightarrow{\widetilde{\mu}_{q*} = \widetilde{j}_{q*}} H_q(X,A) \xrightarrow{\widetilde{\nu}_{q*} = \widetilde{\partial}_{q*}} H_{q-1}(A,B).$$

于是,得到

$$\begin{aligned} \overline{j}_{q-1^*}\partial_{q*}[e] &= \overline{j}_{q-1^*}\partial_{q*}[d + C_q(A)] = \overline{j}_{q-1^*}[\lambda_{q-1}^{-1}\partial_q d] \\ &= [\overline{j}_{q-1} i_{\Delta_{q-1}}^{-1}\partial_q d] = [\partial_q d + C_{q-1}(B)] \\ &= \widetilde{\partial}_{q*}[d + C_q(A)] = \widetilde{\partial}_{q*}[e], \end{aligned}$$

$$\widetilde{\partial}_{q*} = \overline{j}_{q-1}\partial_{q*}.$$

□

正合奇异上同调序列

上面从空间偶(X,A)出发定义了相对奇异上链群

$$C^q(X,A)=\mathrm{Hom}(C_q(X,A),J)=\mathrm{Hom}(C_q(X)/C_q(A),J).$$

$c\in C^q(X,A)$也可以视作$C_q(X)$上的同态,它在子群$C_q(A)$上恒为0.类似地,分别定义相对奇异上边缘算子及相对奇异上闭链群、相对奇异上边缘链群如下:

$$\hat{\delta}=\hat{\partial}^{\cdot}:C^q(X,A)\to C^{q+1}(X,A),$$

$$Z^q(X,A)=\mathrm{Ker}\{\hat{\delta}:C^q(X,A)\to C^{q+1}(X,A)\},$$

$$B^q(X,A)=\mathrm{Im}\{\hat{\delta}:C^{q-1}(X,A)\to C^q(X,A)\}.$$

由此定义了相对奇异上同调群

$$H^q(X,A)=\frac{Z^q(X,A)}{B^q(X,A)}.$$

此外,对$\forall\, y\in C^q(X,A),\forall\, x\in C_{q+1}(X,A)$,

$$\langle\hat{\delta}y,x\rangle=\langle y,\hat{\partial}x\rangle=\langle y,\partial x-(\partial x)_L\rangle=\langle y,\partial x\rangle=\langle\delta y,x\rangle,$$

$$\hat{\delta}y=\delta y,$$

即在$C^q(X,A)$上,$\hat{\delta}=\delta$.

对奇异下链复形的正合序列

$$0\to C_q(A)\xrightarrow{i_q}C_q(X)\xrightarrow{j_q}C_q(X,A)\to 0$$

两边运用同态算子$\mathrm{Hom}(\cdot,J)$得到

$$0\leftarrow C^q(A)\xleftarrow{i_q^{\cdot}=i^q}C^q(X)\xleftarrow{j_q^{\cdot}=j^q}C^q(X,A)\leftarrow 0.$$

引理 2.5.5

$$0\leftarrow C^q(A)\xleftarrow{i^q}C^q(X)\xleftarrow{j^q}C^q(X,A)\leftarrow 0$$

为正合序列.

证明 利用直和分解

$$C_q(X)\cong C_q(A)\oplus C_q(X,A),$$

类似引理1.8.12可证明$i_q^{\cdot}=i^q:C^q(X)\to C^q(A)$为满射,$j_q^{\cdot}=j^q:C^q(X,A)\to C^q(X)$为单射,且在$C^q(X)$处是正合的. □

因为i_q与j_q都为奇异下链映射,类似引理1.8.13,$i_q^{\cdot}=i^q$与$j_q^{\cdot}=j^q$也为奇异上链群上的奇异上链映射.因此,有奇异上同调群的同态

$$H^q(A)\xleftarrow{i^{q*}}H^q(X)\xleftarrow{j^{q*}}H^q(X,A).$$

根据引理 2.5.5、引理 2.5.3 及引理 1.8.14，存在联系同态

$$\delta^*: H^q(A) \to H^{q+1}(X,A).$$

具体构造如下：

设$[a]\in H^q(A)$，$a\in Z^q(A)$，$\delta a=0$. 由于 $i_q^{\cdot}=i^q$ 为满射，$\exists\, c_1\in C^q(X)$，s.t. $i^{\cdot} c_1=a$，即同态 $a: C_q(A)\to J$ 可以扩充为 $c_1: C_q(X)\to J$. 此时，有 $i^{\cdot}\delta c_1=\delta i^{\cdot} c_1=\delta a=0$. 根据引理 2.5.5 可知，$\exists\, c_2\in C^{q+1}(X,A)$，s.t. $j^{\cdot} c_2=\delta c_1$. 由于 $j^{\cdot}$ 为单射，由

$$j^{\cdot}\delta c_2=\delta j^{\cdot} c_2=\delta\delta c_1=0$$

立知 $\delta c_2=0$，$c_2\in Z^{q+1}(X,A)$. 根据引理 2.5.3，得到

$$\delta^*[a]=[c_2]=[j^{\cdot -1}\delta c_1]\in H^{q+1}(X,A).$$

定理 2.5.10（拓扑空间偶(X,A)的正合奇异上同调序列） 设(X,A)为拓扑空间偶，则奇异上同调序列

$$\cdots\leftarrow H^{q+1}(X)\xleftarrow{j^*} H^{q+1}(X,A)\xleftarrow{\delta^*} H^q(A)\xleftarrow{i^*} H^q(X)\leftarrow\cdots$$
$$\leftarrow H^0(X)\leftarrow H^0(X,A)\leftarrow 0$$

是正合的.

证明 （证法 1）参阅定理 1.8.10 的证法 1 与引理 1.8.14.

（证法 2）(1) 在 $H^q(X)$处的正合性.

考虑序列有关的一段：

$$H^q(A)\xleftarrow{i^*} H^q(X)\xleftarrow{j^*} H^q(X,A).$$

根据 $j^{\cdot}$ 与 $i^{\cdot}$ 的定义或引理 2.5.5，$i^{\cdot} j^{\cdot}=0$. 再根据引理 1.8.13，有 $i^* j^*=0$，即 $\operatorname{Im} j^*\subset\operatorname{Ker} i^*$.

另一方面，设 $c\in\overset{*}{c}\in H^q(X)$，且 $\overset{*}{c}\in\operatorname{Ker} i^*$，即 $i^*(\overset{*}{c})=0$，则 $\delta c=0$，且

$$(i^{\cdot}(c))^*=i^*(\overset{*}{c})=0,$$

即 $i^{\cdot}(c)\in B^q(A)$，于是$\exists\, a\in C^{q-1}(A)$，s.t.

$$(\delta a)_L=\tilde{\delta} a=i^{\cdot} c=c_L.$$

因此

$$(c-\delta a)_L=c_L-(\delta a)_L=0,$$
$$c-\delta a\in C^q(X,A).$$

记 $b=c-\delta a$，则

$$\delta b=\delta c-\delta\delta a=0-0=0,$$

即 $b\in Z^q(X,A)$. 进而，有

$$j^*(b)=(j^{\cdot} b)^*=\overset{*}{b}=(c-\delta a)^*=\overset{*}{c},$$
$$\operatorname{Im} j^*\supset\operatorname{Ker} i^*.$$

综上所述,有 $\operatorname{Im} j^* = \operatorname{Ker} i^*$.

(2) 在 $H^q(A)$处的正合性.

考虑序列有关的一段:

$$H^{q+1}(X,A) \xleftarrow{\delta^*} H^q(A) \xleftarrow{i^*} H^q(X).$$

对 $\forall [c] \in H^q(X)$, $\delta c = 0$. 由上面对联系同态的讨论,当 $a = i^\cdot c$ 时,可取 $c_1 = c \in C^q(X)$, $c_2 = j^{\cdot -1}\delta c_1 = j^{\cdot -1}\delta c = j^{\cdot -1}0 = 0$. 这就证明了

$$\delta^* i^* [c] = \delta^* [i^\cdot c] = \delta^* [a] = [c_2] = 0,$$

$$\operatorname{Im} i^* \subset \operatorname{Ker} \delta^*.$$

反之,如果$[a] \in H^q(A)$, $\delta^* [a] = 0$. 采用上面定义 $\delta^* [a]$时所用记号,有 $i^\cdot c_1 = a$, $j^\cdot c_2 = \delta c_1$. 此时,$[c_2] = \delta^* [a] = 0$. 因此,有 $c \in C^q(X,A)$,使 $\delta c = c_2$,且 $\delta c_1 = j^\cdot c_2 = j^\cdot \delta c = \delta j^\cdot c$, $\delta(c_1 - j^\cdot c) = 0$,所以

$$c_1 - j^\cdot c \in Z^q(X),$$

$$i^* [c_1 - j^\cdot c] = [i^\cdot c_1 - (i^\cdot j^\cdot) c] = [i^\cdot c_1] = [a].$$

因此

$$\operatorname{Ker} \delta^* \subset \operatorname{Im} i^*.$$

综上所述,得到

$$\operatorname{Im} i^* = \operatorname{Ker} \delta^*.$$

(3) 在 $H^q(X,A)$处的正合性.

考虑序列有关的一段:

$$H^q(X) \xleftarrow{j^*} H^q(X,A) \xleftarrow{\delta^*} H^{q-1}(A).$$

对 $\forall c \in \overset{*}{c} \in H^{q-1}(A)$,根据引理 2.5.3 的证明,有

$$j^* \delta^* (\overset{*}{c}) = (j^\cdot j^{\cdot -1} \delta d)^* = (\delta d)^* = 0,$$

$$j^* \delta^* = 0,$$

$$\operatorname{Im} \delta^* \subset \operatorname{Ker} j^*.$$

另一方面,设 $c \in \overset{*}{c} \in H^q(X,A)$,且 $j^*(\overset{*}{c}) = 0$,即

$$(j^\cdot c)^* = j^*(\overset{*}{c}) = 0,$$

也就是 $c = j^\cdot c \in B^q(X)$. 因此,$\exists\, a \in C^{q-1}(X)$, s.t. $j^\cdot c = c = \delta a$.

令 $b = i^\cdot a$,则

$$\tilde{\delta} b = \tilde{\delta} i^\cdot a = i^\cdot \delta a = i^\cdot j^\cdot c = (ji)^\cdot c \doteq 0,$$

于是 $b \in Z^{q-1}(A)$,设 $b \in \overset{*}{b}$. 此外,$i^\cdot a = a - a_{X-A}$蕴涵着 $\delta i^\cdot a = \delta a - \delta a_{X-A}$,其中 $\delta a_{X-A} \in B^q(X,A)$. 于是

$\delta^*(\overset{*}{b}) = \delta^*(i^\cdot a)^* = (j^{\cdot -1}\delta(a - a_{X-A}))^* = (j^{\cdot -1}\delta a)^* = (j^{\cdot -1}j^\cdot c)^* = \overset{*}{c}$,

$\operatorname{Im}\delta^* \supset \operatorname{Ker} j^*$.

综上所述,得到

$$\operatorname{Im}\delta^* = \operatorname{Ker} j^*. \qquad \square$$

定理 2.5.11 设 $f:(X,A)\to(Y,B)$为拓扑空间偶的连续映射,则图表

$$\begin{array}{ccccccccc}
\cdots \leftarrow & H^{q+1}(X) & \xleftarrow{j^*} & H^{q+1}(X,A) & \xleftarrow{\delta^*} & H^q(A) & \xleftarrow{i^*} & H^q(X) & \leftarrow \cdots \\
& \uparrow {\scriptstyle f^{q+1^*}} & & \uparrow {\scriptstyle \hat{f}^{q+1^*}} & & \uparrow {\scriptstyle f^{q*}} & & \uparrow {\scriptstyle f^{q*}} & \\
\cdots \leftarrow & H^{q+1}(Y) & \xleftarrow{j^*} & H^{q+1}(Y,B) & \xleftarrow{\delta^*} & H^q(B) & \xleftarrow{i^*} & H^q(Y) & \leftarrow \cdots
\end{array}$$

的上、下两行都为正合序列,且每个方块都是可交换的.

证明 应用 i_q 与 j_q 分别由包含映射 $i:A\to X, j:(X,\varnothing)\to(X,A)$诱导立知

$$\begin{array}{ccccccccc}
0 \to & C_q(A) & \xrightarrow{i_q} & C_q(X) & \xrightarrow{j_q} & C_q(X,A) & \to 0 \\
& \downarrow {\scriptstyle f_q} & & \downarrow {\scriptstyle f_q} & & \downarrow {\scriptstyle \hat{f}_q} & \\
0 \to & C_q(B) & \xrightarrow{i_q} & C_q(Y) & \xrightarrow{j_q} & C_q(Y,B) & \to 0
\end{array}$$

对横行具有正合性,对方块具有交换性.

进而,由对偶性得到

$$\langle i^q f^q y, x\rangle = \langle y, f_q i_q x\rangle = \langle y, i_q f_q x\rangle = \langle f^q i^q y, x\rangle,$$

$$i^q f^q y = f^q i^q y,$$

$$i^q f^q = f^q i^q.$$

类似可得 $j^q\hat{f}^q = f^q j^q$,即

$$\begin{array}{ccccccccc}
0 \leftarrow & C^q(A) & \xleftarrow{i^q} & C^q(X) & \xleftarrow{j^q} & C^q(X,A) & \leftarrow 0 \\
& \uparrow {\scriptstyle f^q} & & \uparrow {\scriptstyle f^q} & & \uparrow {\scriptstyle \hat{f}^q} & \\
0 \leftarrow & C^q(B) & \xleftarrow{i^q} & C^q(Y) & \xleftarrow{j^q} & C^q(Y,B) & \leftarrow 0
\end{array}$$

对横行具有正合性,对方块具有交换性.

根据定理 2.5.10,上、下两行的正合性分别已证.至于方块的交换性证明如下:

$$f^{q*} i^{q*}(\overset{*}{z}) = (f^q i^q z)^* = (i^q f^q z)^* = i^{q*} f^{q*}(\overset{*}{z}),$$

$$f^{q*} i^{q*} = i^{q*} f^{q*}.$$

类似可证

$$\hat{f}^{q+1^*} = f^{q+1^*} j^{q+1^*}.$$

最后,我们来证明

$$\begin{array}{ccc} H^{q+1}(X,A) & \overset{\delta^*}{\longleftarrow} & H^q(A) \\ \uparrow{\scriptstyle \hat{f}^{q+1^*}} & & \uparrow{\scriptstyle f^{q*}} \\ H^{q+1}(Y,B) & \overset{\delta^*}{\longleftarrow} & H^q(B). \end{array}$$

事实上,根据引理 2.5.3 的证明联系同态 δ^* 的表达式得到

$$i^q d = z, \quad i^q f^q d = f^q i^q d = f^q z,$$

$$\hat{f}^{q+1^*}\delta^*(\overset{*}{z}) = \hat{f}^{q+1^*}(j^{q^{-1}}\delta d)^* = (\hat{f}^{q+1} j^{q^{-1}}\delta d)^* = (j^{q+1^{-1}} f^q \delta d)^*$$
$$= (j^{q+1^{-1}}\delta f^q d)^* = \delta^*(f^q z)^* = \delta^* f^{q*}(\overset{*}{z}),$$

$$\hat{f}^{q+1^*}\delta^* = \delta^* f^{q*}.$$ □

关于空间偶连续映射的同伦,有:

定理 2.5.12 设 $f \simeq g:(X,A)\to(Y,B)$ 为空间偶连续映射的同伦,则

$$f^* = g^*: H^q(Y) \to H^q(X),$$
$$f^* = g^*: H^q(Y,B) \to H^q(X,A).$$

再设 A,B 都是非空的子拓扑空间,则

$$f^* = g^*: H^q(B) \to H^q(A).$$

由此推得奇异上同调群也是同伦不变量.

证明 设

$$f \overset{F}{\simeq} g:(X,A) \to (Y,B)$$

为空间偶连续映射的同伦,则

$$f \overset{F}{\simeq} g: X \to Y$$

也为同伦.根据定理 2.1.2,有奇异下链群的链同伦

$$D_q: C_q(X) \to C_{q+1}(Y),$$

作对偶得到同态(参阅引理 1.8.8)

$$D^{q+1}: C^{q+1}(Y) \to C^q(X).$$

由

$$\langle c,(D\partial + \partial D)z\rangle = \langle c,(g_\Delta - f_\Delta)z\rangle$$

推得

$$\langle(\delta D^{\cdot} + D^{\cdot}\delta)c, z\rangle = \langle(g^q - f^q)c, z\rangle.$$

因为 z,c 任意,故有

$$\delta D^{\cdot} + D^{\cdot}\delta = g^q - f^q.$$

由此，$f\overset{F}{\simeq}g:X\to Y$ 诱导了奇异上链映射的链同伦

$$D^{\cdot}:f^q\simeq g^q:C^*(Y)\to C^*(X).$$

这就证明了

$$f^{q*}=g^{q*}:H^q(Y)\to H^q(X).$$

将链同伦 D_q 限制到 $C_q(A)$ 得

$$D_q:C_q(A)\to C_{q+1}(B),$$

因而也有

$$D_q:C_q(X,A)\to C_{q+1}(Y,B).$$

将它对偶得

$$D^{q+1}:C^{q+1}(Y,B)\to C^q(X,A).$$

它就导致了

$$\hat{f}^q\simeq\hat{g}^q:C^q(Y,B)\to C^q(X,A).$$

因此

$$f^{q*}=g^{q*}:H^q(Y,B)\to H^q(X,A).$$

如果 A,B 都非空，则由 $D_q:C_q(A)\to C_q(B)$ 可得到

$$f^{q*}=g^{q*}:H^q(B)\to H^q(A).$$ □

2.6 切 除 定 理

单纯同调群的切除定理

切除定理是代数拓扑中的重要定理，它不但用于各种同调群的计算，而且对理论研究也极其有用.

我们首先考虑单纯同调群的切除定理. 设 K 为单纯复形，K_1 与 K_2 为 K 的两个子复形，并且 $K=K_1\cup K_2$. 显然，$K_1\cap K_2$ 也为 K_1,K_2,K 的子复形. 利用包含映射

$$C_q(K_1)\subset C_q(K),\quad C_q(K_1\cap K_2)\subset C_q(K_2)$$

可以定义相对单纯复形的链映射

$$i_{\Delta_q}:C_q(K_2,K_1\cap K_2)=\frac{C_q(K_2)}{C_q(K_1\cap K_2)}\to\frac{C_q(K)}{C_q(K_1)}=C_q(K,K_1).$$

它诱导出同态

$$i_{q*}:H_q(K_2,K_1\cap K_2)\to H_q(K,K_1).$$

称单纯复形偶$(K_2, K_1 \cap K_2)$是由从复形偶(K, K_1)中切除 $K_1 - K_1 \cap K_2$(它不是单纯复形!)得到的.

定理 2.6.1(单纯同调群的切除定理) 设 K 为单纯复形,K_1 与 K_2 为其子复形,并且 $K = K_1 \cup K_2$,则对 $\forall q \in J$,

$$i_{q*}: H_q(K_2, K_1 \cap K_2; G) \to H_q(K, K_1; G),$$

$$i^{q*}: H^q(K_2, K_1 \cap K_2; G) \to H^q(K, K_1; G)$$

都为同构.

证明 参阅定理 1.8.8. □

记 K 的开子复形$K - K_2 = U$,则

$$K \supset K_1 \supset U, \quad K_2 = K - U, \quad K_1 \cap K_2 = K_1 - U.$$

于是

$$(K - U, K_1 - U) = (K_2, K_1 \cap K_2) = (K, K_1),$$

$$H_q(K - U, K_1 - U) = H_q(K_2, K_1 \cap K_2) = H_q(K, K_1),$$

$$H^q(K - U, K_1 - U) = H^q(K_2, K_1 \cap K_2) = H^q(K, K_1).$$

切除定理表明:$(K - U, K_1 - U)$的各维相对单纯同调群分别同构于(K, K_1)的同维相对单纯同调群.因此,直观地说,K_1 的内部 U 不影响(K, K_1)的相对单纯同调群.

奇异下同调群的切除定理

下面讨论系数为整数群 J 的奇异下同调群的切除定理,它的证明比单纯同调群的切除定理的证明要复杂得多.

定义 2.6.1 设(X, A)为拓扑空间偶,$U \subset A$. $i:(X - U, A - U) \to (X, A)$为包含映射.如果对 $\forall q \in J$,$i_{*q}: H_q(X - U, A - U) \to H_q(X, A)$为同构,则称

$$i:(X - U, A - U) \to (X, A)$$

为**切除**.

切除定理是研究在什么条件下,从拓扑空间偶(X, A)的拓扑空间 X,A 中切除子集 U 以后所得拓扑空间偶$(X - U, A - U)$的各维奇异同调群与切除前的同维奇异同调群同构.

定理 2.6.2(奇异下同调群的切除定理) 设(X, A)为拓扑空间偶.如果 X 的子集 U 的闭包 $\overline{U} \subset \mathring{A}$($A$ 关于 X 上拓扑的所有内点所成的集合),显然,$\overline{U}$ 为闭集,$\mathring{A}$ 为开集,则包含映射

$$i:(X - U, A - U) \to (X, A)$$

为切除.

证明 显然

$$C_q(X-\bar{U})\subset C_q(X-U),\quad C_q(\mathring{A})\subset C_q(A).$$

先证 i_{q*} 为单射. 设 $[w]\in \mathrm{Ker}\, i_{q*}\subset H_q(X-U,A-U)$, 即 $i_{q*}[w]=0$. 下证 $[w]=0$. 记

$$w=y+C_q(A-U),\quad y\in C_q(X-U),\quad \partial y\in C_{q-1}(A-U).$$

由于 $i_{q*}[w]=[y+C_q(A)]=0$, 所以 $c\in C_{q+1}(X), d\in C_q(A)$, s.t. $y=\partial c+d$. 根据引理 2.6.1, 存在整数 s, s.t.

$$\mathrm{Sd}^s c=a'+b',\quad a'\in C_{q+1}(X-\bar{U}),\ b'\in C_{q+1}(\mathring{A}).$$

于是

$$\mathrm{Sd}^s y=\mathrm{Sd}^s(\partial c+d)=\partial \mathrm{Sd}^s c+\mathrm{Sd}^s d=\partial(a'+b')+\mathrm{Sd}^s d=\partial a'+\partial b'+\mathrm{Sd}^s d,$$

$$\mathrm{Sd}^s y-\partial a'=\partial b'+\mathrm{Sd}^s d,$$

它的左端为 $C_q(X-U)$ 中的链, 而右端为 $C_q(A)$ 中的链, 所以

$$\partial b'+\mathrm{Sd}^s d\in C_q(A-U).$$

因此, 在 $H_q(X-U,A-U)$ 中, 根据定理 2.3.1, $\mathrm{Sd}\simeq 1$, 故 $\mathrm{Sd}^s\simeq 1: C(X)\to C(X)$. 由此推得

$$\begin{aligned}
&\mathrm{Sd}^s_{q*}=1_{q*}=1: H_q(X-U,A-U)\to H_q(X-U,A-U),\\
&[w]=\mathrm{Sd}^s_*[w]=[\mathrm{Sd}^s w]=[\mathrm{Sd}^s y+C_q(A-U)]\\
&\quad=[\partial a'+\partial b'+\mathrm{Sd}^s d+C_q(A-U)]=[\partial a'+C_q(A-U)]\\
&\quad=[\hat{\partial}(a'+C_{q+1}(A-U))]\xlongequal{\text{相对边缘链}}0,
\end{aligned}$$

或者, 由 $\mathrm{Sd}^s_*[w]=0$ 与 Sd^s_* 为同构推得 $[w]=0$.

再证 i_{*q} 为满射. 对 $\forall [z]\in H_q(X,A)$, $z=x+C_q(A)$, 根据引理 2.7.1, 存在整数 r, s.t.

$$\mathrm{Sd}^r x=a+b,\quad a\in C_q(X-\bar{U}),\ b\in C_q(\mathring{A}).$$

因此

$$\begin{aligned}
[z]&=\mathrm{Sd}^r_*[z]=[\mathrm{Sd}^r(x+C_q(A))]=[\mathrm{Sd}^r x+C_q(A)]\\
&=[a+b+C_q(A)]=[a+C_q(A)].
\end{aligned}$$

由

$$\partial a=\partial(\mathrm{Sd}^r x-b)=\mathrm{Sd}^r\partial x-\partial b\in C_{q-1}(X-\bar{U}),$$

$\partial b\in C_{q-1}(\mathring{A})$ 以及 $0=\hat{\partial}z=\partial z+C_{q-1}(A)=\partial x+C_{q-1}(A)$, $\partial x\in C_{q-1}(A)$, $\partial a=\mathrm{Sd}^r\partial x-\partial b\in C_{q-1}(A)$,

$$\partial a\in C_{q-1}(X-\bar{U})\cap C_{q-1}(A)\subset C_{q-1}(A-U).$$

因此

$$a+C_q(A-U)\in Z_q(X-U,A-U),$$

即

$$[a+C_q(A-U)]\in H_q(X-U,A-U).$$

显然

$$i_*[a+C_q(A-U)]=[a+C_q(A)]=[z].$$

这就证明了

$$i_*:H_q(X-U,A-U)\to H_q(X,A)$$

为满射.

综上所述,得到 i_* 为同构,从而

$$i:(X-U,A-U)\to(X,A)$$

为切除. □

注 2.6.1 从定理 2.6.2 的证明可以看出

$$j_*:H_q(X,A)\to H_q(X-U,A-U),$$
$$[z]\mapsto j_*[z]=[a+C_q(A-U)]$$

为

$$i_*:H_q(X-U,A-U)\to H_q(X,A)$$

的逆映射,它也是一个同构.

引理 2.6.1 设(X,A)为拓扑空间偶,$U\subset\bar{U}\subset\mathring{A}\subset A$.显然,$\{\mathring{A},X-\bar{U}\}$为 X 的二元开覆盖.对 $\forall\, c\in C_q(X)$,存在整数 r,使得 $\mathrm{Sd}^r(c)$中的每一个奇异单形在 σ 下的像要么落在$\mathring{A}$ 中,要么落在 $X-\bar{U}$ 中.

证明 由重心重分的定义,标准单形 l_q 的重心重分 $\mathrm{Sd}\, l_q$ 是将Δ^q 按重心分割的方法得到$(q+1)!$个线性小单形,然后按照一定的定向得到的线性奇异单形链.而 $\mathrm{Sd}^2 l_q$ 是对 $\mathrm{Sd}\, l_q$ 中小单形再进行一次剖分.显然,对 $\forall\,\varepsilon>0$,存在整数 $r>0$,使 $\mathrm{Sd}^r l_q$ 中每个小单形都在 Δ_q 上每一点的 ε 邻域内.另一方面,映射 $\sigma:\Delta^q\to X$ 是连续的,$\sigma^{-1}(\mathring{A})$,$\sigma^{-1}(X-\bar{U})$形成 Δ^q 上的一个开覆盖.单形 Δ^q 是紧致的,由 Lebesgue 定理,存在 $\varepsilon>0$,使 Δ^q 上每一点的 ε 邻域都在$\sigma^{-1}(\mathring{A})$ 或 $\sigma^{-1}(X-\bar{U})$ 中.因此,Δ^q 上每一点的 ε 邻域在 σ 下的像要么在 $\mathring{A}$ 中,要么在 $X-\bar{U}$ 中.这就证明了对任意取定的奇异下链 $c=\sum\limits_{i=1}^{k}n_i\sigma_i\in\Delta_q(X)$,存在整数 r,使得 $\mathrm{Sd}^r(c)$ 中每个奇异单形在 σ 下的像,要么落在 $\mathring{A}$ 中,要么落在 $X-\bar{U}$ 中. □

应用相对奇异下同调群的同伦不变性,我们有更便于应用的形式.

定理 2.6.3 设 X 为拓扑空间,且 $U\subset V\subset A\subset X$. 如果包含映射 $j:(X-U,A-U)\to(X,A)$为切除,空间偶$(X-V,A-V)$为$(X-U,A-U)$的形变收缩核,则包含映射

$$i:(X-V,A-V)\to(X,A)$$

也为切除.

证明 由

$$\underbrace{(X-V,A-V)\xrightarrow{i^{VU}}(X-U,A-U)\xrightarrow{j}(X,A)}_{i}$$

可知

$$i_{q*}=(j\circ i^{VU})_{q*}=j_{q*}\circ i^{VU}_{q*}$$

为同构(j_{q*}为同构是因为 j 为切除;i^{VU}_{q*}为同构是因为$(X-V,A-V)$为$(X-U,A-U)$的形变收缩核及相对奇异下同调群的同伦不变性). 由此推得 i 也为切除. □

切除定理的应用

例 2.6.1 设 $S^n=\left\{x\in\mathbf{R}^{n+1}\,\middle|\,\|x\|=\sqrt{\sum_{i=1}^{n+1}x_i^2}=1\right\}$ 为 $\mathbf{R}^{n+1}$ 中的单位球面,则 S^n 的约化奇异下同调群

$$\widetilde{H}_q(S^n)=\begin{cases}J, & q=n,\\ 0, & q\neq n.\end{cases}$$

证明 (证法1)(采用递推法)

当 $n=0$ 时,$S^0=\{-1,1\}\subset\mathbf{R}^1$,所以

$$H_q(S^0)=\begin{cases}J\oplus J, & q=0,\\ 0, & q\neq 0.\end{cases}$$

于是,约化同调群

$$\widetilde{H}_q(S^0)=\begin{cases}J, & q=0,\\ 0, & q\neq 0.\end{cases}$$

当 $n\geqslant 1$ 时,令

$$S^n_+=\{x\in S^n\mid x_{n+1}\geqslant 0\},\quad S^n_-=\{x\in S^n\mid x_{n+1}\leqslant 0\}.$$

显然

$$S^{n-1}=S^n_+\cap S^n_-$$

为 $n-1$ 维单位球面. 再令

$$V=\left\{x\in S^n\,\middle|\,x_{n+1}<-\frac{1}{2}\right\},$$

则 $\bar{V}\subset\mathring{S}^n_-$. 根据定理 2.6.2,包含映射

$$(S^n - V, S^n_- - V) \to (S^n, S^n_-)$$

为切除. 但是,(S^n_+, S^{n-1})为$(S^n - V, S^n_- - V)$的形变收缩核,根据定理 2.6.3,得到

$$i:(S^n_+, S^{n-1}) \to (S^n, S^n_-)$$

也为切除. 这时切除开下半球面 $U = \{x\in S^n \mid x_{n+1}<0\} = S^n_- - S^{n-1}$.

由于半球面 S^n_+ 与 S^n_- 都为可缩空间,应用空间偶(S^n, S^n_-),(S^n_+, S^{n-1})的正合约化奇异下同调序列

$$0 = \widetilde{H}_q(S^n_-) \to \widetilde{H}_q(S^n) \to H_q(S^n, S^n_-) \xrightarrow{\partial_{q*}} \widetilde{H}_{q-1}(S^n_-) = 0,$$

$$0 = \widetilde{H}_q(S^n_+) \to H_q(S^n_+, S^{n-1}) \xrightarrow{\partial_{q*}} \widetilde{H}_{q-1}(S^{n-1}) \to \widetilde{H}_{q-1}(S^n_+) = 0,$$

可得

$$\widetilde{H}_q(S^n) \cong H_q(S^n, S^n_-) \overset{\text{切除定理}}{\cong} H_q(S^n_+, S^{n-1}) \cong \widetilde{H}_{q-1}(S^{n-1}),$$

$$\widetilde{H}_q(S^n) \cong \widetilde{H}_{q-1}(S^{n-1}).$$

如果 $q>n$,则

$$\widetilde{H}_q(S^n) \cong \widetilde{H}_{q-1}(S^{n-1}) \cong \cdots \cong \widetilde{H}_{q-n}(S^0) = 0;$$

如果 $q<n$,则

$$\widetilde{H}_q(S^n) \cong \widetilde{H}_{q-1}(S^{n-1}) \cong \cdots \cong \widetilde{H}_0(S^{n-q}) = 0;$$

如果 $q=n$,则

$$\widetilde{H}_n(S^n) \cong \widetilde{H}_{n-1}(S^{n-1}) \cong \cdots \cong \widetilde{H}_0(S^0) \cong J.$$

综上所述,有

$$\widetilde{H}_q(S^n) = \begin{cases} J, & q = n, \\ 0, & q \neq n. \end{cases}$$

(证法 2)参阅例 1.2.9. □

推论 2.6.1 设 $B^{n+1} = \left\{ x\in \mathbf{R}^{n+1} \,\middle|\, |x| = \sqrt{\sum_{i=1}^{n+1} x_i^2} < 1 \right\}$ 为 $\mathbf{R}^{n+1}$ 中的单位球体,S^n 为它的边界,则

$$H_q(B^{n+1}, S^n) = \begin{cases} J, & q = n+1, \\ 0, & q \neq n+1. \end{cases}$$

证明 因为空间偶(S^{n+1}_+, S^n)同胚于空间偶(B^{n+1}, S^n),由例 2.6.1 的证明得到

$$H_q(B^{n+1}, S^n) \cong H_q(S^{n+1}_+, S^n) \cong \widetilde{H}_{q-1}(S^n)$$

$$\begin{cases} \cong J, & q-1 = n, \\ = 0, & q-1 \neq n \end{cases}$$

$$\begin{cases}\cong J, & q = n+1, \\ = 0, & q \neq n+1.\end{cases}$$ □

在定理 2.2.1 中,我们已经证明了 $\mathrm{Sd} \simeq 1: C(X) \to C(X)$,即 Sd 与 1 是链同伦的.现在我们换个方式来叙述它.

设 $b_m = \sum_{i=0}^{m} \frac{1}{m+1} e^i$ 为标准单形 Δ^m 的重心.对于单形 Δ^m 中任意取定的点 $x_0, x_1, \cdots, x_q$,可以定义 Δ^m 上的线性奇异单形

$$l(x_0 x_1 \cdots x_q) = [x_0 x_1 \cdots x_q].$$

相应地

$$l(b_m x_0 x_1 \cdots x_q) = [b_m x_0 x_1 \cdots x_q]$$

为 Δ^m 上 $q+1$ 维线性奇异单形(l 表示"线性").再设 $C_q^l(\Delta^m)$ 为 Δ^m 上 q 维线性奇异单形的链所成的集合,它是 $C_q(\Delta^m)$ 的子群.于是,有同态

$$\beta_m: C_q^l(\Delta^m) \to C_{q+1}^l(\Delta^m),$$

$$l(x_0 x_1 \cdots x_q) \mapsto \beta_m(l(x_0 x_1 \cdots x_q)) = l(b_m x_0 x_1 \cdots x_q).$$

易见

$$\partial_{m+1}(\beta_m(c)) = \begin{cases} c - \beta_m(\partial c), & c \in C_q^l(\Delta^m),\ q > 0, \\ c - \varepsilon(c) b_m, & c \in C_0^l(\Delta^m), \end{cases} \tag{2.6.1}$$

其中 ε 为增广同态.

引理 2.6.2 设 $f: \Delta^m \to \Delta^n$ 为线性映射,则对 $\forall\, l(x_0 x_1 \cdots x_q) \in C_q^l(\Delta^m)$,有

$$f_\Delta \beta_m l(x_0 x_1 \cdots x_q) = l(f(b_m) f(x_0) f(x_1) \cdots f(x_q)).$$

证明 对任意非负实数 $\lambda_0, \lambda_1, \cdots, \lambda_{q+1}$, $\sum_{i=0}^{q+1} \lambda_i = 1$,因为 f 为线性映射,故

$$\begin{aligned} f_\Delta \beta_m l(x_0 x_1 \cdots x_q)(\lambda_0, \lambda_1, \cdots, \lambda_{q+1}) &= f\left(\lambda_0 b_m + \sum_{i=0}^{q} \lambda_{i+1} x_i\right) \\ &= \lambda_0 f(b_m) + \sum_{i=0}^{q} \lambda_{i+1} f(x_i) \\ &= l(f(b_m) f(x_0) \cdots f(x_q))(\lambda_0 \lambda_1 \cdots \lambda_{q+1}). \end{aligned}$$

由此推得

$$f_\Delta \beta_m l(x_0 x_1 \cdots x_q) = l(f(b_m) f(x_0) \cdots f(x_q)).$$ □

定义 2.6.2 用递推法定义同态

$$\mathrm{Sd}_q: C_q(X) \to C_q(X).$$

当 $q<0$ 时, $\mathrm{Sd}_q = 0$;

当 $q=0$ 时, $\mathrm{Sd}_0 = 1: C_0(X) \to C_0(X)$;

当 $q>0$ 时,$\mathrm{Sd}_q(\sigma)=\sigma_\Delta\circ\beta_q\circ\mathrm{Sd}_{q-1}\circ\partial l_q: C_q(X)\to C_q(X)$,$\sigma\in C_q(X)$,其中 $l_q=l(e^0e^1\cdots e^q)$ 为 Δ^q 上的标准 q 维单形.

映射 Sd 也可用递推法先对标准单形定义:

$$\mathrm{Sd}_q l_q = \beta_q \mathrm{Sd}_{q-1}\partial l_q. \tag{2.6.2}$$

此时

$$\mathrm{Sd}_q\sigma = \sigma_\Delta \mathrm{Sd}_q l_q = \sigma_\Delta\beta_q\mathrm{Sd}_{q-1}\partial l_q.$$

根据引理 2.6.2 知,Sd 为链映射,称作**重心重分奇异链映射**或**重心重分同态**.

引理 2.6.3 (1) 设 X 为拓扑空间,则

$$\mathrm{Sd}: C(X)\to C(X)$$

为链映射.

(2) 设 $f:X\to Y$ 为拓扑空间之间的连续映射,则图表

$$\begin{array}{ccc} C_q(X) & \xrightarrow{\mathrm{Sd}_q} & C_q(X) \\ \downarrow f_\Delta & & \downarrow f_\Delta \\ C_q(Y) & \xrightarrow{\mathrm{Sd}_q} & C_q(Y) \end{array}$$

是可交换的.

证明 (1) 由 Sd 的定义,应用递推法(或归纳法)证明.

当 $q\leqslant 0$ 时,

$$\partial_q\mathrm{Sd}_q = 0 = \mathrm{Sd}_{q-1}\partial_q.$$

假设当 $q<m$ 时,有

$$\partial_q\mathrm{Sd}_q = \mathrm{Sd}_{q-1}\partial_q.$$

则对 $\forall\,\sigma\in C_m(X)$,有

$$\begin{aligned}\partial_m\mathrm{Sd}_m(\sigma) &= \partial_m\sigma_\Delta\mathrm{Sd}_m l_m = \sigma_\Delta\partial_m\mathrm{Sd}_m l_m \\ &\xlongequal{\text{式(2.6.2)}} \sigma_\Delta\partial_m\beta_m(\mathrm{Sd}_{m-1}\partial_m l_m) \\ &\xlongequal{\text{式(2.6.1)}} \sigma_\Delta(\mathrm{Sd}_{m-1}\partial_m l_m - \beta_m\partial_{m-1}\mathrm{Sd}_{m-1}\partial_m l_m) \qquad (2.6.3) \\ &= \sigma_\Delta\mathrm{Sd}_{m-1}\partial_m l_m - 0 \\ &\xlongequal{\text{归纳}} \sigma_\Delta\mathrm{Sd}_{m-1}\partial_m l_m = \mathrm{Sd}_{m-1}\sigma_\Delta\partial_m l_m \\ &= \mathrm{Sd}_{m-1}\partial_m\sigma_\Delta l_m = \mathrm{Sd}_{m-1}\partial_m(\sigma),\end{aligned}$$

$$\partial_m\mathrm{Sd}_m = \mathrm{Sd}_{m-1}\partial_m.$$

其中式(2.6.3)用到归纳假设

$$\partial_{m-1}\mathrm{Sd}_{m-1}\partial_m l_m = \mathrm{Sd}_{m-2}\partial_{m-1}\partial_m l_m = 0.$$

(2)

$$\mathrm{Sd}_q(f_\Delta(\sigma)) = \mathrm{Sd}_q(f\circ\sigma) = (f\circ\sigma)_\Delta\mathrm{Sd}_q l_q = f_\Delta\sigma_\Delta\mathrm{Sd}_q l_q = f_\Delta(\mathrm{Sd}_q(\sigma)),$$

$$\mathrm{Sd}_q\circ f_\Delta = f_\Delta\circ\mathrm{Sd}_q.$$ □

定义 2.6.3 用递推法定义同态

$$D_q: C_q(X)\to C_{q+1}(X).$$

当 $q\leqslant 0$ 时,令 $D_q=0$;

当 $q>0$ 时,

$$D_q l_q = \beta_q(l_q - \mathrm{Sd}_q l_q - D_{q-1}\partial_q l_q),$$

$$D_q\sigma = \sigma_\Delta D_q l_q,\quad \sigma \text{ 为 } q \text{ 维奇异单形}.$$

定理 2.6.4 (1) $\mathrm{Sd}\overset{D}{\simeq}1: C(X)\to C(X)$.

(2) 对任意拓扑空间之间的连续映射

$$f: X\to Y,$$

同态的图表

$$\begin{array}{ccc} C_q(X) & \xrightarrow{D_q} & C_{q+1}(X) \\ \downarrow{\scriptstyle f_\Delta} & & \downarrow{\scriptstyle f_\Delta} \\ C_q(Y) & \xrightarrow{D_q} & C_{q+1}(Y) \end{array}$$

是可交换的,即 $f_\Delta D_q = D_q f_\Delta$.

证明 (1) 即证

$$\partial_{q+1}D_q + D_{q-1}\partial_q = 1 - \mathrm{Sd}_q.$$

类似引理 2.6.3,应用递推法(或归纳法)证明.

当 $q<0$ 时,

$$\partial_{q+1}D_q + D_{q-1}\partial_q = 0 = 1 - \mathrm{Sd}_q$$

显然成立.

假设当 $q<m$ 时,公式都成立.

则当 $q=m$ 时,有

$$\begin{aligned} \partial_{m+1}D_m l_m + D_{m-1}\partial_m l_m &= \partial_{m+1}\beta_m(l_m - \mathrm{Sd}_m l_m - D_{m-1}\partial_m l_m) + D_{m-1}\partial_m l_m \\ &= (l_m - \mathrm{Sd}_m l_m - D_{m-1}\partial_m l_m) \\ &\quad - \beta_m\partial_m(l_m - \mathrm{Sd}_m l_m - D_{m-1}\partial_m l_m) + D_{m-1}\partial_m l_m \\ &= l_m - \mathrm{Sd}_m l_m - \beta_m 0 \\ &= l_m - \mathrm{Sd}_m l_m. \end{aligned}$$

由 Sd 为链映射以及应用归纳假设可得

$$\begin{aligned}\partial_m D_{m-1}(\partial_m l_m) &\overset{\text{归纳}}{=\!=\!=} -D_{m-2}\partial_{m-1}(\partial_m l_m) + \partial_m l_m - \mathrm{Sd}_{m-1}(\partial_m l_m)\\ &= 0 + \partial_m l_m - \mathrm{Sd}_{m-1}(\partial_m l_m)\\ &= \partial_m l_m - \partial_m \mathrm{Sd}_{m-1} l_m,\end{aligned}$$

$$\partial_m(l_m - \mathrm{Sd}_{m-1} l_m - D_{m-1}\partial_m l_m) = 0.$$

因此,D 为重分链映射 Sd 与恒同链映射 1 之间的链伦移.

进而,还有:

(2) 对 $\forall\,\sigma\in C_q(X)$,有

$$f_\Delta D_q\sigma = f_\Delta \sigma_\Delta D_q l_q = (f\sigma)_\Delta D_q l_q = D_q(f\sigma)_\Delta l_q = D_q f_\Delta \sigma_\Delta l_q = D_q f_\Delta \sigma,$$

$$f_\Delta D_q = D_q f_\Delta.$$ □

定理 2.6.5 对任意整数 q,有

$$\mathrm{Sd}_{q*} = 1: H_q(X,A) \to H_q(X,A).$$

对任意自然数 r,记 $\mathrm{Sd}^{(r)} = \underbrace{\mathrm{Sd}\circ\mathrm{Sd}\circ\cdots\circ\mathrm{Sd}}_{r\text{个}}$,也有

$$\mathrm{Sd}^{(r)}_{q*} = 1: H_q(X,A) \to H_q(X,A).$$

证明 对于拓扑空间偶(X,A),有重心重分

$$\mathrm{Sd}_q: C_q(X) \to C_q(X) \quad 与 \quad \mathrm{Sd}_q: C_q(A) \to C_q(A).$$

同样地,有

$$D_q: C_q(X) \to C_{q+1}(X) \quad 与 \quad D_q: C_q(A) \to C_{q+1}(A).$$

将上面定义的同态自然扩充到相对奇异下链上,得到

$$\mathrm{Sd}_q: C_q(X,A) \to C_q(X,A), \quad D_q: C_q(X,A) \to C_{q+1}(X,A).$$

对 $\forall\, c + C_q(A) \in C_q(X,A)$,

$$\mathrm{Sd}_q(c + C_A(A)) = \mathrm{Sd}_q c + C_q(A), \quad D_q(c + C_q(A)) = D_q c + C_{q+1}(A).$$

类似定理 2.6.4 可得

$$\mathrm{Sd}_q \simeq 1: C_q(X,A) \to C_q(X,A),$$

$$\mathrm{Sd}_{q*} = 1: H_q(X,A) \to H_q(X,A).$$ □

奇异上同调群的切除定理也成立.

定理 2.6.6(奇异上同调群的切除定理) 设(X,A)为拓扑空间偶,$U\subset X$ 满足 $\bar{U}\subset \mathring{A}$,则

$$i:(X-U, A-U) \to (X,A)$$

的诱导同态

$$i^{q*}: H^q(X,A) \to H^q(X-U, A-U)$$

为同构.

证明 定理 2.2.1 与定理 2.6.5 已证明重分链映射

$$\mathrm{Sd}: C_q(X,A) \to C_q(X,A)$$

与 $C_q(X,A)$上的恒同映射是链同伦等价的.记

$$\mathrm{Sd} \overset{D}{\simeq} 1: C_q(X,A) \to C_q(X,A),$$

即

$$D\partial + \partial D = \mathrm{Sd} - 1,$$

两边作对偶得到

$$\delta D^{\cdot} + D^{\cdot}\delta = \mathrm{Sd}^{\cdot} - 1^{\cdot},$$

$$\mathrm{Sd}^{\cdot *} = 1^{\cdot *} = 1: H^q(X,A) \to H^q(X,A).$$

其余类似定理 2.6.2 的证明得到

$$i^{q*}: H^q(X,A) \to H^q(X-U, A-U)$$

既为单射又为满射,即 i^{q*} 为同构. □

2.7 Mayer-Vietoris 序列及其应用

Mayer-Vietoris 序列

正合同调序列和切除定理是计算和研究同调群的有效工具.下面将讨论另一种正合同调序列——Mayer-Vietoris 序列,它也是计算同调群的有效工具.在证明拓扑空间有关局部与整体的问题上,Mayer-Vietoris 序列常能起到重要作用.

定义 2.7.1 设 X_1, X_2 是拓扑空间 X 的两个子拓扑空间.如果包含映射

$$l_1: (X_1, X_1 \cap X_2) \to (X_1 \cup X_2, X_2),$$

$$l_2: (X_2, X_1 \cap X_2) \to (X_1 \cup X_2, X_1)$$

都为切除(见定义 2.6.1),则称三元组(X, X_1, X_2)为**正合三元组**(注意,X_1 与 X_2 无包含关系).

引理 2.7.1 设 X_1, X_2 都是 X 的开集,则(X, X_1, X_2)为正合三元组.

证明 因为 X_1, X_2 都是 X 的开集,故 $X_1 \cup X_2$ 也是 X 的开集,记 $U = X_2 - X_1 \cap X_2$,由 $X_1 \cup X_2 - U = X_1$ 可知,U 为 $X_1 \cup X_2$ 中的闭集.因此,在 $X_1 \cup X_2$ 中,$\bar{U} = U$,而 X_2 是开的,故 $\bar{U} = U \subset X_2 = \mathring{X}_2$.根据定理 2.6.2,得到

$$l_1: (X_1, X_1 \cap X_2) \to (X_1 \cup X_2, X_2)$$

为切除.同理

$$l_2:(X_2,X_1\cap X_2)\to(X_1\cup X_2,X_1)$$

也为切除. □

例 2.7.1 设 S_+^n,S_-^n 分别为球面 S^n 的闭北半球面、闭南半球面,则(S^n,S_+^n,S_-^n)为正合三元组.

证明 显然,赤道 $S^{n-1}=S_+^n\cap S_-^n$,由例 2.6.1 的证明可知

$$l_1:(S_+^n,S_+^n\cap S_-^n)=(S_+^n,S^{n-1})\to(S_+^n\cup S_-^n,S_-^n)=(S^n,S_-^n),$$

$$l_2:(S_-^n,S_+^n\cap S_-^n)=(S_-^n,S^{n-1})\to(S_+^n\cup S_-^n,S_+^n)=(S^n,S_+^n)$$

都为切除.因此,(S^n,S_+^n,S_-^n)为正合三元组. □

定理 2.7.1(Mayer-Vietoris 序列) 设(X,X_1,X_2)为正合三元组,$X=X_1\cup X_2$,$A=X_1\cap X_2$,则奇异下同调序列

$$\cdots\to H_q(A)\xrightarrow{(i_{1*},i_{2*})}H_q(X_1)\oplus H_q(X_2)\xrightarrow{j_{1*}-j_{2*}}H_q(X)\xrightarrow{\varphi}H_{q-1}(A)\to\cdots$$

是正合的,其中

$$i_k:H_q(A)\to H_q(X_k),$$

$$j_k:H_q(X_k)\to H_q(X)$$

均由包含映射决定,$k=1,2$.

证明 由空间偶的包含映射

$$l:(X_1,A)\to(X,X_2)$$

可得映射的交换图表

$$\begin{array}{ccccc}
A & \xrightarrow{i_1} & X_1 & \xrightarrow{j} & (X_1,A)\\
\downarrow{\scriptstyle i_2} & & \downarrow{\scriptstyle j_1} & & \downarrow{\scriptstyle l}\\
X_2 & \xrightarrow{j_2} & X & \xrightarrow{j'} & (X,X_2).
\end{array}$$

由它立即可得奇异下同调群的映射梯子

$$\begin{array}{ccccccccccc}
\to H_q(A) & \xrightarrow{i_{1*}} & H_q(X_1) & \xrightarrow{j_*} & H_q(X_1,A) & \xrightarrow{\partial_*} & H_{q-1}(A) & \xrightarrow{i_{1*}} & H_{q-1}(X_1) & \to\cdots\\
\downarrow{\scriptstyle i_{2*}} & & \downarrow{\scriptstyle j_{1*}} & & \downarrow{\scriptstyle l_*} & & \downarrow{\scriptstyle i_{2*}} & & \downarrow{\scriptstyle j_{1*}} & \\
\to H_q(X_2) & \xrightarrow{j_{2*}} & H_q(X) & \xrightarrow{j'_*} & H_q(X,X_2) & \xrightarrow{\partial_*} & H_{q-1}(X_2) & \xrightarrow{j_{2*}} & H_{q-1}(X) & \to\cdots.
\end{array}$$

它的上、下行都为正合序列,且每一方块都可交换.由正合三元组的定义知,l_*为同构.

(1) 在 $H_q(X)$处的正合性.

定义映射

$$\varphi=\partial_*l_*^{-1}j'_*:H_q(X)\to H_{q-1}(A).$$

对 $\forall(x_1,x_2)\in H_q(X_1)\oplus H_q(X_2)$，应用上面的交换图表，有

$$\begin{aligned}\varphi(j_{1^*}-j_{2^*})(x_1,x_2)&=\varphi(j_{1^*}(x_1)-j_{2^*}(x_2))\\&=\partial_*l_*^{-1}j'_*j_{1^*}(x_1)-\partial_*l_*^{-1}j'_*j_{2^*}(x_2)\\&=\partial_*l_*^{-1}l_*j_*(x_1)-\partial_*l_*^{-1}(j'_*j_{2^*}(x_2))\\&=\partial_*j_*(x_1)-\partial_*l_*^{-1}(0(x_2))\\&=0-0=0,\end{aligned}$$

所以

$$\mathrm{Im}(j_{1^*}-j_{2^*})\subset\mathrm{Ker}\,\varphi.$$

反之，若 $x\in H_q(X)$，则 $x\in\mathrm{Ker}\,\varphi$，即

$$\partial_*l_*^{-1}j'_*(x)=\varphi(x)=0.$$

采用图表追踪法，由交换图表的第一行的正合性，$\exists x_1\in H_q(X_1)$，s. t. $j_*(x_1)=l_*^{-1}j'_*(x)$，即

$$j'_*(x)=l_*j_*(x_1).$$

因此

$$0=j'_*(x)-l_*j_*(x_1)=j'_*(x)-j'_*j_{1^*}(x_1)=j'_*(x-j_{1^*}(x_1)),$$

所以，$\exists x_2\in H_q(X_2)$，s. t. $j_{2^*}(x_2)=x-j_{1^*}(x_1)$，即

$$x=j_{1^*}(x_1)-j_{2^*}(-x_2)=(j_{1^*}-j_{2^*})(x_1,-x_2)\in\mathrm{Im}(j_{1^*}-j_{2^*}),$$

从而，$\mathrm{Ker}\,\varphi\subset\mathrm{Im}(j_{1^*}-j_{2^*})$.

综上所述，有

$$\mathrm{Im}(j_{1^*}-j_{2^*})=\mathrm{Ker}\,\varphi.$$

(2) 在 $H_q(X_1)\oplus H_q(X_2)$处的正合性.

对 $\forall a\in H_q(A)$，有

$$\begin{aligned}(j_{1^*}-j_{2^*})(i_{1^*},i_{2^*})(a)&=(j_{1^*}-j_{2^*})(i_{1^*}(a),i_{2^*}(a))\\&=j_{1^*}i_{1^*}(a)-j_{2^*}i_{2^*}(a)\xlongequal{\text{交换性}}0,\end{aligned}$$

所以

$$\mathrm{Im}(i_{1^*},i_{2^*})\subset\mathrm{Ker}(j_{1^*}-j_{2^*}).$$

反之，如果$(x_1,x_2)\in\mathrm{Ker}(j_{1^*}-j_{2^*})$，则

$$j_{1^*}(x_1)-j_{2^*}(x_2)=(j_{1^*}-j_{2^*})(x_1,x_2)=0,$$

$$x_1=j_{1^*}(x_1)=j_{2^*}(x_2)=x_2,$$

且 $x_1\in H_q(X_1)$，$x_2\in H_q(X_2)$，$x_1=x_2\in H_q(X_1\cap X_2)=H_q(A)$. 所以，$\exists a=x_1=x_2\in H_q(A)$，

$$(i_{1^*},i_{2^*})(a)=(i_{1^*}(a),i_{2^*}(a))=(a,a)=(x_1,x_2),$$

$$(x_1,x_2)\in \mathrm{Im}(i_{1*},i_{2*}).$$

于是

$$\mathrm{Ker}(j_{1*}-j_{2*})\subset \mathrm{Im}(i_{1*},i_{2*}).$$

综上所述,得到

$$\mathrm{Im}(i_{1*},i_{2*})=\mathrm{Ker}(j_{1*}-j_{2*}).$$

(3) 在 $H_q(A)$处的正合性.

对 $\forall\, x\in H_{q+1}(X)$,有

$$\begin{aligned}(i_{1*},i_{2*})\varphi(x)&=(i_{1*},i_{2*})\partial_* l_*^{-1}j'_*(x)\\&=(i_{1*}\partial_* l_*^{-1}j'_*(x),i_{2*}\partial_* l_*^{-1}j'_*(x))\\&=((i_{1*}\partial_*)l_*^{-1}j'_*(x),(i_{2*}\partial_*)l_*^{-1}j'_*(x))\\&=(0l_*^{-1}j'_*(x),\partial_* l_* l_*^{-1}j'_*(x))\\&=(0,\partial_* j'_*(x))=(0,0(x))=(0,0),\end{aligned}$$

即

$$\mathrm{Im}\,\varphi\subset \mathrm{Ker}(i_{1*},i_{2*}).$$

反之,对 $\forall\, a\in \mathrm{Ker}(i_{1*},i_{2*})\subset H_q(A)$,即

$$(0,0)=(i_{1*},i_{2*})(a)=(i_{1*}a,i_{2*}a).$$

由 $i_{1*}a=0$,即 $a\in \mathrm{Ker}\,i_{1*}=\mathrm{Im}\,\partial_*$,得 $\exists\, b\in H_{q+1}(X_1,A)$,s.t. $\partial_* b=a$.又因为

$$\partial_* l_* b \xlongequal{\text{图表交换}} i_{2*}\partial_* b=i_{2*}a=0,$$

$$l_* b\in \mathrm{Ker}\,\partial_*=\mathrm{Im}\,j'_*,$$

故 $\exists\, d\in H_{q+1}(X)$,s.t.

$$j'_* d=l_* b.$$

于是

$$\begin{aligned}&\varphi d=\partial_* l_*^{-1}j'_* d=\partial_* l_*^{-1}l_* b=\partial_* b=a,\\&a\in \mathrm{Im}\,\varphi,\\&\mathrm{Ker}(i_{1*},i_{2*})\subset \mathrm{Im}\,\varphi.\end{aligned}$$

综上所述,得到

$$\mathrm{Im}\,\varphi=\mathrm{Ker}(i_{1*},i_{2*}).$$

最后,我们指出:

0 维链 x,它为闭链,且可表示为

$$x=\sum_i m_i x_i^1+\sum_j n_j x_j^2,\quad x_i^1\in Z_0(X_1),\ x_j^2\in Z_0(X_2),$$

故

$$(j_{1*}-j_{2*})\left(\left(\sum_i m_i x_i^1\right)^*, -\left(\sum_j n_j x_j^2\right)^*\right) = \left(\sum_i m_i x_i^1 + \sum_j n_j x_j^2\right)^* = \overset{*}{x}.$$

由此推得 $j_{1*}-j_{2*}$ 为满射，即

$$\operatorname{Im}(j_{1*}-j_{2*}) = H_0(X) = \operatorname{Ker}\varphi_{0*},$$

$$H_0(X_1)\oplus H_0(X_2)\xrightarrow{j_{1*}-j_{2*}} H_0(X)\xrightarrow{\varphi=\varphi_{0*}} H_{-1}(A) = \frac{\operatorname{Ker}\partial_{-1}}{\operatorname{Im}\partial_0} = 0. \qquad \square$$

注 2.7.1 定理 2.7.1 的证明(3)中，“$\exists\, d\in H_{q+1}(X)$，s.t. $j'_* d = l_* b$”，这里由 $l_* b\in\operatorname{Ker}\partial_* = \operatorname{Im} j'$ 所保证. 一般情况下是不可能的，这是因为 j'_* 未必为满射. 例如，由推论 2.6.1 知，

$$0 = H_{n+1}(B^{n+1})\xrightarrow{j'_*} H_{n+1}(B^{n+1}, S^n) = J$$

非满射.

注 2.7.2 设 $X = X_1\cup X_2$，X_1 与 X_2 都是 X 的开集，根据引理 2.7.1，(X, X_1, X_2) 为正合三元组，它可运用 Mayer-Vietoris 序列.

定理 2.7.2(约化 Mayer-Vietoris 序列) 设 (X, X_1, X_2) 是一个正合三元组，$X = X_1\cup X_2$，$A = X_1\cap X_2\neq\varnothing$，则约化下同调序列

$$\cdots\to\widetilde{H}_q(A)\xrightarrow{(i_{1*},i_{2*})}\widetilde{H}_q(X_1)\oplus\widetilde{H}_q(X_2)\xrightarrow{j_{1*}-j_{2*}}\widetilde{H}_q(X)\xrightarrow{\varphi}\widetilde{H}_{q-1}(A)\to$$

也是正合的. 此时，结尾为

$$\cdots\to H_1(X)\xrightarrow{\varphi}\widetilde{H}_0(A)\xrightarrow{(i_{1*},i_{2*})}\widetilde{H}_0(X_1)\oplus\widetilde{H}_0(X_2)$$

$$\xrightarrow{j_{1*}-j_{2*}}\widetilde{H}_0(X)\to\widetilde{H}_{-1}(A) = 0.$$

当 $q>0$ 时，其中 $\widetilde{H}_q(X_1) = H_q(X_1)$，$\widetilde{H}_q(X_2) = H_q(X_2)$，$\widetilde{H}_q(X) = H_q(X)$.

证明 当 $A = X_1\cap X_2\neq\varnothing$ 时，对 $\forall\, x\in\widetilde{H}_q(X)$，有

$$x = \sum_i m_i x_i^1 + \sum_j n_j x_j^2\in\widetilde{H}_0(X),\quad x_i^1\in\widetilde{H}_0(X_1),\ x_j^2\in\widetilde{H}_0(X_2),$$

$$\sum_i m_i - \sum_j n_j = 0.$$

取 $x_0\in A = X_1\cap X_2\neq\varnothing$，则

$$\sum_i m_i x_i^1 - \sum_i m_i x_0\in\widetilde{H}_0(X_1),\quad \sum_j n_j x_j^2 - \sum_j n_j x_0\in\widetilde{H}_0(X_2),$$

并且

$$\begin{aligned}
&(j_{1*}-j_{2*})\left(\sum_i m_i x_i^1 - \sum_i m_i x_0, -\left(\sum_j n_j x_j^2 + \sum_j n_j x_0\right)\right)\\
&= \left(\sum_i m_i x_i^1 - \sum_i m_i x_0\right) + \left(\sum_j n_j x_j^2 + \sum_j n_j x_0\right)\\
&= \sum_i m_i x_i^1 + \sum_j n_j x_j^2 = x.
\end{aligned}$$

由此推得 $j_{1*}-j_{2*}$ 为满射,即

$$\operatorname{Im}(j_{1*}-j_{2*})=\widetilde{H}_0(X)=\operatorname{Ker}\varphi_0,$$

$$\widetilde{H}_0(X)\oplus\widetilde{H}_0(X_2)\xrightarrow{j_{1*}-j_{2*}}\widetilde{H}_0(X)\xrightarrow{\varphi=\varphi_0}\widetilde{H}_{-1}(A)=0$$

在 $\widetilde{H}_0(X)$处正合.其余各处的正合性同定理 2.7.1 的相应部分. □

注 2.7.3 当 $A=X_1\cap X_2=\varnothing$时,定理 2.7.2 尾部正合性并不一定成立.例如,$X_1=\{a\}$,$X_2=\{b\}$都为独点集且 $a\neq b$,$\widetilde{\partial}_0=\varepsilon$,则 0 维闭链群 $\widetilde{Z}_0(X_1)=0$,$\widetilde{Z}_0(X_2)=0$,$\widetilde{Z}_0(X)=\{na-nb\}=\{n(a-b)\}=J$,$\widetilde{B}_0(X)=0$,$\widetilde{H}_0(X)=J$,故

$$j_{1*}-j_{2*}:\widetilde{H}_0(X_1)\oplus\widetilde{H}_0(X_2)=0\oplus 0\to\widetilde{H}_0(X)\cong J$$

不为满射!

$$\begin{aligned}(j_{1*}-j_{2*})(\widetilde{H}_0(X_1)\oplus\widetilde{H}_0(X_2))=0\neq J\cong\widetilde{H}_0(X)&=\varphi_{-1*}^{-1}(\widetilde{H}_{-1}(A))\\&=\varphi_{-1*}^{-1}(0)=\operatorname{Ker}\varphi_{-1*},\end{aligned}$$

即

$$\operatorname{Ker}\varphi_{-1*}\subsetneqq\operatorname{Im}(j_{1*}-j_{2*}).$$

定理 2.7.3(相对 Mayer-Vietoris 序列) 设(X,X_1,X_2)为正合三元组(但不一定有 $X=X_1\cup X_2$),记 $Y=X_1\cup X_2$,$A=X_1\cap X_2$,则正合三元组(X,X_1,X_2)有正合序列

$$\begin{aligned}\cdots\to H_{q+1}(X,Y)\to H_q(X,A)&\xrightarrow{(i_{1*},i_{2*})}H_q(X,X_1)\oplus H_q(X,X_2)\\&\xrightarrow{j_{1*}-j_{2*}}H_q(X,Y)\xrightarrow{\varphi}H_{q-1}(X,A)\to\cdots,\end{aligned}$$

其中 i_{1*},i_{2*},j_{1*},j_{2*} 都是由包含映射诱导的.

证明 考查下列映射的交换图表:

$$\begin{array}{ccccc}(X_1,A)&\to&(X,A)&\xrightarrow{i_1}&(X,X_1)\\ \downarrow l&&\downarrow i_2&&\downarrow j_1\\ (Y,X_2)&\to&(X,X_2)&\xrightarrow{j_2}&(X,Y),\end{array}$$

所有的映射均为包含映射.左边垂直的映射 l 为切除.应用定理 2.7.1 分别可得到正合三元组(X,X_1,A)与(X,Y,X_2)的奇异下同调序列

$$\begin{array}{ccccccccc}\to H_q(X,A)&\xrightarrow{i_{1*}}&H_q(X,X_1)&\xrightarrow{\partial_*}&H_{q-1}(X_1,A)&\xrightarrow{j'_*}&H_{q-1}(X,A)&\to\\ \downarrow i_{2*}&&\downarrow j_{1*}&&\downarrow l_*&&\downarrow i_{2*}&\\ \to H_q(X,X_2)&\xrightarrow{j_{2*}}&H_q(X,Y)&\xrightarrow{\partial_*}&H_{q-1}(Y,X_2)&\xrightarrow{j''_*}&H_{q-1}(X,X_2)&\to.\end{array}$$

它的上、下行都为正合序列,由切除知 l_* 为同构.此图的每一方块都可以交换.

易见,同态 $\varphi=j'_* l_*^{-1}\partial_*:H_q(X,Y)\to H_{q-1}(X,A)$ 的定义与定理 2.7.1 类似,其余证明也类似.

Mayer-Vietoris 定理的证明类似五项引理的证明,采用图表追踪法.

(1) 在 $H_q(X,Y)$ 处的正合性.

$\forall(x_1,x_2)\in H_q(X,X_1)\oplus H_q(X,X_2)$,因为

$$\begin{aligned}\varphi(j_{1^*}-j_{2^*})(x_1,x_2)&=j'_* l_*^{-1}\partial_*(j_{1^*}x_1-j_{2^*}x_2)\\&=j'_* l_*^{-1}(\partial_* j_{1^*})x_1-j'_* l_*^{-1}(\partial_* j_{2^*}x_2)\\&=j'_* l_*^{-1}(l_*\partial_*)x_1-j'_* l_*^{-1}(0(x_2))\\&=j'_*\partial_* x_1-0=0-0=0,\end{aligned}$$

所以

$$\operatorname{Im}(j_{1^*}-j_{2^*})\subset\operatorname{Ker}\varphi.$$

反之,对 $\forall x\in\operatorname{Ker}\varphi$,即

$$0=\varphi(x)=j'_* l_*^{-1}\partial_*(x),$$

由正合性,$\exists x_1\in H_q(X,X_1)$,s.t.

$$\partial_* x_1=l_*^{-1}\partial_* x,$$

$$l_*\partial_* x_1=\partial_* x,$$

$$0=\partial_* x-l_*\partial_* x_1=\partial_* x-\partial_* j_{1^*}x_1=\partial_*(x-j_{1^*}x_1),$$

所以,$\exists x_2\in H_2(X,X_2)$,s.t.

$$j_{2^*}(x_2)=x-j_{1^*}x_1,$$

$$x=j_{1^*}x_1+j_{2^*}x_2=(j_{1^*}-j_{2^*})(x_1,-x_2)\in\operatorname{Im}(j_{1^*},j_{2^*}),$$

$$\operatorname{Ker}\varphi\subset\operatorname{Im}(j_{1^*}-j_{2^*}).$$

综上所述,得到

$$\operatorname{Im}(j_{1^*}-j_{2^*})=\operatorname{Ker}\varphi.$$

(2) 在 $H_q(X,X_1)\oplus H_q(X,X_2)$ 处的正合性.

对 $\forall a\in H_q(X,A)$,有

$$\begin{aligned}(j_{1^*}-j_{2^*})(i_{1^*},i_{2^*})(a)&=(j_{1^*}-j_{2^*})(i_{1^*}a,i_{2^*}a)=j_{1^*}i_{1^*}a-j_{2^*}i_{2^*}a\\&\xlongequal{\text{交换性}}0,\end{aligned}$$

$$\operatorname{Im}(i_{1^*},i_{2^*})\subset\operatorname{Ker}(j_{1^*}-j_{2^*}).$$

反之,$\forall(x_1,x_2)\in\operatorname{Ker}(j_{1^*}-j_{2^*})\subset H_q(X,X_1)\oplus H_q(X,X_2)$,有

$$0=(j_{1^*}-j_{2^*})(x_1,x_2)=j_{1^*}x_1-j_{2^*}x_2,$$

$$x_1=j_{1^*}x_1=j_{2^*}x_2=x_2\in H_q(X,Y).$$

由此知

$$a = x_1 = x_2 \in H_q(X,A).$$

而

$(i_{1*},i_{2*})(a) = (i_{1*}a,i_{2*}a) = (i_{1*}x_1,i_{2*}x_2) = (x_1,x_2) \in \mathrm{Im}(i_{1*},i_{2*})$,

$\mathrm{Ker}(j_{1*} - j_{2*}) \subset \mathrm{Im}(i_{1*},i_{2*})$.

综上所述,得到

$$\mathrm{Im}(i_{1*},i_{2*}) = \mathrm{Ker}(j_{1*} - j_{2*}).$$

(3) 在 $H_q(X,A)$处的正合性.

考查

$$H_{q+1}(X,Y) \xrightarrow{\varphi} H_q(X,A) \xrightarrow{(i_{1*},i_{2*})} H_q(X,X_1) \oplus H_q(X,X_2).$$

对$\forall\, y \in H_{q+1}(X,Y)$,有

$$\begin{aligned}(i_{1*},i_{2*})\varphi(y) &= (i_{1*},i_{2*})j'_* l_*^{-1}\partial_* y = ((i_{1*}j'_*)l_*^{-1}\partial_* y,(i_{2*}j'_*l_*^{-1})\partial_* y)\\ &= (0(l_*^{-1}\partial_*)y,j''_*\partial_* y) = (0,0),\end{aligned}$$

$\mathrm{Im}\,\varphi \subset \mathrm{Ker}(i_{1*},i_{2*})$.

反之,$\forall\, a \in \mathrm{Ker}(i_{1*},i_{2*}) \subset H_q(X,A)$,有

$$0 = (i_{1*},i_{2*})(a) = (i_{1*}a,i_{2*}a).$$

由于 $i_{1*}a = 0$,即 $a \in \mathrm{Ker}\, i_{1*} = \mathrm{Im}\, j'_*$,故$\exists\, b \in H_q(X_1,A)$,s.t.

$$j'_* b = a.$$

又因为

$$j''_* l_* b \xlongequal{\text{交换性}} i_{2*}j'_* b = i_{2*}a = 0,$$

所以

$$l_* b \in \mathrm{Ker}\, j''_* = \mathrm{Im}\,\partial_*.$$

从而,$\exists\, d \in H_{q+1}(X,Y)$,s.t.

$$\partial_* d = l_* b.$$

于是

$$\begin{aligned}&\varphi d = j'_* l_*^{-1}\partial_* d = j'_* l_*^{-1} l_* b = j'_* b = a,\\ &a = \varphi d \in \mathrm{Im}\,\varphi,\\ &\mathrm{Ker}(i_{1*},i_{2*}) \subset \mathrm{Im}\,\varphi.\end{aligned}$$

综上所述,得到

$$\mathrm{Im}\,\varphi = \mathrm{Ker}(i_{1*},i_{2*}).$$ □

Mayer-Vietoris 序列的应用

例 2.7.2 定义:设 A 为 X 的子拓扑空间,如果 $X-A$ 道路连通,则称**子集 A 不分离 X**.

显然，A 不分离 $X \Leftrightarrow X-A$ 道路连通 $\overset{\text{推论2.5.1}}{\Longleftrightarrow} \tilde{H}_0(X-A)=0$.

设 A,B 为球面 S^n 的闭子集，$A \cap B=\varnothing$，$n\geqslant 2$. 如果 A,B 都不分离 S^n，则 $A\cup B$ 也不分离 S^n.

证明 由题设得 $\tilde{H}_0(S^n-A)=0$，$\tilde{H}_0(S^n-B)=0$. 令 $X_1=S^n-A$，$X_2=S^n-B$，X_1,X_2 都是 S^n 的开集，且 $X_1\cup X_2=(S^n-A)\cup(S^n-B)=S^n-(A\cap B)=S^n-\varnothing=S^n$，$X_1\cap X_2=(S^n-A)\cap(S^n-B)=S^n-(A\cup B)$.

根据引理 2.7.1，(S^n,X_1,X_2) 为正合三元组，由约化 Mayer-Vietoris 序列可得，当 $n\geqslant 2$ 时，

$$0=H_1(S^n)\to\tilde{H}_0(X_1\cap X_2)\to\tilde{H}_0(X_1)\oplus\tilde{H}_0(X_2)\to\tilde{H}_0(S^n)=0.$$

因此

$$\begin{aligned}\tilde{H}_0(X-A\cup B)&=\tilde{H}_0(X_1\cap X_2)\cong\tilde{H}_0(X_1)\oplus\tilde{H}_0(X_2)\\&=\tilde{H}_0(S^n-A)\oplus\tilde{H}_0(S^n-B)=0\oplus 0=0.\end{aligned}$$

从而，如果 A,B 都不分离 S^n，则 $A\cup B$ 也不分离 S^n.

但是，当 $n=1$ 时，对于圆 S^1，上述结论并不成立. 如圆 S^1 两点 x_1,x_2 都不分离 S^1，而 $\{x_1,x_2\}$ 将圆 S^1 分成两条圆弧，它们并不道路连通，即分离了. □

注 2.7.4 设 $A_1,A_2,\cdots,A_m$ 都不分离 S^n 的闭子集，且 $A_i\cap A_j=\varnothing$，$i\neq j$，则根据例 2.7.2 与数学归纳法立知，$A_1\cup A_2\cup\cdots\cup A_m$ 也不分离 S^n.

例 2.7.3 n 维单位球面 $S^n(n\geqslant 1)$ 的约化奇异下同调群为

$$\tilde{H}_q(S^n)\cong\begin{cases}H_q(S^n)\cong J, & q=n,\\ \tilde{H}_q(S^n)=0, & q\neq n,\end{cases}$$

即奇异下同调群为

$$H_q(S^n)\cong\begin{cases}J, & q=0,n,\\ 0, & q\neq 0,n.\end{cases}$$

证明 （证法 1）由与 S^n 同胚的单纯复形的单纯下同调群（例 1.2.9）和单纯复形与同胚的拓扑空间的奇异下链复形的同构定理（定理 2.2.3）立即推得上述结论.

（证法 2）应用切除定理，见例 2.6.1.

（证法 3）对正合三元组 (S^n,S^n_+,S^n_-)，$S^n=S^n_+\cup S^n_-$，$S^{n-1}=S^n_+\cap S^n_-$，$n\geqslant 1$，应用 Mayer-Vietoris 序列得到约化奇异下同调群的正合序列

$$0=\tilde{H}_q(S^n_+)\oplus\tilde{H}_q(S^n_-)\to\tilde{H}_q(S^n)\to\tilde{H}_{q-1}(S^{n-1})\to\tilde{H}_{q-1}(S^n_+)\oplus\tilde{H}_{q-1}(S^n_-)=0.$$

再利用 $\tilde{H}_0(S^0)\cong J$ 与递推可得 $H_n(S^n)\cong J$，其余的 $\tilde{H}_q(S^n)=0$. 从而，例中的结论成立.

□

推论 2.7.1 (1) 当 $n<m$ 时,$S^n \not\simeq S^m$ ($S^n \not\cong S^m$).

(2) $S^n \simeq S^m$ ($S^n \cong S^m$) $\Leftrightarrow n = m$.

证明 (1) (反证)假设 $S^n \simeq S^m$ ($S^n \cong S^m$),则 S^n 与 S^m 的各维约化奇异下同调分别同构,这与

$$\widetilde{H}_n(S^n) \cong J \not\cong 0 = \widetilde{H}_n(S^m)$$

相矛盾.

(2) ($\Leftarrow$)显然.

($\Rightarrow$)假设 $n \neq m$,不妨设 $n<m$,由(1)知 $S^n \not\simeq S^m$ ($S^n \not\cong S^m$),这与已知相矛盾. □

例 2.7.4 设 G_r 为有一个公共点 p 的 r 个拓扑圆的并,这是 r 叶玫瑰线,则它的奇异下同调群为

$$H_q(G_r) \cong \begin{cases} J, & q = 0, \\ \underbrace{J \oplus J \oplus \cdots \oplus J}_{r\text{个}}, & q = 1, \\ 0, & q \neq 0,1. \end{cases}$$

借用万有系数定理(定理 2.8.10)得到

$$H_q(G_r;G) \cong \begin{cases} G, & q = 0, \\ \underbrace{G \oplus G \oplus \cdots \oplus G}_{r\text{个}}, & q = 1, \\ 0, & q = 2. \end{cases}$$

证明 (证法 1)根据例 1.2.3,应用 G_r 的单纯复形的单纯下同调群的结果,再应用定理 2.3.3 立即推得上述奇异下同调群的结果.

(证法 2)显然,$G_1 = S^1$,$G_2 = S^1 \vee S^1$,$G_r = S^1 \vee G_{r-1}$,$\{p\} = S^1 \cap G_{r-1}$ 为拓扑圆的公共点,图 2.7.1 中的 X_1,X_2 都是 G_r 的开集.根据引理 2.7.1,(G_r, X_1, X_2)为正合三元组.因而,可以运用 Mayer-Vietoris 序列.由约化的 Mayer-Vietoris 序列得到(注意,$\{p\}$为 $X_1 \cap X_2$ 的形变收缩核)

$$0 = \widetilde{H}_q(X_1 \cap X_2) \to \widetilde{H}_q(X_1) \oplus \widetilde{H}_q(X_2) \to \widetilde{H}_q(G_r) \to \widetilde{H}_{q-1}(X_1 \cap X_2) = 0.$$

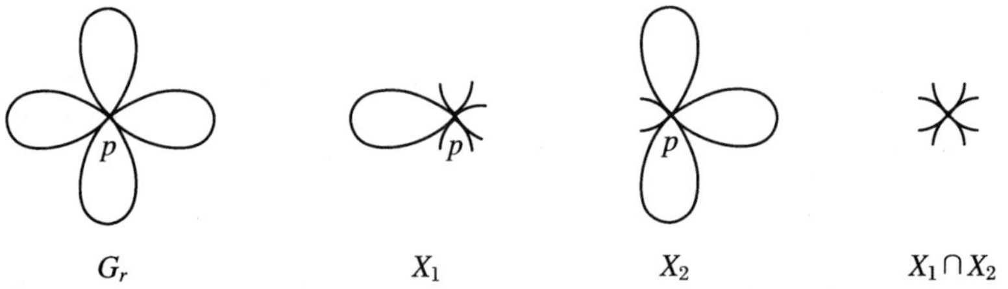

图 2.7.1

因此

$$\widetilde{H}_q(G_r) \cong \widetilde{H}_q(X_1) \oplus \widetilde{H}_q(X_2).$$

另一方面，S^1，G_{r-1}分别是 X_1，X_2 的形变收缩核，故

$$\begin{aligned}\widetilde{H}_q(G_r) &\cong \widetilde{H}_q(S^1) \oplus \widetilde{H}_q(G_{r-1}) \cong \cdots \\ &\cong \underbrace{\widetilde{H}_q(S^1) \oplus \widetilde{H}_q(S^1) \oplus \cdots \oplus \widetilde{H}_q(S^1)}_{r\text{个}}.\end{aligned}$$

由此推得 r 叶玫瑰线 G_r 的奇异整下同调群为

$$H_q(G_r) \cong \begin{cases} J, & q = 0, \\ \underbrace{J \oplus J \oplus \cdots \oplus J}_{r\text{个}}, & q = 1, \\ 0, & q \neq 0,1. \end{cases}$$

借用下同调群的万有系数定理（定理 2.8.10）推得

$$\begin{aligned} H_1(G_r;G) &\cong H_1(G_r;J) \otimes G \oplus \operatorname{Tor}(H_0(G_r;J),G) \\ &\cong (\underbrace{J \oplus J \oplus \cdots \oplus J}_{r\text{个}}) \otimes G \oplus \operatorname{Tor}(J,G) \\ &\xlongequal[\text{引理 2.8.3}]{\text{定理 2.8.6、定理 2.8.9}} \underbrace{G \oplus G \oplus \cdots \oplus G}_{r\text{个}} \oplus 0 \\ &= \underbrace{G \oplus G \oplus \cdots \oplus G}_{r\text{个}}. \end{aligned}$$

$$\begin{aligned} H_2(G_r;G) &\cong H_2(G_r;J) \otimes G \oplus \operatorname{Tor}(H_1(G_r;J),G) \\ &\cong 0 \otimes G \oplus \operatorname{Tor}(\underbrace{J \oplus J \oplus \cdots \oplus J}_{r\text{个}},G) \\ &\xlongequal{\text{定理 2.8.9(3)}} 0. \end{aligned}$$

□

应用奇异上同调群的切除定理（定理 2.6.6），类似奇异下同调群的 Mayer-Vietoris 序列（定理 2.7.1）可以证明.

定理 2.7.4（奇异上同调群的 Mayer-Vietoris 序列） 设 $X = X_1 \cup X_2$，(X, X_1, X_2) 为正合三元组，则上同调群的 Mayer-Vietoris 序列

$$\cdots \leftarrow H^{q+1}(X) \leftarrow H^q(X_1 \cap X_2) \xleftarrow{j_{1^*} - j_{2^*}} H^q(X_1) \oplus H^q(X_2) \xleftarrow{(i_{1^*}, i_{2^*})} H^q(X) \leftarrow \cdots$$

是正合的.序列中(i_{1^*}, i_{2^*})，$j_{1^*} - j_{2^*}$ 的定义与定理 2.7.1 类似，而 $i_k: X_k \to X$，$j_k: X_1 \cap X_2 \to X_k$，$k = 1,2$ 都为包含映射.

对于约化奇异上同调群，在链复形的约化序列

$$\to C_2(X) \xrightarrow{\partial_2} C_1(X) \xrightarrow{\partial_1} C_0(X) \xrightarrow{\varepsilon} J \to 0$$

上应用 $\mathrm{Hom}(J,J)\cong J$ 可以得到约化奇异上链序列

$$0\leftarrow C^2(X)\xleftarrow{\delta^1}C^1(X)\xleftarrow{\delta^0}C^0(X)\xleftarrow{\varepsilon^t}J\leftarrow 0.$$

由此可以定义约化奇异上同调群 $\widetilde{H}^*(X)=\{\widetilde{H}^q(X)\}$,其中

$$\widetilde{H}^0(X)=\frac{\mathrm{Ker}\ \delta^0}{\mathrm{Im}\ \varepsilon^t}.$$

因为 $H^0(X)=\mathrm{Ker}\ \delta^0$,所以有自然投影

$$p:H^0(X)\to\frac{\mathrm{Ker}\ \delta^0}{\mathrm{Im}\ \varepsilon^t}=\widetilde{H}^0(X).$$

当 $q>0$ 时,

$$\widetilde{H}^q(X)=H^q(X).$$

于是,有:

定理 2.7.5 序列

$$0\leftarrow\widetilde{H}^0(X)\xleftarrow{p}H^0(X)\xleftarrow{\varepsilon^*}J\leftarrow 0$$

是正合的.

证明 对 $\forall\, n\in J\cong\mathrm{Hom}(J,J)$, $\sum\limits_i n_i\sigma_i\in C_0(X)$,有

$$(\varepsilon^t n)\Big(\sum_i n_i\sigma_i\Big)=n\Big(\varepsilon\sum_i n_i\sigma_i\Big)=n\sum_i n_i.$$

因此,$\varepsilon^t(n)\in C^0(X)$在 X 的每个 0 维单形上取值 n.对任意奇异 1 单形 σ,有

$$\varepsilon\partial\sigma=\varepsilon(\sigma^{(0)}-\sigma^{(1)})=1-1=0,$$

因而

$$\delta^0\varepsilon^t n(\sigma)=\varepsilon^t n(\partial\sigma)=\varepsilon^t n(\sigma^{(0)}-\sigma^{(1)})=n(1-1)=0,$$
$$\delta^0\varepsilon^t n=0,\quad \delta^0\varepsilon^t=0.$$

由此推得,对 $\forall\, n\in J$,有 $\varepsilon^t n\in Z^0(X)$,故$[\varepsilon^t n]\in H^0(X)$.$\varepsilon^*(n)=[\varepsilon^t n]$定义了同态

$$\varepsilon^*:J\to H^0(X).$$

因为 $B^0(X)=0$,如果 $\varepsilon^*(n)=[\varepsilon^t n]=0$,则 $\varepsilon^t n=0$,必有 $n=n(\varepsilon\sigma_0)=\varepsilon^t n(\sigma_0)=0$.这表明 ε^* 为单射.

自然投影

$$p:H^0(X)=\mathrm{Ker}\ \delta^0\to\frac{\mathrm{Ker}\ \delta^0}{\mathrm{Im}\ \varepsilon^t}=\widetilde{H}^0(X)$$

当然为满射.

最后,由 $\varepsilon^t n\in\mathrm{Im}\ \varepsilon^t$ 推得

$$p\varepsilon^*(n)=p[\varepsilon^t n]=0,\quad \mathrm{Im}\ \varepsilon^*\subset\mathrm{Ker}\ p.$$

另一方面,如果$[z]\in\mathrm{Ker}\ p$,则 $p[z]=0$, $z\in\mathrm{Im}\ \varepsilon^t$, $z=\varepsilon^t y$, $[z]=[\varepsilon^t y]=\varepsilon^*[y]\in$

$\operatorname{Im}\varepsilon^*$，$\operatorname{Ker} p\subset\operatorname{Im}\varepsilon^*$.

综上所述，得到

$$\operatorname{Ker} p=\operatorname{Im}\varepsilon^*.$$

这就证明了 $H^0(X)$处的正合性.

因此，序列

$$0\leftarrow\widetilde{H}^0(X)\xleftarrow{p}H^0(X)\xleftarrow{\varepsilon^*}J\leftarrow 0$$

是正合的. □

2.8 奇异下(上)同调群的万有系数定理

上同调群的万有系数定理

与下同调群理论一样，上同调群也可采用其他交换群作为系数群. 设 G 为一个交换群(Abel群)，$C^q(X;G)=\operatorname{Hom}(C_q(X;J),G)$ 为整系数群 $C_q(X;J)$ 到交换群 G 的所有同态的集合，关于同态的加法，$C^q(X;G)$ 也为交换群. 对于 $\forall c\in C^q(X;G)$，$\forall x=\sum_{i=1}^{k}n_i\sigma_i\in C_q(X;J)$，有

$$c(x)=\sum_{i=1}^{k}n_ic(\sigma_i).$$

当 $c\in C^q(X;G)$，$x\in C_{q+1}(X;J)$时，定义上边缘算子

$$\delta=\partial^{\cdot}=\partial^t:C^q(X;G)\to C^{q+1}(X;G),$$
$$(\delta c)x=c(\partial x),$$

或记作

$$\langle\delta c,x\rangle=\langle c,\partial x\rangle,$$

其中 $n_i\in J$，$c(\sigma_i)\in G$，$n_ic(\sigma_i)\in G$.

显然

$$\langle\delta\delta c,x\rangle=\langle\delta c,\partial x\rangle=\langle c,\partial\partial x\rangle=\langle c,0\rangle=0,\quad\forall c\in C^q(X;G),\ \forall x\in C_{q+2}(X;J),$$

$$\delta\delta c=0,\quad\forall c\in C^q(X;G),$$

$$\delta^2=\delta\delta=0.$$

于是

$$Z^q(X;G)=\operatorname{Ker}\{\delta:C^q(X;G)\to C^{q+1}(X;G)\},$$
$$B^q(X;G)=\operatorname{Im}\{\delta:C^{q-1}(X;G)\to C^q(X;G)\},$$

称

$$H^q(X;G)=\frac{Z^q(X;G)}{B^q(X;G)}$$

为以 G 为系数群的 q **维奇异上同调群**.

类似地,可以定义以任意交换群 G 为系数的 q **维相对奇异上同调群**

$$H^q(X,A;G)=\frac{Z^q(X,A;G)}{B^q(X,A;G)}.$$

为证明 $H^q(X;G)$可以由 X 的整系数下同调群 $H_*(X;J)=\{H_q(X;J),\partial_q\}$确定,我们先定义引理 2.8.1 中的同态 α.

引理 2.8.1 存在自然定义的同态 $\alpha:H^q(X;G)\to\mathrm{Hom}(H_q(X;J),G)$.

证明 对$\forall c\in Z^q(X;G)$,$\forall x\in C_q(X;J)$,有 $c(x)=\langle c,x\rangle\in G$. 如果 $x=\partial x'\in B_q(X;J)$,则$\langle c,x\rangle=\langle c,\partial x'\rangle=\langle\delta c,x'\rangle=\langle 0,x'\rangle=0$. 进一步,如果 $c=\delta c'\in B^q(X;G)$,则$\langle c,z\rangle=\langle\delta c',z\rangle=\langle c',\partial z\rangle=\langle c',0\rangle=0$, $\forall z\in Z_q(X;J)$. 因而,$\forall[c]\in H^q(X;G)$定义了一个所要求的同态

$$\alpha:H^q(X;G)\to\mathrm{Hom}(H_q(X;J),G),$$
$$\alpha[c]:H_q(X;J)\to G,$$
$$(\alpha[c])[z]=c(z)=\langle c,z\rangle,\quad [z]\in H_q(X;J).$$ □

要研究同态 α,先证明下面引理.

引理 2.8.2 设 $0\to F_1\xrightarrow{i}F_0\xrightarrow{j}A\to 0$ 为交换群的短正合序列,对任意交换群 G,有同态的正合序列

$$\mathrm{Hom}(F_1;G)\xleftarrow{i^t}\mathrm{Hom}(F_0;G)\xleftarrow{j^t}\mathrm{Hom}(A;G)\leftarrow 0.$$

证明 (1) $u\in\mathrm{Hom}(A;G)$, $j^tu=0$,即

$$0=0(f_0)=j^tu(f_0)=u(jf_0).$$

由于 j 为满射,故 $u|_A=0$. 从而,$u=0$. 这表明 j^t 为单射.

(2) 因为

$$i^t\circ j^t=(j\circ i)^t=0^t=0,$$

所以 $\mathrm{Im}\,j^t\subset\mathrm{Ker}\,i^t$.

另一方面,设 $u\in\mathrm{Ker}\,i^t\subset\mathrm{Hom}(F_0;G)$,即 $i^tu=u\circ i=0$,也就是 $u|_{\mathrm{Im}\,i}=0$. 对$\forall a\in A$,由于 j 为满射,故必有 $f_0\in F_0$, s.t. $j(f_0)=a$. 令 $v(a)=u(f_0)$. 如果另有 $f_0'\in F_0$, s.t. $j(f_0')=a=j(f_0)$,则 $j(f_0'-f_0)=0$, $f_0-f_0'\in\mathrm{Ker}\,j=\mathrm{Im}\,i$. 因此,$0=u(f_0'-f_0)=u(f_0')-u(f_0)$, $u(f_0')=u(f_0)$. 这就证明了 $v(a)$与 $f_0\in F_0$ 的选取无关. v 定义了 A 到 G 的映射,易知它是一个同态($v(a+\bar a)=u(f_0+\bar f_0)=u(f_0)+u(\bar f_0)=v(a)+$

$v(\bar{a}))$.

对$\forall f_0\in F_0$,记$j(f_0)=a\in A$.因此,$v(a)=u(f_0)$,且

$$(j^t v)f_0 = v(j(f_0)) = v(a) = u(f_0),$$

故有$j^t v=u$,$u\in \mathrm{Im}\, j^t$,$\mathrm{Ker}\, i^t \subset \mathrm{Im}\, j^t$.

综上所述,得到

$$\mathrm{Im}\, j^t = \mathrm{Ker}\, i^t.$$

这就证明了$\mathrm{Hom}(F_0;G)$处的正合性. □

注 2.8.1 值得注意的是,i为单射,但i^t未必为满射.

例如,设

$$0 \to J_2 \xrightarrow{i} J_4 \xrightarrow{j} J_2 \to 0,$$

其中

$$\begin{aligned} &i([1]) = [2], \quad j([1]) = [1],\\ &i([0]) = [0], \quad j([0]) = [0],\\ &\qquad\qquad\qquad j([2]) = [2] = [0],\\ &\qquad\qquad\qquad j([3]) = [3] = [1]. \end{aligned}$$

显然,i为单射,j为满射,$\mathrm{Im}\, i=\{[0],[2]\}=\mathrm{Ker}\, j$.但

$$i^t:\mathrm{Hom}(J_4;J_2) \to \mathrm{Hom}(J_2;J_2)$$

不为满射.事实上,$\mathrm{Hom}(J_4;J_2)$中只有两个元素:α与β,其中

$$\alpha([1]) = [0],\ \alpha = 0; \quad \beta([1]) = [1].$$

显然,$i^t(\alpha)=0$;$i^t(\beta)([1])=\beta(i[1])=\beta([2])=[2]=[0]$,$i^t(\beta)=0$.因此,$i^t$不为满射.

引理 2.8.3 设$0\to C\xrightarrow{\lambda}D\xrightarrow{\mu}E\to 0$为短正合序列,如果存在同态$\eta:E\to D$,s.t. $\mu\eta=\mathrm{id}_E$,则称此序列为**分裂**的.证明:

(1) $D\cong C\oplus E$.

(2) 如果E是自由交换群(或E由生成元生成),则它总是分裂的.

证明 (1) 因为

$$0 \to C \xrightarrow{\lambda} D \xrightarrow{\mu} E \to 0$$

为短正合序列,故λ为单射,μ为满射,且$\mathrm{Im}\,\lambda=\mathrm{Ker}\,\mu$.

如果$\eta(e_1)=\eta(e_2)$,则

$$e_1 = \mathrm{id}_E(e_1) = \mu\eta(e_1) = \mu\eta(e_2) = \mathrm{id}_E(e_2) = e_2,$$

这表明η为单射.

设$x\in\lambda(C)\cap\eta(E)$,则

$$\lambda(c) = x = \eta(e),$$
$$0 = \mu\lambda(c) = \mu(x) = \mu\eta(e) = \mathrm{id}_E(e) = e,$$
$$x = \eta(e) = \eta(0) = 0.$$

由此推得

$$\operatorname{Im}\lambda \cap \operatorname{Im}\eta = \lambda(C) \cap \eta(E) = \{0\}.$$

此外,对 $\forall x \in D$,由于

$$\mu(x - \eta\mu(x)) = \mu(x) - \mu\eta\mu(x) = \mu(x) - \mathrm{id}_E\mu(x) = \mu(x) - \mu(x) = 0,$$
$$x - \eta\mu(x) \in \operatorname{Ker}\mu = \operatorname{Im}\lambda,$$
$$x - \eta\mu(x) = \lambda(c),$$
$$x = \lambda(c) + \eta\mu(x) \in \operatorname{Im}\lambda + \operatorname{Im}\eta,$$

故

$$D = \operatorname{Im}\lambda \oplus \operatorname{Im}\eta \cong \lambda(C) \oplus \eta(E) \cong C \oplus E.$$

(2) 因为 E 是自由交换群,故 $E = \operatorname{Span}\{e_i \mid e_i, i \in \vartheta$ 为交换群 E 的生成元$\}$,即 $\{e_i \mid i \in \vartheta\}$张成了交换群 E.由于 μ 为满射,故有 d_i,s.t. $\mu(d_i) = e_i$.令同态 $\eta: E \to D$, s.t. $\eta(e_i) = d_i$,则

$$\mu\eta(e_i) = \mu(d_i) = e_i,$$
$$\mu\eta = \mathrm{id}_E.$$

根据(1),短正合序列

$$0 \to C \xrightarrow{\lambda} D \xrightarrow{\mu} E \to 0$$

总是分裂的. □

定义 2.8.1 设引理 2.8.2 中 A,G 为交换群,F_1,F_0 都为自由交换群,我们称

$$\operatorname{Ext}(A, G) = \frac{\operatorname{Hom}(F_1, G)}{\operatorname{Im} i^t}$$

为正合序列 $0 \to F_1 \xrightarrow{i} F_0 \xrightarrow{j} A \to 0$ 的导出函子.

根据引理 2.8.2,有正合序列

$$0 \leftarrow \operatorname{Ext}(A, G) \leftarrow \operatorname{Hom}(F_1, G) \xleftarrow{i^t} \operatorname{Hom}(F_0, G) \xleftarrow{j^t} \operatorname{Hom}(A, G) \leftarrow 0.$$

定理 2.8.1(奇异上同调群的万有系数定理) 设 G 为一个交换群,对于拓扑空间 X 有正合序列

$$0 \to \operatorname{Ext}(H_{q-1}(X;J), G) \xrightarrow{\beta} H^q(X;G) \xrightarrow{\alpha} \operatorname{Hom}(H_q(X;J), G) \to 0.$$

此正合序列是分裂的.于是,进一步有

$$H^q(X;G) \cong \operatorname{Hom}(H_q(X;J), G) \oplus \operatorname{Ext}(H_{q-1}(X;J), G).$$

证明 根据定义知 $C_q = C_q(X;J)$为自由交换群,再根据引理1.4.6,$Z_q = Z_q(X;J)$与$B_q = B_q(X;J)$作为C_q的子群,它们也是自由交换群.由正合序列

$$0 \to B_{q-1} \xrightarrow{i} Z_{q-1} \to H_{q-1} \to 0$$

($H_{q-1} = H_{q-1}(X;J)$)推得H_{q-1},G的导出函子为

$$\mathrm{Ext}(H_{q-1},G) = \frac{\mathrm{Hom}(B_{q-1},G)}{\mathrm{Im}\{\mathrm{Hom}(Z_{q-1},G) \xrightarrow{i^t} \mathrm{Hom}(B_{q-1},G)\}}.$$

正合序列

$$0 \to Z_{q-1} \to C_{q-1} \to B_{q-2} \to 0$$

中的三个群都是自由交换群,因此,根据引理2.8.3(2),这个序列是分裂的,故

$$C_{q-1} \cong Z_{q-1} \oplus B_{q-2}.$$

由此对$\forall f \in \mathrm{Hom}(Z_{q-1},G)$都可以扩充成同态$\tilde{f}: C_{q-1} \to G$,s.t. $\tilde{f}|_{Z_{q-1}} = f$.所以,

$$\mathrm{Im}\{\mathrm{Hom}(Z_{q-1},G) \xrightarrow{i^t} \mathrm{Hom}(B_{q-1},G)\} = \mathrm{Im}\{\mathrm{Hom}(C_{q-1},G) \xrightarrow{i^t} \mathrm{Hom}(B_{q-1},G)\},$$

且有

$$\mathrm{Ext}(H_{q-1},G) = \frac{\mathrm{Hom}(B_{q-1},G)}{\mathrm{Im}\{\mathrm{Hom}(C_{q-1},G) \xrightarrow{i^t} \mathrm{Hom}(B_{q-1},G)\}},$$

其中$i: B_{q-1} \to C_{q-1}$为包含映射,对于$\forall f \in \mathrm{Hom}(C_{q-1},G)$,$i^t f: B_{q-1} \to G$为同态$f$限制到$B_{q-1}$上的同态.因此,如果$h \in \mathrm{Hom}(B_{q-1},G)$可以扩张到$C_{q-1}$上,则$h$在$\mathrm{Ext}(H_{q-1},G)$中为零元素.

(1) 先定义同态β.

设$[a] \in \mathrm{Ext}(H_{q-1},G)$,可以用$\alpha \in \mathrm{Hom}(B_{q-1},G)$表示.显然,$[a]$在$\mathrm{Ext}(H_{q-1},G)$中为零或不为零,视$a$能或不能从$B_{q-1}$扩张到$C_{q-1}$上.

由$\partial_q: C_q \to B_{q-1} \subset C_{q-1}$可得链群分解$C_q \cong Z_q \oplus B_{q-1}$.因此,由$a$总可以得到$C_q$上的同态$\bar{a}$:对任意$z \in C_q$,$\bar{a}(z) = a(\partial z)$,$\bar{a}|_{Z_q} = 0$,这样定义的同态是唯一的.由奇异上链的定义知,$\bar{a} \in C^q(X;G)$.对任意$z \in C_{q+1}(X;J)$,

$$(\delta\bar{a})z = \bar{a}(\partial z) = a(\partial\partial z) = a(0) = 0,$$

$$\delta\bar{a} = 0.$$

这就证明了$\bar{a} \in Z^q(X;G)$.我们定义

$$\beta[a] = [\bar{a}] \in H^q(X;G).$$

此外,对$\forall b \in \mathrm{Im}\{\mathrm{Hom}(C_{q-1},G) \xrightarrow{i^t} \mathrm{Hom}(B_{q-1},G)\}$,它表明$b: B_{q-1} \to G$可以扩张到$C_{q-1}$上,扩张记为$\tilde{b} \in C^{q-1}(X;G)$.依照上面对$a$的做法用于$b \in \mathrm{Hom}(B_{q-1},G)$得到$\bar{b}$,此时

$$\bar{b}z = b(\partial z) = \tilde{b}(\partial z) = (\delta\tilde{b})z, \quad \forall z \in C_q,$$

$$\bar{b} = \delta\tilde{b} \in B^q(X,G).$$

这就证明了 β 定义的合理性.

(2) 再证 β 为单射.

设 $\beta[a]=[\bar{a}]=0$,则有 $\tilde{a}\in C^{q-1}(X;G)$,s. t. $\bar{a}=\delta\tilde{a}$. 此时

$$a(\partial z) = \bar{a}(z) = (\delta\tilde{a})z = \tilde{a}(\partial z), \quad \forall z \in C_q(X;J).$$

这说明 B_{q-1} 上的同态 a 可以扩张为 $\tilde{a}\in \mathrm{Hom}(C_{q-1},G)=C^{q-1}(X;G)$. 所以,$[a]$在 $\mathrm{Ext}(H_{q-1},G)$中为零. 这就证明了 β 为单射.

(3) 证明序列在 $H^q(X;G)$处是正合的.

设$[a]\in \mathrm{Ext}(H_{q-1},G)$,$\beta[a]=[\bar{a}]\in \mathrm{Im}\,\beta\subset H^q(X;G)$. 由引理2.8.1中 α 的定义知,

$$\alpha([\bar{a}])[z] = \bar{a}(z) = a(\partial z) = 0, \quad \forall z \in Z_q,$$

$$\alpha([\bar{a}]) = 0,$$

$$[\bar{a}] \in \mathrm{Ker}\,\alpha,$$

$$\mathrm{Im}\,\beta \subset \mathrm{Ker}\,\alpha.$$

反之,对$\forall[b]\in \mathrm{Ker}\,\alpha\subset H^q(X;G)$,有 $\alpha[b]=0$,即

$$0 = 0([z]) = (\alpha[b])[z] = b(z), \quad \forall z \in Z_q,$$

$$b|_{Z_q} = 0.$$

利用 $C_q\cong Z_q\oplus B_{q-1}$,由同态 $b:C_q\to G$ 可得

$$\tilde{b}:B_{q-1}\to G, \quad \tilde{b}(\partial z) = b(z),\ z \in C_q.$$

$[\tilde{b}]\in \mathrm{Ext}\{H_{q-1},G)$. 由 β 的定义知,

$$[b] = \beta[\tilde{b}] \in \mathrm{Im}\,\beta,$$

$$\mathrm{Im}\,\beta \supset \mathrm{Ker}\,\alpha.$$

综上所述,得到

$$\mathrm{Im}\,\beta = \mathrm{Ker}\,\alpha.$$

这就证明了定理中序列在 $H^q(X;G)$处是正合的.

(4) α 为满射.

对$\forall d\in \mathrm{Hom}(H_q,G)$,可以将它视作同态 $d:Z_q\to G$,$d|_{B_q}=0$. 由 $C_q\cong Z_q\oplus B_{q-1}$ 知,上述 d 可以扩张为 $\bar{d}\in \mathrm{Hom}(C_q,G)=C^q(X;G)$,满足 $\bar{d}|_{B_{q-1}}=0$. 因为 $\bar{d}|_{B_q}=d|_{B_q}=0$,所以可由

$$(\delta\bar{d})z = \bar{d}(\partial z) = 0, \quad \forall z \in C_{q+1}(X)$$

推得 $\delta\overline{d}=0$. 因此,$[\overline{d}]\in H^q(X;G)$,$\overline{d}$ 是 $d\in \mathrm{Hom}(H_q,G)$的扩张,$d=\alpha[\overline{d}]\in \mathrm{Im}\,\alpha$. 从而,$\alpha$ 为满射,即

$$\mathrm{Im}\,\alpha = \mathrm{Hom}(H_q(X;J),G).$$

(5) 定理中的序列是分裂的.

$$\mu:\mathrm{Hom}(H_q;G)\to H^q(X;G),$$
$$\mu(d)=[\overline{d}].$$

于是

$$\alpha\circ\mu(d)=\alpha([\overline{d}])=d,$$
$$\alpha\circ\mu=\mathrm{id}:\mathrm{Hom}(H_q,G)\to \mathrm{Hom}(H_q,G).$$

引理 2.8.3 表明定理中的序列是分裂的,且有同构

$$H^q(X;G)\cong \mathrm{Hom}(H_q(X;J),G)\oplus \mathrm{Ext}(H_{q-1}(X;J),G).$$

□

注 2.8.2 从定理 2.8.1 的证明可看出,$\mathrm{Ext}(H_{q-1},G)$采用了

$$0\to F_1=B_{q-1}\xrightarrow{i}F_0=Z_{q-1}\to H_{q-1}\to 0,$$

得到的结果 $\mathrm{Ext}(H_{q-1}(X;J),G)$表面上与 $F_0=Z_{q-1}$, $F_1=B_{q-1}$有关! 因此,要计算$\mathrm{Ext}(H_{q-1}(X;J),G)$ 非常困难.如果能证明 $\mathrm{Ext}(H_{q-1}(X;J),G)$从根本上与自由交换群 F_0,F_1 的选取无关,而完全由 $H_{q-1}(X;J)$与 G 所决定,那该有多好啊(见定理 2.8.2)! 有了这个定理,我们就有可能通过取特殊的 F_0,F_1 来顺利地计算出 $\mathrm{Ext}(H_{q-1}(X;J),G)$.

定理 2.8.2 定义 2.8.1 中的 $\mathrm{Ext}(A,G)$在同构意义下仅与 A,G 有关,而与自由交换群 F_0,F_1 无关.

证明 参阅文献[8]389~393 页. □

注 2.8.3 由定义 2.8.1 与定理 2.8.2 知,$\mathrm{Ext}(H_{q-1}(X;J),G)$与自由交换群 F_0,F_1 的选取无关,而仅与 $H_{q-1}(X;J)$,G 有关.因此,由

$$H^q(X;G)\cong \mathrm{Hom}(H_q(X;J),G)\oplus \mathrm{Ext}(H_{q-1}(X;J),G)$$

立知,奇异上同调群 $H^q(X;G)$完全由 X 的奇异下同调群所决定.

现在我们来证明函子 Ext 更进一步的性质.

定理 2.8.3 (1) 设 A_1,A_2,G 都是交换群,则

$$\mathrm{Ext}(A_1\oplus A_2,G)\cong \mathrm{Ext}(A_1,G)\oplus \mathrm{Ext}(A_2,G).$$

(2) 如果 A 是自由交换群,则对任意交换群 G,$\mathrm{Ext}(A,G)=0$.

(3) 给定交换群 G,有

$$0\leftarrow \mathrm{Ext}(J_n,G)\leftarrow \mathrm{Hom}(J,G)\leftarrow \mathrm{Hom}(J,G)\leftarrow \mathrm{Hom}(J_n,G)\leftarrow 0,$$

即

$$0 \leftarrow \mathrm{Ext}(J_n, G) \leftarrow G \leftarrow G \leftarrow \mathrm{Hom}(J_n, G) \leftarrow 0,$$

$$\mathrm{Ext}(J_n, G) \cong \frac{G}{nG} = G_n,$$

$$\mathrm{Ext}(J_n, J) \cong J_n, \quad \mathrm{Ext}(J_n, \mathbf{R}) = 0, \quad \mathrm{Ext}(J_n, \mathbf{Q}) = 0,$$

其中 $\mathbf{R}$,$\mathbf{Q}$ 分别为实数加群、有理数加群.

证明 (1) 令

$$0 \to F_1^i \to F_0^i \to A_i \to 0$$

为 A_i($i=1,2$)的自由分解,则

$$0 \to F_1^1 \oplus F_1^2 \xrightarrow{(i^1, i^2)} F_0^1 \oplus F_0^2 \xrightarrow{(j^1, j^2)} F_0^1 \oplus F_0^2 \to A_1 \oplus A_2 \to 0$$

为 $A_1 \oplus A_2$ 的自由分解.于是

$$0 \leftarrow \mathrm{Ext}(A_i, G) \leftarrow \mathrm{Hom}(F_1^i, G) \leftarrow \mathrm{Hom}(F_0^i, G) \leftarrow \mathrm{Hom}(A_i, G) \leftarrow 0,$$

$i=1,2$,以及

$$0 \leftarrow \mathrm{Ext}(A_1, G) \oplus \mathrm{Ext}(A_2, G) \leftarrow \mathrm{Hom}(F_1^1, G) \oplus \mathrm{Hom}(F_1^2, G)$$
$$\leftarrow \mathrm{Hom}(F_0^1, G) \oplus \mathrm{Hom}(F_0^2, G) \leftarrow \mathrm{Hom}(A_1 \oplus A_2, G) \leftarrow 0,$$
$$0 \leftarrow \mathrm{Ext}(A_1 \oplus A_2, G) \leftarrow \mathrm{Hom}(F_1^1 \oplus F_1^2, G) \leftarrow \mathrm{Hom}(F_0^1 \oplus F_0^2, G)$$
$$\leftarrow \mathrm{Hom}(A_1 \oplus A_2, G)$$

都是正合的.上面两式右边三项分别同构.由一般性论证(参阅文献[8]389~393 页),它们左边项之间也有一个同构,即

$$\mathrm{Ext}(A_1 \oplus A_2, G) = \mathrm{Ext}(A_1, G) \oplus \mathrm{Ext}(A_2, G).$$

(2) 如果 A 是一个自由交换群,可取 $F_1=0, F_0=A, i=0, j=\mathrm{id}_A$.这时

$$0 \to F_1 = 0 \xrightarrow{i=0} F_0 = A \xrightarrow{j=\mathrm{id}_A} A \to 0$$

正合.由 $\mathrm{Hom}(F_1, G) = \mathrm{Hom}(0, G) = 0$ 推得

$$0 \leftarrow \mathrm{Ext}(A, G) \leftarrow \mathrm{Hom}(F_1, G) = 0 \xleftarrow{i^t} \mathrm{Hom}(F_0, G) = \mathrm{Hom}(A, G)$$
$$\xleftarrow{j^t} \mathrm{Hom}(A, G) \leftarrow 0,$$
$$\mathrm{Ext}(A, G) = 0.$$

(3) 设 n 为一个自然数,由自由分解

$$0 \to J \xrightarrow{n} J \xrightarrow{p_n} J_n \to 0$$

(其中 n 是对每一个整数乘以 n,p_n 为投影)得到正合序列

$$0 \leftarrow \mathrm{Ext}(J_n, G) \leftarrow \mathrm{Hom}(J, G) \xleftarrow{n^t} \mathrm{Hom}(J, G) \xleftarrow{p_n^t} \mathrm{Hom}(J_n, G) \leftarrow 0.$$

对 $\forall f \in \mathrm{Hom}(J, G)$,由于 $f: J \to G$ 为同态,故它由 $f(1) = g \in G$ 决定,则 $f(m) = mf(1) = mg$.如有 $f' \in \mathrm{Hom}(J, G)$,$f'(1) = g' \in G$,则 $f + f' \in \mathrm{Hom}(J, G)$ 由 $(f+f')(1) =$

$f(1)+f'(1)=g+g'\in G$ 决定. 因此, $\mathrm{Hom}(J,G)\cong G$, 同构由 $f\mapsto g=f(1)$ 给出. 由

$$(n^t f)(1) = f(n) = nf(1) = ng$$

知道, $n^t f$ 在同构 $\mathrm{Hom}(J,G)\cong G$ 下对应 ng. 因此

$$\mathrm{Im}\{n^t:\mathrm{Hom}(J,G)\to\mathrm{Hom}(J,G)\}\cong nG.$$

综上所述, 得到

$$\mathrm{Ext}(J_n,G) = \frac{\mathrm{Hom}(J,G)}{\mathrm{Im}\{n^t:\mathrm{Hom}(J,G)\to\mathrm{Hom}(J,G)\}} = \frac{G}{nG} = G_n.$$

如果 G 为实数加群 $\mathbf{R}$(或有理数加群 $\mathbf{Q}$), $n\neq 0$, 则 $n\mathbf{R}=\mathbf{R}(n\mathbf{Q}=\mathbf{Q})$. 于是

$$\mathrm{Ext}(J_n,\mathbf{R})\cong\frac{\mathbf{R}}{n\mathbf{R}}\cong\frac{\mathbf{R}}{\mathbf{R}}=0$$

$\left(\mathrm{Ext}(J_n,\mathbf{Q})\cong\dfrac{\mathbf{Q}}{n\mathbf{Q}}\cong\dfrac{\mathbf{Q}}{\mathbf{Q}}=0\right)$. □

例 2.8.1 设 X 为拓扑空间, 它的整奇异下同调群为 $J, J_n(n\in\mathbf{N})$ 的有限直和, $G=\mathbf{R}$ 或 $\mathbf{Q}$, 则

$$H^q(X;G)\cong\mathrm{Hom}(H_q(X;J),G),\quad q\in J.$$

证明 由定理 2.8.3(2)立知

$$\mathrm{Ext}(H_{q-1}(X;J),G) = 0,$$

因此, 再由奇异上同调群万有系数定理(定理 2.8.1)得到

$$\begin{aligned}H^q(X;G)&\cong\mathrm{Hom}(H_q(X;J),G)\oplus\mathrm{Ext}(H_{q-1}(X;J),G)\\&=\mathrm{Hom}(H_q(X;J),G)\oplus 0\\&=\mathrm{Hom}(H_q(X;J),G),\quad q\in J.\end{aligned}$$

□

例 2.8.2 r 叶玫瑰线 G_r 以整数群 J 为系数的奇异下同调群为

$$H_q(G_r;J)=\begin{cases}J, & q=0,\\ \underbrace{J\oplus J\oplus\cdots\oplus J}_{r\text{个}}, & q=1,\\ 0, & q\geqslant 2.\end{cases}$$

根据定理 2.8.3(2), $\mathrm{Ext}(H_{q-1}(G_r;J),G)=0$. 再由奇异上同调群的万有系数定理(定理 2.8.1), 得到 r 叶玫瑰线 G_r 以 G 为系数的奇异上同调群为

$$\begin{cases}H^0(G_r;G)\cong\mathrm{Hom}(H_0(G_r;J),G)=\mathrm{Hom}(J,G)\cong G,\\ H^1(G_r;G)\cong\mathrm{Hom}(H_1(G_r;J),G)=\mathrm{Hom}(\underbrace{J\oplus J\oplus\cdots\oplus J}_{r\text{个}},G)\\ \qquad\cong\underbrace{G\oplus G\oplus\cdots\oplus G}_{r\text{个}},\\ H^q(G_r;G)\cong\mathrm{Hom}(0,G)=0,\quad q\geqslant 2,\end{cases}$$

则

$$H^q(G_r;G)\cong\begin{cases}G, & q=0,\\ \underbrace{G\oplus G\oplus\cdots\oplus G}_{r个}, & q=1,\\ 0, & q\neq 0,1.\end{cases}$$

G_r 以 G 为系数的下同调群为

$$\begin{cases}H_0(G_r;G)\cong H_0(G_r)\otimes G\oplus \mathrm{Tor}(0,G)=J\otimes G\oplus 0\cong G,\\ H_1(G_r;G)\cong(\underbrace{J\oplus J\oplus\cdots\oplus J}_{r个})\otimes G\oplus\mathrm{Tor}(J,G)\\ \qquad\cong\underbrace{G\oplus G\oplus\cdots\oplus G}_{r个}\oplus 0=\underbrace{G\oplus G\oplus\cdots\oplus G}_{r个},\\ H_q(G_r;G)\cong 0\otimes G\oplus\mathrm{Tor}(\underbrace{J\oplus J\oplus\cdots\oplus J}_{r个},G)=0\oplus 0=0, \quad q\geqslant 2,\end{cases}$$

则

$$H_q(G_r;G)=\begin{cases}G, & q=0,\\ \underbrace{G\oplus G\oplus\cdots\oplus G}_{r个}, & q=1,\\ 0, & q\neq 0,1.\end{cases}$$

例 2.8.3 实射影平面 $\mathbf{R}P^2$ 以整数群 J 为系数群的奇异下同调群为

$$H_q(\mathbf{R}P^2;J)\cong\begin{cases}J, & q=0,\\ J_2, & q=1,\\ 0, & q\geqslant 2.\end{cases}$$

由奇异上同调群的万有系数定理(定理 2.8.1),得到实射影平面 $\mathbf{R}P^2$ 以 G 为系数群的奇异上同调群为

$$H^0(\mathbf{R}P^2;G)\cong\mathrm{Hom}(H_0(\mathbf{R}P^2;J),G)\oplus\mathrm{Ext}(0,G)\cong\mathrm{Hom}(J,G)\cong G,$$

$$\begin{aligned}H^1(\mathbf{R}P^2;G)&\cong\mathrm{Hom}(H_1(\mathbf{R}P^2;J),G)\oplus\mathrm{Ext}(H_0(\mathbf{R}P^2;J),G)\\ &\cong\mathrm{Hom}(J_2,G)\oplus\mathrm{Ext}(J,G)\cong\{g\in G\mid 2g=0\}\oplus 0={}_2G,\end{aligned}$$

$$\begin{aligned}H^2(\mathbf{R}P^2;G)&\cong\mathrm{Hom}(H_2(\mathbf{R}P^2;J),G)\oplus\mathrm{Ext}(H_1(\mathbf{R}P^2;J),G)\\ &\cong\mathrm{Hom}(0,G)\oplus\mathrm{Ext}(J_2,G)\overset{定理2.8.3(1)}{\cong}G/2G=G_2,\end{aligned}$$

则

$$H^q(\mathbf{R}P^2;G)\cong\begin{cases}G, & q=0,\\ {}_2G, & q=1,\\ G_2, & q=2.\end{cases}$$

特别地，有

$$\begin{cases} H^0(\mathbf{R}P^2, J) \cong J, \\ H^1(\mathbf{R}P^2, J) \cong {}_2J = 0, \\ H^2(\mathbf{R}P^2, J) \cong J_2, \end{cases}$$

$$\begin{cases} H^0(\mathbf{R}P^2; J_2) \cong J_2, \\ H^1(\mathbf{R}P^2; J_2) \cong {}_2(J_2) = J_2, \\ H^2(\mathbf{R}P^2; J_2) \cong (J_2)_2 = J_2/2J_2 \cong J_2, \end{cases}$$

$$\begin{cases} H^0(\mathbf{R}P^2; \mathbf{R}) \cong \mathbf{R}, \\ H^1(\mathbf{R}P^2; \mathbf{R}) \cong {}_2\mathbf{R} = 0, \\ H^2(\mathbf{R}P^2; \mathbf{R}) \cong \mathbf{R}_2 = \mathbf{R}/2\mathbf{R} = \mathbf{R}/\mathbf{R} = 0, \end{cases}$$

$$\begin{cases} H^0(\mathbf{R}P^2, \mathbf{Q}) \cong \mathbf{Q}, \\ H^1(\mathbf{R}P^2, \mathbf{Q}) \cong {}_2\mathbf{Q} = 0, \\ H^2(\mathbf{R}P^2, \mathbf{Q}) \cong \mathbf{Q}_2 = \mathbf{Q}/2\mathbf{Q} = \mathbf{Q}/\mathbf{Q} = 0. \end{cases}$$

再由奇异下同调群的万有系数定理(定理 2.8.10)，得到

$$\begin{aligned} H_0(\mathbf{R}P^2; G) &\cong H_0(\mathbf{R}P^2; J) \otimes G \oplus \mathrm{Tor}(0, G) = J \otimes G \oplus 0 \cong G, \\ H_1(\mathbf{R}P^2; G) &\cong H_1(\mathbf{R}P^2; J) \otimes G \oplus \mathrm{Tor}(H_0(\mathbf{R}P^2; J), G) \\ &\cong J_2 \otimes G \oplus \mathrm{Tor}(J, G) \cong G_2 + 0 = G_2, \\ H_2(\mathbf{R}P^2; G) &\cong H_2(\mathbf{R}P^2; J) \otimes G \oplus \mathrm{Tor}(H_1(\mathbf{R}P^2; J), G) \\ &\cong 0 \otimes G \oplus \mathrm{Tor}(J_2, G) \cong {}_2G, \end{aligned}$$

则

$$H_q(\mathbf{R}P^2; G) \cong \begin{cases} G, & q = 0, \\ G_2, & q = 1, \\ {}_2G, & q = 2. \end{cases}$$

由此也得到

$$H_q(\mathbf{R}P^2; J_2) = J_2, \quad q = 0,1,2.$$

所以

$$R_2^{(2)} = 1 \neq 0 = R_2.$$

奇异上同调群的万有系数定理(定理 2.8.1)可以推广到空间偶，证明是类似的.

定理 2.8.4(空间偶(X,A)的奇异上同调群的万有系数定理) 设(X,A)为拓扑空间偶，G 为交换群，则有正合序列

$$0 \to \mathrm{Ext}(H_{q-1}(X, A; J), G) \xrightarrow{\beta} H^q(X, A; G) \xrightarrow{\alpha} \mathrm{Hom}(H_q(X, A; J), G) \to 0.$$

此正合序列是分裂的，即

$$H^q(X,A;G)\cong \mathrm{Hom}(H_q(X,A;J),G)\oplus \mathrm{Ext}(H_{q-1}(X,A;J),G).$$

为了研究奇异下同调群的万有系数定理,我们必须引入交换群的张量积.

交换群的张量积

设 G,H 为两个交换群,它们的张量积群为

$$G\otimes H=\left\{\sum_{i=1}^{k} g_i\otimes h_i = g_1\otimes h_1+g_2\otimes h_2+\cdots+g_k\otimes h_k \mid k\in \mathbf{N}, g_i\in G, h_i\in H\right\}.$$

张量积满足下面的运算法则:

$$(g+g')\otimes h=g\otimes h+g'\otimes h,\quad g\otimes(h+h')=g\otimes h+g\otimes h'.$$

由此推得

$$g\otimes 0=g\otimes(0+0)=g\otimes 0+g\otimes 0,$$
$$g\otimes 0=0.$$

同理

$$0\otimes h=0.$$

因为

$$g\otimes(-h)+g\otimes h=g\otimes(-h+h)=g\otimes 0=0,$$

所以

$$g\otimes(-h)=-(g\otimes h)=(-g)\otimes h.$$

当 n 为任意整数时,

$$(ng)\otimes h=n(g\otimes h)=g\otimes(nh).$$

易见,$G\otimes H$ 为交换群,但张量积并不可交换,$g\otimes h=h\otimes g$ 未必成立,即使 $G=H$.

细心的读者会看到:以上叙述并没有清楚地表明满足其运算法则的张量积的存在性.因此,我们采用另一种方法定义 G 与 H 的张量积(参阅文献[8]372 页).设 G 和 H 为交换群.令 $F(G,H)$是由集合 $G\times H$ 生成的自由交换群,$R(G,H)$是由所有形如

$$(g+g',h)-(g,h)-(g',h),$$

和

$$(g,h+h')-(g,h)-(g,h')$$

的元素生成的 $F(G,H)$的子群(其中 $g,g'\in G$, $h,h'\in H$).我们定义

$$G\otimes H=\frac{F(G,H)}{R(G,H)},$$

其中 $G\otimes H$ 的每个元素,即(g,h)关于 $R(G,H)$的等价类或陪集为$[(g,h)]=g\otimes h$.于是,有

$$[(g+g',h)]-[(g,h)]-[(g',h)]=[(g+g',h)-(g,h)-(g',h)]=[0],$$
$$[(g,h+h')]-[(g,h)]-[(g,h')]=[(g,h+h')-(g,h)-(g,h')]=[0],$$
即
$$(g+g')\otimes h=g\otimes h+g'\otimes h,$$
$$g\otimes(h+h')=g\otimes h+g\otimes h'.$$
张量积的这两种定义的合理性和存在性是自然成立的. 但是,值得指出的是第 1 种定义便于计算,第 2 种定义对于理论上的论述是需要的.

引理 2.8.4 存在一个将 $n\otimes g$ 映为 ng 的同构
$$J\otimes G\cong G.$$
同理
$$G\otimes J\cong G.$$

证明 (证法 1)将 $J\times G$ 映为 G,(n,g)映为 ng 的映射是双线性的,因而它诱导了一个把 $n\otimes g$ 映为 ng 的同态
$$\phi: J\otimes G\to G.$$
令
$$\psi: G\to J\otimes G,$$
$$g\mapsto\psi(g)=1\otimes g,\quad \forall g\in G,$$
我们有
$$\phi\psi(g)=\phi(1\otimes g)=1\cdot g=g;$$
相反地,我们有
$$\psi\phi(n\otimes g)=\psi(ng)=1\otimes(ng)=n(1\otimes g)=n\otimes g.$$
因此,ψ 为 ϕ 的逆,而 ϕ 为同构.

(证法 2)由
$$n\otimes g=(\underbrace{1+\cdots+1}_{n个})\otimes g=1\otimes g+\cdots+1\otimes g=1\otimes(\underbrace{g+\cdots+g}_{n个})=1\otimes(ng)$$
立知
$$J\otimes G\cong G.$$ □

例 2.8.4 一个常见的谬误:设 G 与 H 都为交换群,G'为 G 的子群,H'为 H 的子群. 很容易认为 $G'\otimes H'$ 为 $G\otimes H$ 的子群. 但是,一般来说这是不正确的! 包含映射 $i: G'\to G$ 与 $j: H'\to H$ 确实产生了一个同态
$$i\otimes j: G'\otimes H'\to G\otimes H.$$
但是这个同态一般不为单射! 例如,整数集 J 为有理数加群 $\mathbf{Q}$ 的子群,但是,$J\otimes J_2$ 为一个非平凡群,而 $\mathbf{Q}\otimes J_2$ 却为平凡群(这说明 $G'\otimes H'$ 不为 $G\otimes H$ 的子群),这是因为在

$\mathbf{Q}\otimes J_2$中,

$$g\otimes h=(g/2)\otimes(2h)=(g/2)\otimes 0=0.$$

虽然单射的张量积一般不是单的,但是满射的张量积却是满的.这是下面引理 2.8.5 的实质.

引理 2.8.5 设同态 $\phi:G\to H$ 与 $\phi':G'\to H'$都是满的,则

$$\phi\otimes\phi':G\otimes G'\to H\otimes H'$$

也是满的,而且它的核 Ker $\phi\otimes\phi'$为

$$K=\{g\otimes g'\mid g\in \mathrm{Ker}\,\phi \text{ 或} g'\in \mathrm{Ker}\,\phi'\}\subset G\otimes G'.$$

证明 因为 ϕ 与 ϕ'都为满射,故对 $\forall\, h\otimes h'\in H\otimes H'$,必有 $g\in G, g'\in G'$, s. t. $\phi\otimes\phi'(g\otimes g')=\phi(g)\otimes\phi'(g')=h\otimes h'$,因此 $\phi\otimes\phi'$也为满射.

显然,对 $\forall\, g\otimes g'\in K$, $g\in \mathrm{Ker}\,\phi$ 或 $g'\in \mathrm{Ker}\,\phi'$,即 $\phi(g)=0$ 或 $\phi'(g')=0$.不妨设 $\phi(g)=0$.于是

$$\phi\otimes\phi'(g\otimes g')=\phi(g)\otimes\phi'(g')=0\otimes\phi'(g')=0,$$
$$g\otimes g'\in \mathrm{Ker}(\phi\otimes\phi'),$$
$$K\subset \mathrm{Ker}(\phi\otimes\phi').$$

因为 $\phi\otimes\phi'$将 K 映为 0,故它诱导了一个同态

$$\Phi:(G\otimes G')/K\to H\otimes H'.$$

我们通过定义 Φ 的逆 ψ 来证明 Φ 为一个同构.从而,

$$\mathrm{Ker}(\phi\otimes\phi')=K.$$

我们先定义

$$\psi:H\times H'\to(G\otimes G')/K,$$
$$(h,h')\mapsto\psi(h,h')=[(g\otimes g')]\quad(\text{或 } g\otimes g'+K),$$

其中 $\phi(g)=h$, $\phi'(g')=h'$.再证明 ψ 是完全确定的.事实上,假设 $\phi(g_0)=h$, $\phi'(g_0')=h'$,则 $g-g_0\in \mathrm{Ker}\,\phi$, $g'-g_0'\in \mathrm{Ker}\,\phi'$,且

$$g\otimes g'-g_0\otimes g_0'=((g-g_0)\otimes g')+(g_0\otimes(g'-g_0'))\in K.$$

这就证明了 ψ 是完全确定的.由其定义可知 ψ 是双线性的,因而它诱导了一个同态

$$\Psi:H\otimes H'\to(G\otimes G')/K.$$

容易验证 $\Phi\circ\Psi$ 与 $\Psi\circ\Phi$ 都为恒同映射:

$$\Phi\circ\Psi(h\otimes h')=\Phi([g\otimes g'])=\phi(g)\otimes\phi(g')=h\otimes h',$$
$$\Psi\circ\Phi([g\otimes g'])=\Psi(\phi(g)\otimes\phi'(g'))=\Psi(h\otimes h')=[g\otimes g'].$$ □

恰如对于 Hom 函子那样,我们来考虑如何将正合序列“张量化”.

定理 2.8.5 设交换群的序列

$$A \xrightarrow{\phi} B \xrightarrow{\psi} C \to 0$$

是正合的，G 为交换群，则

$$A \otimes G \xrightarrow{\phi \otimes \mathrm{id}_G} B \otimes G \xrightarrow{\psi \otimes \mathrm{id}_G} C \otimes G \to 0$$

也是正合的. 如果 ϕ 为单射，并且第 1 个序列分裂，则 $\phi \otimes \mathrm{id}_G$ 也为单射，而且第 2 个序列也分裂.

证明 由于 ψ 和 id_G 为满射，根据引理 2.8.5，$\psi \otimes \mathrm{id}_G$ 为满射，而且它的核是由形如 $b \otimes g\,(b \in \mathrm{Ker}\,\psi)$ 的所有元素生成的 $B \otimes G$ 的子群 D. $\phi \otimes \mathrm{id}_G$ 的像是由形如 $\phi(a) \otimes g$ 的所有元素生成的 $B \otimes G$ 的子群 E. 因为 $\mathrm{Im}\,\phi = \mathrm{Ker}\,\psi$，所以 $D = E$，即 $\mathrm{Im}(\phi \otimes \mathrm{id}_G) = \mathrm{Ker}(\psi \otimes \mathrm{id}_G)$. 这表明第 2 个序列也是正合的.

设 ϕ 为单射，并且第 1 个序列分裂，则 $\phi \otimes \mathrm{id}_G$ 为单射，且根据引理 2.8.3 中的分裂定义，存在同态 $\eta: C \to B$，使得 $\psi \circ \eta = \mathrm{id}_C$. 于是

$$(\psi \otimes \mathrm{id}_G) \circ (\eta \otimes \mathrm{id}_G) = (\psi \circ \eta) \otimes \mathrm{id}_G = \mathrm{id}_C \otimes \mathrm{id}_G = \mathrm{id}_{C \otimes G}.$$

这表明第 2 个序列

$$0 \to A \otimes G \xrightarrow{\phi \otimes \mathrm{id}_G} B \otimes G \underset{\eta \otimes \mathrm{id}_G}{\overset{\psi \otimes \mathrm{id}_G}{\rightleftarrows}} C \otimes G \to 0$$

也是分裂的. 再根据引理 2.8.3(1)，

$$B \otimes G \cong (A \otimes G) \oplus (C \otimes G).$$ □

例 2.8.5 存在自然的同构

$$J_n \otimes G \cong \frac{G}{nG} = G_n,$$

其中 G 为交换群.

证明 取正合序列

$$0 \to J \xrightarrow{n} J \xrightarrow{p_n} J_n \to 0,$$

其中 p_n 为投影. 由定理 2.8.5 可得到正合序列

$$J \otimes G \xrightarrow{n \otimes \mathrm{id}_G} J \otimes G \xrightarrow{p_n \otimes \mathrm{id}_G} J_n \otimes G \to 0.$$

应用引理 2.8.4，上式就成为

$$G \xrightarrow{n} G \to J_n \otimes G \to 0,$$

$$J_n \otimes G \cong \frac{J \otimes G}{\mathrm{Ker}(p_n \otimes \mathrm{id})} \cong \frac{J \otimes G}{\mathrm{Im}(n \otimes \mathrm{id}_G)} \cong \frac{G}{nG} = G_n.$$ □

注 2.8.4 在例 2.8.5 中，当 $n = 1$ 时，

$$0 \to J \xrightarrow{1} J \underset{\eta_1}{\overset{p_1 = 0}{\rightleftarrows}} J_1 = 0 \to 0,$$

令 $\eta_1=0$,则 $p_1\circ\eta_1=0\circ 0=0=d_{J_1}$,故该正合序列是分裂的,且

$$J\cong J\oplus J_1 = J\oplus 0 = J.$$

当 $n=2,3,\cdots$时,

$$0\to J\xrightarrow{n} J\xrightarrow{p_n} J_n\to 0.$$

由于

$$J\ncong J\oplus J_n,$$

故根据引理 2.8.3,可知该正合序列不是分裂的.对此,我们也可以从分裂的定义及反证法直接推出.(反证)假设上述正合序列是可分裂的,则存在同态 η_n,使得

$$J\underset{\eta_n}{\overset{p_n}{\rightleftarrows}} J_n,$$

$p_n\circ\eta_n=\mathrm{id}_{J_n}$.设 $\eta_n([1])=m$,则

$$0=\eta_n([0])=\eta_n([n])=\eta_n(n[1])=n\eta_n([1])=n\cdot m,$$

由 $n=2,3,\cdots\neq 0$ 立知,$m=0$,$\eta_n([1])=0$,$\eta_n=0$.于是

$$p_n\circ\eta_n=p_n\circ 0=0\neq\mathrm{id}_{J_n},$$

矛盾.

现在,我们来给出张量积的一些性质.

定理 2.8.6(张量积的简单性质) 设 A,B,C 为交换群,则有下列的自然同构:

(1) $A\otimes B\cong B\otimes A$(同构意义下的交换律).

(2) $(\oplus A_\alpha)\otimes B\cong\oplus(A_\alpha\otimes B)$,$A\otimes(\oplus B_\alpha)\cong\oplus(A\otimes B_\alpha)$(同构意义下的分配律).

(3) $A\otimes(B\otimes C)\cong(A\otimes B)\otimes C$(同构意义下的结合律).

证明 (1) 显然,映射

$$A\times B\to B\times A,$$
$$(a,b)\mapsto(b,a)$$

诱导了一个从 $F(A,B)$到 $F(B,A)$的同构,它将 $R(A,B)$映射到 $R(B,A)$上.于是

$$A\otimes B=\frac{F(A,B)}{R(A,B)}\cong\frac{F(B,A)}{R(B,A)}=B\otimes A.$$

(2) 应用下面的引理 2.8.6,存在同态

$$j_\beta:A_\beta\to\oplus A_\alpha \quad 和 \quad \pi_\beta:\oplus A_\alpha\to A_\beta,$$

使得

$$\pi_\alpha\circ j_\beta=\begin{cases}0(平凡), & 当\ \alpha\neq\beta\ 时,\\ \mathrm{id}_{A_\beta}, & 当\ \alpha=\beta\ 时.\end{cases}$$

令

$$f_\beta=j_\beta\otimes\mathrm{id}_B:A_\beta\otimes B\to(\oplus A_\alpha)\otimes B,$$

$$g_\beta = \pi_\beta \otimes \mathrm{id}_B : (\bigoplus A_\alpha) \otimes B \to A_\beta \otimes B,$$

则

$$g_\alpha \circ f_\beta = \begin{cases} 0(\text{平凡}), & \text{当 } \alpha \neq \beta \text{ 时}, \\ \mathrm{id}_{A_\beta \otimes B}, & \text{当 } \alpha = \beta \text{ 时}. \end{cases}$$

现在，$(\bigoplus A_\alpha)\otimes B$ 是由形如 $a\otimes b$ 的元素生成的，其中 $a\in\bigoplus A_\alpha$，$b\in B$. 由于 a 等于形如 $\pi_\alpha(a)$ 的元素的有限和，因而我们看到，$(\bigoplus A_\alpha)\otimes B$ 是由群 $f_\alpha(A_\alpha\otimes B)$ 生成的. (2) 中的第 1 个同构是显然的.

(2) 中的第 2 个同构是由张量运算 $\otimes$ 的交换律 (1) 及第 1 个同构的直接推论.

(3) 现在考查 3 重线性函数

$$f(a,b,c) = a \otimes (b \otimes c),$$
$$g(a,b,c) = (a \otimes b) \otimes c.$$

它们分别是从 $A\times B\times C$ 到 $A\otimes(B\otimes C)$ 和 $(A\otimes B)\otimes C$ 的 3 重线性函数，而且它们分别诱导了同态 F 和 G：

$$(A \otimes B) \otimes C \underset{G}{\overset{F}{\rightleftarrows}} A \otimes (B \otimes C).$$

易见，$F\circ G$ 和 $G\circ F$ 在这些群的生成元上都起着恒等映射的作用，因而它们都是恒等映射. 于是

$$(A \otimes B) \otimes C \cong A \otimes (B \otimes C). \qquad \square$$

引理 2.8.6（判定交换群 G 是直和的准则） 设 G 为一个交换群，如果 G 是子群 $\{G_\alpha\}$ 的直和，则有同态

$$j_\beta : G_\beta \to G \quad \text{和} \quad \pi_\beta : G \to G_\beta,$$

使得

$$\pi_\beta \circ j_\alpha = \begin{cases} 0(\text{平凡}), & \text{当 } \beta \neq \alpha \text{ 时}, \\ \mathrm{id}_{G_\beta}, & \text{当 } \beta = \alpha \text{ 时}. \end{cases}$$

反之，设 $\{G_\alpha\}$ 为一族交换群，并且有同态 j_β 和 π_β 如上，则 j_β 为单同态，而且，如果群 $j_\alpha(G_\alpha)$ 生成 G，则 G 是它们的直和.

证明 设 $G=\bigoplus G_\alpha$，我们定义 $j_\beta: G_\beta\to G$ 为包含同态. 为了定义 $\pi_\beta: G\to G_\beta$，我们将 g 写成 $\sum g_\alpha$，其中 $\forall\,\alpha, g_\alpha\in G$，并且令

$$\pi_\beta(g) = g_\beta.$$

由 $g=\sum g_\alpha$ 表示式的唯一性知，π_β 是一个完全确定的同态.

反之，因为 $\pi_\alpha\circ j_\alpha$ 为恒等映射，故 j_α 为单同态与 π_α 为满同态. 如果群 $j_\alpha(G_\alpha)$ 生成 G，则假设 G 的每一个元素都能写成一个有限和 $\sum j_\alpha(g_\alpha)$. 为证明这种表示是唯一的，

设

$$\sum j_\alpha(g_\alpha) = \sum j_\alpha(g'_\alpha).$$

将 π_β 作用于上式两边就可得到

$$g_\beta = \sum \pi_\beta \circ j_\alpha(g_\alpha) = \pi_\beta\left(\sum j_\alpha(g_\alpha)\right) = \pi_\beta\left(\sum j_\alpha(g'_\alpha)\right) = \sum \pi_\beta \circ j_\alpha(g'_\alpha) = g'_\beta.$$

□

定理 2.8.7 设 A,B,C 为交换群,序列

$$0 \to A \xrightarrow{\phi} B \xrightarrow{\psi} C \to 0$$

是正合的,并且交换群 G 是无挠的,则序列

$$0 \to A \otimes G \xrightarrow{\phi \otimes \mathrm{id}_G} B \otimes G \xrightarrow{\psi \otimes \mathrm{id}_G} C \otimes G \to 0$$

也是正合的.

证明 $A\otimes G\to B\otimes G\to C\otimes G\to 0$ 的正合性在定理 2.8.5 中已经证明,剩下的只需证明 $\phi\otimes\mathrm{id}_G$ 为单射.为此,我们分步来证明.

(1) 假设 G 是自由的(当然它是无挠的),因为对所有的交换群 D,$D\otimes J$ 自然同构于D(见引理 2.8.4),所以序列

$$0 \to A \otimes J \to B \otimes J \to C \otimes J \to 0 \tag{2.8.1}$$

是正合的.因此

$$0 \to A \otimes G \to B \otimes G \to C \otimes G \to 0$$

也是正合的,这是因为由定理 2.8.6 可知,这个序列同构于(2.8.1)型序列的直和,而正合序列的直和也是正合的.

(2) 设 $a_1,a_2,\cdots,a_k \in A$,$b_1,b_2,\cdots,b_k \in B$,$A\otimes B$ 的元素 $\sum a_i \otimes b_i$ 为零,则 A 和 B 的有限生成子群 A_0 和 B_0 分别包含 $\{a_1,a_2,\cdots,a_k\}$ 和 $\{b_1,b_2,\cdots,b_k\}$,使得当把 $\sum a_i\otimes b_i$ 看作 $A_0\otimes B_0$ 的元素时,它为零.回想到 $A\otimes B$ 等于 $F(A,B)$ 被有一定关系的子群 $R(A,B)$ 除得的商.等式 $\sum a_i\otimes b_i = 0$ 意味着 $F(A,B)$ 的元素 $\sum(a_i,b_i)$ 在 $R(A,B)$ 之中,即它能写成形如

$$(a+a',b)-(a,b)-(a',b)$$

和

$$(a,b+b')-(a,b)-(a,b')$$

的项的有限线性组合.令 A_0 表示由此有限多项的第一个分量与 $a_1,a_2,\cdots,a_k$ 一起生成的 A 的子群;令 B_0 表示由此有限多项的第二个分量与 $b_1,b_2,\cdots,b_k$ 一起生成的 B 的子群.当我们将形式和 $\sum(a_i,b_i)$ 看作 $F(A_0,B_0)$ 的元素时,它在定义 $A_0\otimes B_0$ 时用到的

相关子群中. 因而当将其看作 $A_0 \otimes B_0$ 的元素时, $\sum a_i \otimes b_i$ 为零.

(3) 设

$$0 \to A \xrightarrow{\phi} B \xrightarrow{\psi} 0$$

是正合的,而且 G 是无挠的. 我们要证 $\phi \otimes \mathrm{id}_G$ 为单射. $A \otimes G$ 的典型元素是 $\sum a_i \otimes g_i$. 假设 $\sum a_i \otimes g_i \in \mathrm{Ker}(\phi \otimes \mathrm{id}_G)$, 即 $\phi \otimes \mathrm{id}_G(\sum a_i \otimes g_i) = \sum \phi(a_i) \otimes g_i$ 在 $B \otimes G$ 中为零. 分别选取 B, G 的有限生成子群 B_0, G_0 使得其被看作 $B_0 \otimes G_0$ 中的元素时, 这个和为零. 应用由包含映射所诱导的映射 $B_0 \otimes G_0 \to B \otimes G_0$, 则我们可以看出, 当将其看作 $B \otimes G_0$ 的元素时, 它为零.

由于作为 G 的一个子群 G_0 是无挠的, 且是有限生成的, 所以 G_0 是自由的. 根据 (1), 序列

$$0 \to A \otimes G_0 \to B \otimes G_0 \to C \otimes G_0 \to 0$$

是正合的. 我们推出, 当将其看作 $A \otimes G_0$ 的元素时, $\sum a_i \otimes g_i$ 必然为零. 应用由包含映射所诱导的映射 $A \otimes G_0 \to A \otimes G$, 则当将其看作 $A \otimes G$ 的元素时, $\sum a_i \otimes g_i$ 也为零.

□

当 A 是有限生成时, 我们运用张量运算 $\otimes$ 与直和运算 $\oplus$ 的分配律以及

$$J \otimes G \cong G, \quad J_n \otimes G \cong G \mid nG = G_n$$

能够计算出 $A \otimes G$.

此外, 自由交换群的张量积仍是自由交换群, 为了应用, 我们正式叙述如下:

定理 2.8.8 设 A 是以 $\{a_i\}$ 为基的自由交换群, B 是以 $\{b_j\}$ 为基的自由交换群, 则 $A \otimes B$ 是以 $\{a_i \otimes b_j\}$ 为基的自由交换群.

证明 设 $\langle a_i \rangle$ 和 $\langle b_j \rangle$ 分别表示 A 和 B 的由 a_i 和 b_j 生成的无限循环子群, 则

$$A = \oplus \langle a_i \rangle, \quad B = \oplus \langle b_j \rangle.$$

由此可知

$$A \otimes B \cong \oplus (\langle a_i \rangle \otimes \langle b_j \rangle).$$

$J \otimes J$ 是无限循环群, 而且由 $1 \otimes 1$ 生成. 同样, $\langle a_i \rangle \otimes \langle b_j \rangle$ 是无限循环群, 而且由 $a_i \otimes b_j$ 生成. □

挠积 Tor

与函子 Hom 相伴并且从它导出了另一个函子 Ext, 两者都包含在奇异上同调群的万有系数定理中. 类似地, 与张量函子相伴并从它导出的是另一个函子, 称之为挠积 Tor 或 $*$, 这两个函子都包含在奇异下同调群的万有系数定理中. 挠积的构造是那样地类似于 Ext

函子的构造,以至于我们可以略去其若干细节.

定义 2.8.1 设

$$0 \to F_1 \xrightarrow{i} F_0 \xrightarrow{j} A \to 0$$

是交换群的短正合序列,其中 F_1, F_0 为自由交换群.再设 G 为任一交换群,根据定理 2.8.5,得到

$$F_1 \otimes G \xrightarrow{i \otimes \mathrm{id}_G} F_0 \otimes G \xrightarrow{j \otimes \mathrm{id}_G} A \otimes G \to 0$$

是正合的.我们称

$$\mathrm{Tor}(A, G) = \mathrm{Ker}(i \otimes \mathrm{id}_G) \xlongequal{\text{记作}} A * G$$

为交换群 A, G 的挠积.于是,有正合序列

$$0 \to \mathrm{Tor}(A, G) \to F_1 \otimes G \xrightarrow{i \otimes \mathrm{id}_G} F_0 \otimes G \xrightarrow{j \otimes \mathrm{id}_G} A \otimes G \to 0.$$

可以证明,与导出函子 $\mathrm{Ext}(A, G)$ 一样,挠积 $\mathrm{Tor}(A, G)$ 也仅与 A, G 有关,而与 F_1, F_0 的选取无关(参阅文献[8]).

函子 Tor 也有以下性质:

定理 2.8.9(Tor 的简单性质) 设 $A, B, A_\alpha, B_\alpha, G$ 为交换群.

(1) $\mathrm{Tor}(A, B) \cong \mathrm{Tor}(B, A)$.

(2) $\mathrm{Tor}(\bigoplus A_\alpha, B) = \bigoplus \mathrm{Tor}(A_\alpha, B)$; $\mathrm{Tor}(A, \bigoplus B_\alpha) = \bigoplus \mathrm{Tor}(A, B_\alpha)$.

(3) 若 A 或 B 是无挠的,则 $\mathrm{Tor}(A, B) = 0$.

(4)

$$0 \to \mathrm{Tor}(J_n, B) \to B \xrightarrow{n} B \to J_n \otimes B \to 0,$$

$$\mathrm{Tor}(J_n, G) \cong {}_nG = \{g \in G \mid ng = 0\}.$$

证明 首先注意到,若 B 是无挠的,则由定理 2.8.7 知,我们将 A 的自由分解用 B 作张量积时,正合性能够保持,即

$$0 \to F_1 \to F_0 \to A \to 0,$$

$$0 \to F_1 \otimes B \xrightarrow{i \otimes \mathrm{id}_B} F_0 \otimes B \xrightarrow{j \otimes \mathrm{id}_G} A \otimes B \to 0.$$

于是

$$A * B = \mathrm{Ker}(i \otimes \mathrm{id}_G) = \mathrm{Tor}(A, B) = 0.$$

(1) 将文献[8]引理 54.3 应用于 A 的自由分解 $0 \to F_1 \to F_0 \to A \to 0$,我们就得到一个六项的正合序列

$$0 \to \mathrm{Tor}(B, F_1) \to \mathrm{Tor}(B, F_0) \to \mathrm{Tor}(B, A) \to B \otimes F_1 \to B \otimes F_0 \to B \otimes A \to 0,$$

其中 F_1, F_0 是无挠的,所以前面的项

$$0 \to \mathrm{Tor}(B, F_1) \to \mathrm{Tor}(B, F_0)$$

为零.剩下的是正合序列

$$0 \to \mathrm{Tor}(B,A) \to B \otimes F_1 \to B \otimes F_0 \to B \otimes A \to 0.$$

按其最后三项及定理2.8.6(1),这个序列自然同构于序列

$$0 \to \mathrm{Tor}(A,B) \to F_1 \otimes B \to F_0 \otimes B \to A \otimes B \to 0.$$

因此,前面的项也是同构的,即

$$\mathrm{Tor}(A,B) \cong \mathrm{Tor}(B,A).$$

(2) 令

$$0 \to F_{1\alpha} \to F_{0\alpha} \to A_\alpha \to 0$$

为 A_α 的一个自由分解,则

$$0 \to \bigoplus F_{1\alpha} \to \bigoplus F_{0\alpha} \to \bigoplus A_\alpha \to 0$$

就是 $\bigoplus A_\alpha$ 的一个自由分解.将第一个序列先用 B 作张量积,然后再求和,以及将第二个序列用 B 作张量积,那么我们就得到两个序列

$$0 \to \bigoplus \mathrm{Tor}(A_\alpha,B) \to \bigoplus (F_{1\alpha} \otimes B) \to \bigoplus (F_{0\alpha} \otimes B) \to \bigoplus (A_\alpha \otimes B) \to 0,$$

$$0 \to \mathrm{Tor}(\bigoplus A_\alpha,B) \to (\bigoplus F_{1\alpha}) \otimes B \to (\bigoplus F_{0\alpha}) \otimes B \to (\bigoplus A_\alpha) \otimes B \to 0.$$

因为这两个序列的最后三项都是自然同构的,所以它们的第一项也同构,即

$$\mathrm{Tor}(\bigoplus A_\alpha,B) = \bigoplus \mathrm{Tor}(A_\alpha,B).$$

根据Tor的交换律推得

$$\mathrm{Tor}(A, \bigoplus B_\alpha) \cong \mathrm{Tor}(\bigoplus B_\alpha,A) \overset{(1)}{=\!=} \bigoplus \mathrm{Tor}(B_\alpha,A) \cong \bigoplus \mathrm{Tor}(A,B_\alpha).$$

(3) 由本定理证明开头所作的论述和挠张量的交换律可知,当 A 为无挠时,

$$\mathrm{Tor}(A,B) \cong \mathrm{Tor}(B,A) = 0.$$

(4) 我们从自由分解

$$0 \to J \xrightarrow{n} J \xrightarrow{p_n} J_n \to 0$$

开始,用 G 作张量积得到序列

$$0 \to \mathrm{Tor}(J_n,G) \to J \otimes G \xrightarrow{n \otimes \mathrm{id}_G} J \otimes G \xrightarrow{p_n \otimes \mathrm{id}_G} J_n \otimes G \to 0,$$

$$0 \to \mathrm{Tor}(J_n,G) \to G \to G \to G_n \to 0,$$

$$\mathrm{Tor}(J_n,G) = \mathrm{Ker}(n \otimes \mathrm{id}_G) = \{g \in G \mid ng = 0\} = {}_nG.$$ □

带任意系数的奇异下同调群的万有系数定理

设 G 为一个交换群,$C=\{C_q,\partial_q\}$ 为一个链复形,我们用 $H(C;G)$ 表示链复形 $C\otimes G=\{C_q\otimes G,\partial_q\otimes\mathrm{id}_G\}$ 的第 q 个带 G 中系数的**奇异下同调群**.

如果 $\{C,\varepsilon\}$ 是增广链复形,那么我们就有从 $C\otimes G$ 得出的相应链复形,它是通过在

-1 维添加群 $J\otimes G\cong G$,并且用 $\varepsilon\otimes \mathrm{id}_G$ 作为从 0 维到 -1 维的边缘算子而得到的.它的下同调群记为 $\widetilde{H}_q(C;G)$,并称为 C 的带 G 中系数的**约化奇异下同调群**.

设 $H_q(X;J)$ 为拓扑空间 X 以整数群 J 为系数群的奇异下同调群,G 为任一交换群.对任意 $[z]=\left[\sum_i n_i\sigma_i\right]\in H_q(X;J)$,定义

$$z\otimes g=\sum_i(n_i\otimes g)\sigma_i=\sum_i(n_ig)\sigma_i,$$

其中 $n_ig\in G$.于是,$z\otimes g\in C_q(X;G)$,且

$$\partial(z\otimes g)=\partial z\otimes g=0\otimes g=0,\quad z\otimes g\in Z_q(X;G).$$

这就定义了同态

$$\alpha:H_q(X;J)\otimes G\to H_q(X;G).$$

恰似奇异上同调群 $H^q(X;G)$的情形,也有一个以奇异下同调群 $H_q(X;J)$和 $H_{q-1}(X;J)$ 表示奇异下同调 $H_q(X;G)$的定理.除以张量积和挠积分别代替 Hom 函子和 Ext 函子并且箭头相反之外,两个万有系数定理的叙述是相似的.

定理 2.8.10(奇异下同调群的万有系数定理) 设 X 为一个拓扑空间,对于任何交换群 G 有正合序列

$$0\to H_q(X;J)\otimes G\xrightarrow{\alpha}H_q(X;G)\xrightarrow{\beta}\mathrm{Tor}(H_{q-1}(X;J),G)\to 0.$$

此序列分裂,也有

$$H_q(X;G)\cong H_q(X;J)\otimes G\oplus\mathrm{Tor}(H_{q-1}(X;J),G).$$

证明 (证法 1)设 $C=\{C_q(X,J),\partial_q\}$为自由链复形,$G$ 为交换群,则

$$0\to H_q(C)\otimes G\xrightarrow{\alpha}H_q(C\otimes G)\xrightarrow{\beta}\mathrm{Tor}(H_{q-1}(C),G)\to 0$$

正合且可分裂.事实上,因为 C 自由,故 C_q 及其子群 $\mathrm{Ker}\,\partial_q=Z_q$,$\mathrm{Im}\,\partial_{q+1}=B_q$ 也都自由.根据定义 2.8.1,由短正合序列

$$0\to B_q\xrightarrow{j_q}Z_q\xrightarrow{p_q}H_q(C)\to 0$$

导出以下正合序列(见定理 2.8.5):

$$0\to\mathrm{Tor}(H_q(C),G)\to B_q\otimes G\xrightarrow{j_q\otimes\mathrm{id}_G}Z_q\otimes G\xrightarrow{p_q\otimes\mathrm{id}_G}H_q(C)\otimes G\to 0.$$

于是

$$\mathrm{Ker}(j_q\otimes\mathrm{id}_G)\cong\mathrm{Tor}(H_q(C),G),$$

$$\mathrm{Coker}(j_q\otimes\mathrm{id}_G)=\frac{Z_q\otimes G}{\mathrm{Im}(j_q\otimes\mathrm{id}_G)}=\frac{Z_q\otimes G}{\mathrm{Ker}(p_q\otimes\mathrm{id}_G)}\cong H_q(C)\otimes G.$$

另一方面,在短正合序列

$$0\to Z_q\xrightarrow{i_q}C_q\underset{k_q}{\overset{\partial_q}{\rightleftarrows}}B_{q-1}\to 0$$

中，由于 B_{q-1} 自由，故它分裂. 于是，有 $k_q:B_{q-1}\to C_q$ 使 $\partial_q k_q=\mathrm{id}_{B_{q-1}}:B_{q-1}\to B_{q-1}$. 根据定理 2.8.3(3)，$\mathrm{Tor}(B_{q-1},G)=0$，故序列

$$0=\mathrm{Tor}(B_{q-1},G)\to Z_q\otimes G\xrightarrow{i_q\otimes \mathrm{id}_G}C_q\otimes G\xrightarrow{\partial_q\otimes \mathrm{id}_G}B_{q-1}\otimes G\to 0$$

正合，而且

$$(\partial_q\otimes \mathrm{id}_G)(k_q\otimes \mathrm{id}_G)=\mathrm{id}_{B_{q-1}\otimes G}.$$

现在，令链复形

$$\mathscr{Z}=\{Z_q\otimes G,0\},$$
$$\mathscr{C}=\{C_q\otimes G,\partial_q\otimes \mathrm{id}_G\},$$
$$\mathscr{B}=\{B_{q-1}\otimes G,0\},$$

则有链复形的短正合序列

$$0\to\mathscr{Z}\xrightarrow{i}\mathscr{C}\xrightarrow{\partial}\mathscr{B}\to 0.$$

根据定理 2.5.3，它导出长正合序列

$$\cdots\to H_{q+1}(\mathscr{B})\xrightarrow{\partial_{q+1*}}H_q(\mathscr{Z})\xrightarrow{(i\otimes \mathrm{id}_G)_*}H_q(\mathscr{C})\xrightarrow{(\partial_q\otimes \mathrm{id}_G)_*}H_q(\mathscr{B})$$
$$\xrightarrow{\partial_{q*}}H_{q-1}(\mathscr{Z})\to\cdots.$$

注意，$H_{q+1}(\mathscr{B})=B_q\otimes G$，$H_q(\mathscr{Z})=Z_q\otimes G$. 又 $\partial_{q+1*}\xlongequal{\text{由“下台阶”定义}}j_q\otimes \mathrm{id}_G$，因此，由短正合序列

$$0\to\mathrm{Coker}\,\partial_{q+1*}\xrightarrow{(i\otimes \mathrm{id}_G)_*}H_q(\mathscr{C})\xrightarrow{(\partial_q\otimes \mathrm{id}_G)_*}\mathrm{Ker}\,\partial_{q*}\to 0$$

可得正合序列

$$0\to\mathrm{Coker}(j_q\otimes \mathrm{id}_G)\xrightarrow{(i\otimes \mathrm{id}_G)_*}H_q(\mathscr{C}\otimes G)\xrightarrow{(\partial_q\otimes \mathrm{id}_G)_*}\mathrm{Ker}(j_{q-1}\otimes \mathrm{id}_G)\to 0,$$

即

$$0\to H_q(\mathscr{C})\otimes G\xrightarrow{\alpha=(i\otimes \mathrm{id}_G)_*}H_q(\mathscr{C}\otimes G)\xrightarrow{\beta=(\partial_q\otimes \mathrm{id}_G)_*}\mathrm{Tor}(H_{q-1}(\mathscr{C}),G)\to 0.$$

这里 $\alpha([z_q]\otimes g)=[z_q\otimes g]$. 短正合序列由于 $(\partial_q\otimes \mathrm{id}_G)_*$ 有右逆 $(k_q\otimes \mathrm{id}_G)_*$，故分裂，且

$$H_q(\mathscr{C}\otimes G)\cong H_q(\mathscr{C})\otimes G\oplus\mathrm{Tor}(H_{q-1}(\mathscr{C}),G),$$

从而

$$H_q(X;G)\cong H_q(X;J)\otimes G\oplus\mathrm{Tor}(H_{q-1}(X;J),G).$$

(证法 2)参阅文献[8]定理 58.2(链复形 Künneth 定理的证明和 430 页定理 55.1 的证明). □

对于拓扑空间偶 (X,A) 相对同调群有相应的结论.

定理 2.8.11(拓扑空间偶的相对奇异下同调群的万有系数定理)　对于拓扑空间偶

(X,A),有短正合序列

$$0 \to H_q(X,A;J)\otimes G \xrightarrow{\alpha} H_q(X,A;G) \xrightarrow{\beta} \operatorname{Tor}(H_{q-1}(X,A;J),G) \to 0.$$

此序列分裂,并有

$$H_q(X,A;G) \cong H_q(X,A;J)\otimes G \oplus \operatorname{Tor}(H_{q-1}(X,A;J),G).$$

证明 仿定理 2.8.10、定理 2.8.12 的证明.还可参阅文献[8]. □

更一般地,有:

定理 2.8.12(下同调群的万有系数定理的代数形式) 设 C 为自由链复形,G 为交换群,则序列

$$0 \to H_q(C)\otimes G \xrightarrow{\mu} H_q(C\otimes G) \to \operatorname{Tor}(H_{q-1}(C),G) \to 0$$

正合且可分裂.于是

$$H_q(C\otimes G) \cong H_q(C)\otimes G \oplus \operatorname{Tor}(H_{q-1}(C),G).$$

证明 因为 C 自由,故 C_q 及其子群 $\operatorname{Ker}\partial_q = Z_q$,$\operatorname{Im}\partial_{q+1} = B_q$ 也都自由.由正合序列

$$0 \to B_q \xrightarrow{j_q} Z_q \xrightarrow{p_q} H_q(C) \to 0$$

导出以下正合序列(见定理 2.8.5):

$$0 \to \operatorname{Tor}(H_q(C),G) \xrightarrow{g} B_q\otimes G \xrightarrow{j_q\otimes \mathrm{id}_G} Z_q\otimes G \xrightarrow{p_q\otimes \mathrm{id}_G} H_q(C)\otimes G \to 0.$$

于是

$$\operatorname{Ker}(j_q\otimes \mathrm{id}_G) = \operatorname{Tor}(H_q(C),G),$$

$$\operatorname{Coker}(j_q\otimes \mathrm{id}_G) = \frac{Z_q\otimes G}{\operatorname{Im}(j_q\otimes \mathrm{id}_G)} = \frac{Z_q\otimes G}{\operatorname{Ker}(p_q\otimes \mathrm{id}_G)} \cong H_q(C)\otimes G.$$

另一方面,在短正合序列

$$0 \to Z_q \xrightarrow{i_q} C_q \underset{k_q}{\overset{\partial_q}{\rightleftarrows}} B_{q-1} \to 0$$

中,由于 B_{n-1} 自由,故它分裂.于是,有 $k_q: B_{q-1}\to C_q$ 使$\partial_q k_q = \mathrm{id}_{B_{q-1}}: B_{q-1}\to B_{q-1}$.根据定理 2.8.3(3),$\operatorname{Tor}(B_{q-1},G)=0$,故序列

$$0 = \operatorname{Tor}(B_{q-1},G) \to Z_q\otimes G \xrightarrow{i_q\otimes \mathrm{id}_G} C_q\otimes G \xrightarrow{\partial_q\otimes \mathrm{id}_G} B_{q-1}\otimes G \to 0$$

正合,而且

$$(\partial_q\otimes \mathrm{id}_G)(k_q\otimes \mathrm{id}_G) = \mathrm{id}_{B_{q-1}\otimes G}.$$

现在,令链复形

$$\mathcal{Z} = \{Z_q\otimes G, 0\},$$

$$\mathcal{C} = \{C_q\otimes G, \partial_q\otimes \mathrm{id}_G\},$$

$$\mathcal{B} = \{B_{q-1}\otimes G, 0\},$$

则有链复形的短正合序列

$$0 \to \mathscr{Z} \to \mathscr{C} \to \mathscr{B} \to 0.$$

根据定理 2.5.3,它导出长正合序列

$$\cdots \to H_{q+1}(\mathscr{B}) \xrightarrow{\partial_{q+1*}} H_q(\mathscr{Z}) \xrightarrow{(i\otimes \mathrm{id}_G)_*} H_q(\mathscr{C}) \xrightarrow{(\partial\otimes \mathrm{id}_G)_*} H_q(\mathscr{B})$$

$$\xrightarrow{\partial_{q*}} H_{q-1}(\mathscr{Z}) \to \cdots.$$

注意,$H_{q+1}(\mathscr{B}) = B_q \otimes G$,$H_q(\mathscr{Z}) = Z_q \otimes G$,又由“下台阶”定义知,$\partial_{q+1} = j_q \otimes \mathrm{id}_G$. 因此,由短正合序列

$$0 \to \mathrm{Coker}\,\partial_{q+1} \xrightarrow{(i\otimes \mathrm{id}_G)_*} H_q(\mathscr{C}) \xrightarrow{(\partial\otimes \mathrm{id}_G)_*} \mathrm{Ker}\,\partial_q \to 0$$

可得正合序列

$$0 \to \mathrm{Coker}(j_q \otimes \mathrm{id}_G) \to H_q(\mathscr{C}\otimes G) \to \mathrm{Ker}(j_{q-1} \otimes \mathrm{id}_G) \to 0,$$

即

$$0 \to H_q(\mathscr{C}) \otimes G \xrightarrow{\mu} H_q(\mathscr{C}\otimes G) \xrightarrow{(\partial\otimes \mathrm{id}_G)_*} \mathrm{Tor}(H_{q-1}(\mathscr{C}), G) \to 0,$$

这里 $\mu([z_q]\otimes g) = [z_q \otimes g]$. 由于$(\partial\otimes \mathrm{id}_G)_*$有右逆$(k\otimes \mathrm{id}_G)_*$,故分裂,且

$$H_q(C\otimes G) \cong H_q(C)\otimes G \oplus \mathrm{Tor}(H_{q-1}(C), G). \qquad \square$$

定理 2.8.13 设 K 为有限复形,则以任意交换群 G 为系数群的单纯或奇异下同调群$H_q(|K|;G)$和单纯或奇异上同调群 $H^q(|K|;G)$都为 $G, G_n, {}_nG$ 的有限直和.

证明 根据定理 2.2.3,有

$$H_q(K;G) \cong H_q(|K|;G), \quad H^q(K;G) \cong H^q(|K|;G).$$

再根据奇异上同调群的万有系数定理(定理 2.8.1),得到

$$H^q(|K|;G) \cong \mathrm{Hom}(H_q(|K|;J) \otimes G \oplus \mathrm{Ext}(H_{q-1}(|K|;J), G)$$

和

$$\mathrm{Hom}(J,G) \cong G, \quad \mathrm{Hom}(J_n, G) \cong {}_nG,$$

$$\mathrm{Ext}(J,G) \cong 0, \quad \mathrm{Ext}(J_n, G) \cong G_n,$$

由有限复形 K 的整下同调群的结构(定理 1.4.4)立即推得 $H^q(|K|;G)$都为 $G, G_n, {}_nG$ 的有限直和.

类似地,根据奇异下同调群的万有系数定理(定理 2.8.10),得到

$$H_q(|K|;G) \cong H_q(|K|,J) \otimes G \oplus \mathrm{Tor}(H_{q-1}(|K|;J), G)$$

和

$$J\otimes G \cong G, \quad J_n \otimes G \cong G_n,$$

$$\mathrm{Tor}(J,G) \cong 0, \quad \mathrm{Tor}(J_n, G) \cong {}_nG,$$

由有限复形 K 的整下同调群的结构(定理 1.4.4)立即推得 $H_q(|K|;G)$都为 $G, G_n, {}_nG$

的有限直和. □

类似地,可以应用挠积讨论拓扑乘积空间的同调群的关系.

定理 2.8.14(拓扑空间奇异下同调群的 Künneth 公式) 设 $X\times Y$ 为两个拓扑空间 X,Y 的乘积空间,则有如下分裂的短正合序列:

$$0\to \bigoplus_{p+q=n} H_p(X;J)\otimes H_q(Y;J)\xrightarrow{\alpha} H_n(X\times Y;J)$$

$$\xrightarrow{\beta} \bigoplus_{p+q=n} \mathrm{Tor}(H_{p-1}(X;J),H_q(Y;J))\to 0.$$

此式称为 Künneth 公式.

读者可查阅文献[8]定理 5.9.3 及文献[10].

定理 2.8.15 如果系数群 G 为实数域 $\mathbf{R}$ 或有理数域 $\mathbf{Q}$,则

$$H_n(X\times Y,G)\cong \bigoplus_{p+q=n} H_p(X;G)\otimes H_q(Y;G).$$

读者可查阅文献[8]及相关文献.

类似地,有:

定理 2.8.16(奇异上同调的 Künneth 公式) 设拓扑空间 X 与 Y 的所有下同调群 $H_q(X;J)$,$H_q(Y;J)$都是有限生成的,则有短正合序列

$$0\to \bigoplus_{p+q=n} H^p(X;J)\otimes H^q(Y;J)\to H^n(X\times Y;J)$$

$$\to \bigoplus_{p+q=n} \mathrm{Tor}(H^{p+1}(X;J),H^q(Y;J))\to 0,$$

并且这个序列是分裂的.

证明 参阅文献[8]. □

附贴空间下同调群的 Mayer-Vietoris 序列

定义 2.8.2 设

$$g:(B^n,S^{n-1})\to(Z,Y)$$

为空间偶的连续映射,且满足:

$$g|_{\mathring{B}^n}:\mathring{B}^n\to g(\mathring{B}^n)=Z-Y$$

为同胚,$g|_{S^{n-1}}=f:S^{n-1}\to Y\subset Z$ 为 g 在 S^{n-1} 上的限制,则称 $Z=B^n\cup_f Y$ 为 $f:S^{n-1}\to Y\subset Z$ 上的**附贴**(或**粘贴**)**空间**.它是在 Y 上添加了一个 n 维胞腔 $\mathring{B}^n$(同胚于 n 维 Euclid 空间 $\mathbf{R}^n$).

定义 2.8.3 从有限个点组成的离散拓扑空间开始,逐步粘贴有限个胞腔得到的空间称为**球状复形**.

定理 2.8.17 设 $Z=B^n\cup_f Y$ 为附贴空间,则映射 $g_*:H_q(B^n,S^{n-1})\to H_q(Z,Y)$,

$q\in J$ 为同构.

证明 设 $U=\left\{v\in B^n \,\middle|\, \frac{1}{2}<|v|\leqslant 1\right\}$，则 S^{n-1} 为 U 的强形变收缩核. 存在下面连续映射的图表：

$$\begin{array}{ccc} H_q(B^n,S^{n-1}) & \xrightarrow{i_*} & H_q(B^n,U) \\ \downarrow{\scriptstyle g_*} & & \downarrow{\scriptstyle g'_*} \\ H_q(Z,Y) & \xrightarrow{j_*} & H_q(Z,Y\cup g(U)), \end{array}$$

其中 i,j 为包含映射，g' 由 g 决定.

下证 i_*,j_*,g'_* 均为同构.

(1) 考查交换图表

$$\begin{array}{ccc} H_q(B^n-S^{n-1},U-S^{n-1}) & \longrightarrow & H_q(B^n,U) \\ \downarrow & & \downarrow \\ H_q(Z-Y,g(U)-Y) & \longrightarrow & H_q(Z,Y\cup g(U)), \end{array}$$

根据切除定理(定理 2.6.2)，上一行是切除 S^{n-1}，故同构，下一行是切除 Y. 由于 $g^{-1}(Z-Y)=B^n-S^{n-1}$ 为 B^n 中的开集，$g|_{\mathring{B}^n}$ 为同胚，故 $Z-Y$ 为 Z 中的开集(这里应要求 Z 为 T_2 空间). 因而，Y 在 Z 中是闭的，而 $Y\cup g(U)\subset Z$ 是开的. 根据切除定理(定理 2.6.2)，此图中下一行的映射也为同构. 而左边的垂直映射由相对同胚产生，故也为同构. 由以上论述立知，g'_* 为同构.

(2) 由于 S^{n-1} 为 U 的强形变收缩核，根据例 2.8.6，(B^n,S^{n-1}) 与 (B^n,U) 同伦等价，$i_*:H_q(B^n,S^{n-1})\to H_q(B^n,U)$ 为同构.

(3) 由 S^{n-1} 为 U 的强形变收缩核，不难证明 Y 是 $Y\cup g(U)$ 的强形变收缩核. 类似(2)可证明拓扑空间偶 (Z,Y) 与 $(Z,Y\cup g(U))$ 是同伦等价的. 因此

$$j_*:H_n(Z,Y)\to H_n(Z,Y\cup g(U))$$

也为同构.

故 $g_*=j_*^{-1}\circ g'_*\circ i_*$ 为同构. □

定理 2.8.18(附贴空间的 Mayer-Vietoris 序列) 设 $Z=B^n\cup_f Y$ 为附贴空间，则有正合序列

$$\cdots\to \widetilde{H}_q(S^{n-1})\xrightarrow{f_*}\widetilde{H}_q(Y)\xrightarrow{g_*}\widetilde{H}_q(Z)\xrightarrow{\varphi}\widetilde{H}_{q-1}(S^{n-1})\to\cdots.$$

此序列称为**附贴空间的 Mayer-Vietoris 序列**.

证明 仿照定理 2.7.1(Mayer-Vietoris 序列)及其证明，有

$$\begin{array}{ccccc} A = S^{n-1} & \xrightarrow{i_1 = i} & X_1 = B^n & \xrightarrow{j} & (X_1, A) = (B^n, S^{n-1}) \\ \downarrow i_2 = f & & \downarrow j_1 = g' & & \downarrow l = g \\ X_2 = Y & \xrightarrow{j_2} & X = Z & \xrightarrow{j'} & (X, X_2) = (Z, Y). \end{array}$$

奇异下同调群映射的梯子为

$$\begin{array}{ccccccccc} \widetilde{H}_q(S^{n-1}) & \to & \widetilde{H}_q(B^n) & \to & H_q(B^n, S^{n-1}) & \to & \widetilde{H}_{q-1}(S^{n-1}) & \to & \widetilde{H}_{q-1}(B^n) \\ \downarrow & & \downarrow & & \downarrow g_* & & \downarrow & & \downarrow \\ \widetilde{H}_q(Y) & \to & \widetilde{H}_q(Z) & \to & H_q(Z, Y) & \to & \widetilde{H}_{q-1}(Y) & \to & \widetilde{H}_{q-1}(Z). \end{array}$$

由定理 2.8.17,中间的映射 g_* 为同构(注意:定理 2.7.1 证明中的 l_* 为同构是正合三元组定义给出的),得到正合序列

$$\cdots \to \widetilde{H}_q(S^{n-1}) \xrightarrow{(f_*, i_*)} \widetilde{H}_q(Y) \oplus \widetilde{H}_q(B^n) \xrightarrow{g_* - g'_*} \widetilde{H}_q(Z) \xrightarrow{\varphi} \widetilde{H}_{q-1}(S^{n-1}) \to \cdots,$$

其中 $i_*: \widetilde{H}_q(S^{n-1}) \to \widetilde{H}_q(B^n)$ 由包含映射 i 给出,$g'_*: \widetilde{H}_q(B^n) \to \widetilde{H}_q(Z)$ 由映射 $g: (B^n, S^{n-1}) \to (Z, Y)$ 决定. φ 的定义类似于定理 2.7.1 中的映射. 因为 $\widetilde{H}_q(B^n; J) = 0$,上述正合序列就成为

$$\cdots \to \widetilde{H}_q(S^{n-1}) \xrightarrow{f_*} \widetilde{H}_q(Y) \xrightarrow{g_*} \widetilde{H}_q(Z) \xrightarrow{\varphi} \widetilde{H}_{q-1}(S^{n-1}) \to \cdots.$$ □

定理 2.8.19 对附贴空间 $Z = B^n \cup_f Y$,有:

(1) 当 $q \neq n-1, n$ 时,$\widetilde{H}_q(Z) \cong \widetilde{H}_q(Y)$.

(2) $\widetilde{H}_{n-1}(Z) \cong \dfrac{\widetilde{H}_{n-1}(Y)}{\mathrm{Im}\, f_*}$,其中 $f_*: \widetilde{H}_{n-1}(S^{n-1}; J) \to \widetilde{H}_{n-1}(Y; J)$.

(3) 序列

$$0 \to \widetilde{H}_n(Y) \to H_n(Z) \to \mathrm{Ker}\, f_* \to 0$$

是正合的.

证明 (1) 当 $q \neq n-1$ 时,$\widetilde{H}_q(S^{n-1}) = 0$. 于是,由定理 2.8.18,当 $q \neq n$ 时,

$$0 = \widetilde{H}_q(S^{n-1}) \xrightarrow{f_*} \widetilde{H}_q(Y) \xrightarrow{g_*} \widetilde{H}_q(Z) \to \widetilde{H}_{q-1}(S^{n-1}) = 0.$$

由此正合序列立即得到

$$\widetilde{H}_q(Z) \cong \widetilde{H}_q(Y), \quad q \neq n-1, n.$$

(2) 根据定理 2.8.18,得到正合序列

$$0 = \widetilde{H}_n(S^{n-1}) \to \widetilde{H}_n(Y) \to \widetilde{H}_n(Z) \xrightarrow{\varphi} \widetilde{H}_{n-1}(S^{n-1})$$

$$\xrightarrow{f_*} \widetilde{H}_{n-1}(Y) \xrightarrow{g_*} \widetilde{H}_{n-1}(Z) \to H_{n-1}(Z, Y) \cong H_{n-1}(B^n, S^{n-1})$$

$$\xlongequal{\text{推论 2.6.1}} 0.$$

这就推得

$$\widetilde{H}_{n-1}(Z) \cong \frac{\widetilde{H}_{n-1}(Y)}{\operatorname{Ker} g_*} = \frac{\widetilde{H}_{n-1}(Y)}{\operatorname{Im} f_*}.$$

(3) 再根据(2)中的正合序列及 $\operatorname{Im}\varphi = \operatorname{Ker} f_*$,可得正合序列

$$0 \to \widetilde{H}_n(Y) \to \widetilde{H}_n(Z) \to \operatorname{Im}\varphi = \operatorname{Ker} f_* \to 0.$$ □

例 2.8.6 设 $B^n = \{v \in \mathbf{R}^n \mid |v| \leqslant 1\}$ 为 n 维 Euclid 空间 $\mathbf{R}^n$ 中的单位球体,$S^{n-1} = \{v \in \mathbf{R}^n \mid |v| = 1\}$ 为其边界,$U = \left\{v \in B^n \,\middle|\, \frac{1}{2} \leqslant |v| \leqslant 1\right\}$ 也为 B^n 的子拓扑空间.

$$i:(B^n, S^{n-1}) \to (B^n, U)$$

为包含映射.定义连续映射

$$f:(B^n, U) \to (B^n, S^{n-1}),$$

$$f(v) = \begin{cases} 2v, & 0 \leqslant |v| \leqslant \frac{1}{2}, \\ \frac{v}{|v|}, & \frac{1}{2} \leqslant |v| \leqslant 1 \end{cases}$$

与

$$F: B^n \times [0,1] \to B^n,$$

$$F(v,t) = (1-t)f(v) + ti(v)$$

$$= \begin{cases} (2-t)v, & 0 \leqslant |v| \leqslant \frac{1}{2}, \\ (1-t+t|v|)\frac{v}{|v|}, & \frac{1}{2} \leqslant |v| \leqslant 1, \end{cases} \quad t \in [0,1].$$

易见 $F(S^{n-1} \times [0,1]) = S^{n-1}$.对于任意 $v \in B^n$,

$$F(v,0) = f(v) = f(i(v)), \quad F(v,1) = \mathrm{id}_{B^n}(v).$$

这就证明了由连续映射 F 可以得到拓扑空间偶的同伦

$$f \circ i \overset{F}{\simeq} \mathrm{id}_{B^n}:(B^n, S^{n-1}) \to (B^n, S^{n-1}).$$

从 $F(U \times [0,1]) = U$ 及

$$F(v,0) = f(v) = i(f(v)),\ F(v,1) = \mathrm{id}_{B^n}(v), \quad v \in B^n$$

可得

$$i \circ f \overset{F}{\simeq} \mathrm{id}_{B^n}:(B^n, U) \to (B^n, U).$$

由上推得 $i:(B^n, S^{n-1}) \to (B^n, U)$ 为同伦等价,f 为其同伦逆.因此

$$i_*: H_q(B^n, S^{n-1}; J) \to H_q(B^n, U; J)$$

为同构.

引理 2.8.7 设 $p:S^n\to\mathbf{R}P^n$, $p(v)=p(-v)=[v]$为自然定义的二重覆盖.

(1) 当 n 为偶数时, $p_*=0:H_n(S^n)\to H_n(\mathbf{R}P^n)$.

(2) 当 n 为奇数时, $H_n(\mathbf{R}P^n)\cong H_n(S^n)\cong J$. 适当选取它们的生成元,

$$p_* = 2:H_n(S^n)\to H_n(\mathbf{R}P^n).$$

证明 设 $\alpha:S^n\to S^n$, $\alpha(v)=-v$ 为对径映射.

考查映射图表

$$\begin{array}{ccccc}
 & & H_n(S^n_+,S^{n-1}) & & \\
 & & \downarrow{\scriptstyle i_*} & & \\
H_n(S^n) & \xrightarrow{k_*} & H_n(S^n,S^{n-1}) & \xrightarrow{\partial_*} & H_{n-1}(S^{n-1}) \\
 & \searrow{\scriptstyle m_*} & \downarrow{\scriptstyle l_*} & & \\
 & & H_n(S^n,S^n_-), & &
\end{array}$$

其中 i_*,k_*,l_*,m_*都是由包含映射诱导的.

设 $a\in H_n(S^n_+,S^{n-1})$为一个生成元,记

$$c = i_*(a)+(-1)^{n-1}\alpha_* i_*(a)\in H_n(S^n,S^{n-1}),$$

$$\alpha_* = (-1)^n:H_{n-1}(S^{n-1})\to H_{n-1}(S^{n-1}),$$

$$\partial_*\alpha_* = \alpha_*\partial_*,\quad \partial_* i_*\in H_{n-1}(S^{n-1}),$$

$$\begin{aligned}\partial_*(c) &= \partial_* i_*(a)+(-1)^{n-1}\alpha_*\partial_* i_*(a)\\ &= \partial_* i_*(a)+(-1)^{n-1}(-1)^n\partial_* i_*(a)=0.\end{aligned}$$

根据 $H_n(S^n,S^{n-1})$处的正合性, $\exists\, b\in H_n(S^n)$, s.t. $k_*(b)=c$. 下证 $b\in H_n(S^n)$为生成元.

如果 $x\in C_q(S^n_+)$,则 $\alpha_\Delta(x)\in C_q(S^n_-)$,对于 $x+C_q(S^{n-1})\in C_q(S^n_+,S^{n-1})$,有

$$l_\Delta\alpha_\Delta i_\Delta(x+C_q(S^{n-1}))=0\in C_q(S^n,S^n_-),$$

$$l_*\alpha_* i_*(a)=0,$$

$$m_*(b)=l_*k_*(b)=l_*(c)=l_*(i_*(a)+(-1)^{n-1}\alpha_* i_*(a))=l_* i_*(a).$$

应用切除定理可得 $l_* i_*=(li)_*$为同构,故 $m_*(b)=l_* i_*(a)$为 $H_n(S^n,S^n_-)$的生成元. 由于 m_*为同构,所以 b 为$H_n(S^n)$的生成元.

进而,考虑交换图表

$$
\begin{array}{ccccc}
 & & H_n(S_+^n, S^{n-1}) & & \\
 & & \downarrow i_* & & \\
H_n(S^n) & \xrightarrow{k_*} & H_n(S^n, S^{n-1}) & \xrightarrow{\partial_*} & H_{n-1}(S^{n-1}) \\
\downarrow p_* & & \downarrow p_* & & \downarrow p_* \\
0 = H_n(\mathbf{R}P^{n-1}) \to H_n(\mathbf{R}P^n) & \xrightarrow{j_*} & H_n(\mathbf{R}P^n, \mathbf{R}P^{n-1}) & \xrightarrow{\partial'_*} & H_{n-1}(\mathbf{R}P^{n-1}).
\end{array}
$$

我们知道，n 维实射影空间 $\mathbf{R}P^n$ 是叠合球面 S^n 的每一对对径点而成的，投影 $p: S^n \to \mathbf{R}P^n$ 是二重覆盖. 限制 p 于 S^n 的北半球面 S_+^n 上，$p: S_+^n \to \mathbf{R}P^n$ 为满射，限制于 S^n 的开北半球面 $\mathring{S}_+^n$，

$$p: \mathring{S}_+^n \to p(\mathring{S}_+^n) \subset \mathbf{R}P^n$$

为同胚，以 S^{n-1} 表示 S^n 的赤道，它也是 S_+^n 的边界. $\mathbf{R}P^{n-1} = p(S^{n-1})$ 叠合 S^{n-1} 的每一对对径点得到，$\mathbf{R}P^{n-1}$ 是 $\mathbf{R}P^n$ 的 $n-1$ 维射影子空间. 这就表明

$$\mathbf{R}P^n \cong S_+^n \cup_f \mathbf{R}P^{n-1},$$

其中 $f = p: S^{n-1} \to \mathbf{R}P^{n-1}$ 是投影 $p: S^n \to \mathbf{R}P^n$ 在 S^{n-1} 上的限制. 由于

$$(S_+^n, S^{n-1}) \cong (B^n, S^{n-1}).$$

我们证明了 n 维实射影空间 $\mathbf{R}P^n$ 是 $n-1$ 维实射影空间 $\mathbf{R}P^{n-1}$ 上粘上一个 n 维胞腔得到的.

0 维射影空间 $\mathbf{R}P^0$ 是叠合 S^0 的两点 $1, -1$ 而得到的，因此 $\mathbf{R}P^0$ 是一点. $\mathbf{R}P^1$ 是将 $B^1 = [-1,1]$ 的两个边界点 $1, -1$ 映射到 $\mathbf{R}P^0$ 所得到的球状复形. 因而，$\mathbf{R}P^1 \cong S^1$. 应用递推法可得到 n 维实射影空间 $\mathbf{R}P^n$，它为球状复形.

考虑连续映射 $p \circ i: (S_+^n, S^{n-1}) \to (\mathbf{R}P^n, \mathbf{R}P^{n-1})$，根据定理 2.8.6，

$$p_* i_*: H_n(S_+^n, S^{n-1}) \to H_n(\mathbf{R}P^n, \mathbf{R}P^{n-1})$$

为同构，则

$$H_n(\mathbf{R}P^n, \mathbf{R}P^{n-1}) \cong H_n(S_+^n, S^{n-1}) \cong H_n(B^n, S^{n-1}) \overset{\text{推论2.6.1}}{\cong} J. \tag{2.8.2}$$

这也证明了

$$p_*: H_n(S^n, S^{n-1}) \to H_n(\mathbf{R}P^n, \mathbf{R}P^{n-1})$$

为满射. 由于 $p \circ \alpha = p: S^n \to \mathbf{R}P^n$，故 $p_* \alpha_* = p_*$，且

$$
\begin{aligned}
j_* p_*(b) = p_* k_*(b) &= p_* i_*(a) + (-1)^{n-1} p_* \alpha_* i_*(a) \\
&= [1 + (-1)^{n-1}] p_* i_*(a).
\end{aligned}
$$

(1) 当 n 为偶数时，$j_* p_*(b) = 0$. 再根据图表

$$\begin{array}{c} b \in H_n(S^n) \\ \downarrow p_* \\ 0 = H_{n+1}(\mathbf{R}P^n, \mathbf{R}P^{n-1}) \to H_n(\mathbf{R}P^n) \xrightarrow{j_*} H_n(\mathbf{R}P^n, \mathbf{R}P^{n-1}), \end{array}$$

以及 j_* 为单射,必有 $p_*(b)=0$,这就证明了(1)中的结论.

(2) 当 n 为奇数时,$n-1$ 为偶数,由(1)得到

$$p_* = 0: H_{n-1}(S^{n-1}) \to H_{n-1}(\mathbf{R}P^{n-1}).$$

由上面的交换图表可得

$$\partial'_* p_* = p_* \partial_* = 0\partial_* = 0: H_n(S^n, S^{n-1}) \to H_{n-1}(\mathbf{R}P^{n-1}),$$

而

$$p_*: H_n(S^n, S^{n-1}) \to H_n(\mathbf{R}P^n, \mathbf{R}P^{n-1})$$

为满射(注意到射影 $p: S^n \to \mathbf{R}P^n$ 为局部同胚,故 $\mathbf{R}P^n$ 上的任何连续映射 θ 都能提升为 S^n 上的连续映射 $\tilde{\theta}$,在局部 $\tilde{\theta} = p^{-1}\theta$,故 $p\tilde{\theta} = pp^{-1}\theta = \theta$),从而

$$\partial'_* = 0: H_n(\mathbf{R}P^n, \mathbf{R}P^{n-1}) \to H_{n-1}(\mathbf{R}P^{n-1}).$$

由上面图表下行的正合性,有

$$0 = H_n(\mathbf{R}P^{n+1}, \mathbf{R}P^n) \to H_n(\mathbf{R}P^n) \xrightarrow{j_*} H_n(\mathbf{R}P^n, \mathbf{R}P^{n-1}) \xrightarrow{\partial'_* = 0} H_{n-1}(\mathbf{R}P^{n-1}).$$

这表明

$$j_*: H_n(\mathbf{R}P^n) \to H_n(\mathbf{R}P^n, \mathbf{R}P^{n-1})$$

为同构.它证明了

$$H_n(\mathbf{R}P^n) \cong H_n(\mathbf{R}P^n, \mathbf{R}P^{n-1}) \underset{\text{或式(2.8.2)}}{\overset{\text{定理2.8.16}}{\cong}} H_n(B^n, S^{n-1}) \overset{\text{推论2.6.1}}{\cong} J.$$

此外,当 n 为奇数时,从上面证明可得到

$$j_* p_*(b) = [1 + (-1)^{n-1}] p_* i_*(a) = 2p_* i_*(a).$$

前面我们取 a 为 $H_n(S^n_+, S^{n-1})$ 的生成元,并证明了 b 为 $H_n(S^n)$ 的生成元.由于 $p_* i_*$ 与 j_* 都为同构,故 $j_*^{-1} p_* i_*(a)$ 为 $H_n(\mathbf{R}P^n)$ 的生成元.因此

$$p_*(b) = 2j_*^{-1} p_* i_*(a),$$

即得到了(2)中的结论:

$$p_* = 2: H_n(S^n) \to H_n(\mathbf{R}P^n). \qquad \square$$

实射影空间 $\mathrm{R}P^n$ 的 $H_q(\mathrm{R}P^n; J)$ 与 $H_q(\mathrm{R}P^n; J_2)$

例 2.8.7 设 $\mathbf{R}P^n$ 为 n 维实射影空间.

(1) 当 n 为奇数时,

$$H_q(\mathbf{R}P^n) \cong \begin{cases} J, & q = 0, n, \\ J_2, & 1 \leqslant q \leqslant n-2, \text{且 } q \text{ 为奇数}, \\ 0, & \text{其他情形}. \end{cases}$$

(2) 当 n 为偶数时,

$$H_q(\mathbf{R}P^n) \cong \begin{cases} J, & q = 0, \\ J_2, & 1 \leqslant q \leqslant n-1, \text{且 } q \text{ 为奇数}, \\ 0, & \text{其他情形}. \end{cases}$$

证明 (归纳法)当 $n=0$ 时,$\mathbf{R}P^0$ 为一点;$\mathbf{R}P^1 \cong S^1$,此时定理显然成立.假设 $n-1$ 时定理成立.

对 $n \geqslant 2$ 时,由 $\mathbf{R}P^n = S_+^n \cup_p \mathbf{R}P^{n-1}$ 及定理 2.8.19,有:

当 $q \leqslant n-2(q \neq n-1, n)$ 时,

$$H_q(\mathbf{R}P^n) \cong H_q(\mathbf{R}P^{n-1}) \cong \begin{cases} J_2, & q \text{ 为奇数}, \\ 0, & \text{其他情形}. \end{cases}$$

当 $q > n(q \neq n-1, n)$ 时,$H_q(\mathbf{R}P^n) = 0$(由 $H_q(\mathbf{R}P^n) \cong H_q(\mathbf{R}P^{n-1}) \xlongequal{\text{归纳}} 0$,或 $\mathbf{R}P^n$ 为 n 维单纯复形).

对于 $\mathbf{R}P^n = S_+^n \cup_p \mathbf{R}P^{n-1}$,运用附贴空间的 Mayer-Vietoris 序列(定理 2.8.18)得到

$$0 \to H_n(\mathbf{R}P^n) \xrightarrow{\varphi} H_{n-1}(S^{n-1}) \xrightarrow{p_*} H_{n-1}(\mathbf{R}P^{n-1}) \xrightarrow{g_*} H_{n-1}(\mathbf{R}P^n) \to 0,$$

其中 $H_n(\mathbf{R}P^{n-1}) = 0$($\mathbf{R}P^{n-1}$ 为单纯复形或由上得到);$H_{n-2}(S^{n-1}) = 0$.

(1) n 为奇数时,$n-1$ 为偶数.由引理 2.8.7(1)知,$p_* = 0: H_{n-1}(S^{n-1}; J) \to H_{n-1}(\mathbf{R}P^{n-1}; J)$,

$$H_n(\mathbf{R}P^n) \overset{\varphi\text{单射}}{\cong} \operatorname{Im}\varphi = \operatorname{Ker} p_* = \operatorname{Ker} 0 = H_{n-1}(S^{n-1}) \cong J.$$

再由附贴空间的 Mayer-Vietoris 序列,有

$$J \cong H_{n-1}(S^{n-1}) \xrightarrow{p_* = 0} H_{n-1}(\mathbf{R}P^{n-1}) \xrightarrow{g_*} H_{n-1}(\mathbf{R}P^n) \to 0.$$

易知 g_* 为满射.又因为 $\operatorname{Ker} g_* = \operatorname{Im} p_* = \operatorname{Im} 0 = 0$,故 g_* 又为单射,从而 g_* 为同构,这就证明了 g_* 为同构,即

$$H_{n-1}(\mathbf{R}P^n) \overset{g_*}{\cong} H_{n-1}(\mathbf{R}P^{n-1}) = 0.$$

(2) n 为偶数时,$n-1$ 为奇数.由引理 2.8.7(2)知,

$$H_{n-1}(\mathbf{R}P^{n-1}) \cong J, \quad p_* = 2: H_{n-1}(S^{n-1}; J) \to H_{n-1}(\mathbf{R}P^{n-1}; J),$$

$$H_n(\mathbf{R}P^n) \overset{\varphi\text{单射}}{\cong} \operatorname{Im}\varphi \xlongequal{\text{正合}} \operatorname{Ker} p_* = 0,$$

以及

$$H_{n-1}(\mathbf{R}P^n)\cong\frac{H_{n-1}(\mathbf{R}P^{n-1})}{\operatorname{Ker} g_*}\xlongequal{\text{正合}}\frac{H_{n-1}(\mathbf{R}P^{n-1})}{\operatorname{Im} p_*}\cong J_2.$$

定理归纳证毕. □

例 2.8.8 对于 n 维实射影空间 $\mathbf{R}P^n$，有：

(1) $H_q(\mathbf{R}P^n;J_2)\cong\begin{cases}J_2 & 0\leqslant q\leqslant n,\\ 0, & \text{其他情形}.\end{cases}$

(2) $H^q(\mathbf{R}P^n;J_2)\cong\begin{cases}J_2, & 0\leqslant q\leqslant n,\\ 0, & \text{其他情形}.\end{cases}$

(3) 更一般地，对任何交换群 G，当 n 为奇数时，

$$H_q(\mathbf{R}P^n;G)\cong\begin{cases}G, & q=0,n,\\ G_2, & 0<q<n,\text{且 } q \text{ 为奇数},\\ {}_2G, & 0<q<n,\text{且 } q \text{ 为偶数},\\ 0, & \text{其他情形};\end{cases}$$

当 n 为偶数时，

$$H_q(\mathbf{R}P^n;G)=\begin{cases}G, & q=0,\\ G_2, & 0<q<n,\text{且 } q \text{ 为奇数},\\ {}_2G, & 0<q\leqslant n,\text{且 } q \text{ 为偶数},\\ 0, & \text{其他情形}.\end{cases}$$

(4) 当 n 为奇数时，

$$H^q(\mathbf{R}P^n;G)\cong\begin{cases}G, & q=0,n,\\ {}_2G, & 0<q\leqslant n-1,\text{且 } q \text{ 为奇数},\\ G_2, & 0<q\leqslant n-1,\text{且 } q \text{ 为偶数},\\ 0, & \text{其他情形};\end{cases}$$

当 n 为偶数时，

$$H^q(\mathbf{R}P^n;G)\cong\begin{cases}G, & q=0,\\ {}_2G, & 0<q\leqslant n,\text{且 } q \text{ 为奇数},\\ G_2, & 0<q\leqslant n,\text{且 } q \text{ 为偶数},\\ 0, & \text{其他情形}.\end{cases}$$

证明 我们先证

$$\operatorname{Tor}(J,J_2)=0,\quad \operatorname{Tor}(J_2,J_2)\cong J_2.$$

事实上，由于

$$0\to 0\xrightarrow{i=0}J\xrightarrow{j=\mathrm{id}_J}J\to 0,$$

$$0 \to 0 \otimes J_2 \xrightarrow{i \otimes \mathrm{id}_{J_2}} J \otimes J_2 \xrightarrow{j \otimes \mathrm{id}_{J_2}} J \otimes J_2 \to 0,$$

故

$$\mathrm{Tor}(J, J_2) = \mathrm{Ker}(i \otimes \mathrm{id}_{J_2}) = \mathrm{Ker}(0 \otimes \mathrm{id}_{J_2}) = 0.$$

类似地，由于

$$0 \to J \xrightarrow{i = 2\mathrm{id}_J} J \xrightarrow{j = p_2} J_2 \to 0,$$

$$0 \to J \otimes J_2 \xrightarrow{i \otimes \mathrm{id}_{J_2}} J \otimes J_2 \xrightarrow{j \otimes \mathrm{id}_{J_2}} J_2 \otimes J_2 \to 0,$$

故

$$\mathrm{Tor}(J_2, J_2) = \mathrm{Ker}(i \otimes \mathrm{id}_{J_2}) = J \otimes J_2 \cong J_2.$$

(1) 当 n 为奇数时，由以上论述，并根据奇异下同调群的万有系数定理(定理 2.8.10)，有

$$\begin{aligned}
H_n(\mathbf{R}P^n; J_2) &\cong H_n(\mathbf{R}P^n) \otimes J_2 \oplus \mathrm{Tor}(H_{n-1}(\mathbf{R}P^n), J_2) \\
&\cong J \otimes J_2 \oplus \mathrm{Tor}(0, J_2) \cong J_2 \oplus 0 \cong J_2; \\
H_{n-1}(\mathbf{R}P^n; J_2) &\cong H_{n-1}(\mathbf{R}P^n) \otimes J_2 \oplus \mathrm{Tor}(H_{n-2}(\mathbf{R}P^n), J_2) \\
&\cong 0 \otimes J_2 \oplus \mathrm{Tor}(J_2, J_2) \cong 0 \oplus J_2 \cong J_2; \\
H_{n-2}(\mathbf{R}P^n; J_2) &\cong H_{n-2}(\mathbf{R}P^n) \otimes J_2 \oplus \mathrm{Tor}(H_{n-3}(\mathbf{R}P^n), J_2) \\
&\cong J_2 \otimes J_2 \oplus \mathrm{Tor}(0, J_2) \cong J_2 \oplus 0 \cong J_2; \\
&\cdots \\
H_0(\mathbf{R}P^n; J_2) &\cong H_0(\mathbf{R}P^n) \otimes J_2 \oplus \mathrm{Tor}(H_{-1}(\mathbf{R}P^n), J_2) \\
&\cong J \otimes J_2 \oplus \mathrm{Tor}(0, J_2) \cong J_2 \oplus 0 \cong J_2.
\end{aligned}$$

当 n 为偶数时，由以上论述，并根据奇异下同调群的万有系数定理(定理 2.8.10)，有

$$\begin{aligned}
H_n(\mathbf{R}P^n; J_2) &\cong H_n(\mathbf{R}P^n) \otimes J_2 \oplus \mathrm{Tor}(H_{n-1}(\mathbf{R}P^n), J_2) \\
&\cong 0 \otimes J_2 \oplus \mathrm{Tor}(J_2, J_2) \cong 0 \oplus J_2 \cong J_2; \\
H_{n-1}(\mathbf{R}P^n; J_2) &\cong H_{n-1}(\mathbf{R}P^n) \otimes J_2 \oplus \mathrm{Tor}(H_{n-2}(\mathbf{R}P^n), J_2) \\
&\cong J_2 \otimes J_2 \oplus \mathrm{Tor}(0, J_2) \cong J_2 \oplus 0 \cong J_2; \\
H_{n-2}(\mathbf{R}P^n; J_2) &\cong H_{n-2}(\mathbf{R}P^n) \otimes J_2 \oplus \mathrm{Tor}(H_{n-3}(\mathbf{R}P^n), J_2) \\
&\cong 0 \otimes J_2 \oplus \mathrm{Tor}(J_2, J_2) \cong 0 \oplus J_2 \cong J_2; \\
&\cdots \\
H_0(\mathbf{R}P^n; J_2) &\cong H_0(\mathbf{R}P^n) \otimes J_2 \oplus \mathrm{Tor}(H_{-1}(\mathbf{R}P^n), J_2) \\
&\cong J \otimes J_2 \oplus \mathrm{Tor}(0, J_2) \cong J_2 \oplus 0 \cong J_2.
\end{aligned}$$

综上所述，得到

$$H_q(\mathbf{R}P^n; J_2) \cong \begin{cases} J_2, & 0 \leqslant q \leqslant n, \\ 0, & \text{其他情形}. \end{cases}$$

(2) 类似地,应用奇异上同调群的万有系数定理(定理 2.8.1),有

$$H^q(\mathbf{R}P^n;J_2)\cong\begin{cases}J_2, & 0\leqslant q\leqslant n,\\ 0, & \text{其他情形}.\end{cases}$$

(3) 根据奇异下同调群的万有系数定理(定理 2.8.10),有

$$H_q(\mathbf{R}P^n;G)\cong H_q(\mathbf{R}P^n;J)\otimes G\oplus \mathrm{Tor}(H_{q-1}(\mathbf{R}P^n;J),G),$$

以及

$$J\otimes G\cong G,\quad J_n\otimes G\cong G_n,$$
$$\mathrm{Tor}(J,G)=0,\quad \mathrm{Tor}(J_n,G)\cong {}_nG.$$

当 n 为奇数时,由

$$H_q(\mathbf{R}P^n;J)\cong\begin{cases}J, & q=0,n,\\ J_2, & 1\leqslant q\leqslant n-1,\text{且 } q \text{ 为奇数},\\ 0, & \text{其他情形}\end{cases}$$

推得

$$H_q(\mathbf{R}P^n;G)\cong\begin{cases}G, & q=0,n,\\ G_2, & 0<q<n,\text{且 } q \text{ 为奇数},\\ {}_2G, & 0<q<n,\text{且 } q \text{ 为偶数},\\ 0, & \text{其他情形}.\end{cases}$$

当 n 为偶数时,由

$$H_q(\mathbf{R}P^n;J)\cong\begin{cases}J, & q=0,\\ J_2, & 0<q\leqslant n-2,\text{且 } q \text{ 为奇数},\\ 0, & \text{其他情形}\end{cases}$$

推得

$$H_q(\mathbf{R}P^n;G)\cong\begin{cases}G, & q=0,\\ G_2, & 0<q<n,\text{且 } q \text{ 为奇数},\\ {}_2G, & 0<q\leqslant n,\text{且 } q \text{ 为偶数},\\ 0, & \text{其他情形}.\end{cases}$$

(4) 根据奇异上同调群的万有系数定理(定理 2.8.1),得到

$$H^q(\mathbf{R}P^n;G)\cong \mathrm{Hom}(H_q(\mathbf{R}P^n;J),G)\oplus \mathrm{Ext}(H_{q-1}(\mathbf{R}P^n;J),G),$$

以及

$$\mathrm{Hom}(J,G)\cong G,\quad \mathrm{Hom}(J_n,G)=\{g\in G\mid ng=0\}={}_nG,$$
$$\mathrm{Ext}(J,G)=0,\quad \mathrm{Ext}(J_n,G)\cong G_n.$$

当 n 为奇数时,由

$$H_q(\mathbf{R}P^n;J)\cong\begin{cases}J, & q=0,n,\\ J_2, & 0<q\leqslant n-1,\text{且 } q \text{ 为奇数},\\ 0, & \text{其他情形}\end{cases}$$

推得

$$H^q(\mathbf{R}P^n;G)\cong\begin{cases}G, & q=0,n,\\ {}_2G, & 0<q\leqslant n-1,\text{且 } q \text{ 为奇数},\\ G_2, & 0<q\leqslant n-1,\text{且 } q \text{ 为偶数},\\ 0, & \text{其他情形}.\end{cases}$$

当 n 为偶数时,由

$$H_q(\mathbf{R}P^n;J)\cong\begin{cases}J, & q=0,\\ J_2, & 0<q\leqslant n-2,\text{且 } q \text{ 为奇数},\\ 0, & \text{其他情形}\end{cases}$$

推得

$$H^q(\mathbf{R}P^n;G)\cong\begin{cases}G, & q=0,\\ {}_2G, & 0<q\leqslant n,\text{且 } q \text{ 为奇数},\\ G_2, & 0<q\leqslant n,\text{且 } q \text{ 为偶数},\\ 0, & \text{其他情形}.\end{cases}$$

特别地,当 $G=J_2$ 时,总有

$$H_q(\mathbf{R}P^n;J_2)\cong\begin{cases}J_2, & 0\leqslant q\leqslant n,\\ 0, & \text{其他情形},\end{cases}$$

$$H^q(\mathbf{R}P^n;J_2)\cong\begin{cases}J_2, & 0\leqslant q\leqslant n,\\ 0, & \text{其他情形}.\end{cases}$$ □

注 2.8.5 由 1.2.6(1)与定理 2.9.8 知,

$$H_q(\mathbf{R}P^n)\cong\begin{cases}J, & q=0,n,\\ J_2, & 0<q<n,\text{且 } q \text{ 为奇数},\\ 0, & \text{其他情形}.\end{cases}$$

文献[1]例 6.6 还证明了

$$H^q(\mathbf{R}P^n;J_2)\cong J_2,\quad 0\leqslant q\leqslant n.$$

这些结果总和都没例 2.8.8 完整.

注 2.8.6 例 2.8.8 表明:Betti 数 R_q 与模 2 Betti 数 $R_q^{(2)}$ 可以不相同,但 Euler-Poincaré 示性数有

$$\sum_{q=0}^{n}(-1)^qR_q=\chi(\mathbf{R}P^n)=\sum_{q=0}^{n}(-1)^nR_q^{(2)}.$$

例 2.8.9 (1) Klein 瓶 X 的同调群

$$H_q(X)\cong\begin{cases}J, & q=0,\\ J\oplus J_2, & q=1,\\ 0, & q\neq 0,1.\end{cases}$$

(2) 进而,有

$$H_q(X;G)\cong\begin{cases}G, & q=0,\\ G\oplus G_2, & q=1,\\ {}_2G, & q=2,\\ 0, & q\neq 0,1,2,\end{cases}$$

$$H^q(X;G)\cong\begin{cases}G, & q=0,\\ G\oplus {}_2G, & q=1,\\ G_2, & q=2,\\ 0, & q\neq 0,1,2.\end{cases}$$

证明 (1) (证法 1)参阅例 1.2.7.

(证法 2)Klein 瓶可以如图 2.8.1 叠合正方形$[0,1]^2=[0,1]\times[0,1]$的两对对边得到,$[0,1]^2\cong B^2$(单位圆片),$\partial[0,1]^2\cong S^1$.由图示可定义连续映射 $f:\partial[0,1]^2\to G_2$(2 叶玫瑰线).f 将$\partial[0,1]^2$ 中 a,a'叠合成G 中曲线c,f 将b,b'叠合成G_2 中曲线 d,方向如图 2.8.1 所示.于是,Klein 瓶可以表示为

$$X=[0,1]^2\cup_f G_2.$$

设$[c]$,$[d]$为 G_2 的奇异下同调群 $H_1(G_2)\cong J\oplus J$ 的生成元.

$$e=a+b'-a'+b$$

由四个线性单形组成,$[e]\in H_1(\partial[0,1]^2)$为生成元.显然

$$f_*:H_1(\partial[0,1]^2)\to H_1(G_2),$$
$$f_*[e]=[c+d-c+d]=2[d]\in H_1(G_2).$$

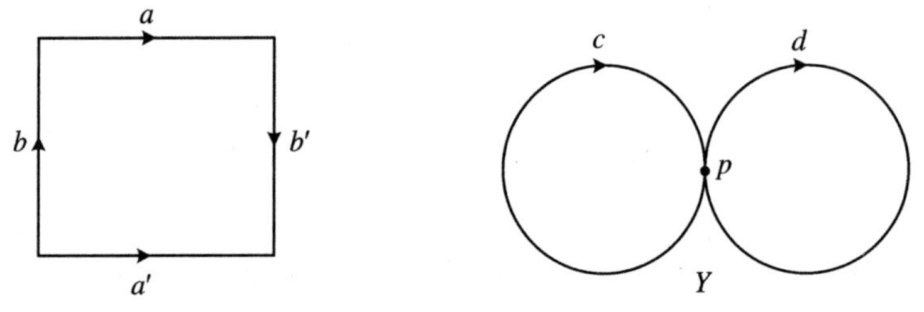

图 2.8.1

由定理 2.8.19(2)知,

$$H_1(X)\cong\frac{H_1(G_2)}{\operatorname{Im} f_*}\cong\frac{J\oplus J}{0\oplus 2J}\cong J\oplus J_2.$$

当 $q\geqslant 2$ 时,由定理 2.8.19(2)知,

$$H_q(X)\cong\frac{H_q(G_2)}{\operatorname{Im} f_*}=\frac{0}{\operatorname{Im} f_*}=0.$$

(2) 由奇异下同调群的万有系数定理(定理 2.8.10)

$$H_q(X;G)\cong H_q(X;J)\otimes G\oplus \operatorname{Tor}(H_{q-1}(X,J),G),$$

以及

$$J\otimes G\cong G,\quad J_n\otimes G\cong G_n,$$
$$\operatorname{Tor}(J,G)=0,\quad \operatorname{Tor}(J_n,G)\cong {}_nG$$

得到

$$H_0(X;G)\cong J\otimes G\oplus \operatorname{Tor}(0,G)\cong G,$$
$$H_1(X;G)\cong (J\oplus J_2)\otimes G\oplus \operatorname{Tor}(J,G)\cong G\oplus G_2\oplus 0=G\oplus G_2,$$
$$H_2(X;G)\cong 0\otimes G_2\oplus \operatorname{Tor}(J\oplus J_2,G)\cong 0\oplus 0\oplus G_2\cong {}_2G,$$

故

$$H_q(X;G)\cong\begin{cases}G, & q=0,\\ G\oplus G_2, & q=1,\\ {}_2G, & q=2.\end{cases}$$

再由奇异上同调群的万有系数定理(定理 2.8.1)

$$H^q(X;G)\cong \operatorname{Hom}(H_q(X;J),G)\oplus \operatorname{Ext}(H_{q-1}(X;J),G),$$

以及

$$\operatorname{Hom}(J,G)\cong G,\quad \operatorname{Hom}(J_n,G)=\{g\in G\mid ng=0\}={}_nG,$$
$$\operatorname{Ext}(J,G)=0,\quad \operatorname{Ext}(J_n,G)\cong G_n$$

得到

$$H^0(X;G)\cong \operatorname{Hom}(J,G)\oplus \operatorname{Ext}(0,G)\cong G,$$
$$H^1(X;G)\cong \operatorname{Hom}(J\oplus J_2,G)\oplus \operatorname{Ext}(J,G)\cong G\oplus {}_2G,$$
$$H^2(X;G)\cong \operatorname{Hom}(0,G)\oplus \operatorname{Ext}(J\oplus J_2,G)\cong 0\oplus (0+G_2)\cong G_2,$$

故

$$H^q(X;G)\cong\begin{cases}G, & q=0,\\ G\oplus {}_2G, & q=1,\\ G_2, & q=2.\end{cases}$$ □

注 2.8.7 观察例 2.8.9,$H_1(X;G)$与 $H^1(X;G)$不同,$H_2(X;G)$与 $H^2(X;G)$也不同.

2.9 Euler-Poincaré 示性数及其应用

Euler-Poincaré 示性数

定义 2.9.1 设 $G=\{G_q\}_{q\in J}$ 为一个分次群,交换群 G_q 中的元素称为 q 次(或 q 维)的.如果秩 $\rho(G_q)$ 均有限,且只有有限个 $\rho(G_q)$ 不等于 0,称代数和

$$\chi(G)=\sum_{q\in J}(-1)^q\rho(G_q)$$

为分次群 G 的 **Euler-Poincaré 示性数**.

如果拓扑空间 X 的奇异下同调群

$$H_*(X)=\bigoplus H_q(X)$$

满足定义 2.9.1 的条件,则

$$\chi(X)=\chi(H_*(X))=\sum_q(-1)^q\rho(H_q(X))=\sum_q(-1)^q\beta_q,$$

其中秩 $\rho(H_q(X))=\beta_q$ 为拓扑空间 X 的第 q 次 Betti 数. $\chi(X)$ 称为拓扑空间 X 的 Euler-Poincaré 示性数.我们知道,奇异下同调群 $H_q(X)$、Betti 数 β_q、Euler-Poincaré 示性数 $\chi(X)$ 都为同胚不变量,也都为同伦不变量. $\chi(X)$ 是较容易掌握的重要而又基本不变的量,它有着许多应用和推广.

由第 1 章的讨论知道,对于多面体 $|K|$ 的单纯整下同调群是有限生成的,只有有限个 $q\in J$,使得 $H_q(K)$ 不为 0,所以有限复形的 Euler-Poincaré 示性数是存在的,它为

$$\chi(K)=\sum_{q\in J}(-1)^q\rho(H_q(K))=\sum_{q\in J}(-1)^qR_q,$$

其中 $R_q=\rho(H_q(K))$ 为复形 K 的**第 q 个 Betti 数**.根据定理 2.2.3,

$$H_q(K)\cong H_q(|K|),\quad q\in J,$$

故复形 K 的 Euler-Poincaré 示性数与拓扑空间 $|K|$ 的奇异下同调群的 Euler-Poincaré 示性数是相等的,即

$$\chi(K)=\chi(|K|).$$

因为 $H_q(X)$、Betti 数、$\chi(X)$ 都为同伦不变量,当然也为同胚不变量,它蕴涵着:只要有一个 q,使得 $H_q(X)\not\cong H_q(Y)$ 或 $\chi(X)\neq\chi(Y)$,就能推出 X 与 Y 既不同胚又不同伦.它已初显代数拓扑中同调论的威力.

例 2.9.1 我们考查环面、2 维球面、射影平面、Klein 瓶的单纯整下同调群和 Euler-Poincaré 示性数(见表 2.9.1):

表 2.9.1

复形	整下同调群	Euler-Poincaré 示性数
环面	$H_0 \cong J, H_1 \cong J \oplus J, H_2 \cong J$	$\chi = 1-2+1=0$
2 维球面	$H_0 \cong J, H_1 = 0, H_2 \cong J$	$\chi = 1-0+1=2$
射影平面	$H_0 \cong J, H_1 \cong J_2, H_2 = 0$	$\chi = 1-0+0=1$
Klein 瓶	$H_0 \cong J, H_1 \cong J \oplus J_2, H_2 = 0$	$\chi = 1-1+0=0$

(1) 因为环面($\chi=0$)、2 维球面($\chi=2$)与射影平面($\chi=1$)的 Euler-Poincaré 示性数各不相同,故它们彼此既不同胚又不同伦.

(2) 因为 2 维球面($\chi=2$)、射影平面($\chi=1$)与 Klein 瓶($\chi=0$)的 Euler-Poincaré 示性数各不相同,故它们彼此既不同胚又不同伦.

(3) 因为环面与 Klein 瓶的 Euler-Poincaré 示性数都为 0,所以应用 Euler-Poincaré 示性数不能判定环面与 Klein 瓶的同胚性与同伦性.

但是环面的 1 维整下同调群为 $J \oplus J$,而 Klein 瓶的 1 维整下同调群为 $J \oplus J_2$;或者环面的 2 维整下同调群为 J,而 Klein 瓶的 2 维整下同调群为 0. 它们同维的下同调群不同构表明环面与 Klein 瓶既不同胚又不同伦. 由此可以看出,Euler-Poincaré 示性数给出的拓扑信息比奇异下同调群给出的拓扑信息少一些. Euler-Poincaré 示性数毕竟是各整系数同调群的秩(Betti 数)的代数和,它只是各 Betti 数的模糊数.

(4) 点集拓扑中的紧致、连通等拓扑不变量不足以区分环面、2 维球面、射影平面、Klein 瓶的同胚性与同伦性. 称紧致、连通这样的拓扑不变量为**初等拓扑不变量**. 而 Euler-Poincaré 示性数不仅能区分环面与射影平面既不同胚又不同伦,还能区分 2 维球面、射影平面与 Klein 瓶既不同胚又不同伦. 虽然环面与 Klein 瓶的 Euler-Poincaré 示性数都为 0,但是它们有同维的同调群不同构,故环面与 Klein 瓶也既不同胚又不同伦. 因此,同调群与 Euler-Poincaré 示性数等代数拓扑中的同胚不变量与同伦不变量以及将来要引入的同伦群,特别是基本群都应称为**高等拓扑不变量**.

例 2.9.2 (1) 从例 1.2.9 知道,n 维球面 S^n 的单纯整下同调群为

$$H_q(S^n) \cong \begin{cases} J, & q = 0, n, \\ 0, & q \neq 0, n. \end{cases}$$

因此,它的 Euler-Poincaré 示性数为

$$\chi(S^n) = 1 + (-1)^n \cdot 1 = 1 + (-1)^n = \begin{cases} 0, & n \text{ 为奇数}, \\ 2, & n \text{ 为偶数}. \end{cases}$$

(2) 由例 2.8.7 知,n 维实射影空间 $\mathbf{R}P^n$ 的整奇异下同调群:

当 n 为奇数时,

$$H_q(\mathbf{R}P^n) \cong \begin{cases} J, & q = 0, n, \\ J_2, & 1 \leqslant q \leqslant n-2, \text{且 } q \text{ 为奇数}, \\ 0, & \text{其他情形}. \end{cases}$$

因此

$$\chi(\mathbf{R}P^n) = 1 + (-1)^n = 0.$$

当 n 为偶数时,

$$H_q(\mathbf{R}P^n) \cong \begin{cases} J, & q = 0, \\ J_2, & 1 \leqslant q \leqslant n-1, \text{且 } q \text{ 为奇数}, \\ 0, & \text{其他情形}. \end{cases}$$

因此

$$\chi(\mathbf{R}P^n) = 1 + (-1)^n \cdot 0 = 1.$$

另一证法参阅例 2.9.5. □

例 2.9.3 (1) 我们知道,Euler-Poincaré 示性数既是同胚不变量,又是同伦不变量.反过来我们要问:两个拓扑空间 X 与 Y 的 Euler-Poincaré 示性数相同(即 $\chi(X) = \chi(Y)$),它们是否同胚?是否同伦?回答:否!

(2) 进一步,各维奇异下同调群既是同胚不变量,又是同伦不变量.反过来我们要问:两个拓扑空间 X 与 Y 的各维奇异下同调群分别同构,它们是否同胚?是否同伦?回答:也是否!!!

解 (1) 例 2.9.1 中我们已看到环面与 Klein 瓶的 Euler-Poincaré 示性数是相同的,都为 0.但是它们的 1 维奇异同调群不同构或 2 维奇异同调群不同构;或环面的基本群为 $J \oplus J$,它是两个生成元的交换群(参阅文献[3]例 3.5.4);而 Klein 瓶的基本群是两个生成元的非交换群(参阅文献[3]例 3.5.9).因此,环面与 Klein 瓶的基本群不同构.由此可推出环面与 Klein 瓶既不同胚又不同伦(基本群是同胚不变量,也是同伦不变量).

下面(2)也是一个反例.

(2) 设 $T^2 = S^1 \times S^1$ 为 2 维环面,$S^1 \vee S^2 \vee S^1$ 为两个圆周与一个 2 维球面接触于一点所成的拓扑空间(见图 2.9.1).在例 1.2.10 中已证明了

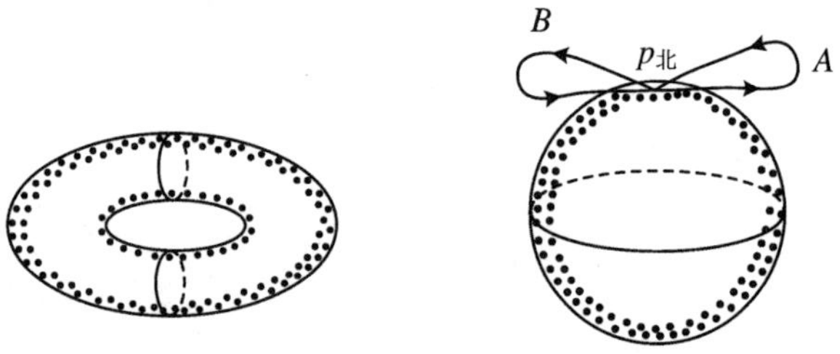

$T^2 = S^1 \times S^1$　　　$S^1 \vee S^2 \vee S^1$

图 2.9.1

$$H_q(S^1 \times S^1) \cong H_q(S^1 \vee S^2 \vee S^1), \quad \forall q \in J,$$

当然，

$$\chi(S^1 \times S^1) = \chi(S^1 \vee S^2 \vee S^1).$$

但是，$S^1 \times S^1$ 与 $S^1 \vee S^2 \vee S^1$ 既不同胚又不同伦.

先证环面 $T^2 = S^1 \times S^1$ 与 $S^1 \vee S^2 \vee S^1$ 不同胚.

事实上，(反证)假设有同胚

$$f: S^1 \vee S^2 \vee S^1 \to S^1 \times S^1 = T^2,$$

则

$$f|_{S^1 \vee S^2 \vee S^1 - \{p_{北}\}}: S^1 \vee S^2 \vee S^1 - \{p_{北}\} \to T^2 - \{f(p_{北})\}$$

仍为同胚. 因为 $S^1 \vee S^2 \vee S^1 - \{p_{北}\}$ 不连通，而 $T^2 - \{q\}$ 连通，这与连通性为拓扑不变性相矛盾.

再证环面 $T^2 = S^1 \times S^1$ 与 $S^1 \vee S^2 \vee S^1$ 不同伦.

事实上，(反证)假设环面 $T^2 = S^1 \times S^1$ 与 $S^1 \vee S^2 \vee S^1$ 同伦，根据同伦论，立知基本群(即第 1 同伦群)为同伦不变量，即

$$\pi_1(S^1 \times S^1) \cong \pi_1(S^1 \vee S^2 \vee S^1).$$

再根据文献[3]例 3.5.4，知

$$\pi_1(S^1 \times S^1) \cong J \oplus J$$

为交换群，故 $\pi_1(S^1 \vee S^2 \vee S^1)$ 也为交换群.

考查 $S^1 \vee S^2 \vee S^1$ 的圈 A 与圈 B，绕圈 A 的连续映射为

$$f: [0,1] \to A \cup B,$$

绕圈 B 的连续映射为

$$g: [0,1] \to A \cup B.$$

在 $S^1 \vee S^2 \vee S^1$ 中，有

$$[f] * [g] = [f * g] = [g * f] = [g] * [f],$$

即存在 $S^1 \vee S^2 \vee S^1$ 中连接 $f * g$ 与 $g * f$ 的同伦

$$F: [0,1] \times [0,1] \to S^1 \vee S^2 \vee S^1.$$

令

$$P: S^1 \vee S^2 \vee S^1 \to S^1 \vee S^1 = A \cup B$$

为投影，使得

$$S^1 \vee \{x\} \vee S^1 \to S^1 \vee \{p_{北}\} \vee S^1.$$

显然，P 为连续映射，而

$$P \circ F: [0,1] \times [0,1] \to S^1 \vee \{p_{北}\} \vee S^1 \cong S^1 \vee S^1 = A \cup B$$

为在 $S^1 \vee \{p_{北}\} \vee S^1 = A \cup B$(8 字形)中连接 $f * g$ 与 $g * f$ 的同伦. 这与文献[3]281 页, $f * g$ 与 $g * f$ 在 $A \cup B = S^1 \vee \{p_{北}\} \vee S^1$ 中不同伦相矛盾. □

2 维连通紧致无边曲面的分类定理

我们来考查 2 维连通紧致无边的曲面,有时也称为**闭曲面**. 所谓无边就是具有有限个曲边的三角形构成的三角剖分(单纯剖分),使得每个三角形的每条边恰好也是另一个三角形的一条边.

定理 2.9.1(2 维连通紧致无边曲面的分类定理) 2 维连通紧致无边的曲面同胚于下列曲面之一:

$$M_g : g = 0,1,2,\cdots;$$
$$U_h : h = 1,2,\cdots.$$

其中 $M_0 = S^2$(2 维单位球面), $M_1 = T^2$(2 维球面), $M_2 = T^2 \# T^2, \cdots$; $U_1 = \mathbf{R}P^2$(2 维射影平面), $U_2 = \mathbf{R}P^2 \# \mathbf{R}P^2, \cdots$, 其中 # 表示连通和.

证明 参阅文献[12]309 页 D_6 定理. □

定理 2.9.1 结合 Euler-Poincaré 示性数的同胚与同伦不变性定理,有:

定理 2.9.2 设 S_1 与 S_2 都为 2 维连通紧致无边曲面,则:

(1) S_1 与 S_2 同胚. ⇔(2) $\chi(S_1) = \chi(S_2)$, 且 S_1 与 S_2 同时可定向或同时不可定向. ⇔(3) $H_q(S_1) \cong H_q(S_2), \forall q \in J$.

证明 (1)⇒(2),(3). 由 Euler-Poincaré 示性数、可定向性、各维同调群都是拓扑不变性推得.

(1)⇐(2). 当 S_1 与 S_2 同时可定向时,根据定理 2.9.1,有

$$S_1 \cong M_{g_1}, \quad S_2 \cong M_{g_2}.$$

又由例 2.9.4 与 $\chi(M_{g_2}) = \chi(M_{g_1})$ 推得

$$2 - 2g_1 = \chi(M_{g_1}) = \chi(M_{g_2}) = 2 - 2g_2,$$

故

$$g_1 = g_2, \quad S_1 \cong M_{g_1} = M_{g_2} \cong S_2.$$

当 S_1 与 S_2 同时不可定向时,根据定理 2.9.1,有

$$S_1 \cong U_{h_1}, \quad S_2 \cong U_{h_2}.$$

又由例 2.9.4 与 $\chi(U_{h_1}) = \chi(U_{h_2})$ 推得

$$2 - h_1 = \chi(U_{h_1}) = \chi(S_1) = \chi(S_2) = \chi(U_{h_2}) = 2 - h_2,$$

故

$$h_1 = h_2, \quad S_1 \cong U_{h_1} = U_{h_2} \cong S_2.$$

(2)⇐(3). 因为 $H_q(S_1)=H_q(S_2)$，$\forall q\in J$，根据 Euler-Poincaré 示性数的定义，有

$$\chi(S_1)=\sum_{q=0}^{2}(-1)^q R_q(S_1)=\sum_{q=0}^{2}(-1)^q R_q(S_2)=\chi(S_2).$$

下面只需证明 S_1 与 S_2 的定向性相同.

(反证)假设 S_1 与 S_2 的定向性相反，不妨设 S_1 是可定向的，而 S_2 是不可定向的，记 $S_1\cong M_g$，$S_2\cong U_h$. 容易看到，根据例 2.9.4，得到

$$2-2g=\chi(M_g)=\chi(U_h)=2-h\Leftrightarrow h=2g.$$

于是

$$H_1(S_1)=H_1(M_g)=\underbrace{J\oplus J\oplus\cdots\oplus J}_{2g\text{个}}\not\cong\underbrace{J\oplus J\oplus\cdots\oplus J}_{2g-1\text{个}}\cong H_1(U_{2g})=H_1(S_2),$$

这与假设相矛盾. □

例 2.9.4 (1) 根据文献[2]161 页，有

$$H_q(M_g)=\begin{cases}J, & q=0,2,\\ \underbrace{J\oplus J\oplus\cdots\oplus J}_{2g\text{个}}, & q=1,\\ 0, & q>2.\end{cases}$$

$$\chi(M_g)=1-2g+1=2-2g.$$

(2) 根据文献[2]162 页，有

$$U_h=\underbrace{\mathbf{R}P^2\#\mathbf{R}P^2\#\cdots\#\mathbf{R}P^2}_{h\text{个}},$$

$$H_q(U_h)=\begin{cases}J, & q=0,\\ \underbrace{J\oplus J\oplus\cdots\oplus J}_{h-1\text{个}}\oplus J_2, & q=1,\\ 0, & q\neq 0,1,\end{cases}$$

有

$$\chi(U_h)=1+(-1)^1(h-1)=2-h.$$ □

设 V,E,F 为 2 维球面 S^2 的单纯剖分的顶点(vertex)数、棱(edge)数、面(face)数. 熟知它们的代数和

$$V-E+F=2.$$

人们发现这个代数和与球面 S^2 的单纯剖分无关，恒为 2. 这是中学立体几何中的多面形 Euler 定理.

将多面形 Euler 定理推广到一般情形，有：

定理 2.9.3 设 K 为 n 维有限单纯复形，则多面体 $|K|$ 的 Euler-Poincaré 示性数为

$$\chi(|K|)=\chi(K)=\sum_{q=0}^{n}(-1)^{n}\rho(H_q(K))=\sum_{q=0}^{n}(-1)^{q}R_q=\sum_{q=0}^{n}(-1)^{q}\alpha_q,$$

其中 α_q 为复形 K 中 q 维单形的个数.一般 $\alpha_q \neq R_q$.

证明 显然,边缘同态

$$\partial_q: C_q(K) \to C_{q-1}(K)$$

诱导了同构

$$\frac{C_q(K)}{Z_q(K)} \cong B_{q-1}(K),$$

又

$$H_q(K)=\frac{Z_q(K)}{B_q(K)}.$$

根据秩的可加性(定理 1.4.1),得到

$$\begin{aligned}\alpha_q &= \rho(C_q(K)) = \rho(Z_q(K)) + \rho(B_{q-1}(K)) \\ &= \rho(H_q(K)) + \rho(B_q(K)) + \rho(B_{q-1}(K)).\end{aligned}$$

于是

$$\begin{aligned}\sum_{q=0}^{n}(-1)^{q}\alpha_q &= \sum_{q=0}^{n}(-1)^{q}(\rho(H_q(k))+\rho(B_q(K))+\rho(B_{q-1}(K))) \\ &= \sum_{q=0}^{n}(-1)^{q}\rho(H_q(K))+\sum_{q=0}^{n-1}(-1)^{q}\rho(B_q(K))-\sum_{q=0}^{n-1}(-1)^{q}\rho(B_q(K)) \\ &= \sum_{q=0}^{n}(-1)^{q}\rho(H_q(K))=\chi(K)=\chi(|K|).\end{aligned}$$

□

注 2.9.1 多面体 $|K|$ 的单纯剖分有很大的任意性,单纯剖分所得到的单形的个数也是任意的.但是,定理 2.9.3 一边 $\chi(K)$ 与剖分无关,故另一边所得不同维数的单形个数的代数和

$$\sum_{q=0}^{n}(-1)^{q}\alpha_q=\chi(K)$$

是多面体 $|K|$ 的一个拓扑不变量,它与剖分无关.

例 2.9.5 设 V,E,F 为球面 S^2 的单纯剖分的顶点数,棱数、面数.熟知它们的代数和

$$V-E+F=2.$$

人们发现该代数和与单纯剖分无关,恒为 2.这是中学立体几何中的多面形 Euler 定理.因此,多面形 Euler 定理就是定理 2.9.3 的特例,而后者是前者的推广.

应用多面形 Euler 定理,我们来证明 $\mathbf{R}^3$ 中仅有五种正多面体.

证明 设正多面体有 V 个顶点、E 条棱与 F 个面,以 m 记每个顶点处的棱数、n 记

每个的棱(边)数,显然 $m\geqslant 3, n\geqslant 3$.由

$$\begin{cases} mV = 2E = nF, \\ V - E + F = 2 \text{(正多面体表面 Euler-Poincaré 示性数)} \end{cases}$$

推得

$$\frac{2E}{m} - E + \frac{2E}{n} = V - E + F = 2,$$

故

$$\frac{1}{m} + \frac{1}{n} = \frac{2+E}{2E} = \frac{1}{2} + \frac{1}{E}.$$

若同时有 $m\geqslant 4, n\geqslant 4$,则

$$\frac{1}{2} = \frac{1}{4} + \frac{1}{4} \geqslant \frac{1}{m} + \frac{1}{n} = \frac{1}{2} + \frac{1}{E},$$

故

$$0 \geqslant \frac{1}{E},$$

矛盾.

当 $n=3$ 时,由

$$\frac{1}{m} + \frac{1}{3} = \frac{1}{2} + \frac{1}{E}$$

得

$$\frac{1}{m} = \frac{1}{6} + \frac{1}{E},$$

故

$$m \leqslant 5.$$

因而,$m=3,4,5$.下面进行分类讨论.

(1) $m=3, n=3$,则

$$\frac{2}{3} = \frac{1}{3} + \frac{1}{3} = \frac{1}{2} + \frac{1}{E},$$

$$\frac{1}{E} = \frac{2}{3} - \frac{1}{2} = \frac{4-3}{6} = \frac{1}{6},$$

于是

$$E = 6, \quad V = \frac{2E}{m} = \frac{2\times 6}{3} = 4, \quad F = \frac{2E}{n} = \frac{2\times 6}{3} = 4.$$

它为正四面体(见图 2.9.2(a)).

(2) $m=4, n=3$,由

$$\frac{7}{12} = \frac{1}{4} + \frac{1}{3} = \frac{1}{2} + \frac{1}{E}$$

得

$$\frac{1}{12} = \frac{1}{E},$$

于是

$$E = 12, \quad V = \frac{2E}{m} = \frac{2 \times 12}{4} = 6, \quad F = \frac{2E}{n} = \frac{2 \times 12}{3} = 8.$$

它为正八面体(见图 2.9.2(c)).

(3) $m = 5, n = 3$,由

$$\frac{8}{15} = \frac{1}{5} + \frac{1}{3} = \frac{1}{2} + \frac{1}{E}$$

得

$$\frac{1}{30} = \frac{16 - 15}{30} = \frac{1}{E},$$

于是

$$E = 30, \quad V = \frac{2E}{m} = \frac{2 \times 30}{5} = 12, \quad F = \frac{2E}{n} = \frac{2 \times 30}{3} = 20.$$

它为正二十面体(见图 2.9.2(e)).

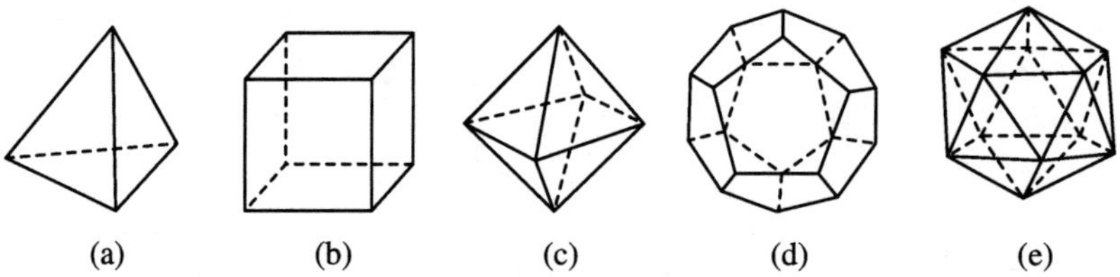

图 2.9.2

当 $m = 3$ 时,同上理由,$n = 3,4,5$.下面进行分类讨论.

(1) $m = 3, n = 4$,由

$$\frac{7}{12} = \frac{1}{3} + \frac{1}{4} = \frac{1}{2} + \frac{1}{E}$$

得

$$\frac{1}{12} = \frac{7}{12} - \frac{6}{12} = \frac{1}{E},$$

于是

$$E = 12, \quad V = \frac{2E}{3} = \frac{2 \times 12}{3} = 8, \quad F = \frac{2E}{n} = \frac{2 \times 12}{4} = 6.$$

它为正六面体(见图 2.9.2(b)).

(2) $m=3, n=5$,由

$$\frac{8}{15}=\frac{1}{3}+\frac{1}{5}=\frac{1}{2}+\frac{1}{E}$$

得

$$\frac{1}{30}=\frac{16-15}{30}=\frac{1}{E},$$

于是

$$E=30,\quad V=\frac{2E}{m}=\frac{2\times 30}{3}=20,\quad F=\frac{2E}{n}=\frac{2\times 30}{5}=12.$$

它为正十二面体(见图 2.9.2(d)).

将上述讨论结果列于表 2.9.2 中. □

表 2.9.2

点、棱、面数 / 正 F 面体	F	m	n	V	E
正四面体	4	3	3	4	6
正六面体	6	3	4	8	12
正八面体	8	4	3	6	12
正十二面体	12	3	5	20	30
正二十面体	20	5	3	12	30

拓扑空间的 Euler-Poincaré 示性数之间的关系

为了更进一步研究拓扑空间的 Euler-Poincaré 示性数之间的关系,我们先证明两个有用的引理.

引理 2.9.1 设 $G=\{G_q\}_{q\in J}$为分次群,如果有一族同态 $\varphi_q: G_q\to G_{q-1}$,使得

$$\cdots\to G_{q+1}\xrightarrow{\varphi_{q+1}}G_q\xrightarrow{\varphi_q}G_{q-1}\to\cdots$$

是正合序列,并且 $\chi(G)$有定义,则 G 的 Euler-Poincaré 示性数 $\chi(G)=0$.

证明 将 φ_q 视作边缘算子,由 $\varphi_q\varphi_{q+1}=0$ 知$\{G_q,\varphi_q\}$为一个链复形.由于序列是正合的,其同调群都为 0,因此 $\chi(H_*(G))=0$.

类似定理 2.9.1 的证明,令 $C_q=G_q, \partial_q=\varphi_q$,则

$$\chi(G)=\sum_{q=0}(-1)^q\rho(G_q)=\sum_{q=0}(-1)^q(\rho(H_q(G))+\rho(B_q(G))+\rho(B_{q-1}(G)))$$

$$= \sum_{q=0}(-1)^q\rho(H_q(G)) + \sum_{q=0}(-1)^q\rho(B_q(G)) - \sum_{q=0}(-1)^q\rho(B_q(G))$$

$$= \sum_{q=0}(-1)^q\rho(H_q(G)) = \chi(H_*(G)) = 0.$$ □

引理 2.9.2 设 $G=\{G_q\}_{q\in J}, G'=\{G'_q\}_{q\in J}, G''=\{G''_q\}_{q\in J}$为三个分次群,且

$$\cdots \to G''_{q+1} \to G'_q \to G_q \xrightarrow{f} G''_q \xrightarrow{g} G'_{q-1} \xrightarrow{h} G_{q-1} \to \cdots$$

为正合序列.

如果 $\chi(G),\chi(G'),\chi(G'')$中两个有定义,则第三个也必有定义,且

$$\chi(G) = \chi(G') + \chi(G'').$$

证明 (1) 设 $\chi(G),\chi(G')$有定义.从正合序列

$$\to G_q \xrightarrow{f} G''_q \xrightarrow{g} G'_{q-1} \to$$

及定理 1.2.2(2)得到

$$\frac{G''}{\mathrm{Im}\, f} = \frac{G''}{\mathrm{Ker}\, g} \cong \mathrm{Im}\, g \subset G'_{q-1}.$$

易知

$$\rho(\mathrm{Im}\, f) \leqslant \rho(G_q)$$

(同态将线性相关映为线性相关组)及

$$\rho(\mathrm{Im}\, g) \leqslant \rho(G'_{q-1})$$

($\mathrm{Im}\, g \subset G'_{q-1}$).由假设,对$\forall g\in J$,$\rho(G_q),\rho(G'_q)$都为有限数,此时,

$$\frac{G''}{\mathrm{Ker}\, g} \cong \mathrm{Im}\, g,$$

故根据秩的可加性(定理 1.4.1),有

$$0 \leqslant \rho(G''_q) = \rho(\mathrm{Ker}\, g) + \rho(\mathrm{Im}\, g) = \rho(\mathrm{Im}\, f) + \rho(\mathrm{Im}\, g)$$
$$\leqslant \rho(G_q) + \rho(G'_{q-1}),$$

这表明 $\rho(G''_q)$也为有限数.如果 $\rho(G_q),\rho(G'_q)$中只有有限个不等于 0,则 $\rho(G''_q)$也只有有限个不等于 0.这就证明了如果 $\chi(G),\chi(G')$都有定义,则 $\rho(G'')$也有定义.

(2) 设 $\chi(G),\chi(G'')$有定义.从正合序列

$$\to G''_q \xrightarrow{g} G'_{q-1} \xrightarrow{h} G_{q-1} \to$$

及定理 1.2.2(2)得到

$$\frac{G'_{q-1}}{\mathrm{Im}\, g} = \frac{G'_{q-1}}{\mathrm{Ker}\, h} \cong \mathrm{Im}\, h \subset G_{q-1}.$$

易知

$$\rho(\mathrm{Im}\, g) \leqslant \rho(G''_q)$$

(g 将线性相关组映为线性相关组).

$$\rho(\text{Im } h) \leqslant \rho(G_{q-1})$$

($\text{Im } h \subset G_{q-1}$). 由假设,对 $\forall q \in J, \rho(G_q), \rho(G''_q)$ 都为有限数,此时,再由定理 1.2.2(2) 推得

$$\begin{aligned} 0 &\leqslant \rho(G'_{q-1}) = \rho(\text{Ker } h) + \rho(\text{Im } h) = \rho(\text{Im } g) + \rho(\text{Im } h) \\ &\leqslant \rho(G''_q) + \rho(G_{q-1}). \end{aligned}$$

因此,$\rho(G'_{q-1})$ 也为有限数. 如果 $\rho(G_q), \rho(G''_q)$ 中只有有限个不等于 0,则 $\rho(G'_{q-1})$ 也只有有限个不等于 0. 这就证明了如果 $\chi(G), \chi(G'')$ 都有定义,则 $\chi(G')$ 也有定义.

(3) 设 $\chi(G'), \chi(G'')$ 有定义. 从正合序列

$$\to G'_q \xrightarrow{h} G_{q-1} \xrightarrow{f} G''_{q-1} \to$$

及定理 1.2.2(2)得到

$$\frac{G_{q-1}}{\text{Im } h} = \frac{G_{q-1}}{\text{Ker } f} \cong \text{Im } f \subset G''_{q-1}.$$

易知

$$\rho(\text{Im } h) \leqslant \rho(G'_q)$$

(同态将线性相关组映为线性相关组)及

$$\rho(\text{Im } f) \leqslant \rho(G''_{q-1})$$

($\text{Im } f \subset G''_{q-1}$). 由假设,对 $\forall q \in J, \rho(G'), \rho(G'')$ 都为有限数,此时,

$$\begin{aligned} 0 &\leqslant \rho(G_{q-1}) = \rho(\text{Ker } f) + \rho(\text{Im } f) = \rho(\text{Im } h) + \rho(\text{Im } f) \\ &\leqslant \rho(G'_q) + \rho(G''_{q-1}). \end{aligned}$$

故 $\rho(G_{q-1})$ 也为有限数. 如果 $\rho(G'_q), \rho(G''_{q-1})$ 中只有有限个不等于 0,则 $\rho(G'_{q-1})$ 也只有有限个不等于 0. 它就证明了如果 $\chi(G'), \chi(G'')$ 都有定义,则 $\chi(G)$ 也有定义.

有了上述准备工作,为证明本引理,我们将三个分次群化作一个分次群,并应用引理 2.9.1 的结论.

记 $H_{3q-1} = G''_q, H_{3q} = G_q, H_{3q+1} = G'_q$,则引理中正合序列为

$$\cdots \to H_{3q+2} \to H_{3q+1} \to H_{3q} \to H_{3q-1} \to H_{3q-2} \to \cdots.$$

于是

$$\begin{aligned} 0 &= \chi(H) = \sum_i (-1)^i \rho(H_i) \\ &= \sum_{q\in J} (-1)^{3q+1} \rho(G'_q) + \sum_{q\in J} (-1)^{3q} \rho(G_q) + \sum_{q\in J} (-1)^{3q-1} \rho(G''_q) \\ &= -\sum_{q\in J} (-1)^q \rho(G'_q) + \sum_{q\in J} (-1)^q \rho(G_q) - \sum_{q\in J} (-1)^q \rho(G''_q), \end{aligned}$$

即

$$\begin{aligned}\chi(G) &= \sum_{q\in J}(-1)^q\rho(G_q) = \sum_{q\in J}(-1)^q\rho(G'_q) + \sum_{q\in J}(-1)^q\rho(G''_q)\\ &= \chi(G') + \chi(G'').\end{aligned}$$ □

从拓扑空间偶(X,A)的奇异下同调群的正合序列及引理 2.9.2 立即得到以下定理.

定理 2.9.4 设(X,A)为拓扑空间偶,如果$\chi(X)$,$\chi(A)$,$\chi(X,A)$中两个有定义,则第三个也有定义,且

$$\chi(X) = \chi(A) + \chi(X,A).$$

证明 在定理 2.5.2 中,拓扑空间偶(X,A)的奇异下同调群的正合序列为

$$\to H_q(A) \xrightarrow{i_{q*}} H_q(X) \xrightarrow{j_{q*}} H_q(X,A) \xrightarrow{\partial_{q*}} H_{q-1}(A) \to.$$

根据引理 2.9.2 推得

$$\chi(X) = \chi(A) + \chi(X,A).$$ □

注 2.9.2 定理 2.9.2 中为证明三种下同调群给出的 Euler-Poincaré 示性数之间的关系式$\chi(X)=\chi(A)+\chi(X,A)$,我们将这三种下同调群放进同一个正合序列,并应用引理 2.9.2,显示了该引理的强大威力!

例 2.9.6 设 K_1 与 K_2 为两个单纯复形,$K_1\cap K_2$ 是它们的一个公共顶点,则 $K_1\vee K_2=K_1\cup K_2$ 是$|K_1|\cup|K_2|$的一个单纯剖分.将 K_1 与 K_2 的公共顶点记作 P.于是

$$\chi(|K_1|\vee|K_2|) = \chi(|K_1|) + \chi(|K_2|) - 1.$$

证明 (证法 1)

$$\begin{aligned}\chi(|K_1|\vee|K_2|) &\xlongequal{\text{定理 2.9.4}} \chi(|K_1|) + \chi(|K_1|\vee|K_2|,|K_1|)\\ &= \chi(|K_1|) + \chi(K_1\vee K_2,K_1) \xlongequal{\text{切除定理}} \chi(|K_1|) + \chi(K_2,P)\\ &= \chi(|K_1|) + \chi(|K_2|,P) = \chi(|K_1|) + \chi(|K_2|) - \chi(P)\\ &= \chi(|K_1|) + \chi(|K_2|) - 1.\end{aligned}$$

(证法 2)设 K_1 与 K_2 的 q 维单形的个数分别为α_q^1 与α_q^2,则 $K_1\vee K_2$ 的 q 维单形个数 α_q 为

$$\alpha_q = \begin{cases}\alpha_0^1 + \alpha_0^2 - 1, & q = 0,\\ \alpha_q^1 + \alpha_q^2, & q > 0.\end{cases}$$

于是

$$\begin{aligned}\chi(|K_1|\vee|K_2|) &= \sum_{q\geqslant 0}(-1)^q\alpha_q = (\alpha_0^1 + \alpha_0^2 - 1) + \sum_{q\geqslant 1}(-1)^q(\alpha_0^1 + \alpha_0^2)\\ &= \sum_{q\geqslant 0}(-1)^q\alpha_q^1 + \sum_{q\geqslant 0}(-1)^q\alpha_q^2 - 1\\ &= \chi(|K_1|) + \chi(|K_2|) - 1.\end{aligned}$$ □

类似多面体的 Euler-Poincaré 示性数的公式(定理 2.9.3),对球状复形的 Euler-

Poincaré 示性数可以用生成球状复形的胞腔个数的代数和表示.

定理 2.9.5 设 Z 为一个球状复形,α_0 是它开始拼接时的顶点数,α_q 是粘贴的 q 维胞腔的个数,则 Z 的 Euler-Poincaré 示性数为

$$\chi(Z) = \sum_q (-1)^q \alpha_q.$$

证明 (归纳法)当 Z 由 α_0 个离散点组成时,有

$$\chi(Z) = \rho(H_0(Z)) = \alpha_0,$$

定理成立.

设 Y 是一个球状复形,$Z = B^q \cup_f Y$ 是在 Y 上粘贴一个 q 维胞腔得到的,根据定理 2.8.16,有

$$H_r(Z,Y) \cong H_r(B^q, S^{q-1}) \cong \begin{cases} J, & r = q, \\ 0, & r \neq q. \end{cases}$$

于是,再由定理 2.9.2 得到

$$\chi(Z) = \chi(Y) + \chi(Z,Y) = \chi(Y) + (-1)^q.$$

如果 Z 由 Y 上粘贴 α_q 个 q 维胞腔得到,则根据定理 2.9.2,有

$$\begin{aligned}\chi(Z) &= \chi(Y) + \chi(Z,Y) = \chi(Y) + (-1)^q \alpha_q \\ &\xlongequal{\text{归纳(递推)}} \sum_{i=0}^{q-1} (-1)^i \alpha_i + (-1)^q \alpha_q = \sum_{i=0}^{q} (-1)^i \alpha_i.\end{aligned}$$ □

例 2.9.7 从引理 2.8.7 的证明知 $\mathbf{R}P^n$ 为一个球状复形,且 $\alpha_0 = \alpha_1 = \cdots = \alpha_n = 1$,再根据定理 2.9.5 推得

$$\chi(\mathbf{R}P^n) = \sum_{q=0}^{n} (-1)^q \alpha_q = \sum_{q=0}^{n} (-1)^q = \begin{cases} 0, & n \text{ 为奇数}, \\ 1, & n \text{ 为偶数}. \end{cases}$$

比较例 2.9.2(2),这里 $\chi(\mathbf{R}P^n)$的计算既简单又直观.

域 G 的 Euler-Poincaré 示性数 $\chi(K;G)$及其应用

定理 2.9.6 设 K 为 n 维有限单纯复形,$R_q^{(p)}$ 为第 q 个模 p Betti 数(p 为素数),则 K 的 Euler-Poincaré 示性数为

$$\chi(K) = \chi(|K|) = \sum_{q=0}^{n} (-1)^q R_q^{(p)} = \chi(K;J_p).$$

证明 显然,边缘同态

$$\partial_q : C_q(K;J_p) \to C_{q-1}(K;J_p)$$

诱导了同构

$$\frac{C_q(K;J_p)}{Z_q(K;J_p)} \cong B_{q-1}(K;J_p),$$

又

$$H_q(K;J_p) = \frac{Z_q(K;J_p)}{B_q(K;J_p)},$$

根据模 p 秩的可加性(定理 1.4.2),可得

$$\begin{aligned}\alpha_q &= \rho^{(p)}(C_q(K;J_p) = \rho^{(p)}(Z_q(K;J_p)) + \rho^{(p)}(B_{q-1}(K;J_p))\\ &= \rho^{(p)}(H_q(K;J_p)) + \rho^{(p)}(B_q(K;J_p)) + \rho^{(p)}(B_{q-1}(K;J_p)).\end{aligned}$$

于是

$$\begin{aligned}\chi(K) &= \sum_{q=0}^{n}(-1)^q\alpha_q\\ &= \sum_{q=0}^{n}(-1)^q(\rho^{(p)}(H_q(K;J_p)) + \rho^{(p)}(B_q(K;J_p)) + \rho^{(p)}(B_{q-1}(K;J_p)))\\ &= \sum_{q=0}^{n}(-1)^q\rho^{(p)}(H_q(K;J_p)) + \sum_{q=0}^{n-1}(-1)^q\rho^{(p)}(B_q(K;J_p))\\ &\quad - \sum_{q=0}^{n-1}(-1)^q\rho^{(p)}(B_q(K;J_p))\\ &= \sum_{q=0}^{n}(-1)^qR_q^{(p)} = \chi(K;J_p).\end{aligned}$$

□

注 2.9.3 定理 2.9.6 中的结论 $\chi(K) = \chi(K;J_p)$ 并不是一目了然的,但是我们仿照 $\chi(K) = \sum_{q=0}^{n}(-1)^qR_q$ 的证明得到了结论.为了使读者更具体了解这一公式,我们可对 2 维球面 S^2、环面 $T^2 = S^1\times S^1$、2 维射影平面 $\mathbf{R}P^2$、Klein 瓶 K,通过计算验证定理 2.9.8 中的公式:

$$\chi(K) = \sum_{q=0}^{n}(-1)^qR_q = \sum_{q=0}^{n}(-1)^qR_q^{(p)} = \chi(K;J_p).$$

设 G 为一个域(如 J_p(p 为素数),$\mathbf{Q}$(有理数域),$\mathbf{R}$(实数域)),K 为有限单纯复形,$C_q(K;G)$中还可以定义数乘,从而成为一个 α_q 维的线性空间,∂_q 为线性变换.$Z_q(K;G)$与 $B_q(K;G)$都是 $C_q(K;G)$的线性子空间,且 $B_q(K;G)\subset Z_q(K;G)$.单纯同调群 $H_q(K;G)=\dfrac{Z_q(K;G)}{B_q(K;G)}$作为商空间,是有限维线性空间.因此,有同构

$$H_q(K;G)\cong \underbrace{G\oplus G\oplus\cdots\oplus G}_{r_q\text{个}}.$$

这是系数群 G 为域时,单纯同调群的标准分解式.它的唯一不变量为线性空间 $H_q(K;G)$的维数,即 $r_q = \dim H_q(K;G)$.

定理 2.9.7 设 G 为域,K 为有限单纯复形,则

$$\chi(K)=\sum_{q=0}^{n}(-1)^q r_q.$$

特别当 $G=J_p$（p 为素数）时，

$$\chi(K)=\sum_{q=0}^{n}(-1)^q R_q^{(p)}.$$

证明　注意在定理 2.9.3 的证明中，因为 K 为有限单纯复形，故秩 $\rho(C_q(K))$，$\rho(Z_q(K))$，$\rho(B_q(K))$，$\rho(B_{q-1}(K))$，$\rho(H_q(K))$都为非负整数.因而，各等式的成立都是自然的.但当 G 为一般交换群时，$\rho(C_q(K;G))$，$\rho(Z_q(K;G))$，$\rho(B_q(K;G))$，$\rho(H_q(K);G)$ 未必都为非负整数（如 $G=\mathbf{R}$，见例 1.4.2(4)），可能为 $+\infty$（因为采用了整数加群 J 定义秩），以致等式证明在某处通不过.若 $G=J_p$（p 为素数，它为有限域），则 $\rho(C_q(K;J_p))$，$\rho(Z_q(K;J_p))$，$\rho(B_q(K;J_p))$，$r_q=\rho(H_q(K;J_p))$都为非负整数，故定理 2.9.7 的证明中，等式都能顺利通过.

因为 K 为有限单纯复形，对任何域 G，线性空间的维数

$$r(C_q(K;G)),\quad r(Z_q(K;G)),\quad r(B_q(K;G)),\quad r_q=r(H_q(K;G))$$

都为非负整数.我们用它们分别代替秩

$$\rho(C_q(K;G)),\quad \rho(Z_q(K;G)),\quad \rho(B_q(K;G)),\quad \rho(H_q(K;G)),$$

维数的可加性定理仍成立，故依照秩的可加性（定理 1.4.1）的证明，有

$$\begin{aligned}\alpha_q=r(C_q(K;G))&=r(Z_q(K;G))+r(B_{q-1}(K;G))\\&=r(H_q(K;G))+r(B_q(K;G))+r(B_{q-1}(K;G)).\end{aligned}$$

于是

$$\begin{aligned}\chi(K)&=\sum_{q=0}^{n}(-1)^q\alpha_q\\&=\sum_{q=0}^{n}(-1)^q(r(H_q(K;G))+r(B_q(K;G))+r(B_{q-1}(K;G)))\\&=\sum_{q=0}^{n}(-1)^q r(H_q(K;G))+\sum_{q=0}^{n-1}(-1)^q r(B_q(K;G))-\sum_{q=0}^{n-1}(-1)^q r(B_q(K;G))\\&=\sum_{q=0}^{n}(-1)^q r_q=\chi(K;G).\end{aligned}$$

特别当 $G=J_p$（p 为素数）时，

$$\chi(K)=\sum_{q=0}^{n}(-1)^q r_q=\sum_{q=0}^{n}(-1)^q R_q^{(p)}.$$ □

注 2.9.4　换一个角度，当 $G=\mathbf{R},\mathbf{Q}$ 时，我们来考查 Euler-Poincaré 示性数.因为 $G=\mathbf{R},\mathbf{Q}$ 是无挠的，根据

$$\mathrm{Tor}(H_{q-1}(K;J),\mathbf{Q})=0,\quad \mathrm{Tor}(H_{q-1}(K;J),\mathbf{R})=0,$$

$$J_S \otimes G = (2J_s) \otimes \left(\frac{1}{2}G\right) = 0 \otimes \left(\frac{1}{2}G\right) = 0,$$

再根据奇异下同调群的万有系数定理(定理 2.8.10),对于有限单纯复形 K,有

$$\begin{aligned} H_q(K;G) &\cong H_q(K;J) \otimes G \oplus \mathrm{Tor}(H_{q-1}(K;J), G) \\ &\cong (\underbrace{J \oplus J \oplus \cdots \oplus J}_{R_q \text{个}} \oplus J_{\theta_q^1} \oplus J_{\theta_q^2} \oplus \cdots \oplus J_{\theta_q^{\tau_q}}) \otimes G \oplus 0 \\ &\cong (\underbrace{J \oplus J \oplus \cdots \oplus J}_{R_q \text{个}}) \otimes G \cong \underbrace{G \oplus G \oplus \cdots \oplus G}_{R_q \text{个}}. \end{aligned}$$

此时,$r_q = R_q$.由此推得

$$\chi(K) = \sum_{q=0}^{n}(-1)^q R_q = \sum_{q=0}^{n}(-1)^q \dim H_q(K;G) = \sum_{q=0}^{n}(-1)^q r_q.$$

注 2.9.5 模 2 同调群有很强的几何意义.J_2 是除 J 之外最常用的系数群.因为在 J_2 中 1 与 −1 视作相同,σ_q 与 $-\sigma_q$ 视作相同,c_q 与 $-c_q$ 视作相同.也就是说模 2 同调群中“定向不起作用”.模 2 链的一般形式可表示为

$$c_q = \sigma_{i_1} + \sigma_{i_2} + \cdots + \sigma_{i_k},$$

即 K 中单形在链中或出发或不出,仅两种情况.作为几何折线的推广,模 2 链更为自然.模 2 边缘同态由式

$$\partial_q(a_0, \cdots, a_q) = \sum_{i=0}(a_0, \cdots, \hat{a}_i, \cdots, a_q)$$

确定.这里用无向单形代替有向单形.

2 维常见图形的单纯同调群如表 2.9.3、表 2.9.4 所示.

表 2.9.3

多面体 / 同调群	平环	Möbius 带	S^2	$T^2 = S^1 \times S^1$	$\mathbf{R}P^2$	Klein 瓶 K
$H_0(\cdot;J_2)$	J_2	J_2	J_2	J_2	J_2	J_2
$H_1(\cdot;J_2)$	J_2	J_2	0	$J_2 \oplus J_2$	J_2	$J_2 \oplus J_2$
$H_2(\cdot;J_2)$	0	0	J_2	J_2	J_2	J_2

表 2.9.4

多面体 / 同调群	平环	Möbius 带	S^2	$T^2 = S^1 \times S^1$	$\mathbf{R}P^2$	Klein 瓶 K
$H_0(\cdot;J)$	J	J	J	J	J	J
$H_1(\cdot;J)$	J	J	0	$J \oplus J$	J	$J \oplus J_2$
$H_2(\cdot;J)$	0	0	J	J	0	0

我们可以看出:2维球面 S^2、环面 $T^2=S^1\times S^1$、射影平面 $\mathbf{R}P^2$ 和 Klein 瓶 K 都是"封闭的",其2维模2单纯下同调群都同构于 J_2(用"挤到边上去"的方法可以得出).平环和 Möbius 带都"不是封闭的",其模2单纯同调群都为0(用"挤到边上去"的方法可看出).

环面和 Klein 瓶的各维模2单纯同调群都是彼此同构的.但是

$$H_1(T^2;J)\cong J\oplus J\ncong J\oplus J_2\cong H_1(K;J),$$
$$H_2(T^2;J)\cong J\ncong 0\cong H_2(K;J).$$

根据下同调群同胚不变性与同伦不变性定理立知,环面与 Klein 瓶既不同胚又不同伦.由此表明整同调群比模2同调群能反映出更多的拓扑性质.

关于闭假流形,下面的定理2.9.8(参阅文献[1]113~115页)表明用同调群可以判断它的可定向性.

定理2.9.8 设 M 为 n 维闭假流形.

如果 M 可定向,则 $H_n(M;G)\cong G$,特别地,$H_n(M;J)\cong J$,$H_n(M;J_2)\cong J_2$;

如果 M 不可定向,则 $H_n(M;G)\cong_2 G$,特别地,$H_n(M;J)=0$,$H_n(M;J_2)\cong J_2$.

证明 参阅文献[1]114~115页定理4.2. □

由此看到,无论 M 可否定向,n 维模2单纯同调群都为 $H_n(M;J_2)\cong J_2$.它表明 M 的 n 维模2单纯下同调群对 M 的可定向性不能给出任何信息.但是,n 维整单纯下同调群当 M 可定向时,$H_n(M;J)\cong J$;当 M 不可定向时,$H_2(M;J)=0$.因此,由 $H_n(M;J)$ 为 J 或0可断定假流形 M 可定向或不可定向.这也反映了整下同调群比模2下同调群更能反映出拓扑信息.

根据奇异下同调群的万有系数定理(定理2.8.10),整奇异下同调群决定了任意交换群 G 的下奇异同调群 $H_q(X;G)$.同样,根据奇异上同调群的万有系数定理(定理2.8.1),整奇异下同调群决定了任意交换群 G 的上奇异同调群 $H^q(X;G)$.因此,J 称为万有系数群.之所以还要用其他交换群作系数群,有时是出于几何上的考虑;有时是为了方便和理论上的完整、完美.例2.10.1(1)Borsuk 定理的证明采用了模2同调群(见文献[12]211页 Borsuk 定理);Lefschetz 不动点定理(定理2.11.10)的证明采用了有理同调群(见文献[12]218页 Lefschetz 不动点定理);特别应指出的是,Poincaré-Hopf 指数定理(定理2.11.1)采用的是实同调群(见文献[11]225~248页,文献[4]207~220页、242~243页).因此,定理2.9.8与定理2.9.9的证明是十分必要的.

Euler-Poincaré 示性数是一个非常重要的拓扑不变量,有许多重要的应用.正因为 Euler-Poincaré 示性数是由下同调群派生出来的更加模糊的概念,所以它是一个整体的量,容易被掌握.有时,反而有意想不到的与 Euler-Poincaré 示性数相关的著名定理(见定理 2. 11. 1、定理 2. 11. 2、定理 2. 11. 3、推论 2. 11. 1、推论 2. 11. 2).

2.10 代数拓扑映射度与微分拓扑映射度、Hopf 分类定理

代数拓扑映射度

我们知道,由连通(道路连通)的拓扑不变性知 $S^0 \not\cong S^n$, $n \geqslant 1$. 但是,由连通(道路连通)性、分离性(T_0, T_1, T_2)、紧致性(紧致、可数紧致、列紧、序列紧致)等拓扑不变性都不能证明 $S^n \not\cong S^m$($S^n \not\simeq S^m$, $1 \leqslant n < m$). 推论 1. 7. 5 应用下同调群与同伦群的同胚、同伦不变性断定了 $S^n \not\simeq S^m$ 与 $S^n \not\cong S^m$, $1 \leqslant n < m$.

下面我们将引入奇异下同调群的代数拓扑度来刻画连续映射的同伦性.

定义 2. 10. 1 设 $n \geqslant 1$,单位球面 S^n 的 n 维奇异下同调群 $H_n(S^n) \cong J(la \to l)$,其中 a 为 $H_n(S^n)$ 的一个生成元. 显然, $-a$ 为 $H_n(S^n)$ 的另一个生成元,且 $H_n(S^n)$ 恰有两个生成元.

设 $f: S^n \to S^n$ 为 n 维球面 S^n 上的一个连续映射, $f_*(a) \in H_n(S^n)$. 因为 a 为 $H_n(S^n)$ 的生成元,故有 $k \in J$, s. t. $f_*(a) = ka$,称整数 $k = \deg_A f$ 为 f 的**代数拓扑映射度**,在不致混淆时简称为**映射度**. 显然, $f_*(a) = \deg_A f \cdot a$.

由于 $f_*: H_n(S^n) \to H_n(S^n)$ 为线性映射,故 $f_*(-a) = -f_*(a) = -ka = k(-a)$,所以映射度与 $H_n(S^n)$ 中生成元的选取无关.

因为空间偶 (B^n, S^{n-1}) 的 n 维相对奇异下同调群 $H_n(B^n, S^{n-1}) \cong J$,故类似可定义连续映射 $g: (B^n, S^{n-1}) \to (B^n, S^{n-1})$ 的代数拓扑的映射度,也记为 $\deg g$. 同样,它的定义与相对奇异下同调群 $H_n(B^n, S^{n-1})$ 的生成元的选取无关.

引理 2. 10. 1 设 c 为常值映射, $f \simeq c: X \to Y$,则 $f_* = 0: H_q(X) \to H_q(Y)$, $\forall q \in J$.

证明 (证法 1)由定理 2. 1. 2 知, $f_* = c_*$. 只需证明当 $q > 0$ 时,由常值映射 c 诱导的同态 $c_* = 0: H_q(X) \to H_q(Y)$.

设 $a \in Y$ 为一定点, $c(x) = a$ 定义了常值映射 $c: X \to Y$. 以

$$a^q: \Delta^q \to Y, \quad a^q(\Delta^q) = a$$

表示 Y 中的退化 q 维单形. 于是

$$\partial a^{q+1} = \sum_{j=0}^{q+1} (-1)^j a^q = \begin{cases} a^q, & q \text{ 为奇数}, \\ 0, & q \text{ 为偶数}. \end{cases}$$

对 X 上的任何 q 维奇异单形 σ,有 $c_\Delta(\sigma) = a^q$. 再定义链映射

$$h: C_q(X) \to C_q(Y),$$
$$h(\sigma) = \begin{cases} 0, & q \neq 0, \\ a, & q = 0. \end{cases}$$

定义算子

$$D: C_q(X) \to C_{q+1}(Y),$$
$$D\sigma = (-1)^{q+1} a^{q+1},$$

其中 σ 为 X 上的任何 q 维奇异单形. 因为

$$(\partial D + D\partial)\sigma = \begin{cases} \partial(-1)^{q+1} a^{q+1} + D\sum_{j=0}^{q}(-1)^j \sigma^{(j)}, & q > 0, \\ \partial(-1)^1 a^1, & q = 0 \end{cases}$$
$$= \begin{cases} (-1)^{q+1}\sum_{j=0}^{q+1}(-1)^j a^q + \sum_{j=0}^{q}(-1)^j(-1)^q a^q, & q > 0, \\ 0, & q = 0 \end{cases}$$
$$= \begin{cases} a^q, & q > 0, \\ 0, & q = 0 \end{cases}$$
$$= (c_\Delta - h)\sigma,$$

所以

$$\partial D + D\partial = c_\Delta - h, \quad c_\Delta \simeq h,$$
$$c_* = h_* = 0: H_q(X) \to H_q(Y).$$

(证法 2)从证法 1 可以看出,对任何 $q(>0)$维奇异单形

$$(\partial D + D\partial)\sigma = a^q = c_\Delta(\sigma),$$

故对 X 上的任何 q 维奇异下闭链 x,有

$$c_\Delta(x) = (\partial D + D\partial)x = \partial(Dx),$$

它为 q 维奇异下边缘链. 由此推得 $c_* = 0: H_q(X) \to H_q(Y), \forall q \geqslant 0$. □

下面我们来描述代数拓扑映射度 deg 的简单性质.

定理 2.10.1(deg 的简单性质)

(1) $\deg_A(\mathrm{id}_{S^n}) = 1$.

(2) 若 f_* 为同构,a 为 $H_n(S^n)$的生成元,则 $f_*(a)$也为 $H_n(S^n)$的生成元. 此时,$\deg f = 1$ 或 -1,即 $f_*(a) = a$ 或 $-a$.

(3) 常值映射 $c: S^n \to S^n$ 的映射度 $\deg_A c = 0$.

(4) 若 $f, g: S^n \to S^n$ 为两个连续映射,则

$$\deg_A(f \circ g) = \deg_A f \cdot \deg_A g.$$

(5) 若 $f\simeq g:S^n\to S^n$,则 $\deg_A f=\deg_A g$.

(6) 若连续映射 $f:S^n\to S^n$ 为同伦等价,则

$$\deg_A f = 1 \text{ 或 } -1.$$

(7) 若 $n\geqslant 2$,连续映射

$$g:(B^n,S^{n-1})\to(B^n,S^{n-1})$$

给出了连续映射

$$g|_{S^{n-1}}:S^{n-1}\to S^{n-1},$$

则

$$\deg_A g = \deg_A(g|_{S^{n-1}}).$$

(8) 非满的连续映射 $f:X\to S^n$, $n\geqslant 0$ 必零伦.

证明 (1) 若 a 为 $H_n(S^n)$的一个生成元,则

$$a = \mathrm{id}_{H_n(S^n)}(a) = \mathrm{id}_{S^n *}(a) = \deg_A(\mathrm{id}_{S^n})\cdot a,$$

故

$$\deg_A(\mathrm{id}_{S^n}) = 1.$$

(2) 记 $f_*(a)=\deg_A f\cdot a$,其中 a 为 $H_n(S^n)$的一个生成元. 如果 $\deg_A f\neq 1$ 或 -1,则 $f_*(ma)=mf_*(a)=m\deg_A f\cdot a$, f_* 不为满射,这与已知 f_* 为同构相矛盾. 由此得到 $\deg_A f=1$ 或 -1,即 $f_*(a)=a$ 或 $-a$.

(3) 因为 $n\geqslant 1$,故 $c_*=0$. 于是,对 $H_n(S^n)$的生成元 a,有

$$0 = c_*(a) = \deg c\cdot a, \quad \deg_A c = 0.$$

(4)

$$\begin{aligned}\deg_A(f\circ g)\cdot a &= (f\circ g)_*(a)= f_*g_*(a) = f_*(\deg_A g\cdot a)\\ &= \deg_A g\cdot f_*(a) = (\deg_A g\cdot \deg_A f)a,\end{aligned}$$

故

$$\deg_A(f\circ g) = \deg_A f\cdot \deg_A g.$$

(5) 因为 $f\simeq g:S^n\to S^n$,由同伦定理(定理 2.1.2), $f_*=g_*:H_n(S^n)\to H_n(S^n)$. 于是,对 $H_n(S^n)$及其生成元 a,有

$$\deg_A f\cdot a = f_*(a) = g_*(a) = \deg_A g\cdot a,$$

故

$$\deg_A f = \deg_A g.$$

(6) 因为 $f:S^n\to S^n$ 为同伦等价,有同伦逆 $h:S^n\to S^n$,故

$$1 \overset{(1)}{=\!=} \deg_A \mathrm{id}_{S^n} \overset{(5)}{=\!=} \deg_A(f\circ h) \overset{(4)}{=\!=} \deg_A f\cdot \deg_A h.$$

由此推得整数 $\deg_A f=1$ 或 -1.

(7) 根据定理 2.5.5,图表

$$\begin{array}{ccc} H_n(B^n,S^{n-1}) & \xrightarrow{\partial_*} & H_{n-1}(S^{n-1}) \\ \downarrow g_* & & \downarrow (g|_{S^{n-1}})_* \\ H_n(B^n,S^{n-1}) & \xrightarrow{\partial_*} & H_{n-1}(S^{n-1}) \end{array}$$

可交换,即$(g|_{S^{n-1}})_*\partial_*=\partial_* g_*$.再由推论 2.6.1 知,当 $n\geqslant 2$ 时,两个∂_*都为同构.

设 $a\in H_n(B^n,S^{n-1})$为生成元,根据定理 2.10.1(2),$b=\partial_* a\in H_{n-1}(S^{n-1})$也为生成元.于是

$$\begin{aligned} \deg_A g|_{S^{n-1}}\cdot b &= (g|_{S^{n-1}})_* b = (g|_{S^{n-1}})_*\partial_* a \\ &= \partial_*(g_* a) = \partial_*(\deg_A g\cdot a) \\ &= \deg_A g\cdot\partial_* a = \deg_A g\cdot b, \end{aligned}$$

由此推得

$$\deg_A g = \deg_A(g|_{S^{n-1}}).$$

(8) 不妨设 $p_{北}\notin \mathrm{Im}\, f$,经北极投影立知 $f\simeq c$(常值映射),故 f 必零伦. □

代数拓扑映射度 $\deg_A f$ 与微分拓扑映射度 $\deg_D f$

定义 2.10.2 (参阅文献[4]173 页)设(M_i,ω_i)为 n 维定向流形,ω_i 为M_i 的定向,$i=1,2$. $f:M_1\to M_2$ 为 C^1 映射,$p\in M_1$ 为 f 的正则点,$q=f(p)$.

如果同构 $T_pf=(df)_p:T_pM_1\to T_qM_2$ 保持定向,即$(df)_p(\omega_1(p))=\omega_2(q)$,则称 p 为**正类型**,此时记 $\deg_pf=1$;如果 $T_pf=(df)_p$ 反转定向,即$(df)_p(\omega_1(p))=-\omega_2(q)$,则称 p 为**负类型**,此时记 $\deg_pf=-1$.总之

$$\deg_pf=\begin{cases}1, & (df)_p\ 保持定向,\\ -1, & (df)_p\ 反转定向\end{cases}$$

为 f 在 $p\in M_1$ 处的度数.

设 M_1 紧致,$q\in M_2-f(C_f)$为 f 的正则值,称

$$\deg(f,q)=\sum_{p\in f^{-1}(q)}\deg_pf$$

为f 关于正则值q 的 **Brouwer 度**,其中 $p\in f^{-1}(q)$为 f 的**正则点**.易证 $f^{-1}(q)$为有限集.如果 $f^{-1}(q)=\varnothing$,自然定义 $\deg(f,q)=0$.显然,$\deg(f,q)$为一整数.

再设 M_2 为 C^1 连通定向流形,则可证 $\deg(f,q)$不依赖于 f 的正则值q 的选取.我们称与正则值 q 无关的整数 $\deg(f,q)$为 f 的 **Brouwer 度**,记作 $\deg_Df$.

定义 2.10.3 设 M_1 为 $n(\geqslant 1)$维 C^1 紧致定向流形,M_2 为 n 维C^1 连通定向流形. $f:M_1\to M_2$ 为 C^0 映射.定义 f 的 Brouwer 度(或微分拓扑度)为

$$\deg_D f = \deg_D g, \quad g \in [f] \cap C^1(M_1, M_2),$$

其中$[f]$表示 f 的同伦类.

根据扰动定理,上述的 g 是存在的.再根据 Brouwer 度的同伦不变性定理,此定义与$[f]\cap C^1(M_1,M_2)$中的代表元 g 的选取无关.

有需要时,将代数拓扑的映射度记为 $\deg_A f$.

定理 2.10.2 设 f 为 $S^n \to S^n$, $n \geqslant 1$ 的连续映射,则 $\deg_D f = \deg_A f$.

证明 如果 f 为常值映射,则 $\deg_D f = 0 = \deg_A f$.

如果 f 不为常值映射,结论也成立.

事实上,对 $\forall m \in \mathbf{N}$,设 $\varphi_i : U_i \to \mathbf{R}^n$, (U_i, φ_i), $i = 1, 2, \cdots, m$ 为 S^n 的不相交的满射坐标系,它保持定向.设 $\theta: \mathbf{R}^n \to S^n - \{p_{北}\}$为从北极 $p_{北}$ 的球极投影的逆,它保持定向.定义

$$g: S^n \to S^n,$$

$$g(p) = \begin{cases} \theta \circ \varphi_i(p), & p \in U_i, \\ p_{北}, & p \in S^n - \bigcup\limits_{i=1}^{m} U_i, \end{cases}$$

则 g 是连续的,且由 g 的定义和文献[4]定理 1.6.8 知,$\deg_D g = m$.

如果 φ_i 是反转定向的,则 $\deg_D g = -m$.

再设 I(单位元)$\in H_n(S^n)$和$\{\Delta_n^i \mid i = 1, 2, \cdots, k\}$为 S^n 的单纯剖分,使得 $U_i \subset \Delta_n^i$, $i = 1, 2, \cdots, m$,而 $f(\Delta_n^i) = p_{北}$, $i = m+1, m+2, \cdots, k$,且

$$g_*(I) = g_*\left(\sum_{i=1}^{k} \Delta_n^i\right) = \sum_{i=1}^{k} g_*(\Delta_n^i) = \sum_{i=1}^{k} g_* \circ \Delta_n^i = \sum_{i=1}^{m} (\pm I) = \pm mI.$$

因此,对特殊的连续映射 g,有

$$\deg_A g = \pm m = \deg_D g.$$

(证法 1)考虑 $f: S^n \to S^n$ 为任一连续映射,且 $\deg_D f = \pm m$.根据文献[4]定理 3.3.1(微分拓扑的 Hopf 分类定理)和 $\deg_D f = \pm m = \deg_D g$,必有 $f \simeq g$.于是,根据定理 2.10.1(5),有

$$\deg_A f = \deg_A g = \pm m = \deg_D f.$$

(证法 2)考虑 $f: S^n \to S^n$ 为任一连续映射,且 $\deg_A f = \pm m$.根据文献[15](代数拓扑的 Hopf 分类定理)和 $\deg_A f = \pm m = \deg_A g$,必有 $f \simeq g$.于是,根据文献[4]定理 3.2.1 与定义 3.2.3,有

$$\deg_D f = \deg_D g = \deg_A g = \pm m = \deg_A f.$$

□

特别当 $\deg_A f$ 计算困难或应用代数拓扑度证明命题很难,甚至无法进行时,我们可以借助于计算 $\deg_D f$ 或应用微分拓扑度来证明.反之,当 $\deg_D f$ 计算困难或应用微分拓

扑度证明命题很难,甚至无法进行时,我们可以借助于应用代数拓扑度来证明.

定理 2.10.3(代数拓扑的 Hopf 分类定理)　设 $f,g:S^n\to S^n$ 为连续映射,则

$$f\simeq g:S^n\to S^n\Leftrightarrow \deg_A f=\deg_A g.$$

证明　(证法 1)参阅文献[13].

(证法 2)($\Rightarrow$)由定理 2.10.1(5)得到.

($\Leftarrow$)设 $\deg_A f=\deg_A g$,根据定理 2.10.2,

$$\deg_D f=\deg_A f=\deg_A g=\deg_D g,$$

再根据微分拓扑的 Hopf 分类定理(参阅文献[4]192 页定理 3.3.1),有 $f\simeq g$. □

例 2.10.1(Borsuk 定理)　设 $f:S^n\to S^n$ 为连续保径映射,即 $f(-x)=-f(x)$, $\forall x\in S^n$,则:

(1) $\deg_A f$ 为奇数,且 f 非零伦.

(2) $\deg_D f$ 为奇数,且 f 非零伦.

证明　(1) 参阅文献[13]命题 8.3 或文献[12]216 页定理 3.66,推得 $\deg_A f$ 为奇数.(反证)假设 f 零伦,根据定理 2.10.1(3)与(5)得到 $\deg_A f=\deg_A c=0$,这与 $\deg_A f$ 为奇数不等于 0 相矛盾.

(2) 由定理 2.10.2 知,$\deg_D f=\deg_A f$ 为奇数,再由(1)知,f 非零伦. □

注 2.10.1　例 2.10.1(2)直接应用微分拓扑内容和方法证明是极其困难的.

例 2.10.2　(1) 设 $f:S^n\to S^m$ 为连续的保径映射,则 $n\leqslant m$.

(2) (Borsuk-Ulam 定理)不存在保径的连续映射 $f:S^n\to S^{n-1}$, $n\geqslant 1$.

证明　(1) (反证)假设 $n>m$,并记 $i:S^m\to S^n$ 为包含映射,则 $i\circ f:S^n\to S^n$ 为连续的保径映射,但不为满射.不失一般性,设 $p_{北}\notin \mathrm{Im}(i\circ f)$,经北极投影知,$i\circ f\simeq c$(常值映射),这与例 2.10.1 的结论 $i\circ f$ 非零伦相矛盾.因此,$n\leqslant m$.

(2) (证法 1)(反证)假设存在保径连续映射 $f:S^n\to S^{n-1}$,根据(1),$n\leqslant n-1$,矛盾.

(证法 2)(反证)假设存在这样的连续保径映射 $f:S^n\to S^{n-1}$.令 $i:S^{n-1}\to S^n$ 为包含映射(S^{n-1} 作为 S^n 的“赤道”),则 $if:S^n\to S^n$ 为连续的保径映射,根据例 2.10.1,$\deg_A(if)$ 为奇数.另一方面,$if(S^n)\subset S^{n-1}\subsetneqq S^n$,由定理 2.10.1(8)知,$\deg_A(if)=0$,这与 $\deg_A(if)$为奇数不等于 0 相矛盾. □

推论 2.10.1　设 $g:S^n\to \mathbf{R}^n$ 为连续的保径映射,则必定 $\exists x_0\in S^n$, s.t. $g(x_0)=0$.

证明　(反证)若不然,令 $f:S^n\to S^{n-1}$为 $f(x)=g(x)/|g(x)|$,则 f 连续且保径,这与例 2.10.2(Borsuk-Ulam 定理)相矛盾. □

推论 2.10.2(Borsuk-Ulam 定理)　设 $f:S^n\to \mathbf{R}^n$ 为连续映射,则必定存在一对对径点 x_0 与 $-x_0$,使得 $f(x_0)=f(-x_0)$.

证明 (证法 1)(反证)假设 $f(x)\neq f(-x)$,$\forall x\in S^n$.令

$$g:S^n\to S^{n-1},$$

$$g(x)=\frac{f(x)-f(-x)}{|f(x)-f(-x)|},\quad \forall x\in S^n,$$

则 $g(-x)=-g(x)$,$\forall x\in S^n$.记 $i:S^{n-1}\to S^n$ 为包含映射,则 $i\circ g:S^n\to S^n$ 为连续的保径映射,并且 $i\circ g$ 不为满射,根据定理 2.10.1(8),$i\circ g$ 零伦,这与例 2.10.1 的结论相矛盾.

(证法 2)令 $g:S^n\to\mathbf{R}^n$,$g(x)=f(x)-f(-x)$,则 g 连续,$g(-x)=-g(x)$,$\forall x\in S^n$.根据推论 2.10.1,$\exists x_0\in S^n$,s.t. $g(x_0)=0$,即 $f(x_0)=f(-x_0)$. □

综合例 2.10.2(2)、推论 2.10.1 与推论 2.10.2 立即得到:

定理 2.10.4 (1) 不存在连续的保径映射 $f:S^n\to S^{n-1}$,$n\geqslant 1$.$\Leftrightarrow$(2) 若 $g:S^n\to\mathbf{R}^n$ 为连续的保径映射,则必定 $\exists x_0\in S^n$,s.t. $g(x_0)=0$.$\Leftrightarrow$(3) 若 $f:S^n\to\mathbf{R}^n$ 为连续映射,则必存在一对对径点 x_0 与 $-x_0$,使得 $f(x_0)=f(-x_0)$.

证明 (1)$\Rightarrow$(2).见推论 2.10.1 的证明.

(2)$\Rightarrow$(3).见推论 2.10.2 的证明.

(3)$\Rightarrow$(1).(反证)假设存在连续的保径映射 $f:S^n\to S^{n-1}\subset\mathbf{R}^n$,由(3)知必存在 $x_0\in S^n$,使 $f(x_0)=f(-x_0)$,则 $-f(-x_0)=f(x_0)=f(-x_0)$,$0=f(-x_0)\in S^{n-1}$,矛盾.

□

例 2.10.3 S^n 不可能嵌入 $\mathbf{R}^n$ 中,即 S^n 与 $\mathbf{R}^n$ 的任何子集不同胚.

证明 (反证)假设有 $f:S^n\to f(S^n)\subset\mathbf{R}^n$ 为同胚,根据推论 2.10.2,在 S^n 上至少有一对对径点被 f 映到同一点,这与 $f:S^n\to f(S^n)$ 为同胚(一一映射)相矛盾. □

作为 Borsuk-Ulam 定理的应用,有:

例 2.10.4 设 $A_1,A_2,\cdots,A_n$ 为 S^n 上的 n 个闭集,每一个都不包含一对对径点,则 $S^n-\bigcup\limits_{i=1}^{n}A_i$ 至少包含一对对径点.

证明 令连续映射 $f:S^n\to\mathbf{R}^n$ 为

$$f(x)=(d(x,A_1),d(x,A_2),\cdots,d(x,A_n)),\quad \forall x\in S^n,$$

其中 $d(x,A_i)$ 为 x 到闭集 A_i 的距离.根据推论 2.10.2 的 Borsuk-Ulam 定理,存在一对对径点 x 与 $-x$,使得 $f(x)=f(-x)$,即

$$d(x,A_i)=d(-x,A_i),\quad i=1,2,\cdots,n.$$

但由题设知,x 与 $-x$ 不能都在同一个 A_i 中.于是,$d(x,A_i)=d(-x,A_i)>0$.因此,$x,-x\notin A_i$,$x,-x\notin\bigcup\limits_{i=1}^{n}A_i$,从而 $S^n-\bigcup\limits_{i=1}^{n}A_i$ 至少包含一对对径点 $x,-x$. □

例 2.10.5 设 $A_1, A_2, \cdots, A_n$ 为 S^n 上的 n 个闭集或开集，每一个都不包含一对对径点，则 $S^n - \bigcup_{i=1}^{n} A_i$ 至少包含一对对径点.

证明 不妨设 $A_1, A_2, \cdots, A_k$ 为闭集，$A_{k+1}, A_{k+2}, \cdots, A_n$ 为开集，令连续映射 $f: S^n \to \mathbf{R}^n$ 为

$f(x) = (d(x, A_1), d(x, A_2), \cdots, d(x, A_k), d(x, A_{k+1}^c), \cdots, d(x, A_n^c)), \quad \forall x \in S^n$.
根据推论 2.10.2 的 Borsuk-Ulam 定理，存在一对对径点 x 与 $-x$，使得 $f(x) = f(-x)$，即

$$d(x, A_i) = d(-x, A_i), \quad i = 1, 2, \cdots, k;$$
$$d(x, A_i^c) = d(-x, A_i^c), \quad i = k+1, k+2, \cdots, n.$$

因为 x 与 $-x$ 不在同一闭集 $A_i (i = 1, 2, \cdots, k)$ 中，故 $d(x, A_i) = d(-x, A_i) > 0$，且 $x \in A_i^c$，$-x \in A_i^c$，$i = 1, 2, \cdots, k$；如果 $d(x, A_i^c) = d(-x, A_i^c) > 0$，$i = k+1, k+2, \cdots, n$，则由于 A_i 为开集，故 A_i^c 为闭集，从而 $x, -x \in A_i$，这与题设矛盾. 从而证明了 $d(x, A_i^c) = d(-x, A_i^c) = 0$，$x \in A_i^c$，$-x \in A_i^c$. 于是

$$x, -x \in \bigcap_{i=1}^{n} A_i^c = \bigcap_{i=1}^{n} (S^n - A_i) = S^n - \bigcup_{i=1}^{n} A_i,$$

即

$$S^n - \bigcup_{i=1}^{n} A_i$$

至少包含一对对径点 $x, -x$. □

例 2.10.6（Lustornik-Schnirelmann 定理） 设 S^n 为 $n+1$ 个闭集所覆盖，则这些闭集之中必有一个包含一对对径点.

证明 设 $A_1, A_2, \cdots, A_{n+1}$ 为 S^n 的闭子集，它们的并集 $\bigcup_{i=1}^{n+1} A_i = S^n$. 以 $d(x, A_i)$ 表示点 x 到 A_i 的距离，令

$$f: S^n \to \mathbf{R}^n,$$
$$f(x) = (d(x, A_1), d(x, A_2), \cdots, d(x, A_n)),$$

显然它是连续的. 根据 Borsuk-Ulam 定理（推论 2.10.2），f 必然将一对对径点粘合. 换句话说，可以找到一点 $y \in S^n$，满足

$$f(y) = f(-y),$$

即

$$d(y, A_i) = d(-y, A_i), \quad 1 \leqslant i \leqslant n.$$

若 $d(y, A_i) > 0$，$1 \leqslant i \leqslant n$，由于 $\bigcup_{i=1}^{n+1} A_i = S^n$，故 $\{y, -y\} \subset A_{n+1}$；

若 $d(y, A_i) = 0$，某个 $i \in \{1, 2, \cdots, n\}$，则 $d(-y, A_i) = d(y, A_i) = 0$. 由于 A_i 为闭

集,故$\{y,-y\}\subset A_i$. □

Borsuk-Ulam 定理的一个有趣的应用就是所谓三明治定理. 直观描述为:由两片面包夹一块火腿做成的一份三明治总可切一刀,将每片面包与火腿都等分为两半.

例 2.10.7(三明治定理) 若 $\mathbf{R}^n$ 中有 n 个 Lebesgue 可测子集 $A_1,A_2,\cdots,A_n$,则 $\mathbf{R}^n$ 中的 $n-1$ 维超平面 π_0 将每个 $A_i(i=1,2,\cdots,n)$都等分成 Lebesgue 测度相等的两部分(见图 2.10.1).

证明 设 $\mathbf{R}^n=\{x=(x_1,x_2,\cdots,x_n,0)\mid x_i\in\mathbf{R},i=1,2,\cdots,n\}\subset\mathbf{R}^{n+1}$. 任取 $p\in\mathbf{R}^{n+1}-\mathbf{R}^n$, $\forall x\in S^n$,过 p 作 n 维超平面 $\pi(x)$垂直(正交)于$\overrightarrow{Ox}$,将 $\mathbf{R}^{n+1}$分为两个半空间,并记$\overrightarrow{Ox}$所指的那个半空间为 $\mathbf{R}_+^{n+1}(x)$,另一个半空间记为 $\mathbf{R}_-^{n+1}(x)$,则 $\mathbf{R}_+^{n+1}(-x)=\mathbf{R}_-^{n+1}(x)$. 将 $\mathbf{R}_+^{n+1}(x)\cap A_i$ 的 Lebesgue 测度记为 $m_i(x)$, $i=1,2,\cdots,n$,我们定义 $f:S^n\to\mathbf{R}^n$ 为

$$f(x)=(m_1(x),m_2(x),\cdots,m_n(x)),\quad \forall x\in S^n,$$

则 f 连续. 根据 Borsuk-Ulam 定理(推论 2.10.2),$\exists x^0\in S^n$, s. t. $f(x^0)=f(-x^0)$,即 $m_i(x^0)=m_i(-x^0)$, $i=1,2,\cdots,n$. 从而 $\mathbf{R}_+^{n+1}(x^0)\cap A_i$ 与 $\mathbf{R}_-^{n+1}(x^0)\cap A_i$ 有相同的 Lebesgue 测度. 记 π_0 为 $\pi(x^0)$与 $\mathbf{R}^n$ 相交的 $n-1$ 维平面,则 π_0 在 Lebesgue 测度下等分 A_i, $i=1,2,\cdots,n$. □

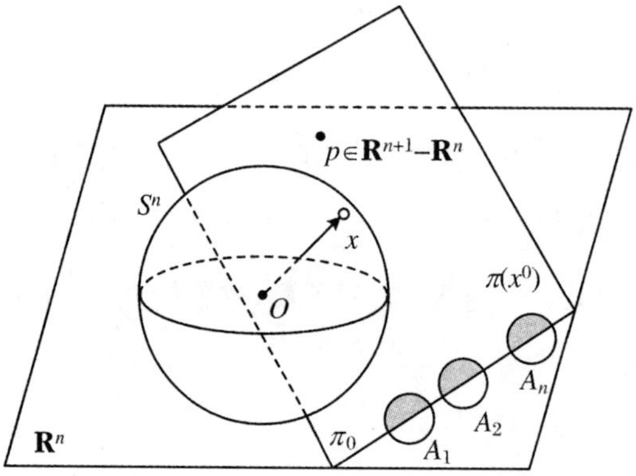

图 2.10.1

例 2.10.8 反射 $r_j:S^n\to S^n$,

$$r_j(x_1,x_2,\cdots,x_{n+1})=(x_1,x_2,\cdots,x_{j-1},-x_j,x_{j+1},\cdots,x_{n+1}),$$

则:

(1) r_j 是反转定向的C^∞同胚,且 $\deg r_j=-1$.

(2) 对径映射 $r:S^n\to S^n$,

$$r(x)=-x=r_1\circ r_2\circ\cdots\circ r_{n+1}(x),$$

映射度 $\deg r=(-1)^{n+1}$.

证明 因为 $1=\deg \mathrm{id}_{S^n}=\deg r_j^2=(\deg r_j)^2$,所以 $\deg r_j=\pm 1$;同理,$1=\deg \mathrm{id}_{S^n}=\deg r^2=(\deg r)^2$,所以 $\deg r=\pm 1$.

(证法 1)(1) 采用局部坐标$\{x_1,x_2,\cdots,x_n\}$,r_{n+1}为反转定向的 C^∞ 同胚,且 $\deg_{\mathrm{D}} r_{n+1}=-1$(见图 2.10.2).同理,$\deg_{\mathrm{D}} r_j=-1$,$j=1,2,\cdots,n$.

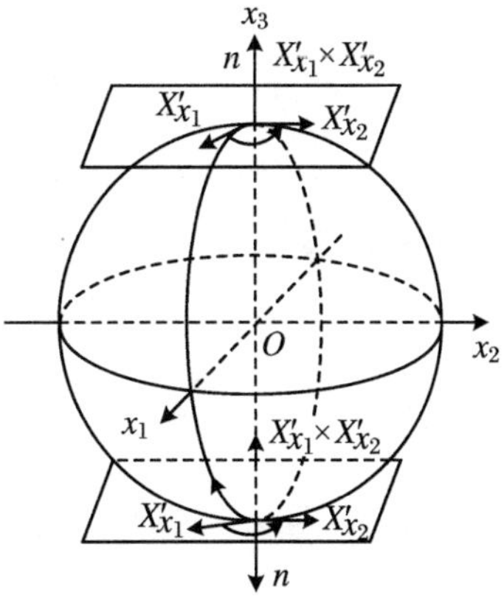

图 2.10.2

(2) 应用文献[4]定理 3.2.4 立知

$$\begin{aligned}\deg_{\mathrm{D}} r &= \deg_{\mathrm{D}} r_1\circ r_2\circ\cdots\circ r_{n+1}\\ &= \deg_{\mathrm{D}} r_1\cdot\deg_{\mathrm{D}} r_2\cdot\cdots\cdot\deg_{\mathrm{D}} r_{n+1}\\ &= \underbrace{(-1)\cdot(-1)\cdot\cdots\cdot(-1)}_{n+1\text{个}}\\ &= (-1)^{n+1}.\end{aligned}$$

(证法 2)(1) 考虑 Euclid 空间的映射 $r_1:\mathbf{R}^{n+1}\to\mathbf{R}^{n+1}$,

$$r_1(x_1,x_2,\cdots,x_{n+1})=(-x_1,x_2,\cdots,x_{n+1}),$$

限制这一映射于球面 S^n 得到同胚 $r_1=r_1|_{S^n}:S^n\to S^n$.

如果 $n=0$,$S^0=\{1,-1\}$,这时 $r_1:S^0\to S^0$,$r_1(1)=-1$,$r_1(-1)=1$.采用约化同调群,$\widetilde{H}_0(S^0)\cong J$的生成元可以取为$[\sigma-\tau]$,这里$\sigma(e_0)=1$,$\tau(e_0)=-1$.采用约化同调群$\widetilde{H}_0(S^0)$,代数拓扑的映射度概念可以推广到映射 $S^0\to S^0$.

现在我们应用归纳法来证明上述定义的映射 $r_1:S^n\to S^n$ 的代数拓扑映射度 $\deg_{\mathrm{A}} r_1=-1$.

当 $n=0$ 时,采用约化同调群 $\widetilde{H}_0(S^0)$得到

$$r_{1*}[\sigma-\tau]=[\tau-\sigma]=-[\sigma-\tau],\quad \deg_{\mathrm{A}} r_1=-1.$$

下设 $n\geqslant 1$,$S^{n-1}=\{x\in S^n\,|\,x_{n+1}=0\}$为 S^n 的赤道.r_1 限制于 S^n 的北、南半球面得到同胚 $r_1=r_1|_{S_+^n}:S_+^n\to S_+^n$,$r_1=r_1|_{S_-^n}:S_-^n\to S_-^n$.下面的映射图中每一方块都可交换,垂直的各映射都是由 $r_1:\mathbf{R}^{n+1}\to\mathbf{R}^{n+1}$决定的.

$$\begin{array}{ccccccc}H_n(S^n) & \to & H_n(S^n,S_-^n) & \leftarrow & H_n(S_+^n,S^{n-1}) & \to & \widetilde{H}_{n-1}(S^{n-1})\\ \downarrow r_{1*} & & \downarrow r_{1*} & & \downarrow r_{1*} & & \downarrow r_{1*}\\ H_n(S^n) & \to & H_n(S^n,S_-^n) & \leftarrow & H_n(S_+^n,S^{n-1}) & \to & \widetilde{H}_{n-1}(S^{n-1}).\end{array}$$

由例 2.6.1 对球面奇异下同调群的计算可知,图中所有水平映射同构.由于 r_1 为同胚,所以 r_1 诱导的垂直映射也都同构.

利用上面映射图最右边的方块,类似定理 2.10.1(7)的证明,由 $r_{1*}=-1:\widetilde{H}_{n-1}(S^{n-1})\to\widetilde{H}_{n-1}(S^{n-1})$可得

$$r_{1*}=-1:H_n(S_+^n,S^{n-1})\to H_n(S_+^n,S^{n-1}).$$

依次类推可得

$$r_{1*}=-1:H_n(S^n)\to H_n(S^n).$$

因而,对 $\forall\, n=0,1,2,\cdots,\deg_A r_1=-1$.同理,有

$$\deg_A r_1=\deg_A r_2=\cdots=\deg_A r_{n+1}=-1.$$

最后,由定理 2.10.1(4)立知

$$\begin{aligned}\deg_A r&=\deg_A r_1\circ r_2\circ\cdots\circ r_{n+1}=\deg_A r_1\cdot\deg_A r_2\cdot\cdots\cdot\deg_A r_{n+1}\\&=\underbrace{(-1)\cdot(-1)\cdot\cdots\cdot(-1)}_{n+1\text{个}}=(-1)^{n+1}.\end{aligned}$$ □

注 2.10.2 细心的读者可以观察到:例 2.10.8 的证明中,$\deg_A(f\circ g)=\deg_A f\cdot\deg_A g$(见定理 2.10.1(4))的证明要比 $\deg_D(f\circ g)=\deg_D f\cdot\deg_D g$(见文献[4]定理 3.2.4)的证明简单一些.但是,$\deg_A r_1=-1$ 的证明要比 $\deg_D r_j=-1$ 的证明难得多.经常比较一下对读者思考问题有好处:对 S^n 上的自连续映射f,只要 $\deg_A f$ 与 $\deg_D f$ 中有一个容易得到结果,则另一个也必正确.然后,再想一想能否用另一种方法证明.

例 2.10.9 设 $f,g:S^n\to S^n$ 为连续映射.如果

$$|f(p)-g(p)|<2,\quad\forall\, p\in S^n,$$

则 $f\simeq g:S^n\to S^n$,从而

$$\deg f=\deg g.$$

证明 令

$$F:S^n\times[0,1]\to S^n,$$

$$F(p,t)=\frac{(1-t)f(p)+tg(p)}{|(1-t)f(p)+tg(p)|}.$$

显然

$$\begin{aligned}&(1-t)f(p)+tg(p)=0\\\Leftrightarrow&(1-t)f(p)=-tg(p)\\\Leftrightarrow&1-t=|(1-t)f(p)|=|-tg(p)|=t,\end{aligned}$$

即

$$t=\frac{1}{2}\quad\text{及}\quad f(p)=-g(p).$$

此时,由已知推得

$$2>|f(p)-g(p)|=|-g(p)-g(p)|=|-2g(p)|=2,$$

矛盾.因此

$$(1-t)f(p)+tg(p)\neq 0,\quad \forall\, p\in S^n,\ \forall\, t\in[0,1],$$

F 的定义是确切的,它是连接 f 与 g 的同伦.根据代数拓扑或微分拓扑映射度的同伦不变性定理,有

$$\deg f=\deg g. \qquad \square$$

例 2.10.10(Brouwer) 设 $f:S^n\to S^n$ 为连续映射,$\deg f\neq(-1)^{n+1}$(等价于 f 的 Lefschetz 数 $L(f)=1+(-1)^n\deg f\neq 0$),则 f 必有不动点,即 $\exists\, x\in S^n$,s.t.

$$f(x)=x.$$

证明 (反证)假设 f 无不动点,即 $f(x)\neq x$,$\forall\, x\in S^n$.令

$$F:S^n\times[0,1]\to S^n,$$

$$F(x,t)=\frac{(1-t)f(x)+t(-x)}{|(1-t)f(x)+t(-x)|}.$$

显然

$$\begin{aligned}&(1-t)f(x)+t(-x)=0\\ \Leftrightarrow&(1-t)f(x)=tx\\ \Leftrightarrow&1-t=|(1-t)f(x)|=|tx|=t,\quad f(x)=x\\ \Leftrightarrow&t=\frac{1}{2},\quad f(x)=x.\end{aligned}$$

因此,$(1-t)f(x)+t(-x)\neq 0$,$\forall\, x\in S^n$,$\forall\, t\in[0,1]$,F 的定义是确切的.它是连接 $f(x)$ 与对径映射 $r(x)=-x$ 的同伦.根据映射度的同伦不变性,有

$$(-1)^{n+1}=\deg r=\deg f\neq(-1)^{n+1},$$

矛盾. $\square$

例 2.10.11 (1) 设 $f:S^n\to S^n$ 为无不动点的连续映射,则 $\deg f=(-1)^{n+1}$.

(2) 设 $f:S^n\to S^n$ 为连续映射,且 $f(x)\neq -x$,$\forall\, x\in S^n$,则 $\deg f=1$.

证明 (1) (证法 1)假设 $\deg f\neq(-1)^{n+1}$,则根据例 2.10.10 的结论,f 必有不动点.这与题设 f 无不动点相矛盾.

(证法 2)因为 f 为无不动点的连续映射,应用例 2.10.10 的证法知 $f\simeq r$(对径映射),故 $\deg f=\deg r=(-1)^{n+1}$.

(2) 令

$$F:S^n\times[0,1]\to S^n,$$

$$F(x,t)=\frac{(1-t)f(x)+tx}{|(1-t)f(x)+tx|},$$

则 F 为连接 $f(x)$ 与 id_{S^n} 的同伦,即 $f\overset{F}{\simeq}\mathrm{id}_{S^n}$,故

$$\deg f = \deg \mathrm{id}_{S^n} = 1.$$ □

例 2.10.12 (1) 设 n 为偶数,则不存在连续映射 $f:S^n\to S^n$,s.t. $\forall x\in S^n$,$x\perp f(x)$,即$\langle x,f(x)\rangle=0$.

(2) 如果 $n=2k-1$ 为奇数,上述结论未必成立.

证明 (1) (反证)假设存在连续映射 $f:S^n\to S^n$,s.t. $\forall x\in S^n$,$x\perp f(x)$,即$\langle x,f(x)\rangle=0$,则

$$|(1-t)f(x)+tx|^2=(1-t)^2+t^2\neq 0,\quad \forall x\in[0,1].$$

因此,由

$$F(x,t)=\frac{(1-t)f(x)+tx}{|(1-t)f(x)+tx|}$$

定义的 $F:S^n\times[0,1]\to S^n$ 为连接 f 与 id_{S^n} 的同伦.根据映射度的同伦不变性定理以及 n 为偶数,有

$$\deg f=\deg \mathrm{id}_{S^n}=1\neq -1=(-1)^{n+1}.$$

根据例 2.10.10,f 必有不动点 x,即 $f(x)=x$.由假设知,$x\perp f(x)$,即$\langle x,f(x)\rangle=0$,故

$$\langle x,x\rangle=\langle x,f(x)\rangle=0,$$

从而 $x=0$,这与 $x\in S^n$,$x\neq 0$ 相矛盾.

(2) 反例:$n=2k-1$,则

$$f:S^{2k-1}\to S^{2k-1},$$

$$f(x)=f(x_1,x_2,\cdots,x_{2k})=(-x_2,x_1,-x_4,x_3,\cdots,-x_{2k},x_{2k-1})$$

为连续映射.$x\perp f(x)$,$\forall x\in S^{2k-1}=S^n$. □

例 2.10.13 设 $f:S^n\to S^n$ 为 C^1 映射,$f(-x)=f(x)$,$\forall x\in S^n$,则:

(1) $\deg_{\mathrm{D}} f=\deg_{\mathrm{A}} f$ 为偶数,且 f 必有不动点.

(2) $\deg_{\mathrm{D}} f=\deg_{\mathrm{A}} f=0$ 或 $\deg_{\mathrm{D}} f=\deg_{\mathrm{A}} f\neq 0$,$n$ 必为奇数.

证明 (1) 设 $y\in S^n$ 为 S^n 的任一正则值.

如果 $y\notin f(S^n)$,则

$$\deg_{\mathrm{D}} f=\sum_{x\in f^{-1}(y)=\varnothing}\deg_x f=0.$$

如果 $y\in f(S^n)$,由于 $f(-x)=f(x)$,$\forall x\in S^n$,故 $f^{-1}(y)=\{x_i,-x_i\mid i=1,2,\cdots,k\}$.于是

$$\deg_{\mathrm{D}} f=\sum_{x\in f^{-1}(y)}\deg_x f=\sum_{i=1}^{k}(\deg_{x_i} f+\deg_{-x_i} f)$$

为偶数(注意,$\deg_{x_i} f=\pm 1$,$\deg_{-x_i} f=\pm 1$).

上述两种情形,无论哪一种都有 $\deg_{\mathrm{D}} f$ 为偶数,由此知,Lefschetz 数

$$L(f) = 1 + (-1)^n \deg_D f$$

为奇数，从而 $L(f) \neq 0$. 根据例 2.10.10，f 必有不动点.

(2) 因为 $f(x) = f(-x) = f \circ r(x)$，其中 r 为对径映射，所以

$$\deg f = \deg(f \circ r) = \deg f \cdot \deg r = (-1)^{n+1} \deg f.$$

于是，$\deg f = 0$ 或者 $\deg f \neq 0$，必有 $(-1)^{n+1} = 1$，则 n 为奇数. □

例 2.10.14 设 $f: S^n \to S^n$ 为连续映射，$\deg_D f = \deg_A f$ 为奇数，则 f 必将某一对对径点映为一对对径点，即 $\exists\, x_0 \in S^n$，s.t. $f(-x_0) = -f(x_0)$.

证明 先设 f 为 C^1 映射.（反证）假设 $f(-x) \neq -f(x)$，$\forall\, x \in S^n$，即 $f(x) + f(-x) \neq 0$，$\forall\, x \in S^n$. 令

$$F: S^n \times [0,1] \to S^n,$$
$$F(x,t) = \frac{(1-t)f(x) + tf(-x)}{|(1-t)f(x) + tf(-x)|}.$$

显然

$$(1-t)f(x) + tf(-x) = 0$$
$$\Leftrightarrow 1 - t = |(1-t)f(x)| = |-tf(-x)| = t,$$

即 $t = \dfrac{1}{2}$，以及

$$f(x) + f(-x) = 0.$$

因此

$$(1-t)f(x) + tf(-x) \neq 0, \quad \forall\, x \in S^n,\ \forall\, t \in [0,1].$$

F 的定义是确切的，且

$$F\left(-x, \frac{1}{2}\right) = F\left(x, \frac{1}{2}\right)$$

和

$$\deg_D F\left(x, \frac{1}{2}\right) = \deg_D F(x,0) = \deg_D f$$

为奇数. 应用例 2.10.13 到 C^1 映射 $F\left(x, \frac{1}{2}\right)$ 得到 $\deg_D F\left(x, \frac{1}{2}\right)$ 为偶数，矛盾. 由此推得，$\exists\, x_0 \in S^n$，s.t. $f(-x_0) = -f(x_0)$.

再设 f 为 C^0 映射，根据文献[4]定理 1.6.8，存在 f 的强 $C^0 - \dfrac{1}{m}$ 逼近 f_m，使得 f_m 是 C^1 映射，且 f_m 同伦于 f，则 $\deg_D f_m = \deg_D f$ 为奇数. 根据上述结论，$\exists\, x_m \in S^n$，s.t. $f_m(-x_m) = -f_m(x_m)$. 由于 S^n 紧致，故 $\{x_n\}$ 必有收敛子列，不妨设 $\{x_m\}$ 收敛于 $x_0 \in S^n$. 于是

$$\begin{aligned}0 &\leqslant |f(-x_0)+f(x_0)| \\ &\leqslant |f(-x_0)-f(-x_m)|+|f(-x_m)-f_m(-x_m)|+|f_m(-x_m)+f_m(x_m)| \\ &\quad +|f(x_m)-f_m(x_m)|+|f(x_0)-f(x_m)| \\ &\leqslant |f(-x_0)-f(-x_m)|+\frac{2}{m}+|f(x_0)-f(x_m)| \to 0,\quad m\to+\infty,\end{aligned}$$

则

$$0\leqslant |f(-x_0)+f(x_0)|\leqslant 0,$$

故

$$f(-x_0)+f(x_0)=0,$$

即

$$f(-x_0)=-f(x_0).$$ □

例 2.10.15 设连续映射 $f:S^n\to S^n$ 和 $g:S^n\to S^n$ 使对所有的 $x\in S^n$,有 $f(x)\neq g(x)$,则

$$g\simeq -f.$$

证明 由于 $f(x)\neq g(x)$,则

$$(1-t)[-f(x)]+tg(x)\neq 0,$$

从而

$$F:S^n\times[0,1]\to S^n,$$

$$F(x,t)=\frac{(1-t)[-f(x)]+tg(x)}{\|(1-t)[-f(x)]+tg(x)\|}$$

连续,F 是连接 $-f(x)$ 与 $g(x)$ 的同伦,即 $g\simeq -f$. □

继续例 2.10.13,考查下面的例题.

例 2.10.16 设 $f:S^n\to S^n$ 为 C^0 映射,$f(-x)=f(x)$,$\forall x\in S^n$,则 $\deg_D f=\deg_A f$ 为偶数,且 f 必有不动点.

证明 (证法 1)由文献[4]定理 1.6.8,存在 C^1 映射 $h:S^n\to S^n$,使得 $h\simeq f$,且 $|f(x)-h(x)|<\frac{1}{2}$,$\forall x\in S^n$,因此

$$\begin{aligned}|h(-x)-(-h(x))| &= |h(-x)-f(-x)+2f(x)+h(x)-f(x)| \\ &\geqslant 2|f(x)|-|h(-x)-f(-x)+h(x)-f(x)| \\ &\geqslant 2-[|h(-x)-f(-x)|+|h(x)-f(x)|] \\ &\geqslant 2-\left(\frac{1}{2}+\frac{1}{2}\right)=1.\end{aligned}$$

从而

$$h(-x)-(-h(x))\neq 0,$$

故

$$h(-x)\neq -h(x),\quad \forall x\in S^n.$$

根据例 2.10.14，$\deg_D f=\deg_D h$ 为偶数. 于是，$L(f)=1+(-1)^n\deg_D f\neq 0$. 根据例 2.10.10，$f:S^n\to S^n$ 必有不动点.

(证法 2)(反证)假设 $\deg_D f$ 为奇数. 根据例 2.10.14，必有 $x_0\in S^n$，s.t. $f(-x_0)=-f(x_0)$. 于是

$$f(x_0)\xlongequal{\text{题设}}f(-x_0)=-f(x_0),$$

故

$$0=f(x_0)\in S^n,$$

矛盾. 这就证明了 $\deg_D f$ 为偶数. 于是，$L(f)=1+(-1)^n\deg_D f\neq 0$. 根据例 2.10.10，$f:S^n\to S^n$ 必有不动点. □

例 2.10.17 设 $f:S^n\to S^n$ 连续，$f(-x)\neq -f(x)$，$\forall x\in S^n$，则：

(1) $\deg f$ 为偶数，且 f 必有不动点.

(2) $f(-x)\simeq -f(x)$.

证明 (1) (证法 1)(反证)假设 $\deg f$ 为奇数，根据例 2.10.14，必有 $x_0\in S^n$，s.t. $f(-x_0)=-f(x_0)$，这与题设 $f(-x)\neq -f(x)$，$\forall x\in S^n$ 相矛盾. 这就证明了 $\deg f$ 为偶数. 从而，$L(f)=1+(-1)^n\deg f\neq 0$，故由例 2.10.10 知，$f$ 必有不动点.

(证法 2)作

$$g:S^n\to S^n,\ g(x)=\frac{f(-x)+f(x)}{|f(-x)+f(x)|},$$

则 $g(-x)=g(x)$，$\forall x\in S^n$. 根据例 2.10.16，$\deg g$ 为偶数. 下证 $g\overset{F}{\simeq}f$，即

$$\deg f=\deg g$$

为偶数，且

$$L(f)=1+(-1)^n\deg f\neq 0,$$

f 必有不动点.

事实上，因为

$$F(x,t)=\frac{(1-t)g(x)+tf(x)}{|(1-t)g(x)+tf(x)|}=\frac{(1-t)\dfrac{f(-x)+f(x)}{|f(-x)+f(x)|}+tf(x)}{\left|(1-t)\dfrac{f(-x)+f(x)}{|f(-x)+f(x)|}+tf(x)\right|}$$

为连接 $g(x)$ 与 $f(x)$ 的同伦 $\left((1-t)\dfrac{f(-x)+f(x)}{|f(-x)+f(x)|}+tf(x)=0\Leftrightarrow t=\dfrac{1}{2}\right.$，且

$f(x)[1+|f(-x)+f(x)|]=-f(-x)\Leftrightarrow t=\dfrac{1}{2},f(-x)=-f(x)\Big\}$,故 $g\overset{F}{\simeq}f$.

(2) 令

$$F:S^n\times[0,1]\to S^n,$$

$$F(x,t)=\frac{(1-t)f(-x)+t(-f(x))}{|(1-t)f(-x)+t(-f(x))|},$$

则 $(1-t)f(-x)+t(-f(x))=0\Leftrightarrow(1-t)f(-x)=tf(x)\Leftrightarrow 1-t=t$,且 $f(-x)=f(x)$ $\Leftrightarrow t=\dfrac{1}{2}$,且 $f(-x)=f(x)$,这与题设 $f(-x)\neq f(x)$ 相矛盾.因此

$$(1-t)f(-x)+t(-f(x))\neq 0,\quad \forall x\in S^n,$$

从而,$F(x,t)$ 为 (x,t) 的连续映射,它是连接 $f(-x)$ 与 $-f(x)$ 的一个同伦,即 $f(-x)\simeq -f(x)$. □

例 2.10.18 设 $f:S^n\to S^n$ 为 C^0 映射,$f(-x)\neq f(x)$,$\forall x\in S^n$,则:

(1) $f(-x)\simeq -f(x)$.

(2) $\deg f$ 为奇数.

证明 (1) 令

$$F:S^n\times[0,1]\to S^n,$$

$$F(x,t)=\frac{(1-t)f(-x)+t(-f(x))}{|(1-t)f(-x)+t(-f(x))|},$$

则 $(1-t)f(-x)+t(-f(x))=0\Leftrightarrow(1-t)f(-x)=tf(x)\Leftrightarrow 1-t=t$,且 $f(-x)=f(x)$ $\Leftrightarrow t=\dfrac{1}{2}$,且 $f(-x)=f(x)$,这与题设 $f(-x)\neq f(x)$ 相矛盾.因此

$$(1-t)f(-x)+t(-f(x))\neq 0,\quad \forall x\in S^n,\ \forall t\in[0,1].$$

从而,$F(x,t)$ 为 (x,t) 的连续函数,它是连接 $f(-x)$ 与 $-f(x)$ 的一个同伦,即 $f(-x)\simeq -f(x)$.

(2) 作

$$g:S^n\to S^n,$$

$$g(x)=\frac{f(x)-f(-x)}{|f(x)-f(-x)|},$$

则 g 为保径映射,即 $g(-x)=-g(x)$,$\forall x\in S^n$.根据例 2.10.1,$\deg g$ 为奇数.下证 $g\simeq f$,因此

$$\deg f=\deg g$$

也为奇数.

作

$$F: S^n \times [0,1] \to S^n,$$

$$F(x,t) = \frac{(1-t)\dfrac{f(x)-f(-x)}{|f(x)-f(-x)|} + tf(x)}{\left|(1-t)\dfrac{f(x)-f(-x)}{|f(x)-f(-x)|} + tf(x)\right|}.$$

易见

$$(1-t)\frac{f(x)-f(-x)}{|f(x)-f(-x)|} + tf(x) = 0$$

$$\Leftrightarrow 1-t = \left|(1-t)\frac{f(x)-f(-x)}{|f(x)-f(-x)|}\right| = |-tf(x)| = t,$$

且

$$\frac{f(x)-f(-x)}{|f(x)-f(-x)|} + f(x) = 0$$

$$\Leftrightarrow t = \frac{1}{2}, \text{且 } f(x)[1+|f(x)-f(-x)|] = f(-x)$$

$$\Leftrightarrow t = \frac{1}{2}, f(x) = f(-x).$$

由题设知，$f(x) \neq f(-x)$，$\forall x \in S^n$，必有

$$(1-t)\frac{f(x)-f(-x)}{|f(x)-f(-x)|} + tf(x) \neq 0, \quad \forall x \in S^n,\ \forall t \in [0,1].$$

于是，$F(x,t)$为连续映射，它是连接

$$g(x) = \frac{f(x)-f(-x)}{|f(x)-f(-x)|}$$

与 $f(x)$的一个同伦，即 $g \overset{F}{\simeq} f$. □

例 2.10.19 (1) 偶数维射影空间上的自连续映射必有不动点.

(2) 举出奇数维射影空间上的自连续映射的例子，它没有不动点.

证明 (1) 设 $f: \mathbf{R}P^{2n} \to \mathbf{R}P^{2n}$ 为连续映射，$p: S^{2n} \to \mathbf{R}P^{2n}$ 为自然投影. 由于 S^{2n} 是单连通的，根据文献[3]定理 3.4.6(映射提升定理)，连续映射 $f \circ p: S^{2n} \to \mathbf{R}P^{2n}$ 可以提升为连续映射 $\tilde{f}: S^{2n} \to S^{2n}$，即有交换图表

$$\begin{array}{ccc} & & S^{2n} \\ & \overset{\tilde{f}}{\nearrow} & \downarrow p \\ S^{2n} & \xrightarrow{f \circ p} & \mathbf{R}P^{2n}, \end{array} \qquad \begin{array}{ccc} S^{2n} & \xrightarrow{\tilde{f}} & S^{2n} \\ \downarrow p & & \downarrow p \\ \mathbf{R}P^{2n} & \xrightarrow{f} & \mathbf{R}P^{2n}. \end{array}$$

根据例 2.10.15(2)必有 $x_0 \in S^{2n}$，使$\tilde{f}(x_0) = x_0$ 或 $x_1 \in S^{2n}$，$\tilde{f}(x_1) = -x_1$. 因此，

$p(\tilde{f}(x_0))=p(x_0)=[x_0]$或 $p(\tilde{f}(x_1))=p(-x_1)=[-x_1]=[x_1]$. 由于 $p\tilde{f}=fp$,故 $f[x_0]=fp(x_0)=p\tilde{f}(x_0)=[x_0]$或 $f[x_1]=fp(x_1)=p\tilde{f}(x_1)=[x_1]$. 这就证明了 $f:\mathbf{R}P^{2n}\to\mathbf{R}P^{2n}$ 有不动点$[x_0]$或$[x_1]$.

(2) 考虑连续映射

$$\tilde{f}:S^{2n+1}\to S^{2n+1},$$
$$z\mapsto\tilde{z}=f(z),$$

其中

$$z=(x_1,y_1,x_2,y_2,\cdots,x_n,y_n),$$
$$\tilde{z}=(\tilde{x}_1,\tilde{y}_1,\tilde{x}_2,\tilde{y}_2,\cdots,\tilde{x}_n,\tilde{y}_n),$$

且满足

$$\begin{pmatrix}\tilde{x}_j\\ \tilde{y}_j\end{pmatrix}=\begin{pmatrix}\cos\theta & -\sin\theta\\ \sin\theta & \cos\theta\end{pmatrix}\begin{pmatrix}x_j\\ y_j\end{pmatrix},\quad 0<\theta<\pi,\ j=1,2,\cdots,n.$$

显然,$\tilde{f}$诱导了一个连续映射 $f:\mathbf{R}P^{2n}\to\mathbf{R}P^{2n}$,使得 $p\tilde{f}=fp$. 因为 $0<\theta<\pi$,所以连续映射 f 无不动点. □

例 2.10.20 (1) S^n 上有处处非零的 C^0 切向量场.⇔(2) S^n 上有处处非零的 C^∞ 切向量场.⇔(3) n 为奇数.

证明 (1)⇐(2)⇐(3). 设 $n=2m-1$,令

$$X(x_1,x_2,\cdots,x_{2m-1},x_{2m})=(x_2,-x_1,x_4,-x_3,\cdots,x_{2m},-x_{2m-1}).$$

因为$\langle x,X\rangle=0$,故 $X(x)$为 x 点处的切向量. 显然,它是 $S^n=S^{2m-1}$上的 C^∞ 单位(非零)切向量场.

(2)⇒(3). 如果 S^n 上有一个处处非零的 C^∞ 切向量场 X,则

$$F:S^n\times[0,1]\to S^n,$$
$$F(x,\theta)=x\cos\pi\theta+\frac{X(x)}{|X(x)|}\sin\pi\theta$$

为连接 $F(x,0)=x=\mathrm{id}_{S^n}(x)$与 $F(x,1)=-x=r(x)$的 C^∞ 同伦(注意:$\langle F(x,\theta),F(x,\theta)\rangle=\cos^2\pi\theta+\sin^2\pi\theta=1$,根据 $\deg_{\mathrm{D}}$(微分拓扑映射度)的同伦不变性定理,有

$$1=\deg_{\mathrm{D}}\mathrm{id}_{S^n}=\deg_{\mathrm{D}}r=(-1)^{n+1}.$$

由此推得 n 必为奇数.

(1)⇒(3). 如果 S^n 上有一个处处非零的 C^0 切向量场 X,则

$$F:S^n\times[0,1]\to S^n,$$
$$F(x,\theta)=x\cos\pi\theta+\frac{X(x)}{|X(x)|}\sin\pi\theta$$

为连接 $x=\mathrm{id}_{S^n}(x)$与 $F(x,1)=-x=r(x)$的 C^0 同伦.根据代数拓扑映射度的同伦不变性定理,有

$$1=\deg_{\mathrm{A}}\mathrm{id}_{S^n}=\deg_{\mathrm{A}}r=(-1)^{n+1}.$$

由此推得 n 必为奇数.

(1)⇐(2).显然(因为 C^∞ 必为 C^0).

(1)⇒(2).设 X 为S^n 上的处处非零的C^0 切向量场,记

$$X:S^n\to TS^n\subset S^n\times\mathbf{R}^{n+1}\subset\mathbf{R}^{n+1}\times\mathbf{R}^{n+1},$$
$$x\mapsto X(x)=(x,a(x)),$$

其中 TS^n 为S^n 的切丛(切向量全体),$a:S^n\to\mathbf{R}^{n+1}$,$a(x)\neq 0$,$\forall x\in S^n$.根据文献[4]定理1.6.8,存在 C^∞ 映射 $\tilde{a}:S^n\to\mathbf{R}^{n+1}$,s.t. $\tilde{a}(x)\notin T^\perp S^n$($S^n$ 的法丛,即法向量的全体).

于是

$$\tilde{X}:S^n\to S^n\times\mathbf{R}^{n+1},$$
$$\tilde{X}(x)=(x,P_{TS^n}\tilde{a}(x))$$

为 S^n 上处处非零的C^∞ 切向量场,其中 $P_{TS^n}:S^n\times\mathbf{R}^{n+1}\to TS^n$ 为切向空间的投影. □

推论 2.10.3 设 n 为偶数,则 S^n 上无处处非零的连续(C^0)切向量场.

换言之,S^n 上的任何连续切向量场必有零点.

证明 (反证)假设 S^n 上有处处非零的连续切向量场.根据例 2.10.15(1)⇒(3)立知 n 为奇数,这与题设 n 为偶数相矛盾. □

推论 2.10.3 表明:如果刮一阵大风,则风速向量场在 S^n 上必有零点,它就是避风港.

2.11 有关同调群的重要成果

Euler-Poincaré 示性数的重要应用

有意想不到的与 Euler-Poincaré 示性数和同调群相关的著名的 Euler-Hopf 指数定理、Gauss-Bonnet 公式、de Rham 上同调群的同构定理以及 Poincaré 对偶定理.

定理 2.11.1(Poincaré-Hopf 指数定理) 设 M 为n 维C^∞ 紧致流形,X 为M 上只具有孤立零点的 C^∞ 切向量场(因而孤立零点只有有限个),则

$$\sum_{X(x)=0}\mathrm{Ind}_x X=\chi(M)=\sum_{q=0}^{n}(-1)^q\dim H_q(M;R),$$

其中 $\chi(M)$为 M 的 Euler-Poincaré 示性数,$\beta(M)=\dim H_q(M;R)$为 M 的第q 个 Betti

数,Ind 为 index(指数)的缩写.

证明 参阅文献[11]225～248 页及文献[4]207～220 页、242～243 页. □

注 2.11.1 Poincaré-Hopf 指数定理指出,C^∞ 切向量场的指数和为 $\chi(M)$,它是一个拓扑不变量,不依赖于 C^∞ 切向量场 X 的特殊选取.另外,C^∞ 切向量场在孤立零点处的指数是其局部性质,而本定理得到的结果却是整体性质.因此,这是反映局部和整体、微分拓扑、微分几何和代数拓扑之间相联系的极其深刻的定理.这一定理的 2 维情形是由 Poincaré 在 1885 年证明的.全部定理证明是由 Hopf 在 1926 年完成的.

定理 2.11.2(Gauss-Bonnet 公式) 设 M 为 $\mathbf{R}^3$ 中 2 维紧致 C^2 定向流形(超曲面),K_G 为 Gauss(总)曲率,则

$$\chi(M) = \frac{1}{2\pi}\iint_M K_G \mathrm{d}\sigma.$$

证明 参阅文献[6]309 页推论 3.3.3. □

注 2.11.2 在 Gauss-Bonnet 公式中,K_G 为一个局部量,它是属于微分几何范畴的量,而 $\chi(M)$是一个整体量,它是属于代数拓扑的量.因此,这也是反映局部和整体、微分几何和代数拓扑之间相联系的极其深刻的定理.

作为 Gauss-Bonnet 公式的应用,有:

推论 2.11.1 设 M 为 $\mathbf{R}^3$ 中的 2 维 C^2 紧致连通定向流形(超曲面),它的 Gauss 曲率 $K_G \geqslant 0$,则 M 的 Euler 示性数 $\chi(M)=2$,亏格 $g(M)=\dfrac{2-\chi(M)}{2}=0$,且它必与球面同胚,以及

$$\iint_M K_G \mathrm{d}\sigma = 4\pi.$$

证明 参阅文献[6]309～310 页例 3.3.1. □

推论 2.11.2 设 M 为 $\mathbf{R}^3$ 中的 2 维紧致定向连通的 C^2 流形(超曲面),其亏格为 $g=g(M)=\dfrac{2-\chi(M)}{2}$,则

$$\iint_{M_+} K_G \mathrm{d}\sigma \geqslant 4\pi, \quad \iint_M K_G \mathrm{d}\sigma = 4\pi(1-g)$$

以及 M 的绝对全曲率

$$\iint_M |K_G| \mathrm{d}\sigma \geqslant 4\pi(1+g),$$

其中 $M_+=\{x\in M \mid \text{Gauss(总)曲率 } K_G \geqslant 0\}$.

证明 参阅文献[6]311～313 页定理 3.3.3. □

定义 2.11.1 设 M 为紧致无边的微分流形,$n=\dim M$,$f:M\to\mathbf{R}$ 为 M 上的 C^2 函

数，$x=(x_1,x_2,\cdots,x_n)$为 M 上的局部坐标，使得

$$\mathrm{d}f = \sum_{i=1}^{n} \frac{\partial f}{\partial x_i}\mathrm{d}x_i = 0,$$

即

$$\frac{\partial f}{\partial x_1} = \frac{\partial f}{\partial x_2} = \cdots = \frac{\partial f}{\partial x_n} = 0$$

的点称为 f 的临界点. 如果在临界点处的对称矩阵$\left(\frac{\partial^2 f}{\partial x_i \partial x_j}\right)$非退化，则称这种临界点是正则的. 如果 f 的所有临界点都是正则的，则称 f 为 M 上的一个 Morse 函数.

根据 Morse 引理(参阅文献[4]201 页引理 4.12)

$$f(q) = f(p) - x_1^2 - x_2^2 - \cdots - x_\lambda^2 + x_{\lambda+1}^2 + \cdots + x_n^2,$$

立即看出 p 为f 的孤立临界点.

在临界点 p 处的矩阵$\left(\frac{\partial^2 f}{\partial x_i \partial x_j}\right)$的负特征值的个数(实际上就是 λ)称为 f 在这一临界点 p 处的指数，记作 $\lambda = \mathrm{Ind}_p f$.

定理 2.11.3 设(M,g)为 n 维 C^∞ 紧致 Riemann 流形，$f:M\to\mathbf{R}$ 为 C^∞ Morse 函数，即只含非退化临界点的 C^∞ 函数，则

$$\chi(M) = \sum_{\lambda=0}^{n}(-1)^\lambda c_\lambda(M;f) = \sum_{(\mathrm{grad}\, f)|_p=0} \mathrm{Ind}_p(\mathrm{grad}\, f),$$

其中 $c_\lambda(M;f)$为 f 的指数λ 的临界点数目.

证明 (证法 1)参阅文献[11]244～245 页引理 15.

(证法 2)参阅文献[4]342～343 页定理 4.3.1 或文献[9]29 页定理 5.2. □

de Rham 上同调群的同构定理

定义 2.11.2 设$(M,\mathscr{D})$为 n 维C^∞流形，$\mathscr{D}$ 为M 的C^∞微分构造，$C_{\mathrm{dR}}^q(M)$为 M 上所有C^∞ q 阶外微分形式的加群. 直和

$$C_{\mathrm{dR}}^*(M) = \sum_{q=0}^{n} C_{\mathrm{dR}}^q(M)$$

为$(M,\mathscr{D})$上所有 C^∞ 外微分形式的加群. 它关于 C^∞ 外微分形式的自然加法和乘法 $\wedge$ (Grassmann 积或外积或楔积)形成了一个具有单位元 1 的代数，它是 Grassmann 代数或外代数. 由于外微分

$$\mathrm{d} = \mathrm{d}_q : C_{\mathrm{dR}}^q(M) \to C_{\mathrm{dR}}^{q+1}(M),$$

$$\mathrm{d}: C_{\mathrm{dR}}^*(M) \to C_{\mathrm{dR}}^*(M)$$

具有性质 $\mathrm{d}^2=\mathrm{d}\circ\mathrm{d}=0$(即 $\mathrm{d}_{q+1}\mathrm{d}_q=0$)，得到半正合序列

$$\cdots \to C_{dR}^{q-1}(M) \xrightarrow{d} C_{dR}^{q}(M) \xrightarrow{d} C_{dR}^{q+1}(M) \to \cdots$$

和$(M,\mathfrak{D})$的 de Rham 上链复形 $C_{dR}^{*}(M)=\{C_{dR}^{q}(M),d\}$,为完全起见,对于 $q<0$ 或 $q>n$,我们定义 $C_{dR}^{q}(M)=0$.

对$\forall q\in J$,外微分算子

$$d = d_q : C_{dR}^{q}(M) \to C_{dR}^{q+1}(M)$$

的核

$$Z_{dR}^{q}(M) = \mathrm{Ker}\, d_q = \{\omega \in C_{dR}^{q}(M) \mid d_q\omega = 0\}$$

称为 q 阶 C^∞ 闭形式群,它是 $C_{dR}^{q}(M)$的子群. $Z_{dR}^{q}(M)$中的元素称为$(M,\mathfrak{D})$的 q 阶 C^∞ 闭形式.而称外微分算子

$$d = d_{q-1} : C_{dR}^{q-1}(M) \to C_{dR}^{q}(M)$$

的像

$$B_{dR}^{q}(M) = \mathrm{Im}\, d_{q-1} = \{d_{q-1}\eta \mid \eta \in C_{dR}^{q-1}(M)\}$$

为 q **阶** C^∞ **恰当微分形式群**,它的元素称为$(M,\mathfrak{D})$上的 q **阶** C^∞ **恰当微分形式**(或**全微分**).由于 $d^2=d\circ d=0$,故 $B_{dR}^{q}(M)\subset Z_{dR}^{q}(M)$.我们称

$$H_{dR}^{q}(M) = \frac{Z_{dR}^{q}(M)}{B_{dR}^{q}(M)}$$

为$(M,\mathfrak{D})$上的 q **维 de Rham 上同调群**. $H_{dR}^{q}(M)$中的元素称为 q 阶 C^∞ 闭形式的同调类. ω 的同调类记为$[\omega]$.显然

$$[\omega_1] = [\omega_2] \Leftrightarrow \omega_1 = \omega_2 + d\eta, \quad \eta \in C_{dR}^{q-1}(M).$$

此外

$$H_{dR}^{q}(M) = 0 \Leftrightarrow Z_{dR}^{q}(M) = B_{dR}^{q}(M),$$

即 $Z_{dR}^{q}(M)$与 $B_{dR}^{q}(M)$无差异.因此,引入 de Rham 上同调群是为了刻画 q 阶 C^∞ 闭形式群 $Z_{dR}^{q}(M)$与 q 阶 C^∞ 恰当形式群 $B_{dR}^{q}(M)$之间的差异程度.

设 $Z_{dR}^{*}(M)$和 $B_{dR}^{*}(M)$分别为

$$d : C_{dR}^{*}(M) \to C_{dR}^{*}(M)$$

的核和像.于是

$$Z_{dR}^{*}(M) = \sum_{q=0}^{n} Z_{dR}(M), \quad B_{dR}^{*}(M) = \sum_{q=0}^{n} B_{dR}^{q}(M),$$

$$B_{dR}^{*}(M) \subset Z_{dR}^{*}(M),$$

$$H_{dR}^{*}(M) = \frac{Z_{dR}^{*}(M)}{B_{dR}^{*}(M)} = \sum_{q=0}^{n} H_{dR}^{q}(M).$$

关于 de Rham 上同调群 $H_{dR}^{q}(M,\mathfrak{D})$与实系数奇异上同调群 $H^{q}(M;R)$之间有下面

著名的 de Rham 同构定理.

定理 2.11.4(de Rham 同构定理)　设$(M,\mathscr{D})$为 n 维 C^∞ 紧致流形,则对每个整数 q,M 的 de Rham 上同调群 $H_{dR}^q(M;\mathscr{D})$同构于 M 的实奇异上同调群$H^q(M;\mathbf{R})$,即

$$H_{dR}^q(M;\mathscr{D}) \cong H^q(M;\mathbf{R}).$$

证明　参阅文献[4]313 页. □

注 2.11.3　de Rham 同构定理是最早由 E. Cartan 猜测,并在 1931 年由 de Rham 完成证明的极其重要的一个定理.

$H_{dR}^*(M;\mathscr{D})$由 M 的C^∞ 微分构造 $\mathscr{D}$ 所决定,而 $H^*(M;\mathbf{R})$由 M 的拓扑所决定,两者的同构在微分几何、微分拓扑与代数拓扑之间建立了密切的联系.

从 de Rham 同构定理还可看出,由同一个拓扑流形 M 的两个不同微分构造 $\mathscr{D}_1$ 与 $\mathscr{D}_2$ 所决定的 de Rham 上同调群是同构的,即

$$H_{dR}^q(M;\mathscr{D}_1) \cong H_{dR}^q(M;\mathscr{D}_2), \quad \forall q \in J.$$

利用典型基可证:

定理 2.11.5　设 K 为n 维复形 $R^q = \text{rank } H^q(K)$,$R_q = \text{rank } H_q(K)$,$T_q(K)$与 $T^q(K)$分别为 $H_q(K)$与 $H^q(K)$的挠子群,则

$$R^q(K) = R_q(K),\ T^q(K) = T_{q-1}(K), \quad q = 0,1,\cdots,n,$$

其中 $T_{-1}(K)$理解为零群.

证明　参阅文献[1]195 页定理 2.4. □

注 2.11.4　定理 2.11.5 表明 K 的整单纯下同调群完全决定了K 的整单纯上同调群.读者注意到,根据奇异下同调群的万有系数定理(定理 2.8.10),K 的整系数下同调群完全决定了 $H_q(K;G)$;根据奇异上同调群的万有系数定理(定理 2.8.4),K 的整系数下同调群也完全决定了 $H^q(K;G)$.

定理 2.11.6　设 M 为能定向的n 维闭组合流形(参阅文献[1]231 页定义 7.1),则

$$\Delta = \pi_* i_* \sigma_*: H^q(M) \cong H_{n-q}(M),$$

其中 Δ 称为对偶同构.

证明　参阅文献[1]237 页. □

定理 2.11.7(Poincaré 对偶定理)　设 M 为n 维闭组合流形,则

$$R_q(M) = R_{n-q}(M), \quad T_{q-1}(M) \cong T_{n-q}(M),$$

即 M 的q 维与$n-q$ 维 Betti 数相等;$q-1$ 维与 $n-q$ 维挠系数相等.

证明　根据定理 2.11.5 与定理 2.11.6,得到

$$R_q(M) = R^q(M) = R_{n-q}(M),$$
$$T_{q-1}(M) \cong T^q(M) \cong T_{n-q}(M).$$ □

推论 2.11.3 设 M 为能定向的 n 维闭组合流形,则 $H^0(M)\cong J$.

证明 根据定理 2.11.6,有

$$H^0(M)\cong H_{n-0}(M)=H_n(M)\xlongequal{\text{定理 } 2.9.8}J.$$

□

定理 2.11.6 不适用于不能定向的闭组合流形.但是,如果改用 J_2 作系数群,则不难看出,只需修改上述全部讨论,使得它对于能定向与不能定向的闭组合流形都成立.于是,相当于定理 2.11.6 与定理 2.11.7,有下面两个定理.

定理 2.11.8 设 M 为闭组合流形(可定向或不可定向),则

$$\Delta: H^q(M;J_2)\cong H_{n-q}(M;J_2).$$

证明 仿照定理 2.11.6 的证明. □

定理 2.11.9(模 2 Poincaré 对偶定理) 设 M 为 n 维组合流形(可定向或不可定向),则

$$R_q^{(2)}(M)=R_{n-q}^{(2)}(M).$$

推论 2.11.4 奇维闭组合流形 M 的 Euler-Poincaré 示性数等于 0.

证明 (证法 1)设 $n=\dim M=2m+1$,根据定理 2.11.9,有

$$\begin{aligned}\chi(M)&=\sum_{q=0}^{2m+1}(-1)^qR_q^{(2)}(M)\\&=[R_0^{(2)}(M)+(-1)^{2m+1}R_{2m+1}^{(2)}(M)]+[(-1)^1R_1^{(2)}(M)+(-1)^{2m}R_{2m}^{(2)}(M)]\\&\quad+\cdots+[(-1)^mR_m^{(2)}+(-1)^{m+1}R_{m+1}^{(2)}]\\&=\underbrace{0+0+\cdots+0}_{m+1\text{个}}=0.\end{aligned}$$

(证法 2)

$$\begin{aligned}\chi(M)&=\frac{1}{2}[\chi(M)+\chi(M)]\\&=\frac{1}{2}\Big[\sum_{q=0}^{n}(-1)^qR_q^{(2)}(M)+\sum_{q=0}^{n}(-1)^{n-q}R_{n-q}^{(2)}(M)\Big]\\&=\frac{1}{2}\sum_{q=0}^{n}[(-1)^q+(-1)^{n-q}]R_q^{(2)}(M)\\&=\frac{1}{2}\sum_{q=0}^{n}0\cdot R_q^{(2)}(M)=0.\end{aligned}$$

□

Lefschetz 不动点定理

定理 2.11.10(Lefschetz 不动点定理) 设连续映射 $f:|K|\to|K|$ 的 Lefschetz 数 $\Lambda(f)\neq0$,则 f 必存在不动点.

证明 参阅文献[12]218页. □

n 维复射影空间的奇异同调群与其 Euler-Poincaré 示性数

例 2.11.1 设

$$\mathbf{C}P^n = \{[z] \mid z = (z_0, z_1, \cdots, z_n) \in S^{2n+1}\}$$

为 n 维复射影空间($2n$ 维实闭流形),则:

(1)

$$H_q(\mathbf{C}P^n) = \begin{cases} J, & 0 \leqslant q \leqslant 2n, \text{且 } q \text{ 为偶数}, \\ 0, & q \text{ 为奇数或} q > 2n. \end{cases}$$

于是

$$\chi(\mathbf{C}P^n) = \sum_{q=0}^{2n} (-1)^q R_q = \underbrace{1 - 0 + 1 - 0 + \cdots + 1 - 0 + 1}_{2n+1\text{个}} = 1 + n.$$

(2)

$$H_q(\mathbf{C}P^n; G) \cong \begin{cases} G, & 0 \leqslant q \leqslant 2n, \text{且 } q \text{ 为偶数}, \\ 0, & q \text{ 为奇数或} q > 2n, \end{cases}$$

$$H^q(\mathbf{C}P^n; G) \cong \begin{cases} G, & 0 \leqslant q \leqslant 2n, \text{且 } q \text{ 为偶数}, \\ 0, & q \text{ 为奇数或} q > 2n. \end{cases}$$

证明 (1)(证法1)在 S^{2n+1} 中定义关系～:如果 $z = \lambda z'$,$\lambda \in \mathbf{C}$(复数域),$|\lambda| = 1$,则 $z \sim z'$.显然,～是一个等价关系.$z = (z_0, z_1, \cdots, z_n) \in S^{2n+1}$ 的等价类记为 $[z] = [z_0, z_1, \cdots, z_n]$.

$$\mathbf{C}P^n = \{[z] \mid z = (z_0, z_1, \cdots, z_n) \in S^{2n+1}\}$$

称为 n **维复射影空间**.

$\mathbf{C}P^n$ 的子集 $U_j = \{[z] \in \mathbf{C}P^n \mid z_j \neq 0\}$,$j = 0, 1, \cdots, n$,映射

$$\varphi_j: U_j \to \mathbf{C}^n,$$

$$[z] = [z_0, z_1, \cdots, z_n] \mapsto \frac{1}{z_j}(z_0, z_1, \cdots, z_{j-1}, z_{j+1}, \cdots, z_n)$$

是一一映上的.应用这一映射定义了 $U_j \subset \mathbf{C}P^n$ 上的拓扑,使得上面的映射是同胚.易见 $\{(U_j, \varphi_j)\}$ 给出了 $\mathbf{C}P^n$ 的拓扑结构,且使它成为一个 n 维的复流形(也是 $2n$ 维实流形).自然投影

$$p: S^{2n+1} \to \mathbf{C}P^n,$$

$$z \mapsto p(z) = [z] \in \mathbf{C}P^n$$

定义了一个纤维丛,它的纤维 $p^{-1}([z])$ 同胚于圆周 $S^1 = \{\lambda \in \mathbf{C} \mid |\lambda| = 1\}$.

包含映射

$$i: \mathbf{C}P^{n-1} \to \mathbf{C}P^n,$$
$$i[z_0, z_1, \cdots, z_{n-1}] = [z_0, z_1, \cdots, z_{n-1}, 0]$$
使得 $n-1$ 维复射影空间 $\mathbf{C}P^{n-1}$ 成为 n 维复射影空间 $\mathbf{C}P^n$ 的子空间.

现在我们来证明

$$\mathbf{C}P^n \cong B^{2n} \cup_p \mathbf{C}P^{n-1},$$

其中 $p: S^{2n-1} \to \mathbf{C}P^{n-1}$ 为自然投影.

定义映射 $f: B^{2n} \to \mathbf{C}P^n$,对于 $z=(z_0, z_1, \cdots, z_{n-1}) \in B^{2n} \subset \mathbf{C}^n$,

$$f(z) = [z_0, z_1, \cdots, z_{n-1}, \sqrt{1-|z|^2}].$$

如果 $f(z)=f(z')$,则有 $\lambda \in S^1 \subset \mathbf{C}$,使

$$(z_0, z_1, \cdots, z_{n-1}, \sqrt{1-|z|^2}) = \lambda(z_0', z_1', \cdots, z_{n-1}', \sqrt{1-|z'|^2}).$$

如果 $|z| \neq 1$,由等式 $\sqrt{1-|z|^2} = \lambda \sqrt{1-|z'|^2}$ 推得 $\lambda = e^{i\theta}$ 为正实数,故必有 $\lambda = e^{i0} = 1$. 此时,$z = z'$. 所以,f 限制于 B^{2n} 的内部为单射. 易见

$$f: \mathring{B}^{2n} \to \mathbf{C}P^n - \mathbf{C}P^{n-1}$$

为满射. 因此,$f: \mathring{B}^{2n} \to \mathbf{C}P^n - \mathbf{C}P^{n-1}$ 为同胚,$f(\mathring{B}^{2n}) = U_n$. 又显然 f 限制于 B^{2n} 的边界 ($|z|=1, f(z)=[z_0, z_1, \cdots, z_{n-1}, 0]$) 就是投影 p,

$$f|_{S^{2n-1}} = p: S^{2n-1} \to \mathbf{C}P^{n-1}.$$

所以,$f: B^{2n} \to \mathbf{C}P^n$ 诱导同胚

$$B^{2n} \cup_p \mathbf{C}P^{n-1} \cong \mathbf{C}P^n.$$

由定义知,$\mathbf{C}P^0$ 由 S^1 上的等价关系～得到,故 S^1 上所有的点相互等价,因此,$\mathbf{C}P^0$ 是一点. 于是,$\mathbf{C}P^1 \cong B^2 \cup_p \mathbf{C}P^0$ 同胚于球面 S^2. 这表明 $\mathbf{C}P^n$ 为球状复形. n 维射影空间 $\mathbf{C}P^n$ 是由在 $n-1$ 维复射影空间 $\mathbf{C}P^{n-1}$ 上粘贴一个 $2n$ 维胞腔得到的,粘贴的方法是将 B^{2n} 的边界 S^{2n-1} 投影到 $\mathbf{C}P^{n-1}$.

最后,用归纳法来证明

$$H_q(\mathbf{C}P^n) \cong \begin{cases} 0, & q \text{ 为奇数或 } q > 2n, \\ J, & 0 \leqslant q \leqslant 2n, \text{且 } q \text{ 为偶数}. \end{cases}$$

事实上,当 $n=0$ 时,$\mathbf{C}P^0$ 是一点,命题显然成立.

因为 $\mathbf{C}P^n = B^{2n} \cup_p \mathbf{C}P^{n-1}$,根据定理 2.8.19(1),有

$$H_q(\mathbf{C}P^n) \cong H_q(\mathbf{C}P^{n-1}) = \begin{cases} 0, & q \text{ 为奇数或 } q > 2n, \\ J, & 0 \leqslant q \leqslant 2n-2, \text{且 } q \text{ 为偶数}. \end{cases}$$

由归纳假设 $H_{2n-1}(\mathbf{C}P^{n-1}) = 0$ 及定理 2.8.19(2)得到

$$H_{2n-1}(\mathbf{C}P^n) \cong \frac{H_{n-1}(\mathbf{C}P^{n-1})}{\operatorname{Im} f} = \frac{0}{\operatorname{Im} f} = 0.$$

显然

$$p_* = 0: H_{2n-1}(S^{2n-1}) = J \to H_{2n-1}(\mathbf{C}P^{n-1}) = 0.$$

再根据定理 2.8.19(3)推得

$$0 = H_{2n}(\mathbf{C}P^{n-1}) \to H_{2n}(\mathbf{C}P^n) \to \operatorname{Ker} p_* = H_{2n-1}(S^{2n-1}) = J \to 0,$$

从而，

$$H_{2n}(\mathbf{C}P^n) \cong \operatorname{Ker} p_* \cong J.$$

综上所述，得到

$$H_q(\mathbf{C}P^n) \cong \begin{cases} 0, & q \text{ 为奇数或 } q > 2n, \\ J, & 0 \leqslant q \leqslant 2n, \text{且 } q \text{ 为偶数}. \end{cases}$$

比较计算 n 维复射影空间与 n 维实射影空间(例 2.9.2(2))的奇异同调群知，前者较易，后者较难!

(证法 2)(参阅文献[4]238 页例 4.2.3)设

$$\mathbf{C}P^n = \left\{[z] = [z_0, z_1, \cdots, z_n] \,\middle|\, \sum_{j=1}^{n} |z_j|^2 = 1, z_j \in \mathbf{C}, j = 0,1,\cdots,n\right\}$$

为 n **维复射影空间**. 我们定义实数函数

$$f: \mathbf{C}P^n \to \mathbf{R},$$

$$[z] \mapsto f([z]) = \sum_{j=0}^{n} c_j |z_j|^2,$$

其中 $c_0, c_1, \cdots, c_n$ 为各不相同的实数.

设

$$U_0 = \{[z_0, z_1, \cdots, z_n] \in \mathbf{C}P^n \mid z_0 \neq 0\},$$

$$|z_0| \frac{z_j}{z_0} = x_j + \mathrm{i} y_j,$$

$\{x_1, y_1, \cdots, x_n, y_n\}$为 $\mathbf{C}P^n$ 的实局部坐标. 显然

$$|z_j|^2 = x_j^2 + y_j^2, \quad |z_0|^2 = 1 - \sum_{j=1}^{n}(x_j^2 + y_j^2),$$

所以在整个局部坐标邻域 U_0 中有

$$\begin{aligned} f &= c_0\left[1 - \sum_{j=1}^{n}(x_j^2 + y_j^2)\right] + \sum_{j=1}^{n} c_j(x_j^2 + y_j^2) \\ &= c_0 + \sum_{j=1}^{n}(c_j - c_0)(x_j^2 + y_j^2). \end{aligned}$$

因为 $c_j - c_0 \neq 0, j = 1,2,\cdots,n$，故 f 在 U_0 中只能有一个临界点 $p_0 = [1,0,\cdots,0]$. 由

$$
\begin{pmatrix}
\frac{\partial^2 f}{\partial x_1^2} & \cdots & \frac{\partial^2 f}{\partial x_1 \partial x_n} & & & \\
\vdots & & \vdots & & & \\
\frac{\partial^2 f}{\partial x_n \partial x_1} & \cdots & \frac{\partial^2 f}{\partial x_n^2} & & & \\
& & & \frac{\partial^2 f}{\partial y_1^2} & \cdots & \frac{\partial^2 f}{\partial y_1 \partial y_n} \\
& & & \vdots & & \vdots \\
& & & \frac{\partial^2 f}{\partial y_n \partial y_1} & \cdots & \frac{\partial^2 f}{\partial y_n^2}
\end{pmatrix}
$$

$$
= \begin{pmatrix}
2(c_1 - c_0) & & & & & \\
& \ddots & & & & \\
& & 2(c_n - c_0) & & & \\
& & & 2(c_1 - c_0) & & \\
& & & & \ddots & \\
& & & & & 2(c_n - c_0)
\end{pmatrix}
$$

可看出 p_0 为 f 的非退化临界点,其指数为满足 $c_j < c_0$ 的 j 的个数的两倍.类似地,$p_1 = [0,1,\cdots,0]$,$\cdots$,$p_n = [0,\cdots,0,1]$也为 f 的非退化临界点,f 在 p_k 处的指数为满足$c_j < c_k$ 的 j 的个数的两倍.因此,在 0 与 $2n$ 之间的每个偶数恰为一个临界点的指数.根据文献[4]234 页定理 4.2.4,$\mathbf{C}P^n$ 同伦等价于形如$e^0 \cup e^2 \cup \cdots \cup e^{2n}$的$CW$ 复形.从而 $\mathbf{C}P^n$ 的整同调群为

$$
H_q(\mathbf{C}P^n; J) \cong \begin{cases} J, & q = 0,2,\cdots,2n, \\ 0, & q \neq 0,2,\cdots,2n. \end{cases}
$$

(2) 由(1)知

$$
H_q(\mathbf{C}P^n) = \begin{cases} J, & 0 \leqslant q \leqslant 2n, \text{且 } q \text{ 为偶数}, \\ 0, & q \text{ 为奇数或} q > 2n. \end{cases}
$$

根据奇异上同调群的万有系数定理(定理 2.8.1)

$$
H^q(\mathbf{C}P^n; G) \cong \mathrm{Hom}(H_q(\mathbf{C}P^n; J), G) \oplus \mathrm{Ext}(H_{q-1}(\mathbf{C}P^n; J), G),
$$

以及

$$
\mathrm{Hom}(J, G) \cong G, \quad \mathrm{Hom}(J_n, G) = \{g \in G \mid ng = 0\} = {}_nG,
$$

$$
\mathrm{Ext}(J, G) = 0, \quad \mathrm{Ext}(J_n, G) \cong G_n
$$

得到

$$
H^q(\mathbf{C}P^n; G) \cong \begin{cases} G, & 0 \leqslant q \leqslant 2n, \text{且 } q \text{ 为偶数}, \\ 0, & q \text{ 为奇数或} q > 2n. \end{cases}
$$

再根据奇异下同调群的万有系数定理(定理 2.8.10)

$$H_q(\mathbf{C}P^n;G)\cong H_q(\mathbf{C}P^n;J)\otimes G\oplus \mathrm{Tor}(H_{q-1}(\mathbf{C}P^n;J),G),$$

以及

$$J\otimes G\cong G,\quad J_n\otimes G\cong G_n,$$
$$\mathrm{Tor}(J,G)=0,\quad \mathrm{Tor}(J_n,G)\cong {}_nG$$

得到

$$H_q(\mathbf{C}P^n;G)\cong\begin{cases}G, & 0\leqslant q\leqslant 2n,\text{且 } q \text{ 为偶数},\\ 0, & q \text{ 为奇数或} q>2n.\end{cases}\qquad\square$$

如果读者想更深入研究、提高同调理论方面的水平,可仔细研读 Bott 的《代数拓扑中的微分形式》(参阅文献[16]). 此外,还可阅读、研究代数拓扑的另一重要方向——同伦理论. 其中有另一个重要的高级拓扑不变量——同伦群,尤其是第 1 同伦群(即基本群),它的应用极其广泛(参阅文献[17]).

参 考 文 献

[1] 江泽涵.拓扑学引论[M].上海:上海科学技术出版社,1978.

[2] 周建伟.代数拓扑讲义[M].北京:科学出版社,2007.

[3] 徐森林,胡自胜,金亚东,等.点集拓扑学[M].北京:高等教育出版社,2007.

[4] 徐森林,胡自胜,薛春华.微分拓扑[M].北京:清华大学出版社,2008.

[5] 徐森林,薛春华.数学分析[M].北京:清华大学出版社,2005.

[6] 徐森林,纪永强,金亚东,等.微分几何[M].合肥:中国科学技术大学出版社,2013.

[7] Armstrong M A.基础拓扑学[M].孙以丰,译.北京:北京大学出版社,1983.

[8] 曼克勒斯 J R.代数拓扑基础[M].谢孔彬,译.北京:科学出版社,2006.

[9] 米尔诺 J.莫尔斯理论[M].江嘉禾,译.北京:科学出版社,1988.

[10] 沈信耀.同调论:代数拓扑学之一[M].北京:科学出版社,2002.

[11] 徐森林,薛春华.流形[M].北京:高等教育出版社,1991.

[12] 李元熹,张国樑.拓扑学[M].上海:上海科学技术出版社,1986.

[13] 尤承业.基础拓扑学讲义[M].北京:北京大学出版社,2003.

[14] Brouwer L E J. Über Jordansche Mannigfaltigkeiten[J]. Mathematische Annalen, 1911, 71(3): 320-327.

[15] Hopf H. Abbildung Geschlossener Mannigfaltig-keiten auf Kugeln in n-Dimensionen[J]. Jahresbericht der DMV, 1925, 34: 130-133.

[16] Bott R, Loring W. Differential Forms in Algebraic Topology[M]. New York: Springer-Verlag, 1982.

[17] 徐森林,薛春华,胡自胜,等.近代微分几何:谱理论与等谱问题、曲率与拓扑不变量[M].合肥:中国科学技术大学出版社,2009.